物理で使われる 表現	特有の意味	解説
軽い	質量を 0 と考えてよい （質量が無視できる）	(例)2 物体 B，C は軽くて伸びない糸でつながれ →加速度運動をしているときでも，糸の両端で糸の張力は等しいと考える。
滑り出す	物体が受ける力が最大摩擦力より大きくなる	(例)30° のときに滑り出し →斜面の水平面に対する角度が 30° になったとき，重力の斜面方向の成分の大きさが，最大摩擦力 $f_0 = \mu N$（μ：静止摩擦係数）より大きくなると考える。
細い	体積を 0 と考えてよい （体積が無視できる）	(例)細い管でつながっている →気体は管を自由に移動することができるが，管の部分には気体はないと考える。 
広い	電場が一様ではなくなるといった，端の影響を考えなくてよい	(例)2 枚の広い導体板に電圧を加えると →図のように，2 枚の導体板の間の電場はどこでも一様であると考える。
十分に時間がたったとき	コンデンサーへの電荷の移動や，温度差のある物体間での熱の移動などがなくなり，平衡状態に達したとき	(例)スイッチを閉じて十分に時間がたったとき →コンデンサーに電荷が蓄えられ，その電位差が電池の起電力と等しくなったと考える。

本書の特徴と利用法

　本書は，高等学校「物理基礎」と「物理」の学習内容の定着をはかり，理解を深める目的で編集された問題集です。「物理基礎」，「物理」の内容を力学，熱，波動，電気と磁気，原子の各分野毎にまとめてあります。

まとめ	学習事項をわかりやすく整理しています。
ウォーミングアップ	問題を解くうえでの基礎知識を確認します。解けない場合は，「まとめ」の学習事項を読み直しましょう。 (234 題)
基本例題	教科書の学習内容を理解するための基本的な問題とその解答・解説で構成しています。　　　　　(81 題)
基本問題	基本例題と同レベルの演習問題で構成しています。 (251 題)
発展例題	主に大学入試問題を使用した発展的な問題とその解答・解説で構成しています。　　　　(33 題)
発展問題	発展例題と同レベルの演習問題で構成しています。 (127 題)
総合問題	複数の項目に関わる問題を取り上げました。　(21 題)

別冊解答

　2色刷りの詳しい解答・解説です。側注段には，図解と共に，使用した公式を明記しました。また，随所に **エクセル** として入試に役立つ解法のポイントを掲載しました。

エクセル物理［総合版］　目次

基…科目「物理基礎」分野，　物…科目「物理」分野

1 運動の表し方

① 速度

◆1 **速さ** 単位時間に物体が移動する距離

物体が t 〔s〕間に距離 s 〔m〕移動したときの平均の速さ $\bar{v}$ 〔m/s〕

$$\text{平均の速さ} \quad \bar{v} = \frac{s}{t}$$

s：移動距離〔m〕
t：移動時間〔s〕

◆2 **速度** 速さと運動の向きを表す量（ベクトル量）。$\vec{v}$ で表す。

◆3 **位置** 直線上の運動では，直線上に座標をとって位置を表す。

◆4 **変位と平均の速度**

自動車が時刻 t_1 に位置 x_1 を通過し，
その後，時刻 t_2 に位置 x_2 を通過した。

変位：物体が移動した距離と向きを表す量。Δx で表す。

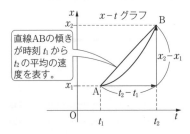

$$\text{変位} \quad \Delta x = x_2 - x_1$$

（後の位置 x_2 から前の位置 x_1 を引く。符号が向きを表す。）

平均の速度：単位時間あたりの変位〔m/s〕

$$\text{平均の速度} \quad \bar{v} = \frac{x_2 - x_1}{t_2 - t_1} = \frac{\Delta x}{\Delta t}$$

Δx：変位〔m〕
Δt：経過時間〔s〕

◆5 **瞬間の速度** Δt が十分小さいときの平均速度〔m/s〕

$$\text{瞬間の速度} \quad v = \frac{\Delta x}{\Delta t}$$

Δx：変位〔m〕
Δt：微小時間〔s〕

◆6 **x-t グラフ，v-t グラフ**

物体の位置 x や速度 v が時間 t とともにどう変化したのかを表す。

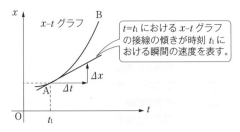

直線ABの傾きが時刻 t_1 から t_2 の平均の速度を表す。

$t = t_1$ における x-t グラフの接線の傾きが時刻 t_1 における瞬間の速度を表す。

◆7 **等速直線運動** 直線上を同じ向きに一定の速さで進む運動

$$x = v_0 t$$

x：変位〔m〕
v_0：速度〔m/s〕
t：時間〔s〕

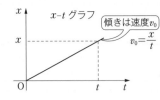

傾きは速度 v_0

$$v_0 = \frac{x}{t}$$

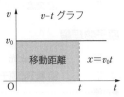

移動距離 $x = v_0 t$

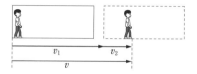

◆8 **速度の合成**　電車の速度が v_1，電車の中を歩く人の
速度が v_2 のとき

　　　　合成速度　$v = v_1 + v_2$

◆9 **相対速度**　物体 A に対する物体 B の速度。物体 A から見た物体 B の速度を表
す。v_{AB} で表す。

　　　　相対速度　$v_{AB} = v_B - v_A$　（相手の速度 v_B − 自分の速度 v_A）

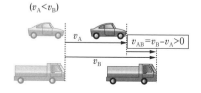

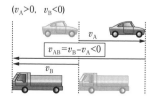

2 加速度

◆1 **加速度**　単位時間あたりの速度の変化量〔m/s²〕
時刻 t_1 における自動車の速度が v_1 でその後，
時刻 t_2 には，速度が v_2 になった。

　　　　加速度　$a = \dfrac{v_2 - v_1}{t_2 - t_1}$

　　　　$v_2 - v_1$：速度変化〔m/s〕

　　　　$t_2 - t_1$：経過時間〔s〕

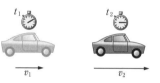

◆2 **等加速度直線運動**　一直線上を一定の加速度で進む運動
①**時間と速度**

　　　　$v = v_0 + at$　　　　v：速度〔m/s〕

②**時間と変位**　　　　　　v_0：初速度〔m/s〕

　　　　$x = v_0 t + \dfrac{1}{2} at^2$　　　a：加速度〔m/s²〕

　　　　　　　　　　　　　t：時間〔s〕

③**速度と変位**　　　　　　x：変位〔m〕

　　　　$v^2 - v_0^2 = 2ax$

◆3 **等加速度直線運動における x-t グラフ，v-t グラフ，a-t グラフ**

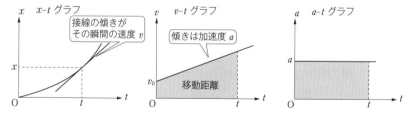

❸ 重力による運動

◆1 **重力加速度** 地球上で物体が落下するとき，空気の抵抗を無視できる場合，一定の重力によって物体は等加速度運動をする。落下の加速度の大きさは**重力加速度**といい，記号 g で表す。

地表付近では $g = 9.8 \text{ m/s}^2$

◆2 **自由落下運動**

$v = gt$

$y = \dfrac{1}{2} gt^2$

（下向きを正）

◆3 **鉛直投げ下ろし運動**

$v = v_0 + gt$

$y = v_0 t + \dfrac{1}{2} gt^2$

$v^2 - v_0{}^2 = 2gy$

（下向きを正）

◆4 **鉛直投げ上げ運動**

$v = v_0 - gt$

$y = v_0 t - \dfrac{1}{2} gt^2$

$v^2 - v_0{}^2 = -2gy$

（上向きを正）

t：時間〔s〕，v：速度〔m/s〕，v_0：初速度〔m/s〕

g：重力加速度〔m/s²〕，y：y 軸方向の変位〔m〕

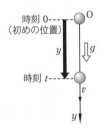

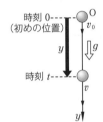

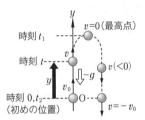

発展 放物運動（5章「平面内の運動」で扱う）

◆**水平投射**（鉛直下向きを正）

物体を水平に投げた運動

水平方向；等速運動

水平到達距離 $x = v_0 t$

鉛直方向；自由落下運動

落下距離 $y = \dfrac{1}{2} gt^2$

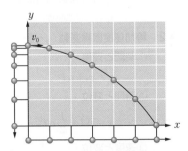

◆**斜方投射**（鉛直上向きを正）

物体を斜め方向に投げた運動

水平方向；等速運動

水平到達距離 $x = v_{0x} t$

鉛直方向；鉛直投げ上げ運動

落下距離 $y = v_{0y} t - \dfrac{1}{2} gt^2$

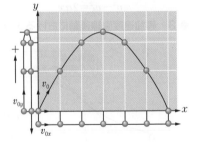

WARMING UP／ウォーミングアップ

1 図のように点Oを基準にして，右方向を＋とする。M君は点Oを出発して点Aに進み，その後，点Bに達した。

```
B          O              A
|          |              |
-12m      0m          +54m
```

① 点Oから点Aへ移動したときの変位はいくらか。

② 点Aから点Bへ移動したときの変位はいくらか。

③ 点Oから点Aへ移動し，さらに点Bへ移動したときの変位はいくらか。

2 新幹線「はやぶさ」は 540 km の距離を 2 時間で走る。平均の速さは何 km/h か。また，それは何 m/s か。

3 静水に対して 1.0 m/s の速さで泳ぐ人が，流速 0.50 m/s の川で，川上に向かって泳ぐときの速さと，川下に向かって泳ぐときの速さをそれぞれ求めよ。

4 20 m/s の速さで走っている列車と同じ向きに自動車が 15 m/s の速さで走っている。このとき，列車に対する自動車の相対速度の大きさと向きを求めよ。

5 直線上の道路を 15 m/s の一定の速さで進んでいる自動車がある。3000 m の距離を進むのに要する時間はいくらか。また，1 時間に何 km 進むか。

6 直線上の道路を 15.0 m/s の速さで進んでいる自動車が一定の加速度で加速し，2.0 秒後には 20.0 m/s になった。このときの加速度の大きさと向きを求めよ。

7 直線上の道路を 10 m/s の速さで進んでいる自動車が，一定の加速度 2.0 m/s^2 で加速した。加速し始めてから 5.0 秒後の速さとその間に進んだ距離を求めよ。

8 一直線上を 10 m/s の速度で走っていた車が一定の加速度で加速して，25 m 進んだところで 15 m/s の速度になった。加速度の大きさはいくらか。

9 橋の上から石を静かに落とした。最初の 1.0 s 間の落下距離は何 m か。また，3.0 s 後の速さは何 m/s か。ただし，重力加速度の大きさを 9.8 m/s^2 とする。

10 ビルからボールを真下に 2.4 m/s で投げ下ろした。2.0 s 後の速さは何 m/s か。ただし，重力加速度の大きさを 9.8 m/s^2 とする。

11 14.7 m/s で石を真上に投げ上げた。1.0 s 後の速さと投げ上げた地点からの高さを求めよ。ただし，重力加速度の大きさを 9.8 m/s^2 とする。

基本例題 1 直線運動の $v\text{-}t$ グラフ

　図は，電車が A 駅を出発して直線の線路を通って B 駅に到着するまでの $v\text{-}t$ グラフである。

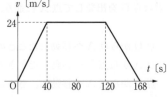

(1)　時刻が 0 s～40 s，40 s～120 s，120 s～168 s 間の加速度の大きさと向きを求めよ。

(2)　A 駅と B 駅の間の走行距離はいくらか。

(3)　A 駅から B 駅までの電車の平均の速さを求めよ。

●**考え方**　(1)　$v\text{-}t$ グラフの傾きは加速度を表す。
　　　　　　(2)　$v\text{-}t$ グラフの面積は距離を表す。

解答

(1)　電車の進行方向を正の向きとする。

(ⅰ)　0 s～40 s の間の加速度

$$a=\frac{v_2-v_1}{t_2-t_1} \text{ より}$$

$$a=\frac{24 \text{ m/s}-0 \text{ m/s}}{40 \text{ s}-0 \text{ s}}=0.60 \text{ m/s}^2$$

　　答 0.60 m/s²，電車の進行方向

(ⅱ)　40 s～120 s の間の加速度

$$a=\frac{24 \text{ m/s}-24 \text{ m/s}}{120 \text{ s}-40 \text{ s}}=0 \text{ m/s}^2$$

　　　　　　　　　　答 0 m/s²

〈別解〉　速度が変化していないから

　$a=0 \text{ m/s}^2$

(ⅲ)　120 s～168 s の間の加速度

$$a=\frac{0 \text{ m/s}-24 \text{ m/s}}{168 \text{ s}-120 \text{ s}}=-0.50 \text{ m/s}^2$$

　　答 0.50 m/s²，進行方向と逆向き

(2)　電車の走行距離は $v\text{-}t$ グラフの台形の面積 x だから

$$x=\frac{1}{2}\times(80 \text{ s}+168 \text{ s})\times 24 \text{ m/s}$$

　　$=2976 \text{ m}$　　**答 3.0×10³ m**

(3)　$\bar{v}=\dfrac{2976 \text{ m}}{168 \text{ s}}=17.7 \text{ m/s}$　**答 18 m/s**

基本例題 2　等加速度直線運動

　20 m/s で走っていた自動車がブレーキをかけたところ，一様に減速し，4.0 秒後に速さが 10 m/s になった。

(1)　ブレーキをかけて 4.0 秒間に自動車が進んだ距離を求めよ。

(2)　そのままブレーキをかけ続けると，ブレーキをかけてから自動車が止まるまでにいくらの距離を進むか。ただし，加速度は一定とする。

●考え方　(1)　$v = v_0 + at$, $x = v_0 t + \dfrac{1}{2} at^2$ を用いる。

　　　　　(2)　$v^2 - v_0^2 = 2ax$ を用いる。

【解答】

(1)　進行方向を正の向きにとると，

$v = v_0 + at$ より

$$10 = 20 + a \times 4.0$$

よって　$a = -2.5 \ [\text{m/s}^2]$

これを $x = v_0 t + \dfrac{1}{2} at^2$ に代入して

$x = 20 \ \text{m/s} \times 4.0 \ \text{s}$

$\qquad + \dfrac{1}{2} \times (-2.5 \ \text{m/s}^2) \times (4.0 \ \text{s})^2$

$\quad = 60 \ \text{m}$　　　　　　　　答 **60 m**

〈別解〉　v-t グラフの面積が距離を表すことを用いる。

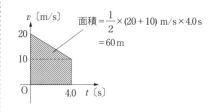

面積 $= \dfrac{1}{2} \times (20 + 10) \ \text{m/s} \times 4.0 \ \text{s}$
$\qquad = 60 \ \text{m}$

(2)　$v^2 - v_0^2 = 2ax$ より

$$0^2 - 20^2 = 2 \times (-2.5) x$$

$x = 80 \ [\text{m}]$　　　　　　　　答 **80 m**

基本例題 3 鉛直投げ上げ運動

初速度 v_0 でボールを地面から真上に投げ上げた。重力加速度の大きさを g とする。

(1) 投げ上げてから，ボールが最高点に達するまでの時間 t_1 はいくらか。

(2) 最高点の高さ h_1 を求めよ。

(3) 投げ上げてから，ボールが投げ上げた地点にもどるまでの時間 t_2 はいくらか。

(4) ボールが投げ上げた地点にもどるときの速さはいくらか。

●考え方
(1) 最高点では速度が $v=0$ であることを用いる。

(2) $y=v_0 t-\dfrac{1}{2}gt^2$ を用いる。

解答

(1) 最高点では，速度 v が 0 である。上向きを正とすると，$v=v_0-gt$ より

$$0=v_0-gt_1 \qquad \text{答 } t_1=\frac{v_0}{g}$$

(2) $y=v_0 t-\dfrac{1}{2}gt^2$ に(1)の t_1 を代入して

$$h_1=v_0\left(\frac{v_0}{g}\right)-\frac{1}{2}g\left(\frac{v_0}{g}\right)^2$$
$$=\frac{v_0^2}{2g} \qquad \text{答 } \frac{v_0^2}{2g}$$

(注意)

v-t グラフを利用して解くこともできる。ウォーミングアップ 7 の解説を参照。

(3) 投げ上げた地点にもどるとき，$y=0$ なので，$y=v_0 t-\dfrac{1}{2}gt^2$ より

$$0=v_0 t_2-\frac{1}{2}gt_2^2$$
$$t_2\left(v_0-\frac{1}{2}gt_2\right)=0$$

$t_2\neq 0$ なので $t_2=\dfrac{2v_0}{g}$ 答 $t_2=\dfrac{2v_0}{g}$

(4) もどるときの速度を v_1 とすると，$v=v_0-gt$ に t_2 を代入して

$$v_1=v_0-g\left(\frac{2v_0}{g}\right)=-v_0 \qquad \text{答 } v_0$$

基本問題

1▶平均の速さ，瞬間の速さ 右下図は，x 軸上の原点 O を出発した物体の時刻 t〔s〕における位置 x〔m〕を表した x-t グラフである。

(1) 時刻が 0 s〜4.0 s，4.0 s〜8.0 s の間の平均の速さを求めよ。

(2) 時刻 4.0 s，時刻 8.0 s における瞬間の速さを求めよ。ただし，図中の B，C 点を通る直線はそれぞれ B，C 点における x-t グラフの接線である。

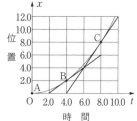

2▶等速直線運動とグラフ 右下のグラフは，x 軸上を運動する物体の位置 x〔m〕と時刻 t〔s〕の関係を示したものである。

(1) 物体の速さはいくらか。

(2) 縦軸に速度 v〔m/s〕，横軸に時刻 t〔s〕をとってグラフをかけ。

(3) 時刻 10 s における物体の位置 x〔m〕を求めよ。

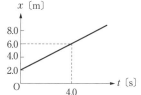

3▶加速度 次の(1)と(2)はそれぞれ，2.0 s 間で速さが 2.0 m/s から 8.0 m/s に加速する場合，(3)と(4)は 2.0 s 間で速さが 8.0 m/s から 2.0 m/s に減速する場合である。それぞれの場合の加速度の大きさと向きを答えよ。ただし，東向きを正の向きとして計算せよ。

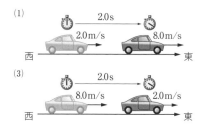

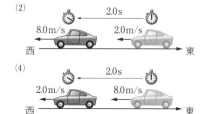

4▶加速度，等加速度直線運動 20 m/s で走る自動車が急ブレーキをかけ，一様に減速させたら，減速し始めてから 4.0 s 後に停止した。

(1) このときの加速度の大きさと向きを求めよ。

(2) 自動車が進んだ距離を求めよ。

5▶等加速度直線運動 新幹線が駅を出発して，一定の加速度 0.40 m/s² で加速した。

(1) 時速が 216 km/h になるのは出発してから何分何秒後か。

(2) 時速 216 km/h に達したとき，その地点の駅からの距離を求めよ。

(3) 駅を出発して 8000 m の地点を通過するときの速さはいくらか。

6 ▶ 等加速度直線運動

⑴ 72 km/h で走っていた自動車がブレーキをかけたところ，一様に減速し，4.0 秒後に速さが 36 km/h になった。この間に自動車が進んだ距離を求めよ。

⑵ 16 m/s で走っていた自動車がブレーキをかけ，32 m 進んで止まった。このときの加速度の大きさと向きを求めよ。

7 ▶ 等加速度直線運動と v-t グラフ　右図は x 軸上の原点 O を初速 2.0 m/s で出発した物体の時刻 t〔s〕における速度 v〔m/s〕を表した v-t グラフである。

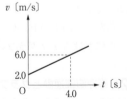

⑴ 加速度の大きさを求めよ。

⑵ 時刻 0～4.0 s 間に移動した距離はいくらか。

8 ▶ 等加速度直線運動と v-t グラフと進んだ距離　直線上の道路を 20 m/s で走っていた自動車がブレーキをかけ，5.0 s 後に停止した。右図はそのときの自動車の v-t グラフである。

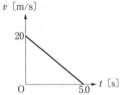

⑴ 自動車がブレーキをかけてから止まるまでに進んだ距離を右図を利用して求めよ。

⑵ ブレーキをかけているときの加速度の大きさと向きを求めよ。

9 ▶ 速度の合成　静水に対して 3.0 m/s の速さで進む船を，1.0 m/s の流れの川で運転した。

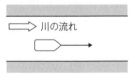

⑴ 船首を流れの方向に向けたとき，岸に対する船の速さと向きを求めよ。

⑵ 船首を流れと逆向きに向けたとき，岸に対する船の速さと向きを求めよ。

⑶ この船で，A 地点から 20 km 下流の B 地点まで行き，さらに A 地点までさかのぼってくるときの所要時間はいくらになるか。また，このときの平均の速さはいくらか。ただし，B 地点での停泊時間は無視する。

10 ▶ 相対速度　列車が 30 m/s の速さで進み，そのすぐわきの道路を自動車が同じ向きに 20 m/s の速さで進んでいる。次の問いに答えよ。

⑴ 列車から見た自動車の相対速度の大きさと向きを求めよ。

⑵ 自動車から見た列車の相対速度の大きさと向きを求めよ。

11▶自由落下運動　水面から 4.9 m の高さにある橋の上から小石を静かに落とした。落としてから石が水面に達するまでの時間と，石が水面に達する直前の速さを求めよ。ただし，重力加速度の大きさを 9.8 m/s² とする。

12▶鉛直投げ下ろし運動　ボールを鉛直下向きに，9.8 m/s の速さで投げ下ろした。重力加速度の大きさを 9.8 m/s² として，次の問いに答えよ。
(1)　投げ下ろしてから 2.0 s 後の速さはいくらか。
(2)　投げ下ろしてから 2.0 s 間でボールが落下する距離はいくらか。

13▶鉛直投げ上げ運動　地上からボールを鉛直上向きに，19.6 m/s の速さで投げ上げた。重力加速度の大きさを 9.8 m/s² として，次の問いに答えよ。
(1)　最高点に達するまでの時間はいくらか。
(2)　最高点の高さはいくらか。
(3)　ボールの速度が下向きに 14.7 m/s になるのは，投げ上げてから何 s 後か。
(4)　ボールが投げ上げた地点にもどるときの速さはいくらか。

14▶自由落下運動と鉛直投げ上げ運動　下図のように，高さ h の位置から小物体 A を静かに離すと同時に，地面から小物体 B を鉛直上方に速さ v で投げ上げたところ，2 つの小物体は同時に地面に到達した。v を表す式として正しいものを，下のア～オのうちから 1 つ選べ。ただし，2 つの小物体は同一鉛直線上にないものとし，重力加速度の大きさを g とする。

ア．$\dfrac{\sqrt{gh}}{2}$　　イ．$\sqrt{\dfrac{gh}{2}}$　　ウ．$\sqrt{gh}$

エ．$\sqrt{2gh}$　　オ．$2\sqrt{gh}$

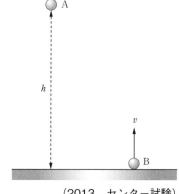

(2013　センター試験)

発展例題4　等加速度直線運動

図のように斜面上で，鉄球に点Aから速さ2.0 m/sの初速度を与えたところ，1.0 s後に斜面上の最高点Bに達し，その後鉄球は斜面を下り，点Aから斜面に沿って3.0 m下の点Cを通過した。鉄球の運動は等加速度直線運動であるものとして，次の問いに答えよ。

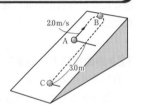

(1) このときの加速度aの大きさと向きを求めよ。

(2) 点Aと点Bの距離lはいくらか。

(3) 初速度を与えた時刻を0 sとして，再び点Aを通過する時刻t_1を求めよ。

(4) 点Cを通過する時刻t_2を求めよ。また，通過するときの速度Vを求めよ。

●考え方
(1) 最高点では鉄球の速さが0 m/sになる。
(3) 鉄球が再び点Aを通過するとき，$x=0$ mの位置にある。

解答

点Aを原点にとり，斜面に沿って上向きにx軸をとる。

(1) 最高点では速さが0 m/sになるから，$a=\dfrac{v_2-v_1}{t_2-t_1}$ より

$$a=\frac{0-2.0\text{ m/s}}{1.0\text{ s}-0\text{ s}}=-2.0\text{ m/s}^2$$

答 2.0 m/s²，斜面方向下向き

〈別解〉　$v=v_0+at$ より，最高点では$v=0$だから

$0=2.0+a\times1.0$ より $a=-2.0$ 〔m/s²〕

(2) $x=v_0t+\dfrac{1}{2}at^2$ より

$$l=2.0\text{ m/s}\times1.0\text{ s}$$
$$+\frac{1}{2}\times(-2.0\text{ m/s}^2)\times(1.0\text{ s})^2$$
$$=1.0\text{ m}$$

答 1.0 m

〈別解〉　v-tグラフの面積は距離を表すので

$$l=\frac{1}{2}\times1.0\text{ s}\times2.0\text{ m/s}$$
$$=1.0\text{ m}$$

(3) 点Aでは$x=0$ mだから

$x=v_0t+\dfrac{1}{2}at^2$ より

$$0=2.0t_1-\frac{1}{2}\times2.0t_1{}^2$$
$$t_1(2.0-1.0t_1)=0$$

ゆえに　$t_1=0,\ 2.0$

$t_1\neq0$だから　$t_1=2.0$〔s〕　**答 2.0 s**

〈別解〉　右図の三角形は合同なので

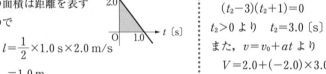

AからBへ進む距離
BからAへ進む距離

$t_1-1.0=1.0$

$t_1=2.0$〔s〕

(4) 点Cでは，$x=-3.0$ mだから

$$-3.0=2.0t_2-\frac{1}{2}\times2.0t_2{}^2$$
$$t_2{}^2-2t_2-3=0$$
$$(t_2-3)(t_2+1)=0$$

$t_2>0$ より　$t_2=3.0$〔s〕　**答 3.0 s**

また，$v=v_0+at$ より

$$V=2.0+(-2.0)\times3.0=-4.0$$

答 4.0 m/s，斜面方向下向き

発展問題

15 ▶ 等加速度直線運動の実験 台車を斜面の上から静かにはなして転がし，その運動をタイマーで調べる実験をした。テープの打点が混んでいる打ち始めの部分はカットし，テープの図の位置を時刻 $t=0$ s とし，0.10 s ごとの移動距離を測り，下の表に示した。

区間番号	1	2	3	4	5	6
区間の距離	2.4 cm	3.2 cm	4.1 cm	4.7 cm	5.6 cm	6.4 cm

斜面方向の下向きを正として，次の問いに答えよ。

(1) 瞬間の速度 v と時刻 t の関係をグラフ（v-t グラフ）に示せ。

(2) $t=0$ s の台車の位置を $x=0$ m として，位置 x と時刻 t の関係をグラフ（x-t グラフ）に示せ。

(3) 台車の加速度の大きさと向きを求めよ。

(4) 時刻 t〔s〕における台車の速度 v〔m/s〕を表す関係式（v と t の関係式）と，時刻 t〔s〕における台車の位置 x〔m〕を表す関係式（x と t の関係式）をかけ。

(5) 時刻 2.0 s 後には台車は原点（$x=0$ m）からどの位置にいるか。

(6) 台車をはなしたのは $t=0$ s の何秒前で，その位置は原点から何 cm 離れているか。

ヒント (1) 0.20 s〜0.30 s の平均の速さは 0.25 s における瞬間の速さになっている。

16 ▶ 鉛直投げ上げ運動 高さ 19.6 m のがけの上から，真上に初速度 14.7 m/s でボールを投げた。ボールは最高点に達した後，がけの横を通り，海面に落下した。重力加速度の大きさを 9.8 m/s^2 として，次の問いに答えよ。

(1) 投げてから海面に落下するまでの時間はいくらか。

(2) 海面に達する瞬間の速さはいくらか。

17 ▶ 等加速度直線運動 右下の図は，x 軸上を運動する物体が原点 O を正の向きに通過してからの速度 v と，経過時間 t の関係を示す v-t グラフである。

(1) この物体の加速度 a はどの向きに何 m/s^2 か。

(2) 物体が原点から最も遠ざかった位置 x_1 は何 m か。

(3) $t=12.0$ s における物体の変位 x_2 はいくらか。

(4) 12.0 s 間に運動した距離（通過距離）l は何 m か。

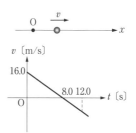

18▶等加速度直線運動　一直線上を等加速度
直線運動している物体が，時刻0sに点Oを
12m/sで右向きに通過し，その後，点Oから

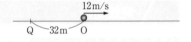

左に32m離れている点Qを左向きに通過した。この間，物体の加速度の大きさは 4.0
m/s^2 であった。次の問いに答えよ。

(1)　この物体が最も右へ達した時刻とその地点Pと点Oとの距離を求めよ。

(2)　時刻0sから4.0sまでの間に物体が動いた道のりの長さはいくらか。

(3)　物体が点Oを再び通過する時刻とそのときの速さはいくらか。

(4)　物体が点Qを通過するときの時刻と速さはいくらか。

(5)　点Oを原点に，右向きにx軸をとるとき，物体が点Oを右向きに通過してから点
Qを左向きに通過するまでのx-tグラフの概形をかけ。

ヒント (5)　$x = v_0 t + \dfrac{1}{2} at^2$ においてaが負である。tに関する2次関数である。

19▶等加速度直線運動　ドライバーが自動車を運転中，危険を感じてからブレーキを
踏み，ブレーキが効き始めるまで約1秒かかる。その間，自動車は等速で進む(空走)。
速さ14.0 m/s(時速約50 km)の自動車の空走距離は14.0 m，ブレーキが効いて止まる
までの距離(制動距離)は乾いた路面で18.0 mである。すなわち，ドライバーが危険を
察知してから停止するまでには合計32.0 m進んでしまう。次の問いに答えよ。

(1)　危険を感じてから時速50 kmの自動車が止まるまでのv-tグラフをかけ。ただし，
減速中の自動車の加速度は一定とする。

(2)　自動車の速さが時速100 kmの場合，停止するまでに進む距離を(1)のv-tグラフを
もとに求めよ。ただし，減速時の加速度は一定で変わらないものとする。

ヒント (2)　空走距離と制動距離がv-tグラフのどの部分の面積かを考える。

20▶自由落下運動と鉛直投げ上げ運動　地上の点Aより，小球aを
鉛直上向きにv_0の速さで打ち上げ，同時に点Aの真上の高さHの点
Bより，他の小球bを静かにはなして落下させ，aとbを衝突させた。
重力加速度の大きさをgとして，次の問いに答えよ。

(1)　打ち上げられてから衝突するまでの時間tはいくらか。

(2)　衝突する点の地上からの高さhはいくらか。

(3)　衝突する直前のa，bの速さv_a，v_bはそれぞれいくらか。

ヒント　t秒間でaとbが動いた距離を式で表し，それぞれを加える
とHになる。

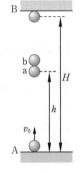

21▶相対速度　図のように，一直線上の道路上を前後に等速で並んで走る2台の車A，Bがあり，自動車Aは25.0 m/s，自動車Bは28.0 m/sの速さで走っている。2台の車が接近しすぎて距離が30.0 mになったのでBがブレーキを10 s間かけ，この間Bは0.60 m/s²の一定の大きさの加速度で減速した。一方，その間Aの速度は一定であった。次の問いに答えよ。

(1)　AとBが最も近づくのはBがブレーキをかけてから何s後か。

(2)　AとBが最も近づいたとき，AB間の距離はいくらか。

(3)　Bがブレーキをかけ終わったとき，Bに対するAの相対速度の大きさと向きを求めよ。

ヒント (1)　Bがブレーキをかけてt〔s〕後の速度を考える。ABが最も近づいたとき，Bに対するAの相対速度はいくらになるか。

22▶等速直線運動，等加速度直線運動　物体が水平面上に静止している。この物体を，時刻0 sから移動させ始めて，時刻Tに距離Lだけ離れた地点を通過させることを考える。A，B二人の人がそれぞれ別な力の加え方をして物体を移動させた。Aの場合は，最初から最後まで一定の加速度で運動させた。Bの場合は，距離$\dfrac{L}{2}$の中間地点まで一定の加速度で運動させ，中間地点以降については中間点の時の速度で等速直線運動させた。

A，Bそれぞれの場合について，物体の速さv〔m/s〕を時刻t〔s〕$(0 \leqq t \leqq T)$の関数としてグラフにかけ。その際，グラフ中のV_Aは，Aの場合の時刻Tにおける速さを表す。

また，A，Bそれぞれの場合の時刻Tにおける速さを，T，Lを用いて表せ。

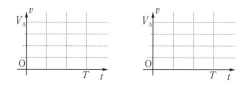

ヒント 物体Aのv-tグラフの面積をマス目の数に注目して求めてみよ。それがLである。

(2008　東京大　改)

2 力

❶ 力

◆1 力 物体を変形させたり，速さや運動の向きを変える原因となる。

力の基本的性質

①物体は必ず他の物体から力を受ける。力は物体から物体に作用する。

注意：どの物体からどの物体に力がはたらいているかを明確にすること。

②重力や電気力，磁気力など（遠隔力）を除いて，物体は接触しているまわりの物体から力を受ける。

注意：着目した物体にはたらく力を過不足なくみつけるために，その物体がまわりの物体と接触している点に着目する。

手がばねから力を受ける　　物体が糸から力を受ける　　ボールがバットから力を受ける

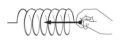 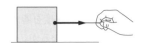

◆2 質量と重力

①**質量** 物体固有の，物体そのものの量。単位は kg。

②**地球上の重力** 物体が地球から受ける力。質量に比例する。

質量 m〔kg〕の物体が地表にあるとき

重力 $W = mg$ 　g：重力加速度〔m/s²〕

◆3 フックの法則 ばねは変形すると，元に戻ろうとして他の物体に弾性力を及ぼす。ばねの自然長からの変形の長さ x〔m〕と弾性力 F〔N〕は比例する。

弾性力 $F = kx$ 　k：ばね定数〔N/m〕

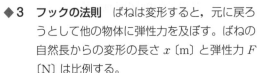

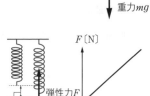

◆4 力の表し方 力は速度のように大きさと向きがあるので，矢線（ベクトル）で表し $\vec{F}$ のように記す。F のように矢印がない場合は力の大きさを表す。

①**作用点**……物体が力を受ける点。

②**作用線**……作用点を通り力の方向に沿って引いた直線

③**力の三要素**……大きさ，向き，作用点

④**接触力**……抗力・張力・弾性力・摩擦力など

遠隔力……重力・静電気力・磁力

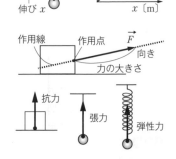

❷ 力のつり合い

◆1 **2力のつり合い**　静止した物体が，逆向きで同じ大きさの2力を同一作用線上で受けるとき，物体は静止したままである。このとき2力はつり合っているという。

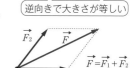
逆向きで大きさが等しい

◆2 **力の合成**　1つの物体がいくつかの力 $\vec{F_1}$, $\vec{F_2}$, $\vec{F_3}$, … を同時に受けるとき，これらと同等の働きをする1つの力 $\vec{F}$ を合力といい，合力を求める操作を力の合成という。

$$\vec{F} = \vec{F_1} + \vec{F_2}$$

合力は　$\vec{F} = \vec{F_1} + \vec{F_2} + \vec{F_3} + \cdots$ のように表す。

◆3 **力の分解**　力の合成とは反対に，1つの力 $\vec{F}$ をこれと同等の働きをする2つの力に分けることを力の分解という。分解された2つの力を分力という。

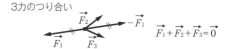
y 軸方向の分力

$F_x = F\cos\theta$
$F_y = F\sin\theta$
$F = \sqrt{F_x{}^2 + F_y{}^2}$

x 軸方向の分力

◆4 **力のつり合い**　静止物体に力 $\vec{F_1}$, $\vec{F_2}$, $\vec{F_3}$, …が働き，その合力の大きさが0であれば静止したままである。

$$\vec{F} = \vec{F_1} + \vec{F_2} + \vec{F_3} + \cdots = \vec{0}$$

力のつり合いの条件を x, y 成分で表すと

$$\begin{cases} F_{1x} + F_{2x} + F_{3x} + \cdots = 0 \\ F_{1y} + F_{2y} + F_{3y} + \cdots = 0 \end{cases}$$

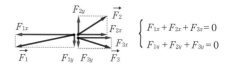
3力のつり合い

$$\vec{F_1} + \vec{F_2} + \vec{F_3} = \vec{0}$$

3力の成分のつり合い

$$\begin{cases} F_{1x} + F_{2x} + F_{3x} = 0 \\ F_{1y} + F_{2y} + F_{3y} = 0 \end{cases}$$

❸ 作用反作用の法則

◆1 **作用反作用の法則（運動の第三法則）**

2つの物体が互いに力を及ぼし合っているとき，一方の力を**作用**，もう一方の力を**反作用**という。作用と反作用は同一直線上にあり，互いに逆向きで大きさは等しい。

2つの物体の運動状態にかかわらず，常に成り立つ。

A君とBさんの押し合い
$$\begin{cases} \vec{F_A} : A\text{君がBさんから受ける力} \\ \vec{F_B} : B\text{さんがA君から受ける力} \end{cases}$$

◆2 **力のつり合いと作用反作用**

力のつり合いの関係……着目する1物体が受ける力の関係
作用反作用の法則……2物体のそれぞれに働く力の関係

（上図の $\vec{F_A}$ と $\vec{F_B}$ は作用反作用の関係）

❹ いろいろな力

◆1 **抗力** 物体が接触している面から受ける力を**抗力**といい，

　　抗力の垂直方向の分力を**垂直抗力**

　　抗力の水平方向の分力を**摩擦力**という。

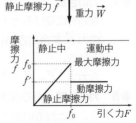

◆2 **摩擦力**

　　静止している状態で物体が受ける摩擦力を**静止摩擦力**といい，物体が動き出す直前に物体が受ける静止摩擦力を**最大摩擦力**という。最大摩擦力 f_0 〔N〕は垂直抗力 N 〔N〕に比例する。

　　　最大摩擦力　$f_0 = \mu N$　　μ：静止摩擦係数

μ は物体と接触面の材質や状態により決まる定数で，接触面積の大小に関係しない。静止摩擦力を f とすると，$f \leqq f_0 = \mu N$

面に対し物体が滑っているとき，物体が受ける摩擦力を**動摩擦力**という。動摩擦力 f' 〔N〕は垂直抗力 N 〔N〕に比例する。

　　　動摩擦力　$f' = \mu' N$　　μ'：動摩擦係数

注意：同じ接触面では，静止摩擦係数より動摩擦係数のほうが小さい。

◆3 **水圧**

　　①**圧力**　面積 S 〔m²〕を垂直に押す力が F 〔N〕であるとき，1 m² あたりの力を**圧力**という。

　　　圧力　$P = \dfrac{F}{S}$　　F：垂直に押す力〔N〕
　　　　　　　　　　　　S：面積〔m²〕

　　圧力の単位は N/m² となる。これを Pa（パスカル）という（1 Pa＝1 N/m²）。

　　②**水圧**　水中にある面が，水から受ける圧力を**水圧**という。深さ h 〔m〕の面の水圧は，その上の水柱が押す圧力と大気圧 P_0 〔Pa〕の合計である。水の密度が ρ 〔kg/m³〕のとき，水柱の質量は ρSh 〔kg〕だから，水柱が面を押す力は ρShg 〔N〕となる（g は重力加速度）。

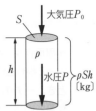

　　　水圧　$P = \dfrac{\rho Shg}{S} + P_0 = \rho g h + P_0$　　P_0：大気圧〔N/m²〕
　　　　　　　　　　　　　　　　　　　　　　g：重力加速度〔m/s²〕

　　深さが同じならば，水圧はどの向きにも同じ大きさで作用する。

◆4 **浮力**　水中で，物体の表面が受ける水圧の合力は上向きである。この上向きの力を**浮力**という。

　　浮力は，物体が押しのけた体積の液体に働く重力と大きさが等しい。これを**アルキメデスの原理**という。

　　　浮力　$F = \rho V g$　　V：物体が押しのけた液体の体積〔m³〕

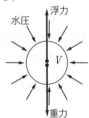

WARMING UP／ウォーミングアップ

1 図のりんごは，何から力を受けるか。力を図に示し，何から受ける力か記せ。

2 地上にある質量 5.0 kg の物体が地球から受ける重力の大きさはいくらか。ただし，重力加速度の大きさを 9.8 m/s² とする。

3 月面では重力が $\frac{1}{6}$ になる。質量 1.0 kg の物体が地表で地球から受ける重力は 9.8 N である。月面上では，この物体の質量と月から受ける重力はいくらか。

4 ばね定数 8.0 N/m のばねを 5.0 cm のばした。弾性力の大きさはいくらか。

5 次の力を合成，分解せよ。

(1) 合成

(2) 分解（x, y 方向に分解する）

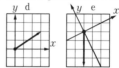

6 机の上に物体がのって静止している。物体は，地球からの重力と机からの抗力を受けている。この 2 力は，作用反作用の関係にあるか，それともつり合いの関係か。

7 次の文章の（　）に適する数字・文字式・記号を入れよ。

(1) 水平面上に重力の大きさが 2.0 N の物体を置き，物体に 1.0 N の力を水平に加えたところ物体は静止したままだった。このとき物体に働く静止摩擦力の大きさは（　ア　）N である。水平に加える力を徐々に大きくしていくとき，1.2 N を超えると物体は滑り出した。このときの最大摩擦力の大きさは（　イ　）N で，物体と面との間の静止摩擦係数は（　ウ　）である。

(2) 大気から F〔N〕の力が面積 S〔m²〕の水平な面にかかっている。F と S を用いると大気圧は（　エ　）と表され，その単位を 1 つの記号で表すと（　オ　）である。

8 大気圧を 1.0×10^5 Pa，水の密度を 1.0×10^3 kg/m³，重力加速度の大きさを 9.8 m/s² とすると，水深 20 m の水圧は何 Pa か。

9 体積が 1.0 m³ の石材を水に沈めた。石材が受ける浮力の大きさはいくらか。水の密度を 1.0×10^3 kg/m³，重力加速度の大きさを 9.8 m/s² とする。

基本例題 5　力のつり合い

図のように 2 本のひもで重さが 40 N の物体をつるした。

(1) 右図の重力の矢線（ベクトル）をもとに，ひも A とひも B の張力の合力を図示し，その合力からひも A，ひも B の張力を図示せよ。

(2) (1)の図をもとに，ひも A の張力の大きさ F_A とひも B の張力の大きさ F_B をそれぞれ求めよ。

●考え方　ひも A とひも B の張力の合力 $\vec{F}$ は重力と大きさが同じで逆向きとなる。合力 $\vec{F}$ をひも A 方向とひも B 方向に分解すれば，それぞれの張力の矢線（ベクトル）が得られる。

解 答

(1)

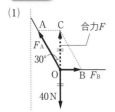

(2) 図の △AOC に着目すると

$$F_A \cos 30° = 40 \text{ N}$$

ゆえに $F_A = 40 \text{ N} \times \dfrac{2}{\sqrt{3}} = 46.2 \text{ N}$

また，$F_A \sin 30° = F_B$ より

$$F_B = 40 \text{ N} \times \dfrac{2}{\sqrt{3}} \times \dfrac{1}{2} = 23.1 \text{ N}$$

答 $F_A = 46 \text{ N}$，$F_B = 23 \text{ N}$

〈別解〉　水平方向と鉛直方向に力を分解して，水平成分と鉛直成分のつり合いで考える。

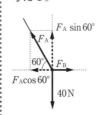

水平方向の力のつり合いより

$$F_B - F_A \cos 60° = 0 \quad \cdots ①$$

鉛直方向の力のつり合いより

$$F_A \sin 60° - 40 = 0 \quad \cdots ②$$

①，②より　$F_A = 46 \text{ (N)}$，$F_B = 23 \text{ (N)}$

基本例題 6　力のつり合いと作用反作用

水平な机の上に本がのっていて，本の上にりんごが置いてある。図の F_1 から F_6 までの力は，りんご，本，机が受けている力のいずれかである。

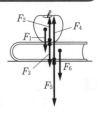

(1) りんごに働く力を $F_1 \sim F_6$ から選べ。

(2) 本が受ける力（本に働く力）を $F_1 \sim F_6$ から選べ。

(3) F_1 の反作用は何が何から受ける力か。

(4) F_1 から F_6 までの力で，力のつり合いの関係にある力をすべてあげよ。

(5) F_1 から F_6 までの力で作用反作用の関係にある力をすべてあげよ。

●考え方 $F_1 \sim F_6$ の力がどの物体がどの物体から受ける力なのかを考える。
「物体 A が物体 B から受ける力」を作用としたとき，その反作用は「物体 B が物体 A から受ける力」である。

解 答

(1)
F_1：りんごが地球から受ける力（重力）
F_2：りんごが本から受ける力（抗力）
(2)　F_3：本がりんごから受ける力，
F_4：本が机から受ける力，
F_6：本が地球から受ける力（重力）

(3)　地球がりんごから受ける力。
(4)　F_1 と F_2，F_3 と F_4 と F_6
（りんごに働く 2 力と本に働く 3 力は，それぞれつり合っている。）
(5)　F_2 と F_3，F_4 と F_5

基本例題 7　摩擦力

摩擦のある斜面上に重さが W の物体を置いたところ，物体は斜面上に静止した。斜面の傾きを θ として，次の問いに答えよ。

(1)　物体が受ける静止摩擦力の大きさはいくらか。

(2)　斜面の傾きをしだいに大きくすると，斜面の角度が θ_0 を超えたとき物体が滑り始めた。物体と面との間の静止摩擦係数 μ が $\tan\theta_0$ に等しいことを証明せよ。

●考え方
(1)　物体が受ける力は，重力と斜面から受ける力（抗力）の 2 つあり，この 2 力はつり合っている。抗力を斜面に平行な方向と垂直な方向に分けて考える。斜面に平行な力が静止摩擦力，垂直な力が垂直抗力となる。
(2)　物体が滑り出す直前の静止摩擦力が最大摩擦力になる。

解 答

(1)　抗力の大きさを R とすると，静止摩擦力の大きさ f は，右図から
　$f = R\sin\theta$
重力と抗力はつり合っているから，
$W = R$ より　$f = W\sin\theta$
答　$W\sin\theta$

(2)（記述例）　垂直抗力を N とすると，△ABC において　$\tan\theta = \dfrac{f}{N}$

物体が滑り出す直前（$\theta = \theta_0$）では，静止摩擦力は最大摩擦力 f_0 になっている。

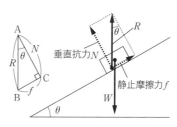

ゆえに　$\tan\theta_0 = \dfrac{f_0}{N}$，　$f_0 = \tan\theta_0 N$　…①

一方，静止摩擦係数を μ として
　$f_0 = \mu N$　…②

①，②を比較して　$\mu = \tan\theta_0$　**答**

基本問題

23▶力の表現　図のように，机の上に本がのっている。図のア〜ウの力は何が何から受ける力か。

24▶力のつり合い　図のように，重力の大きさがともに10NのおもりAとBを糸でつなぎ，天井からつるした。糸の重さは無視するものとして，次の問いに答えよ。

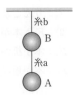

(1) おもりAが受ける力を図示し，それらの力の大きさと何から受ける力かを答えよ。

(2) おもりBが受ける力を図示し，それらの力の大きさと何から受ける力かを答えよ。

ヒント　糸のつり合いを考えると，糸の重さは無視しているので，糸aが上端と下端で，AとBから引かれる力の大きさは等しい。

25▶力の合成と分解　次の(1)，(2)，(3)の力の合力を作図し，その大きさを答えよ。また，(4)の力を点線の方向に分解して力の分力を作図し，それぞれの分力の大きさを答えよ。

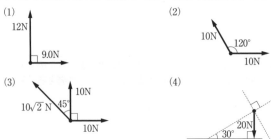

(1) 12N 9.0N

(2) 10N 120° 10N

(3) $10\sqrt{2}$ N 45° 10N 10N

(4) 20N 30°

26▶3力のつり合い　A君とB君が二人で荷物を持っているが，綱の長さが左右で異なるので，図のような角度で引っ張っている。荷物の重力の大きさを100Nとすると，A君が持つ綱の張力の大きさT_1，B君が持つ綱の張力の大きさT_2はそれぞれいくらか。綱の重さは無視できるものとする。

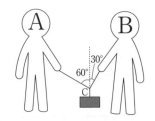

27▶力のつり合いと作用反作用　図の力の矢線（ベクトル）は，A君とB君が綱引きをしているとき，水平方向に働く力を表している。2人とも動かないとき，水平方向のつり合いの関係にある力と作用反作用の関係にある力をすべて答えよ。さらに，A君がB君を引いて左に動き出すとき，力の大きさの大小関係を答えよ。

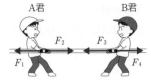

28▶力のつり合いと作用反作用 床の上に立っている重さ(重力の大きさ)が 600 N の A 君が,天井からぶら下がっているロープを真下に 200 N の大きさの力で引いた。A 君が受けている力をかき,その力の大きさと,何から受けている力かを説明せよ。

29▶力のつり合いとフックの法則 図のように,質量 0.50 kg の小球にひもをつけ,ばね定数 49 N/m の軽いつるまきばねで水平に引いたら,糸は鉛直線と 45° の角度をなしてつり合った。このとき引いた力を F とする。ひもの張力の大きさ T とばねの伸び x を求めよ。ただし,重力加速度の大きさを 9.8 m/s² とする。

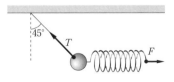

30▶力のつり合いと摩擦力 粗い水平面上で,重さが W の物体を置き,物体に対し $\frac{1}{2}W$ の力を水平に加えたところ物体は静止したままだった。物体が水平面から受ける力を図示せよ。ただし,物体は十分に小さく,力の作用点をすべて図の点 O にとって作図してよいものとする。

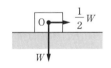

31▶摩擦力 床の上に重さが 10 N の木片を置いて水平に引いた。床と木片との間の静止摩擦係数を 0.40,動摩擦係数を 0.30 とする。次の問いに答えよ。
(1) 1.0 N で引いたら,木片は動かなかった。木片に働く摩擦力はいくらか。
(2) 引く力がいくらを超えると木片が動き出すか。
(3) 動き出した木片を一定の速さで引いた。このとき働く動摩擦力の大きさはいくらか。

32▶摩擦力と斜面 傾きが θ の粗い斜面上に質量 m の物体が静止している。物体と斜面との間の静止摩擦係数を μ,重力加速度の大きさを g とするとき,次の問いに答えよ。
(1) 物体に,斜面に沿って上向きに力を加えるとき,力の大きさをいくらより大きくすると,物体が滑り出すか。
(2) 物体に,斜面に沿って下向きに力を加えるとき,力の大きさをいくらより大きくすると,物体が滑り出すか。

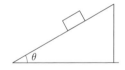

33▶フックの法則（つながれたばねの弾性力） 重さが 1.0 N のおもり
をつるすと 10 cm 伸びるばねがある。ただし，ばねの重さは無視できる。

(1) ばね定数はいくらか。

(2) このばねを下図の(a)，(b)，(c)のようにつないだ。ばねの伸びの長さ
はそれぞれいくらか。ばねにつるすおもりの重さはすべて 1.0 N とする。

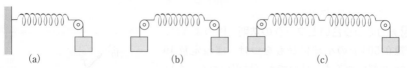

(a)　　　　　　　　(b)　　　　　　　　(c)

34▶フックの法則 ばね定数が 50 N/m の同じばねを数本用
意し，図の(a)，(b)のようにつなぎ，重さが 5.0 N のおもりをつ
るした。それぞれのばねの自然長からの伸びの長さはいくらか。
ばねの重さは無視できるものとする。

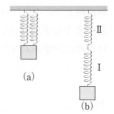

(a)

(b)

35▶摩擦力 重さ 5.0 N の木片が水平な机の上に置かれて
いる。木片と机の間の静止摩擦係数を 0.50 とするとき，次
の問いに答えよ。

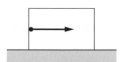

(1) 木片を水平に押したとき，いくらより大きな力で押す
と，木片は滑り出すか。

次に，右図のように，鉛直下向きに 2.0 N の大きさの力で押しつ
けている状態で，木片を水平に押した。

(2) 木片を水平に 3.0 N の大きさの力で押したとき，木片は静
止したままだった。このとき，木片に働いている静止摩擦力
の大きさはいくらか。

(3) 水平に押す力をいくらより大きくすると，木片は滑り出すか。

36▶摩擦力 摩擦のある壁に，質量 m の物体を垂直に押しつける。物体が静止するた
めには，手が押す力がいくら以上でなければならないか。ただし，物体と壁との静止摩
擦係数を μ，重力加速度の大きさを g とする。また，手と物体の間の摩擦は無視できる
ものとする。

37▶浮力 断面積 S で高さが L の直方体の物体を底面を水平にして密度 ρ の水中に沈めた。水面から直方体の上面までの深さを h，重力加速度の大きさを g，大気圧を P_0 とするとき，次の問いに答えよ。

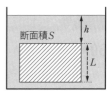

(1) 物体の上面と底面が水から受ける水圧をそれぞれ求めよ。

(2) (1)の結果から物体が受ける浮力の大きさを求めよ。

38▶氷山の浮力 密度 ρ_0 の氷でできている，体積 V の氷山が，密度 $\rho(>\rho_0)$ の海水に浮かんでいる。重力加速度の大きさを g とするとき，次の問いに答えよ。

(1) 氷山の重さ(重力の大きさ)はいくらか。

(2) 重力と浮力のつり合いから，氷山の海面下の体積を求めよ。

(3) 氷の密度を $\rho_0=9.17\times10^2\,\mathrm{kg/m^3}$，海水の密度を $\rho=1.02\times10^3\,\mathrm{kg/m^3}$ とする。海面下の氷山の体積は，全体の体積の何％か。

発展例題 8　摩擦力，滑り出す条件

重さが $1.0\,\mathrm{N}$ の物体を水平面に置き，水平と $30°$ の向きに引いて，物体を水平方向に動かす。いくらより大きな力で引いたらよいか。ただし，物体と面との間の静止摩擦係数 μ を 0.50 とする。

●考え方　滑り出す直前において，物体が受ける摩擦力は最大摩擦力 f_0 になっている。
静止摩擦係数を μ，垂直抗力を N とすると，$f_0=\mu N$ である。滑り出す直前の引く力の大きさを T とし，力を水平方向と鉛直方向に分けて，それぞれの方向についてつり合いの式をつくる。

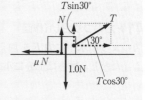

解答

滑り出す直前で考える。物体が受ける力は，重力 $1.0\,\mathrm{N}$，引く力 T〔N〕，最大摩擦力 μN〔N〕，垂直抗力 N〔N〕である。引く力を水平方向と鉛直方向に分け，図示すると上図のようになる。

水平方向の力のつり合いより
$$T\cos30°-0.50N=0 \quad \cdots①$$
鉛直方向の力のつり合いより
$$T\sin30°+N-1.0=0 \quad \cdots②$$
①，②から T を求めると
$$T=0.448〔N〕$$
答 $0.45\,\mathrm{N}$

発展問題

39▶力のつり合い　図のように，水平な天井から重さ 10 N のおもりをひもでつり下げた。ひも AC とひも BC の張力の大きさを求めよ。ただし，図の破線方向は鉛直方向である。

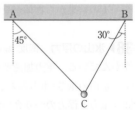

ヒント 力を水平方向と鉛直方向に分け，それぞれの方向で力のつり合いを考える。

40▶力のつり合い　図のように，長さ l と $2l$ の 2 本の糸で質量 M のおもりを水平な天井からつるした。このとき，2 本の糸のなす角度は 90° であった。長さ $2l$ の糸の張力の大きさ T を求めよ。ただし，重力加速度の大きさを g とする。

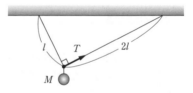

（2012　センター試験）

41▶力のつり合い（作図）　傾きが θ のなめらかな斜面上に，重さが W の物体を置き，図のように水平に力 F を加えて物体を静止させたい。力 F を作図しその大きさを求めよ。ただし，物体は十分に小さく，力の作用点をすべて図の点 O にとって作図してよい。

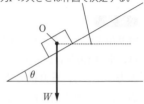

力Fの作用線
力Fの大きさは作図で決定する。

42▶ばねの接続　自然長が等しく，ばね定数が k_1 と k_2 のばねがある。
これらのばねを図のように並列につないで質量 m のおもりをつるした
ところ，ばねは共通にある長さだけ伸びた。重力加速度の大きさを g，
ばねの質量は無視できるものとして，次の問いに答えよ。

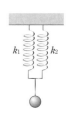

  (1)　ばねの伸びはいくらか。

  (2)　2つのばねを1つのばねとみなしたときのばね定数 k を求めよ。

次に，これらのばねを直列につないで質量 m のおもりをつるした。

  (3)　ばねの伸びはそれぞれいくらになるか。

  (4)　2つのばね全体ではいくら伸びたか。

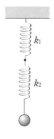

  (5)　2つのばねを1つのばねとみなしたときのばね定数 k を求めよ。

最後に，ばね定数 k のばねの全長を $a:b$ の比で切った。

  (6)　それぞれのばね定数はいくらか。

ヒント　(5)　2つのばねを1つのばねとみなし，全体の伸びを x とする
と，$mg = kx$ が成り立つ。

43▶U字管　図のように，太さが一様なU字管に水と油を
入れたところ，油の液面は水と油の境界面より 12.0 cm 高く，
水の液面は水と油の境界面より 10.0 cm 高くなった。大気
圧を 1.00×10^5 Pa，水の密度を 1.00×10^3 kg/m³，重力加速
度の大きさを 9.80 m/s² とする。

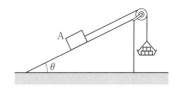

(1)　水と油の境界面での水圧はいくらか。

(2)　油の密度はいくらか。

44▶摩擦力，滑車，斜面　傾きが θ の摩擦のある
斜面上に質量 m の物体Aを置き，物体Aに糸をつ
け，糸をなめらかな滑車に通す。次に，糸のもう一
端に皿をつけ，皿におもりをのせてつるし手で押さ
えておく。いま，皿にのせるおもりの質量を変えて

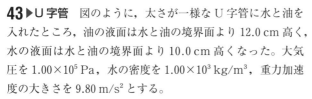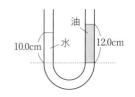

運動を調べた。糸，滑車，皿の重さは無視できるものとする。重力加速度の大きさを g，
物体Aと斜面との間の静止摩擦係数を $\mu (< \tan\theta)$ として，次の問いに答えよ。

(1)　皿にのせるおもりの質量を徐々に大きくしていくと，Aは斜面に沿って上向きに動
    き出した。おもりの質量がいくらより大きいと，物体Aは上向きに滑り出すか。

(2)　皿にのせるおもりの質量を徐々に小さくしていくと，Aはやがて斜面に沿って下向
    きに動き出した。おもりの質量がいくらより小さいと，Aは下向きに滑り出すか。

45▶浮力とはかり　密度 ρ_1，体積 V の物体を糸につるす。台ばかりの上にはビーカーがあり，ビーカーには密度 ρ_2 の液体が入っている。いま，糸につるした物体をこの液体中に完全に浸した。液体とビーカーを合わせた質量を M とし，重力加速度の大きさを g とする。

(1)　糸の張力の大きさを求めよ。

(2)　ビーカーがはかりを押す力の大きさを求めよ。

密度 ρ_1
体積 V

密度 ρ_2

ヒント (2)　浮力の反作用が液体に作用している。

46▶浮力とはかり　図1のように水を入れたビーカーを台ばかりにのせると 200 g を示した。水の密度は 1.0 g/cm³，木片の密度は 0.80 g/cm³，重力加速度の大きさを 9.8 m/s² とする。

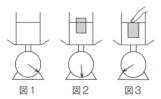

図1　　図2　　図3

(1)　図2のように，水に木片を浮かべると台ばかりは 240 g を示した。水面から上に浮かんでいる木片の部分は全体の体積の何％か。

(2)　図3のように，指で木片を押して水面から上に浮かんでいる部分を完全に水の中に押し込めた。このとき，指で押している力は何 N か。

(3)　(2)のとき，台ばかりの目盛りはいくらを示すか。

47▶力のつり合いと作用反作用　質量が60 kgのA君が体重計にのって，次の2つの実験をした。それぞれの場合について，A君が受ける力を図示し，それらの力の大きさと何から受ける力かを説明せよ。さらに，体重計が示す値を求めよ。ただし，ばねばかりとひもの重さは無視でき，1 kgに働く重力の大きさは9.8 Nとする。

(1)　天井からひもをつるし，ひもの一端にばねばかりをつける。体重計にのったA君が，ばねばかりが10 kgを示すように鉛直下向きに引く。

(2)　天井に滑車をつけてひもをかけ，ひもの一端はA君の体にしばりつける。ひものもう一端にはばねばかりをつけ，ばねばかりが10 kgを示すように鉛直下向きに引く。

ヒント　(2)では，人は手の部分と，背中の部分でひもから力を受けている。

48▶力のつり合いと作用反作用　右図のように，なめらかに動く滑車にひもを通し，ひもの一端にゴンドラをつり下げる。このひもの他端を台上にのった人が鉛直下向きに引いた。人の重さ（重力の大きさ）は600 N，ゴンドラは100 Nで，ひもの重さは無視できるものとする。

(1)　図の状態で，人がひもを引く力の大きさが200 Nであるとき，台が人から押される力はいくらか。

(2)　(1)のとき，床がゴンドラの台から押される力はいくらか。

(3)　ゴンドラの台が地面から離れるためには，人がひもを引く力の大きさをいくらより大きくしなければならないか。

(4)　人の重さをW_1，ゴンドラの重さをW_2とする。人が大きさTの力でひもを引くとき，台と人の間で及ぼし合う力の大きさをR，台が床から受ける力の大きさをNとして，人とゴンドラについてのつり合いの式をそれぞれ示せ。Tを大きくしていくとき，W_1とW_2の関係によっては自分自身が上がってしまい，ゴンドラと一緒に持ち上げられない場合がある。そのときのW_1とW_2の関係を，人とゴンドラについてのつり合いの式から求めよ。

3 運動の法則

◆1 慣性の法則（運動の第一法則）

慣性：物体がその速度（速さと向き）を一定に保とうとする性質

物体が受ける力の和（合力）が 0 のとき，物体は速度を一定に保つ。静止している物体は静止し続け，運動している物体は等速直線運動を続ける。

◆2 質量

質量：場所によって変わらない物体固有の量。物体の慣性の大きさ（運動の変えにくさ）を表している。慣性の大小は無重力の場所でも変わらない。

重さ：地球上で，物体に働く重力の大きさのことをいう。

◆3 運動の法則（運動の第二法則）

物体は力を受けると，力の向きに加速度を生じる。加速度の大きさは受ける力の大きさに比例し，質量（慣性の大きさ）に反比例する。

これを式で表すと　　加速度　　$a = \dfrac{F}{m}$　　F：力〔N〕

m：質量〔kg〕

◆4 運動方程式

(1)**力の単位**　質量 1 kg の物体に作用して 1 m/s² の加速度を生じさせる力の大きさを 1 N（ニュートン）と定める。　1 N＝1 kg×1 m/s²＝1 kg·m/s²

(2)**運動方程式**　質量を m〔kg〕，加速度を a〔m/s²〕，力を F〔N〕で表すと運動の第二法則は $ma = F$ となる。これを**運動方程式**という。

(3)**重力と質量**　重力加速度を g〔m/s²〕とすると，質量 m〔kg〕の物体に働く重力の大きさ W〔N〕は　　$W = mg$

〈例〉　**運動方程式の作り方**　質量 0.20 kg のおもりを軽い糸でつるし，鉛直上向きに 1.5 m/s² の加速度で引き上げるときの糸の張力を求める。

①着目した物体に働く力を過不足なく見つけ，正確に図示する（右図）。

②未知の物理量を文字で表す。

③正の向きを定める（加速度の向きや，運動の向きを正の向きに定める）。

　③'加速度の向きが分からないときは，ある向きを正と仮定して運動方程式を作り，加速度の値が負になったときは正と仮定した向きの逆向きと判断する。

④物体が受ける力の合力を式で表す。力の単位は N で表す。

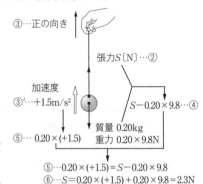

③…正の向き

張力S〔N〕…②

加速度
③'…+1.5m/s²

$S - 0.20 \times 9.8$…④

質量 0.20kg
重力 0.20×9.8N

⑤… 0.20×(+1.5)

⑤…0.20×(+1.5)＝S−0.20×9.8
⑥…S＝0.20×(+1.5)＋0.20×9.8＝2.3N

⑤質量は kg，加速度は m/s² 単位を使って，（質量）×（加速度）を表し，合力 F と質量 m と加速度 a を $ma = F$ の形に表す。

⑥方程式を解いて未知の物理量を求める。

WARMING UP／ウォーミングアップ

1 次の文章の（　　　）に適する語を入れ，①と②は適するものを選べ。

　物体には，本来，その速度を保ち続けようとする性質があり，この性質を（　ア　）という。例えば，毎時 100 km で走る自動車の助手席に乗っている人は，自動車が急に止まれば（　ア　）によって毎時 100 km の速さで前方に飛び出そうとする。シートベルトが安全に不可欠なのはこのためである。質量は，物体の（　イ　）の大きさを表す，物体に固有な量である。すなわち，質量の大きな物体は加速①（ a : しやすく， b : しにくく），減速②（ a : しやすい， b : しにくい）。この性質は無重力状態の宇宙空間でも変わらない。物体は一定の力を受け続けると物体には一定の加速度が生じる。生じる加速度は（　ウ　）に比例し（　エ　）に反比例する。

2 1 N の定義にしたがって，1 N を基本単位（kg，m，s）を使って表せ。

3 次の問いに答えよ。□□ には適する値を入れよ。
(1)　質量 2.0 kg の台車に 2.0 N の力を加えた。加速度の大きさはいくらか。
(2)　質量 2.0 kg の台車に 4.0 N の力を加えた。加速度の大きさはいくらか。
(3)　上の(1)，(2)の結果から，同じ質量の 2 台の台車に加える力の比が 1 : 2 のとき，加速度の大きさの比は □□ : □□ となる。

4 次の問いに答えよ。□□ には適する値を入れよ。
(1)　質量 3.0 kg の台車 A に 6.0 N の力を加えた。加速度の大きさはいくらか。
(2)　質量 6.0 kg の台車 B に 6.0 N の力を加えた。加速度の大きさはいくらか。
(3)　上の(1)，(2)の結果から，質量の比が 1 : 2 の 2 台の台車に同じ力を加えたとき，加速度の大きさの比は □□ : □□ となる。

5 質量 m〔kg〕の物体が重力加速度 g〔m/s²〕で落下している。このとき，物体が受ける力（重力）W は何 N か。

6 次の問いに答えよ。
(1)　質量 3.0 kg の台車 A に水平方向右向きに 9.0 N，左向きに 3.0 N の力を加える。生じる加速度の大きさと向きを答えよ。
(2)　一定の動摩擦力が働く粗い水平面で，質量 2.0 kg の物体に 8.0 N の力を加えたところ，3.0 m/s² の大きさの加速度が生じた。動摩擦力の大きさを求めよ。

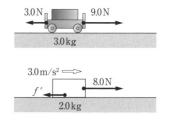

基本例題 9　おもりを糸で引き上げるときの力

質量 0.50 kg のおもりに糸をつけ，引き上げたり下ろしたりした。重力加速度の大きさを 9.8 m/s² とする。次の量を求めよ。

(1)　2.2 m/s² の上向きの加速度で引き上げているときの糸の張力

(2)　下向きに一定の速さ 1.5 m/s でおもりを動かすときの糸の張力

(3)　糸の張力が 3.9 N のとき，おもりの加速度の大きさと向き

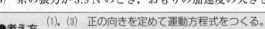

●考え方　(1), (3)　正の向きを定めて運動方程式をつくる。
　　　　　(2)　等速度運動では物体が受ける力はつり合っている。

解 答

(1)　糸の張力の大きさを T，鉛直上向きを正にして，運動方程式をつくると

$$0.50 \times 2.2 = T - 0.50 \times 9.8$$
$$T = 0.50 \times 12 = 6.0 \text{〔N〕}\quad \textbf{答 6.0 N}$$

(2)　等速度運動なので，おもりが糸から受ける力は重力とつり合うから

$$T = 0.50 \text{ kg} \times 9.8 \text{ m/s}^2 = 4.9 \text{ N}$$
$$\textbf{答 4.9 N}$$

〈別解〉

運動方程式に $a = 0$ m/s² を代入。

$$0.50 \times 0 = T - 0.50 \times 9.8$$

(3)　鉛直上向きを正にして，加速度を a とすると，運動方程式は

$$0.50 \times a$$
$$= 3.9 - 0.50 \times 9.8$$
$$a = -2.0 \text{〔m/s}^2\text{〕}$$

答 大きさ 2.0 m/s²，鉛直下向き

基本例題 10　2 物体の運動

なめらかな水平面上に，質量がそれぞれ 2.0 kg，3.0 kg の物体 A，B を接触させて置く。A を右向きに 20 N の力で水平方向に押し続けたところ，A と B は一体となって右向きに加速した。B が A から押される力の大きさを求めよ。

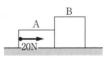

●考え方　B が A から大きさ f の力で押されるとき，作用反作用の法則より，A は逆向きに B から同じ大きさの力で押される。また，鉛直方向に働く重力と垂直抗力は A，B いずれもつり合っている。

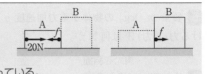

解 答

B が A から受ける力の大きさを f，生じる加速度を a，右向きを正として A，B それぞれに運動方程式をつくる。

A：$2.0 \times a = 20 - f$　…①

B：$3.0 \times a = f$　　　…②

①＋②より，$5.0 \times a = 20$
$$a = 4.0 \text{〔m/s}^2\text{〕}$$

これを②に代入し $f = 12$〔N〕**答 12 N**

〈注意〉　A，B が加速しているとき，B が押される力は 20 N より小さくなる。

基本例題 11　糸でつながれた2物体の運動

なめらかな水平面上にある質量 M の台車と質量 m のおもりを軽い糸でつなぎ，軽い滑車を通して台車をはなした。重力加速度の大きさを g とするとき，次の量を求めよ。

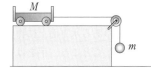

(1)　台車の加速度の大きさ

(2)　糸が台車を引く力の大きさ

●考え方
・糸の両端にある物体は糸から同じ大きさの張力 T を受ける。
・台車が右への加速度をもつとき，糸でつながったおもりは，連動して同じ大きさの加速度を下向きに生じる。したがって，台車について右向きを正にとるとき，おもりについては下向きが正の向きとなる。

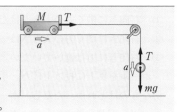

解答

台車とおもりが受ける力は上図の通りとなる。台車は水平方向右向きを正に，おもりは鉛直下向きを正にとる。台車とおもりの加速度を a，糸の張力を T とすると，台車とおもりの運動方程式は

台車：　$Ma = T$　　　…①

おもり：$ma = mg - T$　…②

①＋②より　$(M+m)a = mg$

ゆえに　$a = \dfrac{mg}{M+m}$　…③

③を①に代入して　$T = \dfrac{mMg}{M+m}$

答 (1)　$\dfrac{mg}{M+m}$，(2)　$\dfrac{mMg}{M+m}$

基本例題 12　斜面を運動する物体

質量 m の物体を水平面とのなす角が θ の斜面に置いたところ，斜面を滑っていった。物体に生じる加速度の大きさを求めよ。ただし，物体と斜面との間の動摩擦係数を μ'，重力加速度の大きさを g とする。

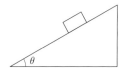

●考え方
・物体が受ける力は重力 mg，動摩擦力 f'，垂直抗力 N である。
・重力を斜面方向と斜面に垂直な方向に分解する。重力の斜面に垂直な方向の成分と垂直抗力がつり合う。

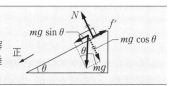

解答

斜面に垂直な方向の力のつり合いより，垂直抗力の大きさを N として

$N - mg\cos\theta = 0$

動摩擦力の大きさ f' は

$f' = \mu' N = \mu' mg\cos\theta$

物体についての運動方程式は，斜面方向下向きを正にとり，加速度を a として

$ma = mg\sin\theta - \mu' mg\cos\theta$

$a = g\sin\theta - \mu' g\cos\theta$

答 $a = g(\sin\theta - \mu'\cos\theta)$

基本問題

49▶運動と力　次の問いに答えよ。

(1) 摩擦のある水平面上に物体をのせ，瞬間的に手で
右に押したところ，手をはなれた物体は減速しなが
らある距離を滑って静止した。物体が滑っていると
き，物体に働いている力について正しく述べている
ものはどれか。

① 右向きに働く力の大きさはだんだん小さくなる。

② 右向きに働く力の大きさは一定である。

③ 右向きに力は働いていない。

(2) ボールを真上に投げ上げた。手を離れたボールに働いている力の説明として最も適
切なものはどれか。ただし，ボールに働く空気の抵抗力は無視するものとする。

① ボールが上昇するとき，ボールには上向きに力が働く。その力はしだいに小さく
なり，最高点で重力とつり合う。

② ボールには常に一定の重力だけが働く。

③ ボールが上昇するときは，上向きの力の大きさが下向きの力の大きさより大きく，
下降するときは下向きの力の大きさが上向きの力の大きさより大きい。

(3) 無重力の宇宙空間で，観測者に対して静止している質量 20 kg の物体 A と質量 10
kg の物体 B に，同じ大きさの力を同じ向きに同じ時間作用させた。観測者からみた
A，B の運動の記述として最も適切なものはどれか。

① A のほうが質量が大きいので A のほうが速くなる。

② B のほうが質量が小さいので B のほうが速くなる。

③ 無重力空間では質量の違いは影響しないので A と B は同じ速さになる。

(4) 摩擦のある粗い水平面上で物体に一定の力を加え，物体を等速直線運動させた。こ
のとき，物体に働く合力についての記述として最も適切なものは次のどれか。

① 合力の向きは運動の向きである。

② 合力は 0 である。

③ 合力の向きは運動の向きと逆向きである。

(5) 右図のように，力学台車にゴムひもとばねばかりをつけ，水平な実験室の机の上で，
ばねばかりの値が常に一定の値を示すように引
き続けた。ばねばかりが一定の値を示している
とき，台車の運動はどうなるか。

① 動き出した直後から一定の速さで運動する。

② 引いている途中から一定の速さで運動する。

③ 引いている間は，どんどん速くなる。

50▶加速時の力 質量が 440 t の車両を 10 両編成している新幹線が，$0.40\,\mathrm{m/s^2}$ の加速度で加速している。この車両全体が受けている合力はいくらか。

51▶物体の運動 粗い水平面上に質量 m の物体が静止している。重力加速度の大きさを g，物体と斜面との間の動摩擦係数を μ' とする。次の問いに答えよ。

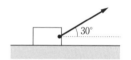

(1) 図のように物体に水平から 30° 上向きに F の大きさの力を加えたところ，物体は一定の加速度で水平に運動した。物体に生じる加速度の大きさと垂直抗力の大きさを求めよ。

(2) 物体に加える力を 0 にしたところ，物体は l の距離を滑って静止した。加える力を 0 にしたときの物体の速さを求めよ。

52▶自動車のブレーキ時の力 $72\,\mathrm{km/h}$ で走っている自動車が急ブレーキをかけ，ブレーキが効き始めてから止まるまでに，乾いた舗装道路で 40 m 進んでしまうことが知られている。ブレーキが効いているときの運動が等加速度運動であるとし，自動車の質量を $1.2\times10^3\,\mathrm{kg}$ として，次の問いに答えよ。

(1) ブレーキが効き始めてから止まるまでにかかる時間はいくらか。

(2) 自動車が路面から受ける摩擦力の大きさはいくらか。

ヒント (1) v–t グラフの面積から考えてみる。

53▶質量 無重力の宇宙空間で，質量が 1 kg の物体 A にある大きさの力を加えたところ $4.0\,\mathrm{m/s^2}$ の加速度が生じた。同じ大きさの力を質量が不明な物体 B に加えると $2.0\,\mathrm{m/s^2}$ の加速度が生じた。物体 B の質量はいくらか。

54▶バーベルを持ち上げる 150 kg のバーベルを持ち上げる瞬間の加速度の大きさは $2.2\,\mathrm{m/s^2}$ だった。その瞬間に人が加えた力の大きさを求めよ。重力加速度の大きさを $9.8\,\mathrm{m/s^2}$ とする。

55▶水平面上の物体の運動 質量 4.0 kg の物体を水平方向右向きに 13.8 N の一定の力を加えて滑らせた。ただし，物体と面との間の動摩擦係数を 0.25，重力加速度の大きさを 9.8 $\mathrm{m/s^2}$ とする。

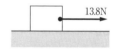

(1) 物体に生じる加速度の大きさはいくらか。

(2) 物体を等速度で滑らせるためには右へ引く力をいくらにしたらよいか。

56▶水平面上の物体の運動 摩擦がある水平面上で，質量 m の物体に右向きに初速度 v_0 を与えた。物体と面との間の動摩擦係数を μ'，重力加速度の大きさを g とする。

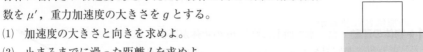

(1) 加速度の大きさと向きを求めよ。

(2) 止まるまでに滑った距離 l を求めよ。

57▶斜面上での運動 水平面に対して $30°$ 傾いた斜面上を物体が滑り降りるときの加速度の大きさを，以下の場合について求めよ。重力加速度の大きさを $9.8\,\mathrm{m/s^2}$ とする。

(1) 斜面がなめらかな場合

(2) 物体と斜面の間の動摩擦係数が 0.29 の場合。ただし，$0.29 = \dfrac{1}{2\sqrt{3}}$ としてよい。

58▶斜面を滑る物体の運動 水平面に対して θ 傾いた斜面に質量 m の物体をのせて，斜面に沿って上向きに初速度 v_0 を与えた。重力加速度の大きさを g，物体と面との間の動摩擦係数を μ' とする。

(1) 物体が斜面に沿って滑り上がっているときの加速度の大きさと向きを求めよ。

(2) 物体が静止するまでに進んだ距離 L を求めよ。

(3) 最高点に達した物体は，その後斜面を滑り降りてきた。滑り降りるときの加速度の大きさを求めよ。

59▶糸の張力 図のように質量 M の物体 A と質量 m の物体 B を糸で結び，水平面上で A を大きさ F の力で引いた。摩擦の影響は無視できるものとする。糸の質量を m_0，生じる加速度の大きさを a とする。糸は水平方向に A から大きさ T_A の力，B から大きさ T_B の力を受けるものとする。

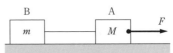

(1) 糸に水平方向に働く力を図示し，糸についての水平方向の運動方程式を示せ。

(2) 糸の質量が無視できるとき T_A と T_B が等しくなることを示せ。

(3) 糸の質量が無視できるとき，$T_A = T_B = T$ として，A と B の運動方程式を示せ。

60▶糸で結んだ2物体の運動 質量 $3.0\,\mathrm{kg}$ の台車 A と $2.0\,\mathrm{kg}$ の台車 B を軽い糸で結び，台車 A を $6.0\,\mathrm{N}$ の力で水平に引き続ける。床の摩擦の影響は無視する。台車の加速度と糸の張力の大きさを求めよ。

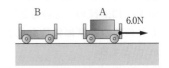

61▶定滑車にかけた2物体の運動　軽い滑車に糸をかけ，その両端に
ともに質量 m の物体A，Bをつけてつり合わせた。次に，図のように，
右側の物体Bに質量が m の $\dfrac{1}{5}$ のおもりをつけたところ，Bは等加速
度運動をした。糸の質量は無視でき，重力加速度の大きさを g とする。
AとBの加速度と糸の張力の大きさを求めよ。

62▶物体が入った箱を上に加速させる　質量 M の箱Pの中に
質量 m の物体Qが置かれている。箱Pに綱をつけて，大きさ F
の力で引き上げ，上に向かって加速させる。重力加速度の大きさ
を g とする。

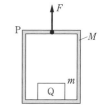

⑴　生じる加速度の大きさを a，QがPを押す力の大きさを N
　として，PとQについての運動方程式をそれぞれつくれ。

⑵　a と N の大きさを求めよ。

63▶浮力と運動の法則　図のように，気球には浮力と重力だけが働いて
いると仮定する。

　いま，気球は鉛直下向きに $0.200\,\mathrm{m/s^2}$ の等加速度直線運動をしている。
気球全体の質量ははじめ $250\,\mathrm{kg}$ であり，おもりを捨てても浮力の大きさ
は変わらないものとする。重力加速度の大きさを $9.80\,\mathrm{m/s^2}$ とする。

⑴　気球に働く浮力の大きさはいくらか。

⑵　等速度運動にするには，おもりを何 kg 捨てればよいか。

⑶　気球全体の質量を何 kg にすると，加速度が上向きに $0.200\,\mathrm{m/s^2}$ となるか。

64▶糸につながれた2つの物体の運動　糸bの両端に，質量 m の物体A
と質量 M の物体Bをつけ，糸aでAを鉛直に引き上げて運動させた後，A
とBを $\dfrac{g}{3}$ の大きさの加速度で減速させた。AとBが減速しているとき，糸

bがBを引く力と糸aがAを引く力の大きさをそれぞれ求めよ。重力加速
度の大きさを g とし，糸の質量は無視する。

65▶3物体が押されるときの運動　質量 $4.0\,\mathrm{kg}$ の物
体Aと $3.0\,\mathrm{kg}$ の物体Bと $2.0\,\mathrm{kg}$ の物体Cをなめら
かな水平面上に接触させて置き，Aを右に $18\,\mathrm{N}$ の一
定の力で押し続け加速させた。BがAから受ける力，
CがBから受ける力の大きさをそれぞれ求めよ。

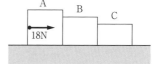

発展例題 13　重ねられた物体の運動

水平な床上で，質量 M の台車 B の上に質量 m の小物体 A を置く。床はなめらかで，台車 B の水平な上面と物体 A

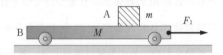

の間の静止摩擦係数を μ，動摩擦係数を μ' とする。重力加速度の大きさを g とする。

(1)　B を水平に一定の大きさ F_1 の力で引いたところ，A と B は一体となって動いた。このとき，A が水平方向に受ける力の大きさと向きを求めよ。

(2)　F_1 より大きな F_2 の大きさの力で B を右向きに引くと，B の上を A が滑っていった。このときの A と B の床に対する加速度の大きさと向きをそれぞれ求めよ。

●考え方

(1)　物体 A は台車 B とともに床に対して右向きの加速度をもつので，A には右向きの力が働く。これは B の上面から受ける力であり，面に平行なので摩擦力であり，面に対し A が滑っていないので静止摩擦力である。

A と B に働く力は，図 1 のようになり，作用反作用の法則により，B は A から左向きの静止摩擦力 f を受ける。

図 1

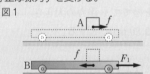

(2)　B を引く力を大きくすると加速度が大きくなり，それにともない f も大きくなるが，静止摩擦力には限界がある。

したがって引く力がある値を超えたところで，B に対して A は滑り出す。

このとき，B も A もともに床に対して右へ加速しているが，A に対して B のほうが先に進んで A が取り残されるというイメージである。

A に対して B の上面が右へ滑っていくので，A を右へ押し出すように A は右向きの動摩擦力 f' を受ける。

作用反作用の法則により，B は A から左向きの動摩擦力 f' を受ける。A と B に働く力は，図 2 の通り。

図 2

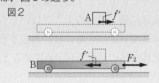

解答

(1)　A と B に働く力は図 1 の通り。右向きを正とし，物体 A と台車 B の床に対する加速度を a，A が B から受ける静止摩擦力の大きさを f とすると，A，B の運動方程式は

　　A：$ma = f$　…①

　　B：$Ma = F_1 - f$　…②

①＋②より　$a = \dfrac{F_1}{m+M}$

①に代入して　$f = \dfrac{mF_1}{m+M}$

　　　　　答　$\dfrac{mF_1}{m+M}$，右向き

(2)　A と B に働く力は図 2 の通り。動摩擦力の大きさ f' は

　　$f' = \mu' N = \mu' mg$

右向きを正とし，物体 A と台車 B の床に対する加速度をそれぞれ α，β とする。A，B の運動方程式は

　　A：$m\alpha = \mu' mg$

　　B：$M\beta = F_2 - \mu' mg$

　　答　A：$\mu' g$，右向き

　　　　B：$\dfrac{F_2 - \mu' mg}{M}$，右向き

発展問題

66▶エレベーターの床が人から受ける力　質量 50 kg の人がエレベーターの床にある体重計の上に乗った。エレベーターが右の v-t グラフにしたがって運動するとき，体重計が示す値〔kg〕と時間〔s〕

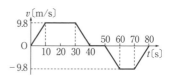

の関係をグラフに示せ。v は鉛直上向きを正，重力加速度の大きさを $9.8\ \mathrm{m/s^2}$ とする。

ヒント 加速度をグラフから読み取り，地上から見た物体の運動方程式をつくる。

67▶摩擦のある斜面上を滑り上がる物体　質量 m の物体 A と質量 $2m$ の物体 B を糸に結んで滑車にかけ，A を傾き $30°$ の斜面上に置いて静かにはなしたところ，A は斜面を滑り上がった。A と斜面との間の動摩擦係数を $\dfrac{1}{\sqrt{3}}$，重力加速度の大きさを g とし，物体 A の加速度と糸の張力の大きさを求めよ。

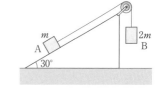

68▶板の上を運動する小物体　なめらかで水平な床の上に質量 M の板がある。質量 m の小物体が左から滑ってきて，板に v_0 の速さで乗り移った。板

と小物体の間の動摩擦係数を μ'，重力加速度の大きさを g とする。次の問いに答えよ。
(1)　小物体が板の上を滑っているとき，小物体と板の床に対するそれぞれの加速度の大きさと向きを求めよ。
(2)　乗り移ってから，時間 t 後の，小物体と板の床に対するそれぞれの速度を求めよ。
(3)　乗り移ってから，やがて小物体と板は一体になって運動した。乗り移ってから一体になるまでの時間と，そのときの小物体と板の床に対する速さを求めよ。

ヒント 2 物体それぞれが受けている力を図示し，それぞれの運動方程式をつくる。

69▶雨滴の落下　雨滴が空気中を落下するとき，雨滴は空気による抵抗力を受ける。その大きさ F は速さ v に比例し，比例係数を k として $F=kv$ と表される。いま，質量 m の雨滴が自由落下するときの v-t グラフは右のようになった。重力加速度の大きさを g として，次の問いに答えよ。

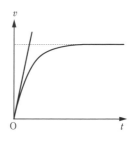

(1)　落ち始めた直後の雨滴の加速度を求めよ。それは v-t グラフの何を表すか。
(2)　雨滴の速さが v に達したときの雨滴の加速度の大きさを求めよ。
(3)　時間が十分経つと，雨滴は一定の速さになる。その速さを求めよ。

70 ▶ 重ねられた物体の運動 なめらかな水平
面上にある質量 4.0 kg の長い台車 A の上に，
質量 1.0 kg の物体 B を置いた。A と B の間の

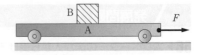

静止摩擦係数を 0.60，動摩擦係数を 0.40 とし，重力加速度の大きさを 10 m/s² とする。

(1) 台車 A を水平に大きさ $F=20$ N の力で引いたところ，台車 A と物体 B は一体となって加速した。このとき，物体 B に水平方向に働く静止摩擦力の大きさはいくらか。

(2) F の大きさを徐々に大きくしていくと，台車 A の上を物体 B が滑り出した。滑り出す直前の F の大きさはいくらか。

(3) 台車 A を 40 N の大きさの力で右向きに引き続けると，台車 A の上を物体 B が滑った。このとき，水平面に対する台車 A と物体 B の加速度の大きさと向きをそれぞれ求めよ。

ヒント (1) 一体になり運動するとき，物体 B は台車 A から右向きに静止摩擦力を受ける。

71 ▶ ばねから離れる物体 鉛直に立てた筒の中に，ばね定数 k，
自然長 l の軽いばねを入れ，その下端を床に固定し，上端には質
量 M の台 B をとりつけた。台は筒の内壁になめらかに接してい
て台の面は水平である。質量 m の物体 A を台 B の上に静かに
置いた。床の面を原点とし，鉛直上方に x 軸をとり，重力加速度
の大きさは g とする。

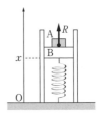

(1) ばねは自然長からいくら縮んでいるか。

(2) ばねを(1)の状態からさらに縮めてはなす。物体 A が台 B とともに上方に動いているとき，位置 x における A，B の加速度を α，A が B から受ける垂直抗力の大きさを R とする。A と B の運動方程式をそれぞれ示し，α を消去して，垂直抗力の大きさ R を求めよ。

(3) やがて，A は B を離れた。そのときのばねの長さはいくらか。

ヒント (2) A，B が受ける力を図示せよ。ばねの自然長からの縮みを x を使って表せ。

72 ▶ 動滑車 軽い定滑車 P と軽い動滑車 Q がある。それらに
糸を通し，糸の一端は天井に，もう一端には質量 m のおもり A
をつける。動滑車 Q にも質量 m のおもり B をつるす。最初，お
もり A と B を手で支えておき，静かにはなしたところ，A は下
に B は上に加速した。重力加速度の大きさを g とする。

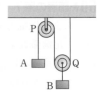

(1) A の加速度の大きさを a とし，B の加速度の大きさを a を用いて表せ。

(2) 糸の張力の大きさを T とする。おもり A と B に働く力を図示して，おもり A と B の運動方程式をつくり，A の加速度の大きさと糸の張力の大きさを求めよ。

ヒント A と B の移動距離の比から加速度の比を考える。

73▶ばね，糸と斜面　水平面と角度 θ をなすなめらかな斜面上に，ばね定数 k のばね の上端を固定し，その下端に質量 m の物体を長さ l の糸でつないだ。ばねが自然の長 さのときのばねの下端の位置を点 A とする。はじめ，物体を手で支えて，点 A に静止 させておいた。ただし，物体の位置は，糸のついた面の位置で示すこととする。

　物体から手を静かに離すと，図のように物体は点 A から斜面に沿って下方に滑り出 し，点 B で糸がぴんと張った。物体はさらに下方に滑り，やがて物体の速さは点 C で最 大になり，その後，物体は最下点 D に到達した。

　ばねと糸の質量および糸の伸びは無視できるものとし，重力加速度の大きさを g とす る。

(1)　物体が，最初の位置 A から糸が張った 点 B に達するまでにかかった時間を求め よ。

(2)　点 A から物体の速さが最大となる点 C までの距離を求めよ。

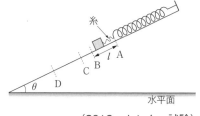

（2013　センター試験）

74▶加速する斜面上の物体　傾きが θ でなめらかな斜面 をもつ台車を水平左向きに加速させる。このとき，適当な 大きさの加速度のとき，斜面上に置かれた質量 m の物体 を斜面に対して静止させることができる。物体が斜面から 受ける垂直抗力の大きさと台車の加速度の大きさはいくら か。重力加速度の大きさを g とする。

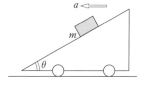

ヒント　重力と垂直抗力の合力が，地上から見て物体に水平左向きの加速度を生じさせ ている。

75▶台車の上を走る　長さ 4.0 m，質量 20 kg の台 車が，水平な床の上に静止している。この台車の左端 に質量が 60 kg の K 君が立っている。台車の面は水 平で台車と床の間の摩擦力は無視する。K 君が一定

の加速度で台車の上を走り出すと，台車は水平な床上を 1.5 m/s² の大きさの加速度で 左に動いた。K 君がこのままの加速度で走っていくと，台車の右端に達するのは走り出 してから何 s 後か。

ヒント　K 君と台車それぞれについての運動方程式より，K 君の台車に対する加速度を 求める。

4 運動とエネルギー

1 仕事

◆1 **仕事** 一定の力 F 〔N〕を加えて, 物体を距離 s 〔m〕
動かす。力の向きと動かす向きのなす角が θ の場合,
力のする仕事 W 〔J〕は次式で表される。

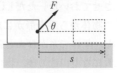

$$\text{仕事} \quad W = Fs\cos\theta$$

$0° \leqq \theta < 90°$ の場合は正の仕事, $90° < \theta \leqq 180°$ の場合は
負の仕事となる。$\theta = 90°$ のとき $W = 0$, $\theta = 0°$ のとき
$W = Fs$ となる。

◆2 **仕事とエネルギーの関係** 物体が, 他の物体に仕事をする能力をもつ場合,「その
物体はエネルギーをもっている」という。エネルギーの大小は仕事で測られるた
め, 単位は仕事と同じ〔J〕である。

◆3 **仕事の原理** 道具を用いて, 必要な力を変化させることはできるが, 仕事は変化
させることができない。

　〈例〉 質量 m の物体を高さ h までゆっくり持ち上げる。そのときの仕事は斜面,
　　　　てこ, 動滑車, どれも $W = mgh$ である。

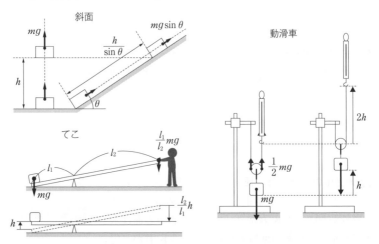

◆4 **仕事率** 時間 t 〔s〕で, 仕事 W 〔J〕をおこなった場合, 仕事率 P 〔W〕は次式で
表される。

$$\text{仕事率} \quad P = \frac{W}{t}$$

F の力を加えて物体を動かしている場合, 速さを v とすると, 仕事率 P は次式で
表すこともできる。

$$P = \frac{W}{t} = \frac{Fx}{t} = F\frac{x}{t} = Fv$$

② エネルギー

◆1 **運動エネルギー** 質量 m〔kg〕の物体が速さ v〔m/s〕で動いている場合，運動エネルギー K〔J〕は次式で表される。

$$運動エネルギー \quad K=\frac{1}{2}mv^2$$

◆2 **運動エネルギーの変化と仕事** 質量 m〔kg〕の物体に仕事 W〔J〕を加えたところ，速さ v_0〔m/s〕から v〔m/s〕に変化した。運動エネルギーの変化と仕事の関係は次式で表される。

$$\frac{1}{2}mv^2-\frac{1}{2}mv_0^2=W$$

（仕事の分だけ運動エネルギーが変化する。）

◆3 **位置エネルギーと保存力**
重力による位置エネルギー：質量 m〔kg〕の物体が基準面から高さ h〔m〕の位置にあるとき，重力による位置エネルギー U〔J〕は次式で表される。

$$U=mgh \qquad g：重力加速度〔m/s^2〕$$

基準面より上であれば $h>0$，下であれば $h<0$ である。

弾性力による位置エネルギー：ばね定数 k〔N/m〕のばねが，自然長から x〔m〕伸びている場合，ばねの弾性力による位置エネルギー U〔J〕は次式で表される。x 縮んでいる場合も同じ。

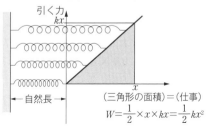

（三角形の面積）＝（仕事）
$$W=\frac{1}{2}\times x\times kx=\frac{1}{2}kx^2$$

$$U=\frac{1}{2}kx^2$$

保存力：ある物体に仕事がなされるとき，その移動経路によらず始点と終点だけで仕事が決まる場合，その力を保存力という。重力や弾性力，静電気力など。保存力では位置エネルギーが定義できる。

◆4 **力学的エネルギー保存の法則** 物体のもつ運動エネルギー K と位置エネルギー U の和 E を力学的エネルギーという。重力や弾性力などの保存力のみが仕事をしている場合，次式が成り立つ。

$$力学的エネルギー \quad E=K+U=（一定）$$

◆**5　力学的エネルギーが保存されない場合**　重力や弾性力等以外の力（非保存力）が仕事 W' をする場合には，力学的エネルギー $K+U$ は保存されず，仕事の分だけ変化する。

$$(\quad K' \; + \; U' \quad) \; - \; (\quad K \; + \; U \quad) \; = \; W'$$

　仕事後の力学的エネルギー　　　最初の力学的エネルギー　　非保存力がした仕事

WARMING UP／ウォーミングアップ

1　物体を水平方向に $5.0\,\mathrm{N}$ の一定の力を加えて力の向きに 0.40 m 動かす場合，力のした仕事はいくらか。

2　重力によって，質量 $0.50\,\mathrm{kg}$ の物体が $2.0\,\mathrm{m}$ 落下する場合，重力のした仕事はいくらか。ただし，重力加速度の大きさを $9.8\,\mathrm{m/s^2}$ とする。

3　水平面より $45°$ 傾いた角度で，$2.0\,\mathrm{N}$ の力を加えて，物体を水平方向に $0.30\,\mathrm{m}$ 動かす。この場合の，力のした仕事はいくらか。

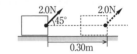

4　人が定滑車を用いて質量 $10\,\mathrm{kg}$ の荷物を $5.0\,\mathrm{s}$ 間に $0.50\,\mathrm{m}$ もち上げた。このときの仕事率はいくらか。ただし，重力加速度の大きさを $9.8\,\mathrm{m/s^2}$ とする。

5　ある物体を上方に $0.20\,\mathrm{m}$ 持ち上げたい。図のようなてこを用いると，$5.0\,\mathrm{N}$ の力を加えることでゆっくりと持ち上げることができたが，てこ自体は $1.0\,\mathrm{m}$ 下方に動かさなくてはならなかった。物体を直接持ち上げるのに必要な力はいくらか。ただし，てこ自体の質量は無視できるものとする。

6　質量 $50\,\mathrm{kg}$ の人が，速さ $36\,\mathrm{km/h}$ で走っている。この人の運動エネルギーはいくらか。

7　地面より高さ $5.0\,\mathrm{m}$ の位置にある質量 $0.40\,\mathrm{kg}$ の物体がもっている重力による位置エネルギーはいくらか。ただし，重力による位置エネルギーの基準面を地面にとり，重力加速度の大きさを $9.8\,\mathrm{m/s^2}$ とする。

8　ばね定数 $5.0\times10^2\,\mathrm{N/m}$ のばねを $0.20\,\mathrm{m}$ 伸ばした。ばねのもつ弾性力による位置エネルギーはいくらか。

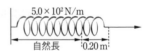

基本例題 14　仕事と運動エネルギーの変化

　水平面と角度 θ 傾いたあらい斜面がある。質量 m の物体を静かに置いたところ，物体は斜面に沿って，l だけ滑り降りた。滑り降りている間，物体には一定の大きさの動摩擦力 f が働いていた。次の問いに答えよ。ただし，重力加速度の大きさを g とする。

(1)　物体に働く重力のした仕事 W_1 を求めよ。

(2)　斜面が物体に及ぼす垂直抗力のした仕事 W_2 を求めよ。

(3)　物体に働く動摩擦力のした仕事 W_3 を求めよ。

(4)　物体が l だけ滑り降りた時の，物体の速さ v を求めよ。

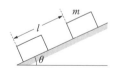

●考え方

(1)　物体には重力，垂直抗力，動摩擦力が働いている。それぞれの仕事を計算することになる。力の向きと運動の向きをきちんと考える。特に，重力の向きと運動の向きのなす角は $(90°-\theta)$ である。

(4)　物体の運動エネルギーは，物体がされた仕事の分だけ変化するので，

$$\frac{1}{2}mv^2 - \frac{1}{2}mv_0^2 = W \quad が成立する。$$

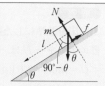

解答

(1)　重力の大きさは mg であり，重力の向きと滑り降りる向きとのなす角は $(90°-\theta)$ であることより，

$$W_1 = mgl\cos(90°-\theta) = mgl\sin\theta$$

答 $W_1 = mgl\sin\theta$

(2)　垂直抗力 N は，滑り降りる向きとのなす角は $90°$ であることより，

$$W_2 = Nl\cos 90° = 0 \qquad 答\ W_2 = 0$$

(3)　動摩擦力の大きさは f で，動摩擦力の向きと滑り降りる向きとのなす角は $180°$ であることより，

$$W_3 = fl\cos 180° = -fl \quad 答\ W_3 = -fl$$

(4)　物体が l 滑り降りる間，重力は W_1，垂直抗力は W_2，動摩擦力は W_3 だけ物体に仕事をする。運動エネルギーの変化と仕事の関係 $\frac{1}{2}mv^2 - \frac{1}{2}mv_0^2 = W$ より，

$$\frac{1}{2}mv^2 - \frac{1}{2}m \times 0^2 = W_1 + W_2 + W_3$$

$$\frac{1}{2}mv^2 = mgl\sin\theta - fl$$

$v > 0$ より　$v = \sqrt{2gl\sin\theta - \dfrac{2f}{m}l}$

答 $v = \sqrt{\left(2g\sin\theta - \dfrac{2f}{m}\right)l}$

(注意)　非保存力(動摩擦力)が働くため，力学的エネルギー保存の法則から

$$\frac{1}{2}mv^2 + mg \times 0 = \frac{1}{2}m \times 0^2 + mgl\sin\theta$$

とするのは誤りである。

〈参考〉

$$\underbrace{\frac{1}{2}mv^2 - mgl\sin\theta}_{力学的エネルギーの変化} = \underbrace{-fl}_{\substack{非保存力である動摩\\擦力がした仕事}}$$

基本例題 15 落下運動における力学的エネルギー保存

質量 2.0 kg の物体を床から高さ 19.6 m の位置から静かに落下させることを考える。ただし，重力加速度の大きさを 9.8 m/s² とし，重力による位置エネルギーの基準面を床にする。

(1) 床から高さ 19.6 m の位置にある物体がもつ，重力による位置エネルギーはいくらか。

(2) 床に落下する直前の物体の速さを求めよ。

●考え方 　重力による位置エネルギー U は，基準面からの高さを h とすると $U = mgh$ で表される。保存力のみ仕事をする場合，物体の力学的エネルギーは保存される。

解答

(1) 床を基準にした際に，重力による位置エネルギー U は

$U = mgh = 2.0 \text{ kg} \times 9.8 \text{ m/s}^2 \times 19.6 \text{ m}$

$= 384.16 \text{ J}$ 　　**答 3.8×10^2 J**

(2) 静かに落下させたことより，初速度は 0 m/s である。したがって，最初の位置では位置エネルギーのみもっている。床に衝突する直前の速さを v とすると，

力学的エネルギーは保存されることより，

$$\frac{1}{2} m \cdot 0^2 + mgh = \frac{1}{2} mv^2 + mg \cdot 0$$

$$v = \sqrt{2gh} = \sqrt{2 \times 9.8 \text{ m/s}^2 \times 19.6 \text{ m}}$$

$$= 19.6 \text{ m/s}$$ 　　**答 20 m/s**

基本例題 16 弾性力による位置エネルギー

図のように，ばね定数 8.0 N/m のばねに質量 0.50 kg の物体を取り付け，なめらかな水平面上に

置いた。物体をばねの自然長から 0.40 m 右へ移動させ，そっと手をはなした。

(1) 手をはなす直前の弾性力による位置エネルギー U を求めよ。

(2) ばねが自然長に戻るまでに，物体にした仕事を求めよ。

(3) ばねが自然長に戻ったときの物体の速さ v_1，自然長から 0.20 m 縮んだときの物体の速さ v_2 をそれぞれ求めよ。

●考え方 　弾性力による位置エネルギーは $U = \frac{1}{2} kx^2$ である。自然長に戻るまでに，ばねは物体に $\frac{1}{2} kx^2$ だけ仕事をすると考えられる。

解答

(1) 最初にもっていた弾性力による位置エネルギー U は，

$$U = \frac{1}{2} kx^2 = \frac{1}{2} \times 8.0 \text{ N/m} \times (0.40 \text{ m})^2$$

$= 0.64 \text{ J}$ 　　**答 0.64 J**

(2) ばねは自然長に戻ろうとして，物体に弾性力を及ぼす。このとき物体にする

仕事は，位置エネルギーの差になる。したがって，ばねが物体にする仕事 W は，

$$W = U - 0 = 0.64 \text{（J）} \qquad \text{答 } \mathbf{0.64 \ J}$$

(3) 弾性力のみ仕事をするので，物体の力学的エネルギーは保存する。よって，ばねが自然長に戻ったとき

$$U = \frac{1}{2} \times 0.50 \times v_1^2 + 0 = 0.64$$

これを解き，　　　　　答 $v_1 = \mathbf{1.6 \ m/s}$

また，ばねが自然長から 0.20 m 縮んだとき

$$U = \frac{1}{2} \times 0.50 \times v_2^2 + \frac{1}{2} \times 8.0 \times (0.20)^2$$
$$= 0.64$$

$$v_2 = 1.38 \text{（m/s）} \qquad \text{答 } v_2 = \mathbf{1.4 \ m/s}$$

基本例題 17　力学的エネルギー保存の法則

図のように，質量が無視できるばね定数 k のばねを天井に取り付ける（①）。このばねに質量 M の物体を取り付けたところ，ばねは長さ A 伸びて静止した（②）。この状態から，手で物体を鉛直下向きにさらに $\dfrac{A}{2}$ 引っ張って（③の状態）静かに手をはなしたところ，物体は鉛直方向に振動を繰り返した。重力加速度の大きさを g とし，次の問いに答えよ。

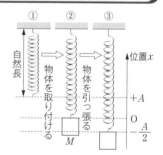

(1) このばねのばね定数を求めよ。

(2) ②のばねの先端の位置を重力による位置エネルギーの基準面とし，図のように鉛直方向の座標軸（②の位置を原点 O）を設定する。③の状態で，物体のもっている力学的エネルギーを求めよ。

(3) 静かに手をはなしたあと，最初に②の位置に来たときの速さを求めよ。

●考え方　物体には重力と弾性力が働いているが，これらは保存力なので，力学的エネルギーは保存される。弾性力による位置エネルギーは自然長を基準にする。

解答

(1) ②の状態は，重力と弾性力のつり合い $Mg = kA$ が成立する。よって

$$k = \frac{M}{A} g \qquad \text{答 } \frac{Mg}{A}$$

(2) 重力による位置エネルギーは

$$-\frac{1}{2} MgA$$

ばねは自然長より $\dfrac{3}{2} A$ だけ伸びているので，弾性力による位置エネルギーは

$$\frac{1}{2} k \left(\frac{3A}{2} \right)^2 = \frac{1}{2} \frac{Mg}{A} \frac{9A^2}{4} = \frac{9MgA}{8}$$

よって力学的エネルギー E は

$$E = -\frac{MgA}{2} + \frac{9MgA}{8} \qquad \text{答 } \frac{5MgA}{8}$$

(3) (2)の力学的エネルギーが保存される。②の位置での物体の速さを v とすると，次式が成立する。

$$\frac{5MgA}{8} = \frac{1}{2} Mv^2 + \frac{1}{2} kA^2$$

(1)の結果を用いて　$v = \dfrac{\sqrt{gA}}{2}$

$$\text{答 } \frac{\sqrt{gA}}{2}$$

基本問題

76▶仕事 あらい水平面上に置かれた質量 2.0 kg の物体に，水平方向に力を加えて，その力の向きに一定の速さ 0.40 m/s で 5.0 s 間移動させた。次の量をそれぞれ求めよ。ただし，物体と床との間の動摩擦係数を 0.20 とし，重力加速度の大きさを 9.8 m/s² とする。

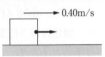

(1) 物体に働く動摩擦力のした仕事
(2) 物体に働く重力のした仕事
(3) 物体に働く垂直抗力のした仕事
(4) 水平方向に加えた力のした仕事

77▶仕事 図のように，水平面となす角が 30° のなめらかな斜面に沿って，質量 0.50 kg の物体をゆっくりと 0.40 m 引き上げた。重力加速度の大きさを 9.8 m/s² とし，次の問いに答えよ。

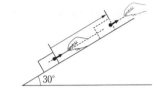

(1) 物体に斜面から働く垂直抗力の大きさを求めよ。
(2) 物体を引く力の大きさを求めよ。
(3) 物体を引く力のする仕事を求めよ。
(4) 物体に働く重力のする仕事を求めよ。
(5) 物体に働く垂直抗力のする仕事を求めよ。

78▶仕事の原理 次の道具を使って，質量 2.0 kg の物体を 1.0 m 引き上げる場合，力の大きさと力のした仕事をそれぞれ求めよ。ただし，道具の質量や摩擦の影響は無視できるものとし，重力加速度の大きさを 9.8 m/s² とする。

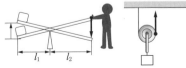

(1) てこ($l_1 : l_2 = 2 : 3$)
(2) 動滑車(1 個用いる)

79▶仕事率 重力加速度の大きさを 9.8 m/s² とし，次の値を求めよ。

(1) 質量 4.0 kg の物体を一定速度 2.0 m/s で持ち上げる場合の，加えた力の仕事率。
(2) 体重 50 kg の人が，1 階から 4 階まで 12 m の高さを 40 秒で移動した際に，人が自分自身を持ち上げるためにした仕事率。

80▶仕事と運動エネルギーの変化　質量 0.50 kg の物体が，なめらかな水平面上を右向きに進んでいる。図のように，この物体があらい水平面の AB 間にさしかかったとき，その速さは 2.0 m/s であった。AB 間で物体にはたらく動摩擦力の大きさが 1.0 N のとき，次の問いに答えよ。

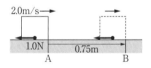

(1)　物体が最初にもっていた運動エネルギーを求めよ。

(2)　AB 間で動摩擦力のした仕事を求めよ。

(3)　点 B での物体の速さを求めよ。

81▶重力のする仕事と運動エネルギー　次の（　　）内に適する文字式をかけ。ただし，重力加速度の大きさを g とする。

　質量 m の物体を，地面より高さ h の位置から速さ v_0 で図のように投げた場合を考える。地面より高さ $\dfrac{h}{2}$ のところに来るまでに，重力がこの物体にした仕事は（　①　）である。この仕事の分だけ運動エネルギーが変化するので，地面より高さ $\dfrac{h}{2}$ での物体の運動エネルギーは（　②　）となり，物体の速さは（　③　）となる。また，地面に到達するときの速さは（　④　）となる。

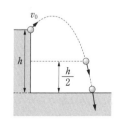

82▶弾性力による位置エネルギー　図のように，なめらかな水平面上でばね定数 $2.0×10^2$ N/m のばねを壁に取り付け，このばねに質量 0.50 kg の物体を取り付けた。

(1)　ばねを自然長から 0.20 m 引き伸ばした状態の弾性力による位置エネルギー U_1 と，0.40 m 引き伸ばした状態の弾性力による位置エネルギー U_2 を求めよ。

(2)　ばねの伸びが 0.40 m の状態から手をはなし，伸びが 0.20 m の状態に戻るまでに，ばねの弾性力が物体にした仕事を求めよ。

83▶保存力のする仕事　図のように高さの差が h の点 A から点 B まで質量 m の物体を運ぶ。二つの道のりによって運ぶことを考える。次の（　）内に適する文字式・言葉をかけ。ただし，重力加速度の大きさを g とする。

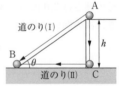

道のり(I)のように傾き θ の斜面を用いて物体を点 A から点 B まで運ぶ場合，重力のする仕事 W_1 は，$W_1 =$（　①　）である。また，道のり(II)のように点 A から点 C，点 C から点 B へ運ぶ場合，重力のする仕事 W_2 は，点 A から点 C では（　②　），点 C から点 B では（　③　）となる。したがって，$W_2 =$（　④　）となる。

　重力のように，道のりに関係なく始点と終点の位置で仕事が定まるような力を（　⑤　）という。

84▶振り子における力学的エネルギー保存の法則

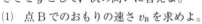

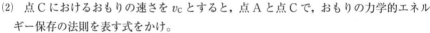

　長さ L の糸に付けた質量 m のおもりを，図の点 A から静かに離した。おもりは最下点 B，点 C を通過した。最下点 B を含む水平面を重力による位置エネルギーの基準面とする。

　$\angle$AOB$=\theta_1$，$\angle$BOC$=\theta_2$，重力加速度の大きさを g として，次の問いに答えよ。

(1)　点 B でのおもりの速さ v_B を求めよ。

(2)　点 C におけるおもりの速さを v_C とすると，点 A と点 C で，おもりの力学的エネルギー保存の法則を表す式をかけ。

(3)　点 C でのおもりの速さ v_C を求めよ。

85▶連結物体の力学的エネルギー　図のように，滑車を通じて質量 m の物体 A と質量 M の物体 B を糸で接続した。A の置かれた台はなめらかである。手で支えていた物体 B をはなすと，物体 A は右向きに，物体 B は下向きに同じ加速度で運動した。糸の両端の張力の大きさを T とし，重力加速度の大きさを g とする。

(1)　物体 B が h 下がったときの速さを v としたとき，物体 B の力学的エネルギーの変化と T の関係を表す式をかけ。

(2)　(1)と同様に，物体 A が h 動いたときの力学的エネルギーの変化と T の関係を表す式をかけ。

(3)　(1)，(2)より，h 移動した後の物体 A，B の速さを求めよ。

発展例題 18 動摩擦力による力学的エネルギーの変化

　図のように，水平面の左右がなめらかに
つながった面がある。この面は，水平面上
の長さ L の部分 AB だけがあらく，その
他の部分はなめらかである。小物体を左側

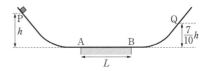

の斜面上の高さ h の点 P に置き，静かに手をはなした。小物体は AB を通過して，右
側の斜面を滑り上がり，高さが $\dfrac{7}{10}h$ の点 Q まで到達したのち斜面を下り始めた。そ
の後，小物体は面上を何回か往復運動をしてから AB 間のある点 X で静止した。重
力加速度の大きさを g とする。

(1) 小物体と AB 面との間の動摩擦係数 μ' を求めよ。

(2) 小物体が点 A を 2 回目に通過した際の速さを求めよ。

(3) 小物体が点 P を出発し点 X で静止するまでに，点 A を通過した回数を求めよ。

(4) AX 間の距離を求めよ。　　　　　　　　　　　　　　（2012　センター試験　改）

●考え方
(1) なめらかな面では物体の力学的エネルギーは保存されるが，あらい面を通過
する際には物体の力学的エネルギーは動摩擦力がした仕事の分だけ変化する。
(2) 点 A を 2 回目に通過するまでに，摩擦のある AB 間を 2 回通過している。

解答

(1) 動摩擦係数を μ'，垂直抗力を N と
すると，AB 間で物体に働く動摩擦力は，
$\mu'N$ となる。$N=mg$ より動摩擦力は
$\mu'N=\mu'mg$ となり，AB 間で面が物体
にする仕事は $-\mu'mgL$ となる。PA 間，
BQ 間では物体に非保存力が働かないの
で，力学的エネルギーは保存される。し
たがって，力学的エネルギーは AB 間を
通過すると

$$mg\left(\frac{7}{10}h\right)-mgh=-\frac{3}{10}mgh$$

だけ変化する。これが，動摩擦力のした
仕事 $-\mu'mgL$ に等しいから

$$-\mu'mgL=-\frac{3}{10}mgh \quad \boxed{答}\ \mu'=\frac{3h}{10L}$$

(2) AB 間を通過するたびに，物体の力
学的エネルギーは $\dfrac{3}{10}mgh$ 減少する。
したがって，点 Q をおりて A を通過し

た際の速さを v とすると，

$$\frac{1}{2}mv^2=\frac{7}{10}mgh-\frac{3}{10}mgh=\frac{4}{10}mgh$$

よって　　　　　　　$\boxed{答}\ \dfrac{2}{5}\sqrt{5gh}$

(3) P 側で $\dfrac{4}{10}h$ まで上昇し，その後
AB を通過した後，Q 側で $\dfrac{1}{10}h$ まで上
昇し，その後は AB 間で止まる。

$\boxed{答}$ 3回

(4) 最後に止まるとき，物体は B 側から
AB 間に入る。XB の長さを x とすると

$$0-mg\left(\frac{h}{10}\right)=-\mu'mgx$$

これと(1)の結果より　$x=\dfrac{L}{3}$

よって AX$=L-\dfrac{L}{3}=\dfrac{2}{3}L$ 　$\boxed{答}\ \dfrac{2}{3}L$

86 ▶ 力学的エネルギー保存の法則 図のように，
高さ L の場所から，ある自然の長さのゴムひもをぶ
ら下げた。ゴムひもの他端には質量 m の小球を取
り付ける。ゴムひもの重さは無視でき，ゴムひもの
弾性力は，ゴムひもの自然の長さからの伸びに比例
する。その比例定数を k とする。スタンドの高さ

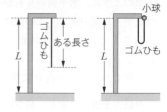

から小球を静かに放して鉛直に落下させたところ，床に衝突する直前の速さが 0 であっ
た。重力加速度の大きさを g とするとき，ゴムひもの自然の長さを求めよ。

87 ▶ 仕事と力学的エネルギー 質量 10 kg の物体 A に
軽い糸をつけて水平面上に置いた。重力加速度の大きさ
を $9.8\,\mathrm{m/s^2}$ とし，摩擦や空気の抵抗は無視できるもの
として次の問いに答えよ。

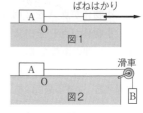

(1) 図 1 のように，物体 A につけた糸にばねはかりを
つないだ。物体 A を最初に点 O に置き，ばねはかり
の目盛りが 49 N を保つようにして引っぱった。物体 A が点 O から 5.0 m 動いたと
きに，物体 A のもつ運動エネルギーを求めよ。

(2) 図 2 のように，物体 A に付けた糸に質量 5.0 kg の物体 B をつけ，水平台の端に軽
い滑車をかけた。物体 A を再び点 O に置き，物体 B をつるして静かに放すと，物体
B は落下を始めた。物体 A が点 O から 5.0 m 動いたときに，物体 A のもつ運動エネ
ルギーを求めよ。

(3) (1)と(2)で運動エネルギーに差が出る原因を説明せよ。 (2008 埼玉大)

88 ▶ 力学的エネルギー保存の法則 図のように，ばね定
数 k の軽いばねを天井からつり下げ，質量 m の物体をつ
るし，つり合いの状態とした。手で下から物体を押し，ば
ねをつり合いの位置からゆっくりと鉛直上向きに h だけ
縮め，そっと手をはなすと物体は鉛直下向きに運動し始め
た。重力加速度の大きさを g とし，次の問いに答えよ。た
だし，重力による位置エネルギーの基準点をばねの自然長
の位置とする。

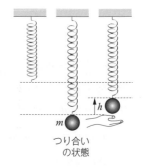

(1) 手が物体にした仕事を求めよ。

(2) 手をはなす直前の物体の位置エネルギーを求めよ。

(3) 手をはなして物体がつり合いの位置に来たときの速さを求めよ。

(4) 自然長の位置から，最下点の位置はどれだけ伸びているか。

89 ▶振り子の運動 図のように，質量 m の物体を，長さ l の軽くて細い糸で天井からつるす。これを鉛直方向に対して糸の傾きが $60°$ となるように位置 P まで引っぱった後に，静かにはなした。物体は最下点を速さ v で通過する瞬間に，糸の中心が点 Q にあるくぎに触れて，点 Q を中心とする運動になった。くぎに触れた後，物体の速さが $\frac{1}{2}v$ となるときの糸の傾きを θ とするとき，$\cos\theta$ の値を求めよ。ただし，重力加速度の大きさを g とする。

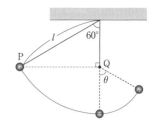

90 ▶力学的エネルギーが保存されない場合

図のように，水平との角度が θ の斜面上の一端に質量 m の物体を取り付けたばね（ばね定数 k，自然長 l）を斜面の A 地点に取り付け，自然長より d だけ縮めて静かにはなしたところ，物体は斜面上を滑り上がった。

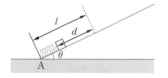

物体と斜面との間には摩擦があり，静止摩擦係数を μ，動摩擦係数を μ' とする。重力加速度の大きさを g として，次の問いに答えよ。

(1) 物体の到達する最高地点を B 地点とするとき，AB 間の距離を求めよ。

(2) 最高地点 B に到達した後，物体が再び下方に動き出すための条件を求めよ。

（2009 お茶の水女子大）

91 ▶力学的エネルギーが保存されない場合

水平な台の上に質量 m の物体を置き，図のように自然長 l のゴムひも B を取り付けた。ゴムひもの右端をもって，水平方向にゆっくり引くと，ゴムひもが自然長 l から a だけ伸びたときに物体が動き始めた。その瞬間

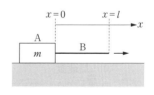

にゴムひもを引くのをやめたところ，物体は初めの位置から b だけ移動して止まった。

台と物体の間の静止摩擦係数を μ_0，動摩擦係数を μ，重力加速度の大きさを g とする。ゴムひもが自然長から y 伸びたときの弾性力は，k を比例定数として ky である。$\mu_0 > \mu$ であることに注意し，次の問いに答えよ。

(1) 物体が動き始めたときのゴムひもの伸び a と μ_0 の関係を示せ。

(2) ゴムひもが $l+a$ の長さに伸びたときに蓄えられている弾性エネルギーを求めよ。

(3) 物体が止まるまでに動摩擦力がした仕事を求めよ。

(4) 物体が止まったとき，ゴムひもが自然長より伸びていたとする。このとき，ゴムひもにはエネルギーが蓄えられていることに注意して，移動距離 b を k，μ_0，μ，m，g を用いて表せ。

5 平面内の運動

◆1 運動の表し方

(1) 速度の合成と分解

速度はベクトルで，合成や分解ができる。

合成　$\vec{v}=\vec{v_1}+\vec{v_2}$　　　　分解　$v_x=v\cos\theta$，$v_y=v\sin\theta$，$v=\sqrt{v_x{}^2+v_y{}^2}$

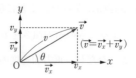

(2) 相対速度

物体 A，B がそれぞれ速度 $\vec{v_A}$，$\vec{v_B}$ で運動するとき A から見た B の速度を A に対する B の相対速度という。

相対速度　$\vec{v_{AB}}=\vec{v_B}-\vec{v_A}$
$\qquad\qquad\quad=\vec{v_B}+(-\vec{v_A})$

（※相対速度＝相手の速度－自分の速度）

◆2 平面運動の速度・加速度

(1) 速度

時間 $\varDelta t$ 間の変位を $\varDelta\vec{x}$ とする。

時間 $\varDelta t$ 間の平均の速度は

平均の速度　$\vec{v}=\dfrac{\varDelta\vec{x}}{\varDelta t}$　　$\varDelta\vec{x}$：変位〔m〕
$\qquad\qquad\qquad\qquad\qquad\quad \varDelta t$：時間〔s〕

$\varDelta t$ が十分小さいとき，瞬間の速度を表す。

瞬間の速度　$\vec{v}=\lim\limits_{\varDelta t\to0}\dfrac{\varDelta\vec{x}}{\varDelta t}=\dfrac{dx}{dt}$

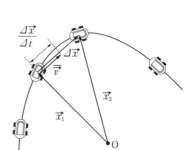

(2) 加速度

時刻 t_1〔s〕において速度 $\vec{v_1}$〔m/s〕で運動していた物体が，時刻 t_2〔s〕において速度 $\vec{v_2}$〔m/s〕で運動したとする。

このとき，加速度 $\vec{a}$〔m/s²〕は

加速度　$\vec{a}=\dfrac{\vec{v_2}-\vec{v_1}}{t_2-t_1}=\dfrac{\varDelta\vec{v}}{\varDelta t}$

$\qquad\qquad\qquad \varDelta\vec{v}$：速度変化〔m/s〕
$\qquad\qquad\qquad \varDelta t$：経過時間〔s〕

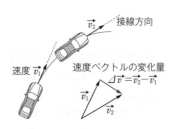

◆3 放物運動

(1) **放物運動** 重力のみを受ける物体の運動のこと。

(2) **水平投射運動**

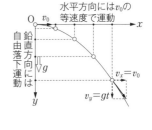

・水平方向

投射された物体が受ける力は重力のみだから，

運動方程式は $ma_x=0$

よって $a_x=0$（等速度運動）

$$\begin{cases} v_x=v_0 \\ x=v_0t \end{cases}$$

・鉛直方向

下向きを正として，運動方程式は $ma_y=mg$

よって $a_y=g$

（y 方向の初速度は 0 だから，自由落下運動）

$$\begin{cases} v_y=gt \\ y=\dfrac{1}{2}gt^2 \end{cases}$$

(3) **斜方投射運動**

・水平方向

運動方程式は $ma_x=0$

よって $a_x=0$（等速度運動）

$$\begin{cases} v_x=v_{0x}=v_0\cos\theta \\ x=v_{0x}\cdot t=v_0\cos\theta\cdot t \end{cases}$$

t：時刻〔s〕，v_0：初速度〔m/s〕

g：重力加速度の大きさ〔m/s²〕

・鉛直方向

鉛直上向きを正として，運動方程式は $ma_y=-mg$

よって $a_y=-g$（y 方向は鉛直投げ上げ運動）

$$\begin{cases} v_y=v_0\sin\theta-gt \\ y=v_0\sin\theta\cdot t-\dfrac{1}{2}gt^2 \end{cases}$$

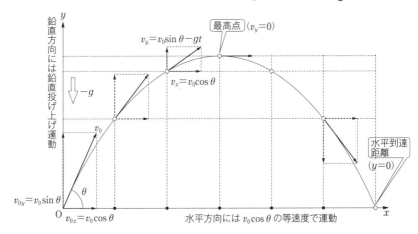

WARMING UP／ウォーミングアップ

1 図のように，東に $\vec{v_A}$ の速度で走る電車 A の中から，鉛直下向きに $\vec{v_B}$ で降っている雨 B を見るとき，電車 A からみた雨滴 B の相対速度 $\vec{v_{AB}}$ を $\vec{v_A}$ と $\vec{v_B}$ を用いて表し，ベクトル $\vec{v_{AB}}$ を作図せよ。

2 図のように，一定の加速度で運動している物体がある。点 A から点 B まで変位するのに 0.30 s かかった。この間における，物体の平均の加速度の大きさと向きを答えよ。ただし，$\sqrt{2} = 1.41$ とする。

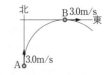

3 図のように，原点から水平に初速度 v_0 でボールを打ち出した。水平方向に x 軸，鉛直方向下向きに y 軸をとると，時間 t 後のボールの速度の水平成分 v_x は（ ① ）で，鉛直成分 v_y は（ ② ）である。また，時間 t 後のボールの位置は $x = $（ ③ ），$y = $（ ④ ）である。

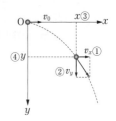

4 図のように，原点から θ の角をなして初速度 v_0 でボールを打ち出した。水平方向に x 軸，鉛直方向上向きに y 軸をとると，時間 t 後のボールの速度の水平成分 v_x は（ ① ）で，鉛直成分 v_y は（ ② ）である。また，時間 t 後のボールの位置は $x = $（ ③ ），$y = $（ ④ ）である。

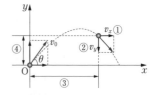

5 水平方向に 10 m/s で投げたボールの 2.0 s 後の水平距離は（ ① ）m であり，落下距離は（ ② ）m である。3.0 s 後の速度の水平成分 v_x は（ ③ ）m/s で，鉛直成分 v_y は（ ④ ）m/s である。ただし，重力加速度の大きさを 10 m/s² とする。

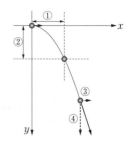

6 水平より斜め 60° の方向に 10 m/s でボールを投げたとき，初速度の水平成分は（ ① ）m/s で，鉛直成分は（ ② ）m/s である。最初から 2.0 s 間での水平距離は（ ③ ）m である。ただし，重力加速度の大きさを 10 m/s²，$\sqrt{3} = 1.73$ とする。

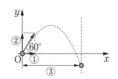

基本例題 19 　雨滴の落下

　風がなく鉛直方向に降る雨の中を，$10\ \mathrm{m/s}$ の速さで走っている自動車の中の人から見ると，雨が鉛直方向と $60°$ の角をなして降っているように見えた。雨滴の落ちる速さはいくらか。

●考え方　一般に A に対する B の相対速度は
$$\vec{v}_{\mathrm{AB}}=\vec{v}_{\mathrm{B}}-\vec{v}_{\mathrm{A}}$$
となる。

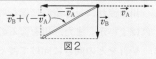

解答

自動車 A の速度を $\vec{v}_{\mathrm{A}}$，雨滴 B の速度を $\vec{v}_{\mathrm{B}}$ とするとき，A に対する B の相対速度 $\vec{v}_{\mathrm{AB}}$ は図1あるいは図2のような関係になる。

したがって　$\tan 60°=\dfrac{v_{\mathrm{A}}}{v_{\mathrm{B}}}=\dfrac{10\ \mathrm{m/s}}{v_{\mathrm{B}}}$

よって　$v_{\mathrm{B}}=\dfrac{10\ \mathrm{m/s}}{\tan 60°}=\dfrac{\sqrt{3}}{3}\times 10\ \mathrm{m/s}$
$$=5.7\overset{8}{6}\ \mathrm{m/s}\quad\boxed{答}\ \mathbf{5.8\ m/s}$$

基本例題 20 　水平投射運動

　地上 $4.9\ \mathrm{m}$ の高さから水平に $9.8\ \mathrm{m/s}$ の速さでボールを投げた。重力加速度の大きさを $9.8\ \mathrm{m/s^2}$ として次の問いに答えよ。
(1)　ボールが地面に着くまでに何秒かかるか。
(2)　投げた地点の真下から着地点までの距離はいくらか。
(3)　ボールが地面に達する直前の速度を求めよ。

●考え方　(1)　鉛直方向の運動は自由落下
　(2)　水平方向の運動は等速度運動
　(3)　衝突する直前の速度 v_x と v_y をそれぞれ求め，速度 v の大きさと向きを求める。
　地面に当たる角度を θ とすると，右図より $\tan\theta=\dfrac{v_y}{v_x}$

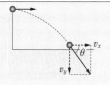

解答

(1)　$y=\dfrac{1}{2}gt^2$ より，$t=\sqrt{\dfrac{2y}{g}}$

$t=\sqrt{\dfrac{2\times 4.9\ \mathrm{m}}{9.8\ \mathrm{m/s^2}}}=1.0\ \mathrm{s}\quad\boxed{答}\ \mathbf{1.0\ s}$

(2)　$x=v_0 t$ より

$x=9.8\ \mathrm{m/s}\times 1.0\ \mathrm{s}=9.8\ \mathrm{m}\quad\boxed{答}\ \mathbf{9.8\ m}$

(3)　衝突する直前における速度の水平成分と鉛直成分をそれぞれ v_x，v_y とする。

$v_x=9.8\ \mathrm{m/s}$

$v_y=gt=9.8\ \mathrm{m/s^2}\times 1.0\ \mathrm{s}=9.8\ \mathrm{m/s}$

$v=\sqrt{v_x{}^2+v_y{}^2}$
$=\sqrt{(9.8\ \mathrm{m/s})^2+(9.8\ \mathrm{m/s})^2}$
$=\sqrt{2}\times 9.8\ \mathrm{m/s}=1.41\times 9.8\ \mathrm{m/s}$
$=13.\overset{4}{8}\ \mathrm{m/s}$

地面に当たる角度を θ とすると

$\tan\theta=\dfrac{v_y}{v_x}=\dfrac{9.8\ \mathrm{m/s}}{9.8\ \mathrm{m/s}}=1$

よって　$\theta=45°$

$\boxed{答}$ $\mathbf{14\ m/s}$ で水平と $\mathbf{45°}$ の角度をなして衝突する。

基本問題

92 ▶速度の合成　静水中での速さが $4.0\,\mathrm{m/s}$ の船で，流れ
の速さが $2.0\,\mathrm{m/s}$，川幅 $173\,\mathrm{m}$ の川を対岸へ渡るとき，次の
問いに答えよ。

流れの速さ $2.0\,\mathrm{m/s}$

(1)　川の流れに対し垂直に進むには，船首をどの向きに向け
　　ればよいか。また，川を渡るのに要する時間はいくらか。

(2)　船首をどの向きに向けて渡ると最も速く渡れるか。また，川を渡るのに要する時間
　　はいくらか。

(3)　途中で流速の速い部分があった場合，(2)で求めた時間は変化するかどうか答えよ。

93 ▶相対速度　2機の飛行機 A と B が並んで $200\,\mathrm{m/s}$ の速
さで北向きに飛んでいる。A はその速度で進むが，B が速度を
変えたため，A から B を見ると，A に対して B は西向きに 200
$\mathrm{m/s}$ の速さで遠ざかるように見えた。

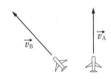

(1)　A の速度を $\vec{v_A}$，B の速度を $\vec{v_B}$，A に対する B の相対速度を $\vec{v_{AB}}$ とする。$\vec{v_B}$ を $\vec{v_A}$
　　と $\vec{v_{AB}}$ を使って表せ。

(2)　B の速度の大きさと向きを答えよ。ただし，$\sqrt{2}=1.414$ とする。

94 ▶運動方程式と放物運動　地上の点 O から水平
方向と θ の角をなす方向に初速度 v_0 で質量 m のボ
ールを投げ上げた。点 O を原点，水平方向に x 軸，
鉛直方向に y 軸をとるとき，次の問いに答えよ。た
だし重力加速度の大きさを g とする。

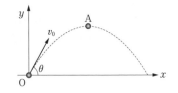

(1)　最高点 A でボールに働く力を図示せよ。

(2)　ボールの加速度の x 成分，y 成分をそれぞれ a_x，a_y として，x 方向，y 方向につい
　　て運動方程式をつくれ。

(3)　a_x，a_y を求めよ。

(4)　ボールの速度の x 成分，y 成分をそれぞれ v_x，v_y として，投げ上げてから時間 t 後
　　の v_x，v_y を求めよ。

(5)　時間 t 後のボールの位置の x 座標と y 座標を求めよ。

(6)　最高点に達するまでの時間と最高点の高さ（y 座標）を求めよ。

(7)　ボールが着地するまでの時間とボールの飛距離を求めよ。

(8)　v_0 の大きさを一定にしたまま，θ を変化させる。$\theta=45°$ のとき，飛距離が最大にな
　　ることを示せ。

95 ▶水平投射運動 水平面からある高さの点Pから，ある初速度で水平にボールを投げたところ，ボールは水平方向に 39.2 m 飛んで，2.0 s 後に水平面上の点Rに着地した。重力加速度の大きさを 9.8 m/s² として次の問いに答えよ。

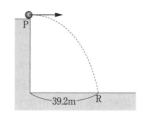

(1) 点Pの水平面からの高さと初速度の大きさを求めよ。

(2) 着地する直前の速さはいくらか。

96 ▶斜方投射運動 水平面からある高さの点Pから，初速度 v_0 で水平から上向きに 30° の方向にボールを投げたところ，時間 t 後に水平面上の点Rに着地した。重力加速度の大きさを g として次の問いに答えよ。

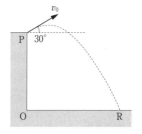

(1) ボールの最高点における速さはいくらか。

(2) 水平方向の飛距離 OR の長さはいくらか。

(3) 点Pの水平面からの高さはいくらか。

97 ▶斜方投射運動 水面から 14.7 m の高さのがけの上から，水平と 30° の角をなし，初速度 19.6 m/s でボールを打ち出した。重力加速度の大きさを 9.8 m/s² とする。

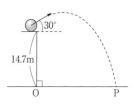

(1) ボールが最高点に達するまでの時間はいくらか。

(2) ボールが達した最高点の高さは投げ上げた地点からいくらか。

(3) ボールを打ち出してから，着水するまでの時間はいくらか。

(4) 着水した地点Pはがけの真下の点Oから測っていくらか。

98 ▶相対速度 風の中を，人が東向きに 2.0 m/s の速さで走ったところ，人に対して，風は 2.0 m/s の速さで真北から吹いているように感じた。次の問いに答えよ。

(1) 地面に対する人の速度を $\vec{v_1}$，風の速度を $\vec{v_2}$ とする。このとき，人に対する風の相対速度 $\vec{v_{12}}$ を，$\vec{v_1}$, $\vec{v_2}$ を用いた式で表せ。

(2) 風はどちらの方角から吹いてくるか。そしてその速さはいくらか。

(3) 風向きが，2.0 m/s の北風に変わった。人の走る速度が変わらないとき，人にはどちらの方角から風速がいくらの風が吹いてくるように感じられるか。

発展例題 21 斜方投射運動と自由落下運動

図の点 P に物体をつるし，この物体をめがけて，小球を水平と θ をなす角度に v_0 の初速度で打ち出す。小球の初速度の向きは物体の方向を向き，打ち出すと同時に物体は自由落下を開始する。OP の距離を l，重力加速度の大きさを g とする。点 O を原点にとって，水平に x 軸，鉛直に y 軸をとる。

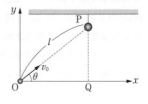

(1)　小球は図の PQ 上に達した。PQ 上に達する時刻を求めよ。

(2)　(1)の時刻に物体と小球が同じ高さにあることを示せ。

(3)　落下中の物体に対する小球の相対速度を，成分表示で求めよ。

(4)　(3)の結果を使って，(1)の時刻に小球が物体に命中してしまうことを示せ。

●**考え方**
(1)　水平方向には等速度運動をする。
(2)　物体は自由落下運動をする。x 軸の水平面から点 P は，$l\sin\theta$ の高さにある。
(3)　物体の速度 $\vec{v_1}$，小球の速度を $\vec{v_2}$ とすると，物体に対する小球の相対速度は $\vec{v_{12}} = \vec{v_2} - \vec{v_1}$ である。
(4)　小球から見た物体の距離が 0 になったとき衝突する。

解答

(1)　水平方向の運動は等速度運動だから，求める時間を t として

$$v_0\cos\theta \cdot t = OQ = l\cos\theta$$

$$t = \frac{l}{v_0} \qquad \text{答 } \frac{l}{v_0}$$

(2)　（**記述例**）

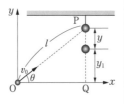

(1)の時刻の物体の高さ y_1 は，物体が自由落下運動をするから t〔s〕間の落下距離 $y = \frac{1}{2}gt^2$ より

$$y_1 = l\sin\theta - \frac{1}{2}g\left(\frac{l}{v_0}\right)^2 \quad \cdots ①$$

(1)の時刻の小球の高さ y_2 は，

$y_2 = v_0\sin\theta \cdot t - \frac{1}{2}gt^2$ に $t = \frac{l}{v_0}$ を代入して求められる。

$$y_2 = v_0\sin\theta\left(\frac{l}{v_0}\right) - \frac{1}{2}g\left(\frac{l}{v_0}\right)^2$$

$$= l\sin\theta - \frac{1}{2}g\left(\frac{l}{v_0}\right)^2 \quad \cdots ②$$

①，②式より

$$y_1 = y_2 \qquad \text{答}$$

(3)　物体の速度を $\vec{v_1}$，小球の速度を $\vec{v_2}$ とすると，物体に対する小球の相対速度 $\vec{v_{12}}$ は $\vec{v_{12}} = \vec{v_2} - \vec{v_1}$ で与えられる。

物体は自由落下するから，時刻 t 後の速度は，$\vec{v_1} = (0,\ -gt)$

小球は放物運動するから，小球の時刻 t 後の速度 $\vec{v_2}$ は

$$\vec{v_2} = (v_0\cos\theta,\ v_0\sin\theta - gt)$$

したがって

$$\vec{v_{12}} = \vec{v_2} - \vec{v_1} = (v_0\cos\theta,\ v_0\sin\theta)$$

$$\text{答 } (v_0\cos\theta,\ v_0\sin\theta)$$

〈注意〉　$\vec{v_{12}} = (v_0\cos\theta,\ v_0\sin\theta)$ は，初速度とまったく同じ速度である。物体から見ると小球はまっすぐ一定の速さで近づいてくることを意味する。

(4) $\overrightarrow{v_{12}}$ の向きは，水平から θ の角度，速さは v_0 である。最初，物体と小球の距離は l で，単位時間に v_0 の速さで距離が縮んでいくから，(1)の時刻 $t=\dfrac{l}{v_0}$ では

$$v_0 \times \frac{l}{v_0} = l$$

となって，$t=\dfrac{l}{v_0}$ では距離が 0 となり衝突することがわかる。**答**

発展問題

99▶一定の力による平面運動 なめらかな水平面上の点 O から，質量 2.0 kg の物体を，北西に向かって 4.0 m/s の速さで打ち出す。その後，物体にはつねに東向きに 1.0 N の力が働き続けた。物体の位置が最も西に行くのは物体を打ち出してから何 s 後か。また，そのときの速さはいくらか。

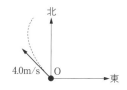

ヒント 東向きに x 座標，北向きに y 座標をとって成分で考える方法と，速度のベクトルの変化を作図から求める方法がある。

100▶相対速度 図1のように西風を受けて雨が鉛直方向から 30° の角度をなして降っている。この雨の中を，西から東に向かって 20 m/s の速さで進んでいる電車の窓から雨を眺めたら，図2のよ

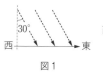

図1

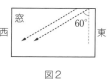

図2

うに雨は鉛直方向と 60° の角度をなして降っているように見えた。電車の速度を $\overrightarrow{v_1}$，雨滴の速度を $\overrightarrow{v_2}$，電車に対する雨滴の相対速度を $\overrightarrow{v_{12}}$ とし，$\overrightarrow{v_2}$ を $\overrightarrow{v_1}$ と $\overrightarrow{v_{12}}$ を用いて作図し，雨滴の速さを求めよ。

ヒント $\overrightarrow{v_{12}}=\overrightarrow{v_2}-\overrightarrow{v_1}$ より $\overrightarrow{v_2}$ を $\overrightarrow{v_1}$ と $\overrightarrow{v_{12}}$ を用いて作図する。$\overrightarrow{v_2}$ と $\overrightarrow{v_{12}}$ については向きがわかっているので作図ができる。

101▶走る台車上からの鉛直投射運動 等速度で走る台車の上に筒を鉛直に立て，発射装置によって小球を台車から見て鉛直真上に発射したら，小球は筒の先から 1.6 m の高さまで上がった後，筒の中に入った。その間に台車は

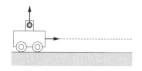

0.56 m 移動した。重力加速度の大きさを 9.8 m/s² として次の問いに答えよ。

(1) 台車に対する小球の初速度の大きさは何 m/s か。

(2) 小球が発射されてから筒にもどるまでの時間はいくらか。

(3) 台車の速さはいくらか。

ヒント (1) 鉛直方向の運動は鉛直投げ上げ運動，水平方向は等速運動と同じである。

102▶斜方投射運動 図のように，点Aからボールを水平に対して $60°$ の方向に v_0 の速さで投げ出したところ，点Dに水平と $45°$ をなす角度で着地した。重力加速度の大きさを g として，次の問いに答えよ。

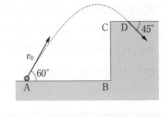

(1) 最高点の高さはAB面から測っていくらか。

(2) 点Dに着地する直前の速さはいくらか。

(3) 投げ出してから着地するまでの時間はいくらか。

ヒント (2) 水平方向の速度は一定である。

103▶斜方投射運動 ある打者が打った外野フライの滞空時間は $4.0\,s$ で，水平への飛距離は $78.4\,m$ であった。次の問いに答えよ。ただし，重力加速度の大きさを $9.8\,m/s^2$ とする。

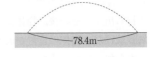

(1) ボールが打ち返された時刻を $t=0$ 〔s〕としたとき，最高点に達する時刻 t_1 を求めよ。

(2) 最高点の高さはいくらか。

(3) バットで打ち返された直後のボールの速度の大きさ，水平面となす角度をそれぞれ求めよ。

ヒント 初速度の水平成分 v_x と鉛直成分 v_y を求める。$\tan\theta=\dfrac{v_y}{v_x}$ を用いる。

104▶斜方投射運動 点Pと点Qに物体Aと物体Bがあり，その距離は l である。いまPからQに向かう直線の方向に，物体Aと物体Bを同時に打ち出す。物体Bの初速度は v_0，Aの初速度は $2v_0$ である。次の問いに答えよ。ただし，$\overline{PQ}$ が水平となす角を θ，重力加速度の大きさを g とする。

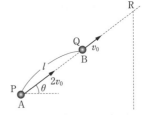

(1) 物体にもし重力が働かなければ，A，Bは慣性の法則にしたがって等速度運動する。A，Bが等速度運動するとき，AがBに追いついて衝突する地点を点Rとするとき，$\overline{PR}$ を求めよ。

(2) 実際には重力が働いている。その場合，Aが点Rを通る鉛直線上を通過するとき，Bと衝突することを示せ。

(3) AとBが放物運動しているとき，BからAを見るとどのような運動に見えるか，相対速度を用いて説明せよ。

ヒント (3) BからAを見たときの相対速度 $\vec{v}_{BA}$ は，$\vec{v}_A-\vec{v}_B$ で求められる。それを水平成分と鉛直成分について求める。

105 ▶斜面内での放物運動, 斜面への斜方投射運動

水平面となす角が β の斜面 ABCD があり, AB
は水平である。今, 時刻 $t=0$ において, AB 上の点
O からこの平面内に物体を v_0 の初速度で AB に対
して θ の角度で打ち出した。重力加速度の大きさ
を g とし, 斜面 ABCD の摩擦は無視できるものと
する。

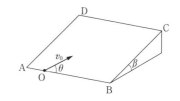

(1) 最高点における物体の速さはいくらか。

(2) 物体が最高点に達する時刻を求めよ。

(3) 最高点の高さは, 水平面から測っていくらか。

次に, 点 O から, 時刻 $t=0$ において, 斜面と垂直に
交わる鉛直面内で, 斜面と α の角をなす方向に初速度
v_0 で小球を打ち上げた。

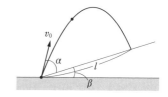

(4) 小球が斜面に落下するまでの任意の時刻 t におい
て, 斜面に沿った方向の速度成分と, 斜面に垂直な
方向の速度成分をそれぞれ求めよ。

(5) 小球が斜面に落下する時刻 t_1 を求めよ。

(6) 落下点までの斜面に沿った距離 l を求めよ。　　　　　(2007　佐賀大　改)

ヒント (1)〜(3) 斜面上の運動は, 斜面に沿って斜面下向きに $g\sin\beta$ の加速度をもつ運
動である。

(4) 鉛直下向きの重力加速度を斜面に沿った方向と斜面に垂直な方向に分解し,
それぞれの方向について, 時刻 t の速度成分を考える。

106 ▶放物線軌道を描く上昇運動　図のように,

質量 500 kg の気球が地表からの高さが 180 m の
ところを風に乗って, 水平に一定速度 1.2 m/s で
進んでいる。前方にある高さ 200 m の岩山を乗

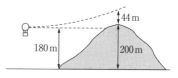

り越えるために, 砂袋を落としたところ, 砂袋を落としてから 80 s 後に岩山の山頂から
44 m の高さの地点を通過することができた。次の問いに答えよ。ただし, 重力加速度
の大きさを 9.8 m/s² とし, 空気の抵抗は無視できるものとする。また, 砂袋を落として
も気球の浮力は変わらないものとする。

(1) 気球が受ける浮力はいくらか。

(2) 気球が上昇する加速度の大きさはいくらか。

(3) 落とした砂袋の質量はいくらか。

(4) 気球が山頂の真上を通過するときの速さはいくらか。

ヒント (1) 砂袋を落とす前は浮力と重力がつりあっている。

(4) 気球は水平方向には力が働かないので, 水平方向は等速度で運動する。

6 剛体の回転とつり合い

◆1 力のモーメント

軸のまわりに剛体を回転させる働きを
力のモーメントといい，単位は N·m
で表す。軸から力の作用線におろした
垂線の長さを**腕の長さ**という。

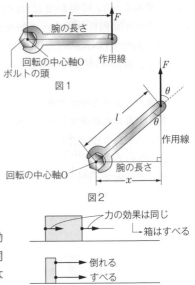

図1の場合，点Oのまわりの力Fの
モーメントMは

$$M = Fl$$

F：力〔N〕，l：腕の長さ〔m〕

（反時計回りを正とする場合が多い）

図2の場合，力FのモーメントMは

$$M = Fx = Fl\sin\theta \quad x：腕の長さ〔m〕$$

◆2 剛体に働く力の性質

剛体に働く力は，力の作用線上で平行移動
させてもその効果は変わらない。また，同
じ大きさ，同じ向きの力でも作用線が異な
れば力の効果は異なる。

◆3 剛体のつり合いの条件

① 剛体が受ける力のベクトルの和が $\vec{0}$

$$\vec{F_1} + \vec{F_2} + \vec{F_3} + \cdots = \vec{0} \quad （並進運動を始めない条件）$$

② 任意の点のまわりにおける力のモーメントの和が0

$$M_1 + M_2 + M_3 + \cdots = 0 \quad （回転運動を始めない条件）$$

◆4 平行な2力の合成

① 同じ向きの2力の合力

$$F_1 l_1 + (-F_2 l_2) = 0$$
$$F = F_1 + F_2$$
$$l_1 : l_2 = F_2 : F_1$$

合力の作用線は
力の逆比に内分す
る点を通る。

② 逆向きの2力の合力

$$F_1 l_1 + (-F_2 l_2) = 0$$
$$F = |F_1 - F_2|$$
$$l_1 : l_2 = F_2 : F_1$$

合力の作用線は
力の逆比に外分す
る点を通る。

◆5 偶力

大きさが等しく，平行で逆向きの2つの
力を偶力という。

偶力のモーメント $M = Fl$

F：偶力〔N〕，l：腕の長さ〔m〕

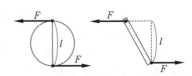

偶力は剛体を回転させるはたらきだけをもち，合成することができない。

◆6 重心

物体の各部分に働く重力の，合力の作用点のこと。物体の各部分に働く重力は，重心に働く力として置き換えることができる。

① 2物体間の重心

2物体間を質量の逆比に内分する点が重心となる。

$$l_1 : l_2 = M : m$$

M，m：質量〔kg〕

l_1，l_2：重心までの長さ〔m〕

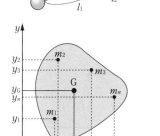

② 重心の座標 $G(x_G, y_G)$

$$\begin{cases} x_G = \dfrac{m_1x_1 + m_2x_2 + \cdots + m_nx_n}{m_1 + m_2 + \cdots + m_n} \\[3mm] y_G = \dfrac{m_1y_1 + m_2y_2 + \cdots + m_ny_n}{m_1 + m_2 + \cdots + m_n} \end{cases}$$

m_1，m_2，$\cdots m_n$：各部分の質量〔kg〕

WARMING UP／ウォーミングアップ

1 次の文章の（ ）に適する語を入れなさい。

剛体が静止しているための条件は，

・剛体が受ける（ ア ）のベクトルの和が $\vec{0}$ である。…並進運動を始めない条件

・任意の軸のまわりの（ イ ）の和が0である。…回転運動を始めない条件

力のモーメントの大きさは，(力)×(腕の長さ) で表される。腕の長さとは，軸から力の（ ウ ）におろした（ エ ）の長さである。

2 次の図の矢印で示す力の，軸Oのまわりの力のモーメントを求めよ。ただし，反時計回りを正とする。

①

②

③

3 次の文章の（ ）から適する語を選び，記号で答えなさい。

(1) 剛体に働く力の大きさや向きが同じとき，作用線が（ア．異なると　イ．同じだと）力の効果が異なる。

(2) 剛体に働く力を，剛体内の力の作用線上で平行移動させると，その効果は（ウ．変わる　エ．変わらない）。

4 軽い棒に図のような複数の力が働くとき，それらと同じはたらきをもつ力を棒に及ぼしたい。(1)〜(2)は，その力の大きさと力の作用点の点 O からの距離を求めよ。(3)は，その力をかけ。

(1)

(2)

(3)
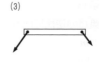

5 偶力のモーメントの大きさを求めよ。

(1)
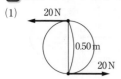

(2)
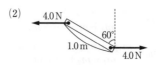

6 重心を求めよ。

(1)
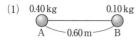

(2) 密度一様な棒

基本例題 22　剛体のつり合い

　質量 M，長さ l の一様な太さの棒がある。これを 2 本の糸で水平につるした。それぞれの糸の張力 T_1，T_2 はいずれも鉛直上向きである。重力加速度の大きさを g とする。

(1)　点 A のまわりの棒に働く重力のモーメントについて，その大きさを求めよ。

(2)　T_1，T_2 の張力の大きさはいくらか。

（東京薬大　改）

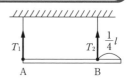

●考え方

(1)　点 A のまわりの力のモーメントを考えるので，点 A で働く力 T_1 によるモーメントは生じない。また，AB と重力の作用線は直角に交わるので，腕の長さは点 A と重力の作用点との距離になる。ここで，棒の太さは一様なので，重力の作用点は棒の中心（点 A から $\frac{1}{2}l$ の距離）にあると考えてよい。

(2)　棒は静止しているので，剛体のつり合いの条件が成立する。
　①並進運動を始めない ⟹ 鉛直方向の力がつり合う
　②回転運動を始めない ⟹ 点 A のまわりの，重力と T_2 による力のモーメントの和が 0

解答

(1) $Mg \times \dfrac{1}{2}l = \dfrac{1}{2}Mgl$ 　 答 $\dfrac{1}{2}Mgl$

(2) 鉛直方向の力のつり合いの式は

$T_1 + T_2 = Mg$ 　…①

点 A のまわりの力のモーメントのつり合いより

$T_2 \times \dfrac{3}{4}l - Mg \times \dfrac{1}{2}l = 0$ 　…②

②より 　$T_2 = \dfrac{2}{3}Mg$ 　…③

①，③より

$T_1 = Mg - \dfrac{2}{3}Mg = \dfrac{1}{3}Mg$

答 $T_1 = \dfrac{1}{3}Mg$ ，$T_2 = \dfrac{2}{3}Mg$

基本例題 23　壁に立てかけた棒

　質量が m で長さ l の一様な棒を，水平な床からなめらかで鉛直な壁に立てかけたところ，静止した。棒と壁のなす角を θ とすると，棒が滑らないためには，床と棒の間の静止摩擦係数 μ はどのような範囲でなければならないか。重力加速度の大きさを g とする。

●考え方

(1) 棒が受ける力を正しく図示する。棒は重力と，接触している周りの物体（壁と床）から力を受ける。
　　棒は壁から垂直抗力 R，床から垂直抗力 N，B 端が接している床から静止摩擦力 F の力を受けている。

(2) 剛体が静止するための条件は
・水平方向の力の和が 0
・鉛直方向の力の和が 0
・任意の点のまわりの力のモーメントの和が 0

(3) 棒が滑らないためには，静止摩擦力 F が最大摩擦力 μN 以下でなければならない。

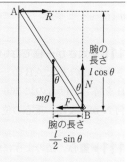

※〈棒が受ける力を理解するために〉
　もし壁がなければ棒は転倒する。壁から垂直抗力 R で支えられている。床がなければ棒は落下する。棒は，床から垂直抗力 N で支えられている。また床がなめらかだと，水平な R によって，棒は右に滑ってしまう。棒が滑らないために棒は B 端で静止摩擦力 F によって，右への滑りが食い止められている。

解答

水平方向の力の和が 0 より

$R + (-F) = 0$ 　…①

鉛直方向の力の和が 0 より

$N + (-mg) = 0$ 　…②

B 端のまわりの力のモーメントの和が 0 より

$mg \times \dfrac{l}{2}\sin\theta - R \times l\cos\theta = 0$ 　…③

①，③より

$F = \dfrac{1}{2}mg\tan\theta$

一方，②より 　$N = mg$

滑らないためには 　$F \leqq \mu N$ だから

$\dfrac{1}{2}mg\tan\theta \leqq \mu mg$ より

答 $\mu \geqq \dfrac{1}{2}\tan\theta$

基本問題

107▶力のモーメント 反時計回りを正として，点Oのまわりの力のモーメントの和を求めよ。

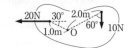

108▶棒を支える 長さ2.0mの一様な軽い棒に質量10kgの荷物を図のようにぶら下げ，A君とB君が手で支えた。AとBが支える力の大きさを求めよ。ただし，重力加速度の大きさを9.8m/s²とする。

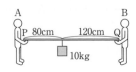

109▶重心の位置 長さ1.5mの一様でない0.50kgの棒ABの左端Aに0.50kgのおもりPをつるし，右端Bには1.3kgのおもりQをつるす。次に，Aから1.0mの地点Oを糸でつるしたところ，つり合った。棒の重心と点Oの距離を求めよ。重力加速度の大きさをg〔m/s²〕とする。

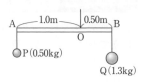

110▶太さが一様でない棒を持ち上げる 地面に横たわる長さ2.0mの丸太ABの一端Aを少し持ち上げるのに240N，Bを持ち上げるのに360Nの力を要した。丸太ABの重さは何Nか。また，重心の位置はAから何mの位置か。

111▶重心 図のように軽い棒で質量1.0kg，2.0kg，3.0kgの3つの球A，B，Cが連結されている。Aから重心までの距離を求めよ。

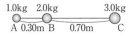

112▶重心の位置 次の場合の重心の座標$(x_G，y_G)$を求めよ。
(1) 長さ30cmの針金を図のように直角に折り曲げたとき。
(2) 辺の長さが16cmと8cmの長方形の2枚の板を図のように接合したとき。

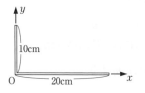

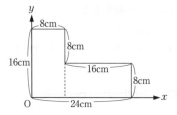

113▶棒のつり合い 長さ l，質量 m の一様な棒 AB の A 端に糸をつけ，B 端をあらい水平な床の上に置く。糸と棒が垂直になるように糸を引いたところ，棒と床が $60°$ の角度をなして静止した。糸の張力はいくらか。また，B 端が受ける静止摩擦力と垂直抗力の大きさはいくらか。ただし，重力加速度の大きさを g とする。

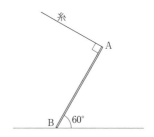

114▶偶力と力のつり合い 水平面上で，一様な円板に図のように同じ大きさの 4 つの力 F を加えたら，円板はどのように動き出すか。

(1) 　(2) 　(3)

115▶くぎ抜き くぎを抜くのに $100\,\mathrm{N}$ より大きな力が必要な場合，図のようにくぎ抜きの柄に垂直な力 F を加えてくぎを抜くためには，F の大きさをいくらより大きくしたらよいか。ただし，くぎ抜きの重さは無視できるものとする。

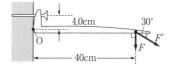

また，図のように柄に $30°$ の角度をなして力 F' を加えた場合，くぎを抜くためには力の大きさをいくらより大きくしなければならないか。

116▶力のモーメントと弾性力 図のように，長さ L，質量 m の一様でまっすぐな棒 AB が，台の上にその一部分がはみだして置かれている。棒の端 A 端にばね定数 k のばねをつけて鉛直上方に引っ張ると，ばねが a だけ伸びたとき点 P が台の端を離れた。ただし，台の上面はあらく，棒は台に対して滑らないとする。重力加速度の大きさを g とし，$l < \dfrac{L}{2}$ とする。

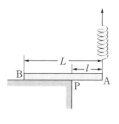

(1) この棒の質量 m を k，a，g を使って表せ。
(2) 次にばねを A 端からはずし，B 端につけかえて鉛直上方に引っ張ると，ばねが b だけ伸びたときに，B 端が台から離れた。b は a の何倍か。

（2002 センター試験 改）

117▶おもりのついた棒のつり合い 図のように，長さ l の重さの無視できる軽い棒 AB があり，その中点に質量 m のおもりをさげる。いま，棒の右端 B に糸をつけてそれを鉛直な壁の C に結びつけ，棒を水平にして棒の左端 A を壁に接するようにしたところ棒はつり合った。このとき糸 BC は水平と $30°$ の角度をなしている。重力加速度の大きさを g とする。

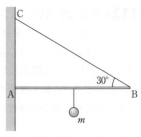

(1) 棒が糸 BC から受ける張力，棒が壁から受ける静止摩擦力と垂直抗力の大きさをそれぞれ求めよ。

(2) 棒が滑り落ちないための，棒と壁の間の静止摩擦係数の条件を求めよ。

発展例題 24 重心の位置

対角線の長さが 60 cm の正方形の一様な薄い板がある。図のように，正方形 EOFD の部分を切り取った。残りの板の重心を G とするとき，GO は何 cm か。ただし，AD＝2ED とする。

●考え方

(1) 正方形 ABCD や正方形 EOFD は直線 BD を対称軸として線対称である。したがって両者の重心は BD 上にある。

(2) 切り取った正方形 EOFD をもとにもどせば正方形 ABCD になる。つまり，正方形 EOFD の重心 O′ と残りの板の重心の位置 G を合わせた全体の重心は正方形 ABCD の中心 O である。

(3) 正方形 ABCD と正方形 EOFD の面積比は 4：1 である。したがって，図形 ABCFOE と正方形 EOFD の質量比は 3：1 となる。

解答

正方形 ABCD の重心は点 O，正方形 EOFD の重心は点 O′ である。求める図形 ABCFOE の重心を G とすると，点 G と点 O′ を質量の逆比に内分する点が全体の重心，点 O になる。点 O は，点 G と点 O′ を 1：3 に内分する点である。

GO：OO′＝1：3

GO＝15 cm÷3＝5.0 cm **答 5.0 cm**

〈別解〉

BD 上に x 軸をとり，原点を O とする。また，EOFD の質量を m とする。ABCD の重心は $x＝0$ だから，重心の公式 $x_G＝\dfrac{m_1 x_1＋m_2 x_2}{m_1＋m_2}$ より，

$$0＝\frac{m×15＋3m×x_2}{m＋3m}$$

$$x_2＝-5.0 〔cm〕$$

$$GO＝0\ cm-(-5.0\ cm)$$

$$＝5.0\ cm$$

発展問題

118 ▶ 平行でない3力のつり合い　剛体に互いに平行でない3力 $\vec{F_1}$, $\vec{F_2}$, $\vec{F_3}$ が働いて静止しているとき、3力の作用線は必ず一点で交わる。このことを次の順序で説明せよ。

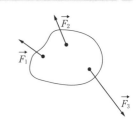

(1)　$\vec{F_1}+\vec{F_2}+\vec{F_3}$ はいくらか。

(2)　3力が、もし図のように1点で交わらなかったとすると $(\vec{F_1}+\vec{F_2})$ と $\vec{F_3}$ の2力はどんな関係にあるか。それをもとに3力の作用線が1点で交わることを説明せよ。

119 ▶ 垂直抗力の作用線　重さが W の一様な直方体の物体が、水平と θ の傾きをなす斜面上に静止している。次の問いに答えよ。

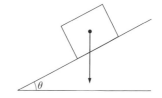

(1)　物体が斜面から受ける力（抗力）を図示せよ。

(2)　抗力を斜面に垂直な方向と平行な方向に分解して垂直抗力を図示し、垂直抗力の作用線は物体の底面のどこを通るか説明せよ。

120 ▶ 重心の位置　図1のように、半径 r の一様な円板から、半径 $\dfrac{r}{2}$ の円板をくり抜いた板Pの重心の位置は、図のO点から、破線に沿っていくらの距離にあるか。また、図2では、くり抜いていない半径 r の円板に、図1でくり抜いた半径 $\dfrac{r}{2}$ の円板を貼り付けた。全体の重心の位置は、O点から破線に沿っていくらの距離にあるか。2枚の円板の材質と厚さはすべて同じものとする。

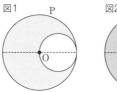

ヒント　図2：小円板と大円板の重心に注目し、全体の重心を考える。

121▶はしごのつり合い 摩擦のある水平な床から，なめらかで
鉛直な壁に，長さ l で重さ W のはしご AB を，鉛直方向と θ の
角をなすように立てかける。はしごの重心の位置は，はしごの中
央にある。いま，重さ $8W$ の人が点 B からはしごをゆっくりと
上っていき，やがて A に達した。人の重心の位置（はしご上にあ
るものとする）と点 B の距離を x とする。

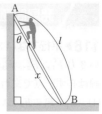

(1) 点 B ではしごに働く静止摩擦力の大きさ f は，x に対してどのように変化するか。
　f と x の関係を示すグラフとして正しいものを選んで，その記号を答えよ。

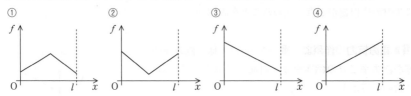

(2) はしごが倒れずに点 A に達するためには，床とはしごの間の静止摩擦係数はどの
　ような範囲になければならないか。

ヒント (1) B 点のまわりのモーメントを考えると，人が A に近づくほど反時計回りの
　　　　　モーメントが大きくなるので，A 点における垂直抗力も増大する。

　　　(2) 人が A に達するとき摩擦力が最大。このとき，静止摩擦力は最大摩擦力以
　　　　　下でなければならない。

122▶棒を支える糸のなす角 図のように，長さ l で重さ W の一様な棒 AB の一端 A
に糸 a をつけて天井からつるし，他端 B に糸 b をつけて水平に引いた。このとき，糸 a
および棒が鉛直方向となす角はそれぞれ α，β であった。このとき，$\dfrac{\tan\beta}{\tan\alpha}$ の値はいく
らか。

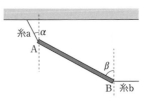

ヒント 水平方向，鉛直方向の力のつり合い，力のモーメントのつり合いの式をつくる。

123▶ちょうつがいでつながれた棒のつ
り合い 長さl，重さWの等しい2本の
棒AB，CDをちょうつがいを用いてBと

Cでつなぎ，A端も壁につないだ。つないだ点のまわりで，棒はそれぞれ鉛直面内で回転できる。また，ちょうつがいの大きさと質量は無視できる。

　いま，棒CDの1点に鉛直方向の力Fを加え，2本の棒を水平に支えている。

(1) 棒ABのB端がちょうつがいから受ける力の大きさと向きを答えよ。

(2) 力Fの大きさはいくらか。また，力Fの作用点とC端の距離を答えよ。

ヒント 棒ABに注目し，Aのまわりの力のモーメントを考える。

124▶箱の転倒 図のように，高さa，幅b，質量mの
一様な直方体Aを水平面上に置き，点Rに，水平右向
きに大きさFの力を加え，その大きさをしだいに大きく
していった。直方体Aは剛体とし，重力加速度の大き
さをgとする。

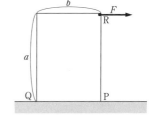

(1) 加える力がFのとき，物体は静止したままだった。
　このとき，物体が受ける垂直抗力の作用点はP点から
　いくらの距離のところにあるか。

(2) Fを大きくしていくとき，滑り出す前に物体が傾く
　ための物体と水平面の間の静止摩擦係数の範囲を求め
　よ。

(3) この直方体Aをある斜面上に置き，斜面をしだい
　に傾けていくと，傾きがある角度を超えたとき，物体
　は滑らずに傾いた。物体と斜面の間の静止摩擦係数に
　ついての条件を，a，bを用いて表せ。

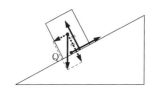

ヒント (1) 求める距離を未知数として，P点のまわりの力のモーメントを考える。

　　　(2) 傾く直前，垂直抗力の作用点はP点である。

　　　(3) 傾く直前，Qで抗力を受けその作用線は重心を通る。

7 運動量の保存

❶ 運動量と力積

◆1 運動量と力積

運動量…運動する物体の「勢い」の程度を物体の質量 m と速度 $\vec{v}$ の積 $m\vec{v}$ で表し, これを運動量(単位 〔kg·m/s〕)という。

力積…物体が受けた力 $\vec{F}$ と力を受けた時間 Δt との積 $\vec{F}\Delta t$ を力積(単位 〔N·s〕)という。

◆2 運動量と力積の関係

物体の運動量の変化は, 物体が受けた力積に等しい。

$$m\vec{v'} \quad - \quad m\vec{v} \quad = \quad \vec{F}\Delta t$$

（後の運動量）−（前の運動量）＝（物体が受けた力積）

m：質量〔kg〕,　$\vec{v'},\ \vec{v}$：速度〔m/s〕,　$\vec{F}$：力〔N〕,　Δt：時間変化〔s〕

①直線上の運動　　　　　　　　　　②平面上の運動

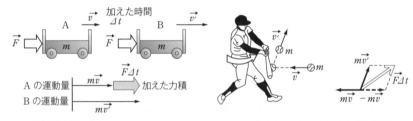

❷ 運動量の保存

運動量保存の法則

　いくつかの物体が, その物体間だけで力を及ぼしあい, 外力による力積を受けないとき, 物体系全体の運動量の和は一定に保たれる。

運動量保存の法則　$m_1\vec{v_1}+m_2\vec{v_2}=m_1\vec{v_1'}+m_2\vec{v_2'}$

◆1 直線上の衝突

衝突前　　　　　　　　　　衝突中　　　　　　　衝突後

$m_1v_1+m_2v_2=m_1v_1'+m_2v_2'$

正の向きを決め, 運動量(速度)の向きを符号を用いて表す。

◆ 2 **平面内の衝突**

ベクトルの合成によって運動量保存を表す方法と，互いに垂直な2方向に分解して各成分ごとに運動量保存の式を表す方法がある。

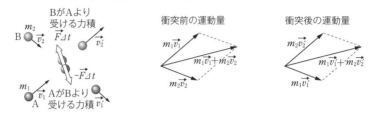

〈x 成分，y 成分で表す方法〉　x 成分：$m_1 v_{1x} + m_2 v_{2x} = m_1 v'_{1x} + m_2 v'_{2x}$

　　　　　　　　　　　　　　　y 成分：$m_1 v_{1y} + m_2 v_{2y} = m_1 v'_{1y} + m_2 v'_{2y}$

◆ 3 **分裂と合体**　1つの物体がいくつかの物体に分裂する場合や，いくつかの物体が1つに合体する場合も，**運動量保存の法則**が成り立つ。

❸ 衝突とエネルギー

◆ 1 **はね返り係数**

はね返り係数 e は衝突前に近づく速さと衝突後に遠ざかる速さの比で表す。また，その値は衝突する2物体の材質や形状によって決まり，衝突する速さには無関係である。

①垂直衝突

衝突前後の速度を v，v' とすると，

$$e = -\frac{v'}{v}$$

衝突の前後で速度の向きが変わるので，比を正で表すために－の符号をつける。

②斜め衝突

衝突前後の床に平行な速度成分を v_x，v'_x，垂直な速度成分を v_y，v'_y とすると

$$e = -\frac{v'_y}{v_y}$$

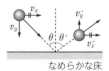

なめらかな床の場合，床面に平行な方向では，速度は変化しない。

$$v_x = v'_x$$

③2物体の衝突

衝突前後の相対速度の比は2物体の性質で決まり，速さによらず一定値となる。

$$e = -\frac{v'_1 - v'_2}{v_1 - v_2}$$

B から A を見ると，$v_1 - v_2 > 0$ の速度で近づき，衝突後 $v'_1 - v'_2 < 0$ の速度で遠ざかる。

v_1, v_1'：物体 A の衝突前後の速度〔m/s〕

v_2, v_2'：物体 B の衝突前後の速度〔m/s〕

－の符号がつく意味：一方の物体から他方の物体を見たとき，衝突の前後で相対速度の向きが変わる（衝突前近づき，衝突後遠ざかるので，相対速度の比は負になる）。比を正で表すために－の符号を付ける。

$e=1$ …弾性衝突

$0 \leqq e < 1$ …非弾性衝突 （$e=0$…完全非弾性衝突）

◆2 運動量とエネルギー

一直線上の 2 物体の衝突

まず，運動量が保存。

$e=1$ の弾性衝突 …力学的エネルギーも保存。

$0 \leqq e < 1$ の非弾性衝突 …力学的エネルギーは減少。

$e=0$ の完全非弾性衝突では力学的エネルギーの減少が最大になる。

WARMING UP／ウォーミングアップ

1 質量 150 g のボールが 40 m/s で飛んでいる。ボールの運動量の大きさはいくらか。

2 静止している質量 150 g のボールに 6.0 N の力を 1.0 s 間加えた。力積の大きさはいくらか。また，ボールの速さはいくらになるか。

3 ボールをバットで打ったとき，ボールの運動量が 5.0 kg・m/s から逆向きに 4.0 kg・m/s になった。図の右向きを正として，バットがボールに与えた力積の大きさと向きを求めよ。

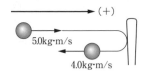

4 いくつかの物体が，その物体間だけで力を及ぼしあい，外力による力積を受けないとき，物体全体の（ ア ）の和は一定に保たれる。

物体どうしが衝突するとき，各々の速さは変化するが，（ア）の和は一定である。弾性衝突の場合は（ イ ）の和も一定に保たれる。

5 なめらかな水平な氷上で 60 kg の A 君と 45 kg の B さんがスケートぐつをはき，向き合って静止している。A 君が B さんを押すと，A 君は 1.2 m/s の速さで図の左に進んだ。B さんの得た速度の大きさと向きを求めよ。

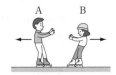

6 ボールを静かに落としたとき，床につく直前の速さは 2.5 m/s であった。床からはね返った直後の速さが 1.5 m/s のとき，はね返り係数を求めよ。

7 0.80 m/s で左から飛んできた物体 A が静止している物体 B に衝突して，A は同じ向きに 0.20 m/s になった。A，B の質量は同じである。B の速度はいくらか。また，この場合のはね返り係数を求めよ。

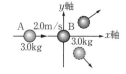

8 次の図のような状態で，静止している物体 B に物体 A が衝突した。A，B の衝突後の運動量の和は，x 軸方向で（　①　）kg·m/s，y 軸方向で（　②　）kg·m/s である。

基本例題 25　運動量と力積

　水平方向左向きに，速さ 20 m/s で進んできた質量 0.15 kg のボールをバットで打ち返した。

(1) 打ち返した後，ボールが逆向きに 30 m/s の速さで進んだ場合，ボールの受けた力積の大きさと向きを求めよ。

(2) 打ち返した後，ボールが鉛直上向きに 20 m/s の速さで進んだ場合，ボールの受けた力積の大きさと向きを求めよ。

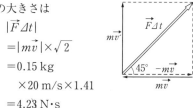

●考え方
(1) 運動量の変化は物体が受けた力積に等しい。衝突の前後で同じ直線上を運動する場合は，向きを符号で表して計算する。運動量の変化は，後の運動量（mv'）から前の運動量（mv）を引く。
(2) 平面上の運動は運動量と力積の関係をベクトルの作図で考える。

解答

(1) 右向きを正の向きとし，ボールが受けた力積を $F\Delta t$〔N·s〕とする。
ボールの運動量の変化はボールが受けた力積に等しいから，

$F\Delta t = mv' - mv$
　　$= 0.15 \text{ kg}$
　　　$\times 30 \text{ m/s} - 0.15 \text{ kg} \times (-20 \text{ m/s})$
　　$= 7.5 \text{ N·s}$

答 大きさは 7.5 N·s で，右向き

(2) $\vec{F}\Delta t = m\vec{v'} - m\vec{v}$ より下図から，その大きさは

$|\vec{F}\Delta t|$
　$= |m\vec{v}| \times \sqrt{2}$
　$= 0.15 \text{ kg}$
　　$\times 20 \text{ m/s} \times 1.41$
　$= 4.23 \text{ N·s}$

答 大きさは 4.2 N·s で，水平から 45° 右上向き

基本例題 26　直線上の衝突

　一直線上を質量が 3.0 kg の物体 A が右向きに 3.0 m/s で進んできて，左向きに 2.0 m/s で進む質量 4.0 kg の物体 B と衝突し，衝突後も同じ直線上を進んだ。A と B の間のはね返り係数は 0.40 とする。衝突後の A と B の速さと向きをそれぞれ求めよ。

A　3.0m/s　　2.0m/s　B

3.0kg　　　　　　　4.0kg

●**考え方**　正の向きを決め，A と B の速度を未知数にする。運動量保存の法則の式とはね返りの係数の式を連立させ，A と B の速度を求める。速度の解の符号によって向きがわかる。

解　答

右向きを正の向きとし，衝突後の A と B の速度をそれぞれ v_A，v_B とする。
運動量保存の法則より

$3.0 \times 3.0 + 4.0 \times (-2.0)$
$\qquad = 3.0 \cdot v_A + 4.0 \cdot v_B$　…①

はね返り係数が 0.40 だから

$$0.40 = -\frac{v_A - v_B}{3.0 - (-2.0)}\quad …②$$

①と②を解いて，$v_A = -1.0$〔m/s〕
$\qquad\qquad\qquad v_B = +1.0$〔m/s〕

答 A は左向きに 1.0 m/s，
B は右向きに 1.0 m/s

基本例題 27　平面上の衝突

　なめらかな水平面上の x 軸上を正の向きに 1.6 m/s で進んできた質量 0.60 kg の小球 A が，y 軸上を正の向きに 1.2 m/s で進んできた質量 0.40 kg の小球 B と原点で衝突した。衝突後，B は x 軸上を正の向きに，1.2 m/s で進んだ。

(1)　衝突で A が受けた力積の大きさと向きを求めよ。向きは右のアからクより選べ。

(2)　衝突後の A の進む向きと速さを求めよ。向きは速度と x 軸のあいだの角度で答えよ。

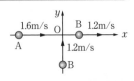

●**考え方**　(1)　A の衝突後の速度は不明なので，B の運動量の変化に着目して，B の受けた力積を求める。A が受ける力積と B が受ける力積は作用反作用の関係にある。
　(2)　運動量の保存を x 軸，y 軸それぞれの方向ごとに成分を使って表す。

解答

(1) Bの衝突前の
運動量を $m\vec{v}$，衝
突後の運動量を
$m\vec{v'}$ とすると，運
動量の変化は
$m\vec{v'}-m\vec{v}$ になる。

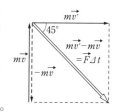

図示すると図のようになる。Bが受けた
力積 $\vec{F}\varDelta t$ は運動量の変化に等しいから，
向きはエの向き。

大きさ $F\varDelta t$ は，図より

$\quad F\varDelta t = mv \times \sqrt{2}$
$\qquad = 0.40 \text{ kg} \times 1.2 \text{ m/s} \times 1.41$
$\qquad = 0.6\overset{8}{7}6 \text{ N·s}$

Aが受けた力積は作用反作用よりBが
受けた力積と同じ大きさで，逆向きだか
ら，Aが受けた力積はクの向きで 0.68
N·s

$\qquad$ 答 **大きさ：0.68 N·s，向き：ク**

〈別解〉

運動量の変化を x，y 成分それぞれで計
算すると，力積の x，y 成分が求められ
る。そこから大きさと向きを求める。

(2) Aの速度
の x 成分，y 成
分をそれぞれ
v_x，v_y とする。

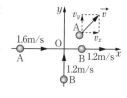

x 方向の運動量
保存より，

$0.60 \times 1.6 + 0.40 \times 0 = 0.60 v_x + 0.40 \times 1.2$

y 方向の運動量保存より，

$0.60 \times 0 + 0.40 \times 1.2 = 0.60 v_y + 0.40 \times 0$

上の式を解いて，

$\quad v_x = 0.80 \text{〔m/s〕}, \quad v_y = 0.80 \text{〔m/s〕}$

右図から

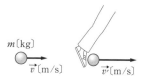

$\quad v = \sqrt{2} \, v_x$
$\qquad = 1.1\overset{2}{} \text{ m/s}$

$\tan\theta = \dfrac{v_y}{v_x} = 1.0$

ゆえに $\quad$ 答 **速さ 1.1 m/s，角度 45°**

〈別解〉

$v = \sqrt{v_x{}^2 + v_y{}^2} = 1.1 \text{ m/s}$

求める角度 θ は図より $\quad \theta = 45°$

基本問題

125 ▶ **運動量と力積** 左から水平にパスされたボール
を右のゴールに水平にシュートした。キックする前のボ
ールの速度を $\vec{v}$〔m/s〕，キック後の速度を $\vec{v'}$〔m/s〕と
する。ボールの質量を m〔kg〕，キックの時ボールが受
ける力を $\vec{F}$〔N〕，力が働いた時間を $\varDelta t$〔s〕とする。

(1) $\varDelta t$ 間のボールの加速度を求めよ。

(2) ボールの運動方程式をもとに等式 $m\vec{v'}-m\vec{v}=\vec{F}\varDelta t$ を示せ。

126▶運動量と力積　質量 0.10 kg のコップを下に落としてしまった。床に達する直前の速さは 4.0 m/s であった。次の場合，コップが受ける平均の力の大きさを求めよ。ただし，床に衝突後コップは静止するものとする。

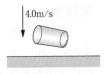

(1)　床がかたく，床とコップの接触時間が 0.0050 s のとき。

(2)　床がじゅうたんで，じゅうたんとコップの接触時間が 0.10 s であるとき。

127▶運動量と力積　水平に 40 m/s の速さで飛んできた 0.15 kg のボールをバットで打ち返す。次の場合について，ボールがバットから受けた力積を求めよ。

(1)　打ち返した後，ボールが飛んできた方向と逆向きに 50 m/s の速さで飛んでいった場合。

(2)　打ち返した後，ボールが水平から 60 度の角度に 40 m/s の速さで飛んでいった場合。

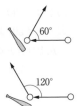

(3)　打ち返した後，図のようにファウルとなって，ボールがバックネット方向に 40 m/s で飛んでいった場合。

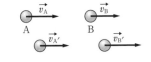

128▶運動量の保存　速度 $\vec{v_A}$ で進む質量 m_A の物体Aと速度 $\vec{v_B}$ で進む質量 m_B の物体Bが図のように進んできて衝突し，衝突後，AとBの速度はそれぞれ $\vec{v_A'}$ と $\vec{v_B'}$ になった。物体Aが衝突でBから受ける力積を $\vec{F}\varDelta t$ とする。

(1)　物体Aの運動量変化と力積の関係を式で示せ。

(2)　AとBの運動量の和が衝突の前後で等しいことを証明せよ。

129▶運動量の保存　質量 1.0 kg の台車Aが 6.0 m/s で進んでいる。

(1)　この台車Aが，同じ向きに速さ 3.0 m/s で進む質量 2.0 kg の台車Bに衝突した。衝突後，Aは同じ向きに 2.0 m/s で進んだ。Bの速さはいくらになるか。

(2)　この台車Aが，同じ向きに速さ 3.0 m/s で進む質量 1.0 kg の台車Cに衝突し，連結して一体になった。Aの速さはいくらになるか。

130▶分裂　無重力の宇宙空間で，静止していた質量 60 kg の宇宙飛行士が 20 kg の物体を投げた。宇宙飛行士と物体が得た速さの比を求めよ。

131▶台車の分裂 質量2.0 kgの台車Aと質量1.0 kgの台車Bのあいだに図のようにばねを自然長から押し縮め，台車間を糸でつないだ。2台の台車が0.40 m/sの速さで右に進んでいるとき，糸を切ったところAは左に0.10 m/sの速さで進んだ。Bの速さと向きを求めよ。

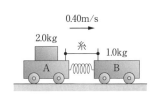

132▶合体など 質量60 kgの人が5.0 m/sで走ってきて，水面で静止している質量40 kgのいかだに飛び乗った。飛び乗った直後，いかだはいくらの速さで動き出すか。次に水面で静止している質量40 kgの

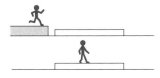

いかだの上を質量が60 kgの人が歩いたところ，いかだは水面に対して左に1.2 m/sの速さで進んだ。人はいかだに対していくらの速さで歩いたか。ただし，いかだが水面から受ける力は無視できるものとする。

133▶壁との垂直衝突 ボールが壁に垂直に衝突する状況を考える。次のそれぞれの場合について，ボールの衝突後の速さと，ボールが壁から受けた力積の大きさを求めよ。ただし，ボールの質量は0.10 kg，速さを24 m/s，壁とボールのはね返り係数を0.50とする。

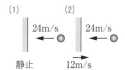

(1) 静止している壁にボールが衝突する場合。
(2) 壁が速さ12 m/sでボールに向かって動いている場合。

134▶直線上の衝突 なめらかな水平面上で2.0 kgの台車Aが右向きに1.0 m/sで進み，左向きに3.0 m/sで進んできた台車Bと衝突した。衝突後，A，Bともに左向きに進み，Aの速さは2.0 m/s，Bは1.0 m/sになった。

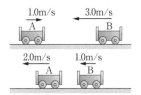

(1) 衝突のときAが受けた力積を求めよ。
(2) AとBの間のはね返り係数はいくらか。
(3) Bの質量はいくらか。

135▶直線上の衝突 水平面上を質量4.0 kgの台車Aが右向きに3.0 m/sで進んできて，左向きに2.0 m/sで進む質量2.0 kgの台車Bと衝突した。AとBの間のはね返り係数は0.80である。衝突後のAとBの速さと向きをそれぞれ求めよ。

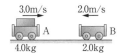

136▶直線上の衝突　質量が等しい物体どうしでの一直線上の弾性衝突では，衝突後に物体の速度が入れ替わることを示せ。ただし，質量を m，衝突前の物体の速度をそれぞれ，v_A，v_B とする。

137▶床との斜め衝突　ボールが 6.0 m/s の速さで，床と 60° の角をなして衝突し，衝突後，床と 30° の角をなす方向にはね返った。ただし，床に平行な方向の速度成分は，衝突によって変化しないものとする。

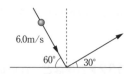

(1)　衝突後のボールの速さはいくらか。

(2)　ボールと床とのあいだのはね返り係数はいくらか。

138▶はね返り係数　ボールを 1.0 m の高さから，コンクリートの床に落としたところ 0.64 m の高さまではね上がった。床とボールの間のはね返り係数を求めよ。

139▶衝突とエネルギー　静止している質量 m の物体Bに質量 $2m$ の物体Aが速さ v で進んできて衝突し，衝突後，一体になった。衝突で失われる力学的エネルギーを求めよ。

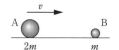

140▶平面内での衝突　なめらかな水平面上を，図のように質量 0.60 kg の物体Aと 0.80 kg の物体Bが直線上をそれぞれ 1.2 m/s，0.60 m/s で進んできて衝突し，衝突後，A，Bは図のようにすすんだ。衝突後のAとBの速さをそれぞれ求めよ。

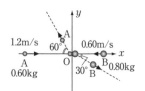

141▶分裂　図のように，なめらかな水平面上を速さ v で進んでいた質量 $3m$ の物体が点Oで分裂し，質量がそれぞれ $2m$，m の物体AとBになった。AとBは図に示した方向に進んだ。分裂前の物体の速度の方向を x 軸，それと垂直な方向を y 軸とすると，分裂後のAとBの速さをそれぞれ求めよ。

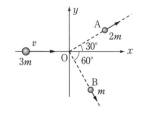

142▶運動量の保存　氷の上でA君とBさんがスケートをしている。質量 60 kg のAは東向きに 4.0 m/s で進み，北西の向きに進んできた質量 40 kg のBと手をつないだところ，2人は北向きに進んだ。摩擦の影響が無視できるものとすると，手をつなぐ前のBの速さと手をつないだ後の2人の速さはそれぞれいくらになるか。

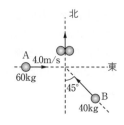

発展例題 28 運動量保存と力学的エネルギー保存

　水平な面上で，質量 m の台車 A に図
のように，右向きの初速度 v_0 を与えて，
静止した質量 M の台車 B に衝突させる。

B には，ばね定数 k の軽いばねが水平に取り付けられている。衝突の際に，力学的エネルギーが保存されるものとし，右向きを正とする。

(1)　ばねが最も縮んだ瞬間，自然長からのばねの縮みはいくらか。

(2)　衝突後，A の台車がばねから離れたときの A，B の速度をそれぞれ求めよ。

●考え方
(1)　ばねが最も縮んでいるとき，A から見た B の速度は 0 である。つまり，水平面から見て，A と B は共通の速度で進んでいる。A と B の物体系に水平方向の外力が働いていないので運動量が保存される。さらに力学的エネルギーが保存されている。

(2)　A の台車がばねから離れるまで，A と B の物体系に水平方向の外力は働いていない。さらに力学的エネルギーが保存されている。

解答

(1)　ばねが最も縮んだときの A と B の速度を v とする。運動量の保存より，図の右向きを正として

$$mv_0=(m+M)v \quad \cdots ①$$

力学的エネルギーの保存より

$$\frac{1}{2}mv_0{}^2=\frac{1}{2}(m+M)v^2+\frac{1}{2}kx^2 \quad \cdots ②$$

①より　$v=\dfrac{mv_0}{m+M}$

これを②に代入して

$$x=\sqrt{\frac{mM}{k(m+M)}}\,v_0$$

答 $\sqrt{\dfrac{mM}{k(m+M)}}\,v_0$

(2)　A がばねを離れるときの A，B の速度をそれぞれ v_1，v_2 として，運動量保存より

$$mv_0=mv_1+Mv_2 \quad \cdots ③$$

力学的エネルギーの保存より

$$\frac{1}{2}mv_0{}^2=\frac{1}{2}mv_1{}^2+\frac{1}{2}Mv_2{}^2 \quad \cdots ④$$

③より $v_1=\dfrac{mv_0-Mv_2}{m}$

これを④に代入して

$$v_2\{(m+M)v_2-2mv_0\}=0 \quad \cdots ⑤$$

$v_2=0$ は衝突前の状態が解になっているので不適である。よって解は

$$v_2=\frac{2mv_0}{m+M}$$

③より　$v_1=\dfrac{m-M}{m+M}v_0$

答 A：$\dfrac{m-M}{m+M}v_0$，B：$\dfrac{2m}{m+M}v_0$

(注意)　⑤は v_2 についての二次方程式になるが $v_2=0$ が一つの解になっているので v_1 に関する二次方程式にするより解きやすい。v_1 に関する二次方程式は

$$(m+M)v_1{}^2-2mv_0v_1+(m-M)v_0{}^2=0$$

となり，最初の状態である $v_1=v_0$ が一方の解になるので，因数分解して

$$(v_1-v_0)\{(m+M)v_1-(m-M)v_0\}=0$$

$v_1 \neq v_0$ なので，$v_1=\dfrac{m-M}{m+M}v_0$

〈別解〉　直線上の衝突で力学的エネルギーが保存されるのは $e=1$(弾性衝突)のときである。③と $1=-\dfrac{v_1-v_2}{v_0-0}$ を連立させても同じ結果を得る。

発展問題

143▶ロケット　地球に対し速さ V で飛行中の質量 M のロケットが，質量 m のガスを瞬間的に噴射したところ，噴射後，噴射ガスはロケットに対して v の速さで遠ざかっていった。噴射後のロケットの地球に対する速さはいくらになるか。

ヒント　v はロケットに対する相対速度の大きさである。

144▶衝突　小さな質量の球 A が静止している非常に大きな質量の球 B に正面衝突するとき，球 A はほぼ同じ速さではねかえされることを示せ。衝突は弾性衝突とする。

ヒント　A と B の質量を m，M とおく。運動量保存の法則とはねかえり係数が 1 の式を用いる。$\dfrac{m}{M} \fallingdotseq 0$ である。

145▶ロケットの分裂　総質量 20 t の 2 段式ロケットが地球に対して 1000 m/s の速さに達したとき，ロケットが分裂し，質量が 15 t の第 1 段ロケットは第 2 段ロケットから見て 800 m/s の速さで遠ざかっていった。第 2 段ロケットの速さは地球に対していくらか。

第2段
第1段

ヒント　分裂の前後で運動量が保存される。運動量保存の式において，速度は地球に対する速度に統一する。

146▶台車に乗った人の運動　図のように，質量 60 kg の大人と質量 30 kg の子供が台車に乗っており，2 人は軽いひもを手に持っている。いま，大人がこのひもを引いたところ，大人と子供は動きだした。台車と床の摩擦は無視できるものとする。

⑴　大人がひもを引いて子供の速さが 1.0 m/s になったとき，大人の速さはいくらか。

⑵　やがて 2 人は手をつないで一緒になった。2 人の運動はどうなるか説明せよ。

ヒント　大人と子供の系に水平方向の外力が働いていないので運動量が保存する。

147▶質量が同じ場合の斜めの弾性衝突　なめらかな水平面上に静止している質量 m の小球 B に，同じ質量の小球 A が図のように速度 $\vec{v}$ で衝突した。衝突後の A，B の速度をそれぞれ $\vec{v_A}$，$\vec{v_B}$ とすると $\vec{v_A}$ と $\vec{v_B}$ のなす角は垂直であった。

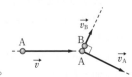

⑴　$\vec{v}$，$\vec{v_A}$，$\vec{v_B}$ の間に成立する関係式をかけ。

⑵　v^2，$v_A{}^2$，$v_B{}^2$ の間に成立する関係式をかけ。

⑶　この衝突において，力学的エネルギーは保存しているか，それとも保存していないか，理由を明記して答えよ。

148▶振り子 図のように，同じ長さの糸に，質量 m の球A
と質量 $2m$ の球Bをつけ，同じ点からつるして2つの振り子を
つくる。球Aを静止させておき，球BをAの位置から高さ h
まで持ち上げ，糸を張った状態にして静かに放した。AとB
は衝突後，一体になった。

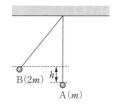

(1) この衝突の直前直後で保存される物理量はどれか。

　(ア) 速度　(イ) 運動量　(ウ) 力学的エネルギー　(エ) 運動量と力学的エネルギー

(2) 2物体はその後，最下点からいくらの高さまで上がるか。

ヒント (2) 運動量保存則によって衝突直後の速さが決まる。それを使って高さを求め
ることができる。

149▶平面内の衝突 なめらかな水平面上に静止していた
質量 $3m$ の物体Aに質量 $2m$ の物体Bが水平面上を進んで
きて衝突した。衝突後の速度ベクトルを $\vec{v_A}$，$\vec{v_B}$ とすると，
A，Bそれぞれの速度は図1のようになった。$\vec{v_A}$ の大きさ
は $2v$，$\vec{v_B}$ の大きさは $3v$ であった。

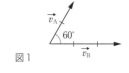

(1) 物体Bが受けた力積の大きさと向きを求めよ。向きは
右図のa〜lの中から選べ。

(2) 衝突前の物体Bの速度ベクトルを $\vec{V_B}$ とすると，$\vec{v_A}$，$\vec{v_B}$，
$\vec{V_B}$ の間に成り立つ関係式をかけ。

(3) 衝突前の物体Bの速度ベクトルを図1にかき込め。

(4) 衝突前の物体Bの速さはいくらか。

ヒント (1) 物体Aが受ける力積と作用反作用の関係にある。
(2) 運動量保存をベクトルの関係式として表してみる。

150▶弾丸を砂袋に撃ち込む 図は弾丸の速さを測定する古典的な実
験である。質量 M の砂袋に軽い綱をつけ，天井からつるした。いま水
平方向に質量 m の弾丸を撃ち込んだところ，弾丸は瞬間的に突き刺さ
り，動きだした砂袋の中に止まって，砂袋は，はじめの位置から高さ h
まで上がった。弾丸が砂袋に突き刺さる直前の速さはいくらか。重力加
速度の大きさを g とする。

ヒント 突き刺さって一体になるとき力学的エネルギーが減少するので，突き刺さる前
後で力学的エネルギー保存は使えない。高さ h より，突き刺さった直後の砂袋の
速さがわかる。

151▶斜め衝突　図のように，小球を水平面から斜めに打ち出したところ，小球は放物線を描いて水平面と衝突した。このとき，小球が達した最高点の高さは h で水平方向の到達距離は l であった。小球が水平面と衝突した後，小球が達する最高点の高さ h' と水平方向の到達距離 l' を求めよ。ただし，水平面はなめらかで，小球と水平面との間のはね返り係数を e，重力加速度の大きさを g とする。

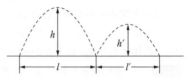

152▶水面上のいかだに乗った人の運動　図のように，水面に長さ l で質量が $4m$ の一様ないかだが静止しており，質量 m の人がいかだの左端に立っている。いかだが水面から受ける力は無視できるものとして，次の問いに答えよ。

(1)　人が左端から右に向かって，いかだに対して速度 v で歩き出した。いかだの水面に対する速度を求めよ。

(2)　人がいかだの右端 P で止まったとき，いかだはどのような運動をするか説明せよ。

(3)　人が P に達したときいかだが最初の位置から動いた距離を求めよ。

(4)　人が左端に立っていたときと，P に達したときの全体の重心の位置は，それぞれ最初の人の位置からどれくらいの距離にあるか。

153▶台車間につけられたばねによる運動　図のように，水平面上に質量 m の台車 A と質量 $2m$ の台車 B があり，B にはばね定数 k の軽いばねが取り付けてある。A，B およびばねは一直線上にあり，水平面上をなめらかに動ける

ものとする。まず，A と B を押さえばねを押し縮めて，ばねが自然長から a だけ縮んだところで静止させ，同時にはなした。

(1)　A がばねから離れたとき，A と B の運動エネルギーの比を求めよ。

(2)　A がばねから離れたとき，A の運動エネルギーはいくらか。

ヒント　(1)　運動量が保存する。

　　　　(2)　(1)の結果を用いて力学的エネルギー保存を使う。

154 ▶**運動量と力学的エネルギー保存**　図のように，摩擦の無視できるなめらかな水平面上に，質量 M の摩擦の無視できる斜面をもつ三角台を置き，この三角台に向けて質量 m の小物体を速さ v_0 で水平面から滑らせた。小物体は，三角台の斜面を滑り上がり，最高点に達した後，斜面を滑り降り再び水平面に達した。重力加速度を g とする。次の問いに答えよ。

(1)　小物体が最高点に達したときの三角台の速さ，およびそのときの物体の水平面からの高さを求めよ。

(2)　小物体が水平面に達したときの小物体と三角台の速度をそれぞれ求めよ。

(3)　質量 m の小球が速度 v_0 で，質量 M の物体に反発係数 1 で衝突した場合（弾性衝突）の衝突後の小球と物体の速度を求め，それが(2)で求めた速度に一致することを示せ。

（山口大　改）

ヒント (1)　小物体と三角台の系に水平方向の外力が働かないので，運動量が保存する。小物体が最高点に達したとき，小物体は三角台に対して相対速度が 0 となるので，床に対し共通の速度をもつ。それを v とおく。

155 ▶**箱の中の小球による衝突**　滑らかな水平面上に，直方体の質量 M の箱が置かれている。この中に質量 m の小物体があり，これが初速度 v で箱の内壁に垂直に衝突して，速度 v_1 ではね返り，再び反対側の壁に衝突して，速度 v_2 ではね返る。小物体と壁との間のはね返り係数を e とし，小物体と箱の底面との間の摩擦はないものとする。

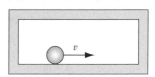

(1)　速度 v_1 と v_2 を，m，M，v，e を用いてそれぞれ表せ。

(2)　n 回目の衝突の後の小物体の速度を求めよ。

(3)　衝突を無限に繰り返したとき，小物体と箱の，床に対する最終速度 u を(2)の結果を用いて求めよ。次に，最終速度 u を別の方法で求めよ。

（宮崎大　改）

ヒント (2)　1 回の衝突毎に相対速度が $-e$ 倍になる。

(3)　何回衝突しても運動量保存が成り立つ。

8 さまざまな運動

❶ 慣性力

加速度 $\vec{a}$ で運動する観測者から質量 m の物体を見たとき，物体には観測者の加速度と逆向きに $m\vec{a}$ の力が働いているように見える。この力を**慣性力**という。

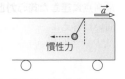

❷ 等速円運動

物体が円周上を一定の速さで移動する運動を**等速円運動**という。

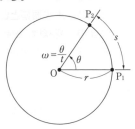

◆1 等速円運動の周期と速度

周期 T〔s〕：物体が円周を一周するのに要する時間

回転数 f〔Hz〕：物体が 1 s 間に回転する数

$f = \dfrac{1}{T}$ の関係がある

円運動の速度は常に円運動の接線方向である。

◆2 角速度

角速度 ω〔rad/s〕：物体が単位時間に回転する角度。回転角 θ の単位は rad（ラジアン）で表す。

$$\omega = \frac{\theta}{t}, \quad \omega = \frac{2\pi}{T}, \quad v = r\omega$$

$$v = \frac{s}{t} = \frac{r\theta}{t} = r\omega$$

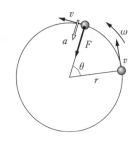

◆3 等速円運動の加速度

向き：常に円の中心を向く（速度の向きに常に垂直なので速さは変えずに向きを変え続ける。）

大きさ：$a = v\omega = \dfrac{v^2}{r} = r\omega^2$

◆4 等速円運動の運動方程式

質量 m の物体が複数の力を受けて等速円運動をしているとき，その合力を F とする。円の中心方向の運動方程式は，加速度 $a = \dfrac{v^2}{r}$ を用いて，

$$m\frac{v^2}{r} = F$$

合力 F は円の中心方向を向くので，**向心力**ともいう。合力 F とは別に単独で向心力が働くわけではないので，注意が必要である。

◆5　**遠心力**

円運動する物体と一緒に運動する観測者が物体を観測するとき，円の中心から遠ざかる方向に現れる慣性力。

大きさ：向心力と同じ大きさ，　**向き**：円の中心から遠ざかる向き

❸ 単振動

◆1　**単振動を表す式**

角速度 ω で半径 A の等速円運動をする点 P に真横に平行光線をあてたとき，x 軸上に投影される影 Q の運動を**単振動**，Q を P の**正射影**といい，A を振幅という。

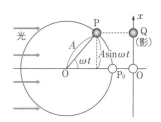

Q の x 座標は，　　$x = A\sin\omega t$

速度 v は，　　　　$v = A\omega\cos\omega t$

加速度 a は，　　　$a = -A\omega^2\sin\omega t$

　　　　　　　　　　$= -\omega^2 x$

◆2　**単振動の運動方程式**

単振動に対応する円運動の角速度 ω を**角振動数**という。

質量 m の物体が角振動数 ω で単振動するとき，振動中心からの変位を x，受ける力の合力を F とすると，物体の運動方程式は，

$$m(-\omega^2 x) = F$$

◆3　**単振動する物体に働く力**：振動中心からの距離に比例した復元力（振動中心に向かう力）が働く。

◆4　**ばね振り子と単振り子**

・ばね振り子の周期　$T = 2\pi\sqrt{\dfrac{m}{k}}$　　　・単振り子の周期　$T = 2\pi\sqrt{\dfrac{l}{g}}$

　　k：ばね定数〔N/m〕，g：重力加速度〔m/s²〕

　　m：おもりの質量〔kg〕，l：振り子の長さ〔m〕

❹ 万有引力

◆1　**万有引力の法則**

　　万有引力　$F = \dfrac{GmM}{r^2}$　　m, M：2 物体の質量〔kg〕

　　　　　　　　　　　　　　r：物体間の距離〔m〕

　　　　　　　　　　　　　　$G = 6.67\times10^{-11}\,\mathrm{N\cdot m^2/kg^2}$：万有引力定数

◆2　**人工衛星の運動方程式**（円軌道の場合）

　　$m\dfrac{v^2}{r} = \dfrac{GmM}{r^2}$　　（円の中心方向についての運動方程式）

◆3 万有引力による位置エネルギー

$$U = -\frac{GmM}{r}$$ （無限遠点を位置エネルギーの基準点とする）

◆4 力学的エネルギー保存則

$$\frac{1}{2}mv^2 + \left(-\frac{GmM}{r}\right) = 一定$$

◆5 ケプラーの法則

第一法則：惑星は太陽を1つの焦点とする楕
円軌道を描く。

第二法則：惑星と太陽を結ぶ線分が，単位時
間に通過する面積は一定である。（面
積速度一定）

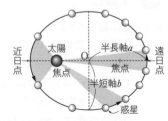

第三法則：惑星の公転周期 T の2乗は，楕円軌道の半長軸の長さ a の3乗に比例
する。$T^2 = ka^3$ （k は比例定数）

WARMING UP／ウォーミングアップ

1 静止している電車の床の上に質量 m の台車を静かに置く。いま，電車が大きさ a の一定加速度で動き出した。台車に働く摩擦力の影響が無視できるとき，地表に対して台車は速度が（ ① ）のままなので，電車の中から見ると，台車は電車の加速度の向きと（ ② ）向きに，大きさが（ ③ ）の加速度で動き出す。電車の中から見ると，台車には電車の加速度と（ ④ ）向きに大きさが（ ⑤ ）の力が働いているように見える。

2 加速度が $\vec{a}$ で運動する観測者から質量 m の物体の運動を観測するとき，物体には（ ① ）の慣性力が働いているように見える。すなわち，慣性力の向きは観測者の加速度の向きと（ ② ）向きで，観測者の加速度の大きさを a とすると，慣性力の大きさは（ ③ ）である。

3 右向きで大きさが $0.40\,\mathrm{m/s^2}$ の加速度で運動する電車の中から見ると，質量 $60\,\mathrm{kg}$ の乗客に働く慣性力の向きは（ ① ）向きで，大きさは（ ② ）である。

4 物体が等速円運動を続けるには，常に力が作用していなければならない。もしも円運動する物体に力が作用しなくなったら，物体は慣性によって円の（ ① ）方向に進んでいってしまう。等速円運動では，物体に働く力の合力の向きは，常に速度の方向に（ ② ）で，合力は，物体の速さを変えずに運動の（ ③ ）だけを変える。この合力は円の（ ④ ）を向く。その大きさは，半径を r，物体の質量を m，速さを v とすると，（ ⑤ ）である。

5 π〔rad〕は何度か。また，60° は何 rad か。

6 10 s 間に 4.0 回転している円運動の周期と回転数はいくらか。

7 0.50 s 間に 2.0 回転したときの角速度はいくらか。$\pi=3.14$ とする。

8 角速度が π〔rad/s〕のとき，周期はいくらか。

9 質量 0.50 kg の物体が半径 2.0 m の等速円運動をしていて，10 回転に 5.0 秒を要した。$\pi=3.14$ とする。
① 周期と角速度，速さをそれぞれ求めよ。
② 物体が受ける力（合力）の大きさはいくらか。

10 円運動する物体と共に運動する観測者から見たとき，物体が受ける慣性力のことを（ ① ）という。地球上の我々に働く重力とは，地球からの（ ② ）と自転による（①）の合力である。赤道上で，質量 m の物体に働く（①）の大きさは，自転周期を T，地球半径を R とすると，（ ③ ）になる。この大きさは，（②）の 0.3% 程度である。

11 往復運動をする物体が，常に定点 O を向く力を受けるときこの力を（ ① ）といい，その大きさが，O 点からの距離に（ ② ）するとき，物体の運動は単振動になる。

12 単振動は（ ① ）の正射影として表すことができる。いま，半径 A，角速度 ω で等速に円運動している物体がある。図のように，この物体に平行光線をあてて x 軸上にあるスクリーンに影を投影する。$t=0$ 秒に物体が図の点 P′ を通過し，時刻 t に図の点 P を通過したとき，x 軸上の影の位置 x は $x=$（ ② ）で，その時の速度 v_x は $v_x=$（ ③ ），加速度 a_x は $a_x=$（ ④ ）である。a_x を x を用いて表すと $a_x=$（ ⑤ ）

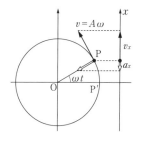

13 $x=2.0\sin 2\pi t$ で表される単振動がある。次の量を求めよ。
① 振幅 ② 角振動数 ③ 周期

14 質量 m〔kg〕のおもりをばね定数が k〔N/m〕のばねに鉛直につるして振動させるとき，その周期は（ ① ）と表される。いま，500 g のおもりをつるすと 10 cm 伸びるばねがある。このばねに 1.0 kg のおもりをつるし，単振動させた。$g=9.8$ m/s^2，$\pi=3.14$ とするとき，ばね定数は（ ② ）で単振動の周期は（ ③ ）である。

15 ケプラーの法則に関して，次の文章の（　　　）に適する語句を入れよ。

(1) 第一法則：惑星は太陽を1つの焦点とする（　①　）軌道を描く。

(2) 第二法則：惑星と太陽とを結ぶ線分が単位時間に通過する（　②　）は一定である。

(3) 第三法則：惑星の公転周期の（　③　）乗は，楕円軌道の半長軸の長さの（　④　）乗に比例する。

16 ともに質量が100 kgの人が1.0 mの距離をへだてて立っている。2人の間に働く万有引力の大きさはいくらか。ただし万有引力定数を$G = 6.7 \times 10^{-11}$ N·m²/kg²とする。

基本例題 29 ｜ 慣性力

運動しているエレベーターの中で，50 kgのA君が体重計に乗った。体重計が45 kgを示したとき，エレベーターの加速度の大きさと向きを求めよ。重力加速度の大きさを9.8 m/s²とする。

●考え方
① エレベーターの中から見た，A君が受ける力を図示する。
② 慣性力の向きは，観測者の加速度の向きと逆向き，大きさはma（物体の質量をm，加速度の大きさをaとする）
③ 体重計が45 kgを示したから体重計がA君から受ける力は45×9.8 N。作用反作用の法則より，A君が体重計から受ける垂直抗力も45×9.8 N。

解答

中から見ると，A君が受ける力は重力，体重計からの垂直抗力，慣性力。慣性力をF〔N〕として3力のつり合いより，鉛直上向きを正として，$45 \times 9.8 - 50 \times 9.8 + F = 0$
　　$F = 5.0 \times 9.8 = 49$〔N〕
慣性力は49 Nの大きさで鉛直上向き
慣性力の大きさはmaだから
　　$50 \times a = 49$　　$a = 0.98$〔m/s²〕
慣性力が鉛直上向きだから，エレベーターの加速度は鉛直下向きである。

答 大きさ**0.98 m/s²**，鉛直下向き

（注意）　加速度が下向きの場合は，下向きに速くなる場合と，上向きに遅くなる場合がある。

〈別解〉　地上からA君の運動を見るときは，運動方程式を用いる。A君が受ける力は重力と体重計から受ける垂直抗力。鉛直上向きを正として，A君の加速度をa〔m/s²〕とすると運動方程式は，
　　$50a = 45 \times 9.8 - 50 \times 9.8$
　　$a = -0.98$〔m/s²〕

基本例題 30 等速円運動

　なめらかな水平面上の点 O に自然長 0.200 m の軽いつるまきばねの一端を固定し，他端に質量 0.20 kg の小球をつけて角速度 2.0 rad/s の等速円運動をさせた。すると，ばねの長さは 0.250 m になった。次の量を答えよ。

(1) 小球の速度の大きさと向き

(2) 小球の加速度の大きさと向き

(3) つるまきばねのばね定数

●**考え方** (3) 弾性力が向心力になっている。

解 答

(1) 速さを v 〔m/s〕とすると，

$v = r\omega = 0.250 \text{ m} \times 2.0 \text{ rad/s} = 0.50 \text{ m/s}$

答 大きさ：**0.50 m/s**，向き：**接線方向**

(2) 加速度の大きさを a 〔m/s^2〕として

$a = r\omega^2 = 0.250 \text{ m} \times (2.0 \text{ rad/s})^2$

$= 1.0 \text{ m/s}^2$

答 大きさ：**1.0 m/s^2**，

向き：**円の中心方向**

(3) 弾性力の大きさを F とすると，

小球の運動方程式は $ma = F$

$F = ma = 0.20 \text{ kg} \times 1.0 \text{ m/s}^2 = 0.20 \text{ N}$

ばねは $5.0 \times 10^{-2} \text{ m}$ (5.0 cm) 伸びているから，ばね定数を k 〔N/m〕として，

$k = \dfrac{F}{x} = \dfrac{0.20 \text{ N}}{5.0 \times 10^{-2} \text{ m}} = 4.0 \text{ N/m}$

答 **4.0 N/m**

基本例題 31 円錐振り子

　図のように，長さ l の糸に質量 m のおもりをつけ，糸のもう一端を固定して，おもりを水平面内で等速円運動させた。糸は鉛直線と θ の角をなしていた。重力加速度の大きさを g として，おもりの速さを求めよ。

●**考え方** おもりが受ける力を図示する。おもりが受ける力は，重力，糸からの張力で，この2力の合力が円の中心に向かう向心力になっている。向心力が2力と独立に働いているわけではないことに注意する。

解 答

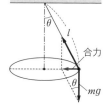

おもりが受ける力は右図の通り。おもりが受ける力の合力（向心力）の大きさ F は，

$F = mg\tan\theta$

円の半径は $r = l\sin\theta$，速さを v として，

円の向心加速度 $a = \dfrac{v^2}{r} = \dfrac{v^2}{l\sin\theta}$ より，

おもりの運動方程式は，

$m \cdot \dfrac{v^2}{l\sin\theta} = mg\tan\theta$

$v^2 = g\tan\theta \cdot l\sin\theta$

これより　$v = \sqrt{gl\tan\theta\sin\theta}$

答 $\sqrt{gl\tan\theta\sin\theta}$

基本例題 32 ばね振り子による単振動

ばね定数 k のばねに質量 m の物体をつけて鉛直につるし静止させた。その位置を点Oとし，物体を下へ距離 A だけ引いて静かに放す。点Oを原点に x 軸を下向きにとり，重力加速度の大きさを g とする。

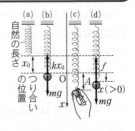

(1) 物体が座標 x を通過するとき，物体が受ける力の合力の大きさと向きを求めよ。

(2) 物体の単振動の周期を求めよ。

●考え方
(1)・物体が受ける重力と弾性力の合力を調べる。弾性力は，ばねの自然長からの変位を x とすると $f=-kx$
・点Oでは重力と弾性力がつり合う。
(2) 単振動する物体の加速度 a は，振動中心からの変位を x として $a=-\omega^2 x$

解 答

(1) 点Oにおいて，重力と弾性力はつり合うので，ばねの伸びを x_0 とすると，

$$mg = kx_0$$

物体が座標 x を通過するとき，弾性力 f は向きまで含めて $f=-k(x_0+x)$

合力 F は，

$$F = mg - k(x_0+x) = -kx$$

答 大きさ：kx，

　　向き：x から点Oに向かう向き

（注意）
弾性力を安易に $-kx$ とし，
$F=mg-kx$ としないようにする。

(2) 物体が受ける力の合力 F が $F=-kx$ の形なので物体は点Oを中心とした単振動をする。

単振動の加速度 a は，$a=-\omega^2 x$ になるので，運動方程式は，

$$m(-\omega^2 x) = -kx$$

$$\omega = \sqrt{\frac{k}{m}}$$

したがって，周期 T は，

$$T = \frac{2\pi}{\omega} = 2\pi\sqrt{\frac{m}{k}}$$　　答 $2\pi\sqrt{\frac{m}{k}}$

基本例題 33 人工衛星

　地表で物体を水平に打ち出して，地球表面すれすれを等速円運動する人工衛星にしたい。地球を質量 M，半径 R の球とし，万有引力定数を G，地表の重力加速度の大きさを g とし，空気抵抗や自転の影響は無視する。

(1) 人工衛星の速さを，g，R を用いて表せ。

(2) 人工衛星の周期を，g，R を用いて表せ。

●**考え方** (1) 物体は地球から受ける万有引力を向心力として円運動をする。

解答

(1) 地表の質量 m の物体が受ける重力は地球からの万有引力が原因だから，

$$mg = G\frac{mM}{R^2}$$

$$GM = gR^2 \quad \cdots\cdots ①$$

物体の速さを v とすると，物体の加速度の大きさ a は，円軌道の半径が R であることに注意して，$a = \dfrac{v^2}{R}$

物体についての運動方程式は，

$$m\frac{v^2}{R} = G\frac{mM}{R^2}$$

$$v = \sqrt{\frac{GM}{R}}$$

①を用いて，

$$v = \sqrt{gR} \quad \cdots\cdots ②$$

答 $\sqrt{gR}$

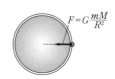

(2) 周期 T は②より，

$$T = \frac{2\pi R}{v} = 2\pi\sqrt{\frac{R}{g}}$$

答 $2\pi\sqrt{\dfrac{R}{g}}$

注意：②の計算について
$$v = \sqrt{9.8 \text{ m/s}^2 \times 6.4 \times 10^6 \text{ m}}$$
$$= \sqrt{2 \times 49 \times 64 \times 10^4} \text{ m/s}$$
$$= 1.41 \times 7 \times 8 \times 10^2 \text{ m/s}$$
$$= 7.9 \times 10^3 \text{ m/s}$$

基本例題 34 万有引力と力学的エネルギー保存

　図のように地表の O 点から物体を鉛直上向きに打ち出して地表から
高度 R の P 点に達するようにしたい。いくら以上の速さで打ち出した
らよいか。地球を半径 R の球とし，自転の影響は無視する。地表における
る重力加速度を g とする。g，R を用いて表せ。

●考え方　・O 点と P 点において，物体の力学的エネルギーが等しい。
　　　　　・万有引力の位置エネルギーを用いる。

解 答

物体の質量を m，地球の質量を M とする。

O 点と P 点において，物体の力学的エネルギーが等しいので，力学的エネルギー保存の法則より，初速度を v_0，P 点の速さを v として，

$$\frac{1}{2} m v_0^2 + \left(-G\frac{mM}{R}\right)$$
$$= \frac{1}{2} m v^2 + \left(-G\frac{mM}{2R}\right)$$

P 点に達するには $v \geq 0$ でなければならないので，

$$\frac{1}{2} m v^2 = \frac{1}{2} m v_0^2 - G\frac{mM}{2R} \geq 0$$

したがって，$v_0 \geq \sqrt{\dfrac{GM}{R}}$

ここで
$gR^2 = GM$ より，
$$v_0 \geq \sqrt{gR}$$

答 $\sqrt{gR}$ 以上の速さ

注意①　数値は
$\sqrt{gR} = 7.9 \times 10^3$ m/s
注意②　重力による位置エネルギー
$(U = mgh)$ は，物体が地表付近にある場合に用いることができる。

基本問題

156▶慣性力 水平に加速している電車の天井から振り子をつるすと、糸が鉛直線と角 θ 傾き電車に対して静止した。電車の加速度の大きさを求めよ。おもりの質量を m、重力加速度を g とする。

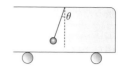

157▶無重量状態 鉛直方向に運動するエレベーターの天井にばねばかりをつけ質量 m [kg] のおもりをつるした。エレベーターが、大きさが a [m/s²] の下向きの加速度で運動している。重力加速度の大きさを g [m/s²] とし、$a<g$ とする。

(1) ばねばかりの目盛り [kg] はいくらを示すか。

(2) エレベーターの加速度 a が鉛直下向きに g になるとばねばかりの目盛り [kg] はいくらを示すか。

158▶慣性力 上昇中のエレベーターが大きさ $1.0\,\mathrm{m/s^2}$ の加速度で減速している。エレベーターの床に体重計を置き、質量 $60\,\mathrm{kg}$ の A 君が乗っている。次の2つの立場から、体重計は何 kg を示すか求めよ。重力加速度を $9.8\,\mathrm{m/s^2}$ とする。

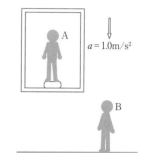

(1) エレベーターの外で静止している B 君の立場（慣性系）

(2) エレベーターの中にいる A 君の立場（非慣性系）

159▶物体をのせた斜面の加速 傾きの角 θ のなめらかな斜面をもつ質量 M の三角台がなめらかな水平面上に置いてある。その斜面上に質量 m の小物体を置いて、台を左に加速させると、斜面に対して小物体を静止させることができる。重力加速度の大きさを g とするとき、次の問に答えよ。

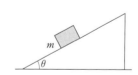

(1) 台の加速度の大きさはいくらか。

(2) 小物体が斜面から受ける垂直抗力の大きさはいくらか。

(3) 台を加速させるために及ぼしている水平方向の力の大きさはいくらか。

160▶等速円運動　なめらかな水平面上で，質量 0.10 kg の
物体を糸で結び，水平面上の O 点に糸の一端を固定し，糸を
張った状態にして糸の方向に直角に初速度を与えたところ，
半径が 0.50 m で，周期が 1.57 s の等速円運動をした。円周
率を 3.14 として，次の各問に答えよ。

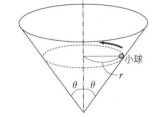

(1)　点 P を物体が通過したとき，速度の向きはどれか。
また，速さはいくらか。

(2)　角速度はいくらか。

(3)　点 P を物体が通過したとき，加速度の向きはどれか。
また，加速度の大きさはいくらか。

(4)　糸の張力の大きさはいくらか。

161▶円錐容器内の運動　図のように，軸が鉛直方向で
頂角が 2θ の円錐の容器が固定されている。円錐の内面
を，質量が m の小球が水平に半径 r の等速円運動をし
ている。円錐面の内面はなめらかで，重力加速度の大き
さを g とする。

(1)　小球が円錐面から受ける垂直抗力の大きさを求めよ。

(2)　垂直抗力と重力の合力の大きさを求めよ。

(3)　円運動の周期はいくらか。

162▶回転円板上の物体　水平な円板の中心から距離 r 離
れた点 P に質量 m の物体を置き，円板を回転させる。重力
加速度の大きさを g とする。

(1)　円板をある角速度 ω で回転させたとき，物体は円板と一
緒に等速円運動をした。物体が受ける静止摩擦力の大きさ
と向きを答えよ。

(2)　円板の回転の角速度をゆっくり増加させていくと，角速度が ω_0 を超えたとき，物
体は滑り出して円板から飛び出した。円板と物体との間の静止摩擦係数はいくらか。

163▶線路の傾き　図のように，通常，線路のカーブのとこ
ろで外側のレールが内側より高くなっている。これは，車輪
が線路から横方向の力（側圧という）を受けないようにするた
めである。いま，軌道面の水平面からの傾きが θ のとき，質
量 m の電車が，半径 r のカーブを，水平に等速で回るとき，
側圧を受けないようにするためにはいくらの速さでカーブに
入らなければならないか。重力加速度の大きさを g とする。

164▶遠心力　地球質量を M，地球半径を R，自転周期を T，万有引力定数を G とするとき，赤道で質量 m の物体に働く地球自転による遠心力は，地球から受ける万有引力の何倍か。次に，この値を，地表の重力加速度の大きさ g と R と T を使って表せ。さらに，$g=9.8\,\mathrm{m/s^2}$，$R=6.4\times10^6\,\mathrm{m}$，$T=24\times60\times60\,\mathrm{s}$，$\pi=3.14$ としてこの値を計算せよ。

165▶遠心力　図はある遊園地にあるマシーンを模式的に表したものである。半径 $4.9\,\mathrm{m}$ の円筒が周期 $3.14\,\mathrm{s}$ で回転しており，A 君は壁に背中を押し付けられ，床から足が離れた状態で壁といっしょに回転している。重力加速度の大きさを $9.8\,\mathrm{m/s^2}$，円周率を 3.14 として次の各問に答えよ。

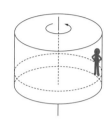

(1)　A 君自身からみて，自分にはどんな力が働いているか。その力をすべて列挙せよ。

(2)　A 君がすべり落ちないためには，A 君の衣服と壁のあいだの静止摩擦係数はいくら以上でなければならないか。

166▶水平ばね振り子　なめらかな水平面上で質量 m の物体にばね定数が k のばねをつけ，ばねの一端を固定した。ばねが自然長の時の物体の位置を O 点とし，物体を O 点から右に距離 A ずらして，静かに放した。

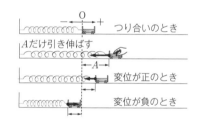

(1)　物体の変位が原点から x のとき，物体がばねから受ける力 F を式で表せ。

(2)　単振動の角振動数を ω として，物体の変位が x のときの加速度を式で表せ。

(3)　物体についての運動方程式を用いて単振動の周期を求めよ。

167▶単振動　図のように，x 軸上の $-0.50\,\mathrm{m}\leqq x\leqq+0.50\,\mathrm{m}$ の区間を，質量 $0.50\,\mathrm{kg}$ の物体が O 点を中心として単振動をしており，その周期は $6.28\,\mathrm{s}$ であった。$\pi=3.14$ とする。

(1)　O 点を物体が通過するときの速さはいくらか。

(2)　図の左向きの加速度の大きさが最大になる地点とその大きさを求めよ。また，加速度の大きさが 0 になるのはどこか。

(3)　$x=+0.20\,\mathrm{m}$ を物体が右向きに通過するとき，物体に働いている力の合力（復元力）の大きさと向きを求めよ。

(4)　物体が O 点を通過し，最初に $x=+0.25\,\mathrm{m}$ を通過するまでの時間はいくらか。

168▶単振動 質量 $2.0\,\mathrm{kg}$ の物体が，$x = 2.0\sin 2\pi t$〔m〕で表される単振動をしている。$\pi = 3.14$ とし，物体が $x = 1.0\,\mathrm{m}$ の地点を右向きに通過するとき次の量を求めよ。

(1) 物体の加速度の大きさと向き

(2) 物体が受ける力の大きさと向き

(3) 物体の速さ

169▶単振り子 長さが $1.000\,\mathrm{m}$ の糸に小さなおもりをつけて振動させたところ，100回の振動に $201.0\,\mathrm{s}$ かかった。この結果から重力加速度の大きさ g〔m/s²〕を計算し，有効数字 2 ケタで求めよ。また，より正確な値を求めるためにはおもりの質量はどうあるべきか，理由を示して説明せよ。

170▶鉛直ばね振り子 $500\,\mathrm{g}$ のおもりをつるすと，自然長から $10\,\mathrm{cm}$ 伸びるばねがある。このばねを，鉛直につるし，質量 $1.0\,\mathrm{kg}$ のおもりをつける。つり合いの位置から $10\,\mathrm{cm}$ おもりを引き下ろし，静かにはなしたところ，おもりは上下に単振動した。重力加速度の大きさを $9.8\,\mathrm{m/s^2}$，円周率を 3.14 として次の各問に答えよ。

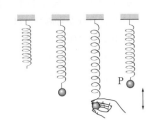

(1) ばねのばね定数はいくらか。

(2) つり合いの位置を通過するときの速度と加速度の大きさはいくらか。

(3) おもりが，つり合いの位置から $5.0\,\mathrm{cm}$ 高い点 P を上向きに通過するとき，おもりに働く力の合力の大きさと向きはいくらか。

(4) 単振動の周期はいくらか。また，重力が地球の $\dfrac{1}{6}$ になる月面上でこのばね振り子を振動させたらその周期は地球上の場合とどう変わるか，または変わらないか答えよ。

(5) おもりが最高点に達してから初めて点 P を通過するまでの時間は 1 周期の何分の 1 か。

171▶単振り子 右図は，長さ l の糸でつるされた質量 m の単振り子が，鉛直線 OA と小さな角 θ だけ傾いた B の位置を通過する瞬間である。重力加速度の大きさを g とする。

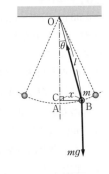

(1) おもりに働く重力を接線方向と糸の方向に分解したとき，接線方向の分力の大きさを θ を使って表せ。また，それを $\mathrm{CB} = x$ を用いて表せ。

(2) θ が十分小さいとき AB はほぼ水平になる。重力の接線方向成分はほぼ水平になり，x は，A からの変位と見なせる。x を A からの変位とするとき，重力の接線方向成分を x を用いて表せ。次に，単振動の周期を求めよ。

(3) 単振り子の周期がおもりの質量に依らない理由を，運動方程式をたてて説明せよ。

172▶万有引力 地球の質量を M，半径を R，万有引力定数を G とするとき，地表における質量 m の物体に働く万有引力の大きさは（ ① ）で，地球自転の影響を無視すれば，①の力によって，物体は重力加速度 g で落下する。このことから g を M，R，G を用いて表すと $g=$（ ② ）である。$G=6.7\times10^{-11}$ N·m^2/kg^2，$R=6.4\times10^6$ m，$g=9.8$ m/s^2 として地球の質量の値は（ ③ ）kg と計算できる。また，地表から高さ $2R$ の地点における重力加速度 g' は g の（ ④ ）倍になる。

173▶万有引力 月は地球に対し質量は約 $\dfrac{1}{81}$，半径は約 $\dfrac{3}{11}$ 倍である。地球自転の影響を無視すれば，月面における重力加速度は地球表面の重力加速度の約何分の一か。

174▶ケプラーの第3法則 太陽のまわりを公転しているハレー彗星はケプラーの法則に従う。ハレー彗星の半長軸は，地球の場合の 18 倍である。ハレー彗星の公転周期は何年か。

175▶人工衛星 地上 h の高さで円軌道を描いて地球を回る人工衛星の速さと周期を求めよ。自転の影響は無視し，地球の半径を R，地上での重力加速度の大きさを g とする。次に，$R=6400$ km，$g=9.8$ m/s^2 とするとき，$h=800$ km のときの速さ V〔m/s〕を求めよ。

176▶静止衛星 地球の自転周期 T で，赤道上空を西から東に回る人工衛星は，地上から見ると静止して見えるので静止衛星という（通信衛星，気象衛星などに利用されている）。静止衛星の地表からの高さを求めよ。ただし，地表での重力加速度を g，地球半径を R とする。

177▶人工衛星と万有引力 地表における重力加速度の大きさを g，地球の半径を R として，次の各問いに答えよ。ただし，地球の自転は無視する。

(1) 地上から物体を鉛直に打ち上げて地上から $2R$ の高さに達するようにするにはいくらの速さで打ち上げたらよいか。g，R を用いて表せ。

(2) 地上から $2R$ の高さで，円軌道を描く人工衛星にするには円の接線方向にいくらの速さが必要か。g，R を用いて表せ。

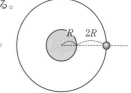

発展例題 35　慣性力と単振動

　水平方向に，大きさが a の加速度で右に向かって加速している電車の中で，糸の長さが l，質量が m の単振り子を振らせると周期はいくらになるか。重力加速度の大きさを g とする。

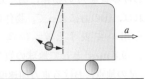

●考え方

　加速する電車の中で振り子が静止しているとき，中から見るとおもりが受ける力は重力 mg，慣性力 ma，張力 T の3力である。このとき，張力 T は，重力と慣性力の合力 f とつり合っている。重力と慣性力はともに質量に比例するので，その合力 f も質量に比例し，見かけ上，重力と区別が付かない。電車の中で糸を静かに切った場合，合力 f によって，おもりは，図2の合力 f 方向に斜めに落下する。f は

$$f=\sqrt{(mg)^2+(ma)^2}=m\sqrt{g^2+a^2}$$

床に対する加速度を g' とすると，

$$mg'=m\sqrt{g^2+a^2}$$
$$g'=\sqrt{g^2+a^2}$$

この合力 f を見かけの重力，g' を見かけの重力加速度という。

　つまり，図の鉛直方向から θ 傾いた方向(図2の合力 f の方向)が見かけの重力の方向で，見かけの鉛直方向になる。加速する電車の中では，この見かけの鉛直方向を中心に振り子が単振動する。

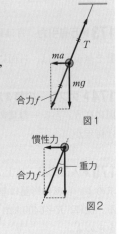

図1

図2

解答

加速する電車の中では，物体に重力と慣性力が働き，その合力がみかけの重力となる。見かけの重力加速度を g' とすると，

$$mg'=\sqrt{(mg)^2+(ma)^2}=m\sqrt{g^2+a^2}$$
$$g'=\sqrt{g^2+a^2}$$

したがって，振り子の周期 T は，

$$T=2\pi\sqrt{\frac{l}{g'}}=2\pi\sqrt{\frac{l}{\sqrt{g^2+a^2}}}$$

答　$2\pi\sqrt{\dfrac{l}{\sqrt{g^2+a^2}}}$

発展例題 36　鉛直面内の円運動

　図のように，質量が m の小球を糸に結びつけ O 点からつるした長さ l の振り子がある。点 A から小球に水平に速さ v_0 の初速度を与える。図の点 P は OP が鉛直方向と θ の角をなしている。重力加速度の大きさを g とする。

(1)　糸が張った状態で点 P を通過するとき，小球が糸から受ける張力 T の大きさを求めよ。

(2)　初速度がいくら以上のとき，小球は最高点 B を通過できるか。

(3)　この小球を，質量の無視できる長さが l の棒につけて O 点からつるし，点 A から水平に初速度 V_0 を与えた。V_0 がいくら以上のとき，小球が点 B を通過できるか。

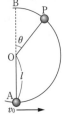

●考え方

(1) 小球に働く力を図示する。

小球が受ける力は重力 mg と糸の張力 T である。重力を円の中心方向と接線方向に分けて考えると,張力と円の中心方向成分($mg\cos\theta$)の合力が向きを変えている(円軌道を描かせる)。点 P における速さを v とすると,円の中心方向への加速度は $\dfrac{v^2}{l}$ である。

点 P における速さを v として円の中心方向への運動方程式をつくる。

一方,点 A と点 P における力学的エネルギー保存の法則から v が求まる。

(2) 最高点 B は $\theta=0$ である。点 B に至るまで糸はたるまないので点 B で張力 T は $T\geqq0$ である。(1)の結果を用いる。

(3) 糸の場合は,途中で糸がたるむと点 B に達することはできない。棒はたるまないので,言い換えれば,おもりを引くことも押すこともできるので,この場合は,最高点で速さ 0 以上ならばよい。

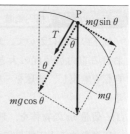

解 答

(1) 点 P において,円の中心方向に働く力は,張力 T と重力の円の中心方向への成分 $mg\cos\theta$ である。点 P における速さを v とすると,円の中心方向への運動方程式は,

$$\frac{mv^2}{l}=T+mg\cos\theta \quad \cdots ①$$

点 A と点 P で力学的エネルギーが等しいので,高さの基準を点 A において,

$$\frac{1}{2}mv_0^2=\frac{1}{2}mv^2+mgl(1+\cos\theta)$$
$$\cdots ②$$

②から v^2 を求めて①に代入して,

$$T=\frac{mv_0^2}{l}-mg(2+3\cos\theta) \quad \cdots ③$$

答 $\dfrac{mv_0^2}{l}-mg(2+3\cos\theta)$

(2) $\theta=0$ の点 B で張力 T が $T\geqq0$ でなければならない。

③において $\theta=0$ で $T\geqq0$ だから

$$\frac{mv_0^2}{l}-5mg\geqq0 \quad \text{より} \quad v_0\geqq\sqrt{5gl}$$

答 $v_0\geqq\sqrt{5gl}$

(3) 最高点で速さ v が $v\geqq0$ ならばよい。点 A と点 B で力学的エネルギー保存の法則が成り立つから,基準を点 A として,

$$\frac{1}{2}mV_0^2=\frac{1}{2}mv^2+2mgl$$

$v\geqq0$ より, $\dfrac{1}{2}mV_0^2-2mgl\geqq0$

$$V_0\geqq2\sqrt{gl} \quad \text{**答** } V_0\geqq2\sqrt{gl}$$

(参考) P 点において,円の接線方向には重力の接線方向成分(大きさ: $mg\sin\theta$)が働く。この成分によって,円の接線方向については運動方程式

$$m\frac{\Delta v}{\Delta t}=-mg\sin\theta$$

が成り立つ。これは容易に解けないが,代わりに力学的エネルギー保存則を使って v を求めることができる。

発展例題 37　楕円軌道

以下の問題において，地球の半径を R，地表における重力加速度の大きさを g とする。地球の自転を無視し，地球を一様な球とみなすものとする。

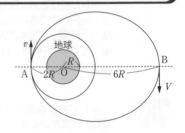

(1) 質量 m の物体を，地表から R の高さで等速円運動する人工衛星にするにはいくらの速さが必要か。速さと周期を求めよ。

(2) この衛星が図の A 点に来たとき，瞬間的にガスを噴射させ加速したところ，図のような楕円軌道を描いた。A 点で速さをいくらにしたか。

(3) 図の楕円軌道を描く衛星の周期を求めよ。　　　　　　　(02　大阪市立大　改)

●考え方

(1) 物体について，円運動の運動方程式をつくる。$GM = gR^2$ の関係を利用する。
(2) A 点と B 点で力学的エネルギーが等しい。
また，ケプラーの第二法則より，A 点と B 点で面積速度が等しい。
(3) ケプラーの第三法則を用いる。

解答

(1) 万有引力定数を G，地球質量を M とおくと，質量 m の物体が受ける万有引力の大きさ F は，

$$F = G\frac{mM}{(2R)^2} \quad \cdots ①$$

である。物体は，万有引力を向心力として円運動をする。物体の速さを v とすると，加速度の大きさは $\dfrac{v^2}{2R}$ である。物体の運動方程式は，

$$m\frac{v^2}{2R} = G\frac{mM}{4R^2} \quad \cdots ②$$

これより $v = \sqrt{\dfrac{GM}{2R}}$

$gR^2 = GM$ を用いて　$v = \sqrt{\dfrac{1}{2}gR} \quad \cdots ③$

周期 T は，

$$T = \frac{2\pi(2R)}{v} = 4\pi\sqrt{\frac{2R}{g}} \quad \cdots ④$$

答 速さ：$\sqrt{\dfrac{1}{2}gR}$　周期：$4\pi\sqrt{\dfrac{2R}{g}}$

(2) A 点と B 点における速さをそれぞれ v，V とする。A 点と B 点で力学的エネルギーが等しいから，

$$\frac{1}{2}mv^2 + \left(-G\frac{mM}{2R}\right)$$
$$= \frac{1}{2}mV^2 + \left(-G\frac{mM}{6R}\right) \quad \cdots ⑤$$

ケプラーの第二法則より，A 点と B 点で面積速度が等しいから，

$$\frac{1}{2} \times 2Rv = \frac{1}{2} \times 6RV \quad \cdots ⑥$$

⑤と⑥より，V を消去すると

$$v = \frac{\sqrt{3gR}}{2} \quad \cdots ⑦$$　　**答** $\dfrac{\sqrt{3gR}}{2}$

(3) (1)の円軌道における周期を T，図の楕円軌道における周期を T' とすれば，楕円軌道の半長軸の長さ（$2R$ と $6R$ の平均）は $4R$ だから，ケプラーの第三法則より，

$$\frac{T^2}{(2R)^3}=\frac{T'^2}{(4R)^3}$$

が成り立つ。したがって

$$T'^2=\frac{(4R)^3}{(2R)^3}T^2=8T^2$$

$$T'=2\sqrt{2}\,T$$

これに(1)の $T=4\pi\sqrt{\dfrac{2R}{g}}$ を代入して

$$T'=2\sqrt{2}\times4\pi\sqrt{\frac{2R}{g}}$$

$$=16\pi\sqrt{\frac{R}{g}} \qquad \text{答}\ 16\pi\sqrt{\frac{R}{g}}$$

発展問題

178 ▶慣性力　大きさが a の加速度で，右に向かって水平に加速している電車の中で，天井から質量 m のおもりをつるした。いま，電車の中にいる観測者 A から見ると，糸は鉛直方向に対し，ある角度だけ傾いた状態で静止していた。重力加速度の大きさを g として次の問いに答えよ。

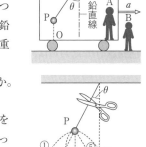

(1)　糸の鉛直方向からの傾きを θ とすると $\tan\theta$ はいくらか。次に，糸をはさみで切った。

(2)　A から見て，その後のおもりの運動はどのような軌跡を描くか。図から正しいものを選べ。また，電車の外に立っている人 B から見ると，おもりの運動はどのような軌跡を描くか。図から正しいものを選べ。

(3)　おもり P の床からの高さを h とし，P の真下の床の位置を O とする。糸を切った後，P は床のどの位置に着地するか。O 点からの距離で答えよ。

(4)　糸が切れたときの電車の速さを v とすると，糸が切れてから P が着地するまでに電車が進む距離を求めよ。

(5)　外で静止している B から見て，P の床上に落ちる位置と O 点の距離が(3)と一致することを示せ。

ヒント　(5)　B から見ると，糸を切った後のおもりは放物運動をする。

179 ▶慣性力　傾きの角 θ のなめらかな斜面をもつ質量 M の台車をなめらかな水平面上に置き，その斜面上に質量 m の小物体を置いて，台車を左に a の大きさの加速度で加速させると，斜面に対して小物体は斜面を滑り上がっていった。重力加速度の大きさを g として，次の問いに答えよ。

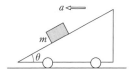

(1)　このとき，小物体の，台車の斜面に対する加速度の大きさ，および小物体が斜面から受ける垂直抗力の大きさを求めよ。

(2)　小物体が滑り上がっているとき，台車を左に加速させるために台車に加えている水平方向の力の大きさを求めよ。

ヒント　(1)　台車から見て，物体には右向きに ma の大きさの慣性力が働く。

180▶慣性力　傾き θ のなめらかな斜面をもつ質量
M の三角台をなめらかな水平面上に置き，その斜面上
に質量 m の小物体を置くと，小物体がすべるにつれ
て台もすべった。このときの三角台の加速度の大きさ

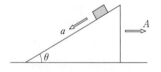

A，斜面に対する小物体の加速度の大きさ a を求めたい。ただし，重力加速度の大きさ
を g とする。

(1)　物体がすべっているとき，物体が台から受ける垂直抗力を N，台の加速度の大きさ
　　A として，台の運動方程式を式で示せ。

(2)　台上から観測すると，小物体には慣性力が働き，物体は大きさ a の加速度で斜面方
　　向を滑っていく。斜面に垂直な方向に関して成り立つ式を N，A，m を用いて表せ。

(3)　台上から見て，斜面方向に関して成り立つ式を m，A，a を用いて表せ。

(4)　A と a の値を求めよ。

ヒント (1)　三角台は，物体が受ける垂直抗力の反作用を受け，その水平成分で右向きの
　　　　　　　加速度を生じる。

　　　　　(2)　斜面に垂直な方向は力がつりあう。

　　　　　(3)　斜面方向について慣性力を含めて運動方程式をつくる。

181▶鉛直面内の円運動　図のように，長さ l の糸に質量 m
のおもりをつけ，糸の一端を固定する。糸が張った状態で，糸
が水平になるようにおもりを引き上げ，静かにはなした。重力
加速度の大きさを g として次の各問いに答えよ。

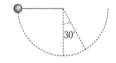

(1)　おもりが最下点を通過するときの糸の張力の大きさを求めよ。

(2)　おもりが最下点を過ぎ糸が鉛直方向と 30° の角をなす瞬間のおもりの加速度を，加
　　速度のベクトルの円の中心方向の成分と接線方向の成分でそれぞれ答えよ。

182▶鉛直面内の円運動　図のような半径 r のなめ
らかな円筒面があり，なめらかな水平面とつながって
いる。水平面上を質量 m の物体を初速度 v_0 で滑らせ
たところ，鉛直線と θ の角をなす図の C 点を通過し
た。重力加速度の大きさを g とする。

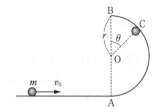

(1)　図の C 点を通過したとき，物体が円筒面から受け
　　る垂直抗力の大きさはいくらか。

(2)　物体が点 B を通過するためには初速度 v_0 はいくら以上でなければならないか。

ヒント (1)　C 点における円の中心方向について運動方程式をつくる。

183 ▶鉛直面内の円運動 右図のように，半径 r のなめらかな円筒面の頂点 A に，質量 m の物体を置き，静かにはなしたところ，物体は円筒面をすべっていき B 点を通過した。重力加速度を g として次の各問に答えよ。

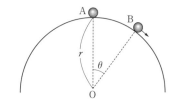

(1) B 点で物体が面から受ける垂直抗力の大きさを m，g，θ を使って表せ。

(2) B 点で物体が円筒面からはなれたとする。このときの $\cos\theta$ の値を求めよ。

ヒント B 点における円の中心方向への運動方程式をつくる。

184 ▶単振動 質量 m の物体をなめらかな水平台の上に置き，図のように物体の両側を 2 本のばねで右側の壁に，1 本のばねで左側の壁に，それぞれ固定した。これら 3 本のばねは同じでばね定数は k である。物体が静止しているとき 3 本のばねの長さは自然の長さとする。

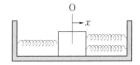

(1) 物体を図の位置 O から右に距離 A だけ変位させてはなすと左右に振動した。変位が x のときの物体が受ける力を式で示して単振動することを説明し，周期 T を求めよ。

(2) 物体をはなした時刻を $t=0$ とし，時刻 t における物体の変位を式で表せ。

(3) 物体をはなしてから，はじめてその変位が $\dfrac{A}{2}$ になるまでの時間は周期の何倍か。

(4) 振幅が 0.10 m，周期が 1.57 s のとき，物体が O 点を通過する時の速さは何 m/s か。

(1993 武蔵工大 改)

ヒント (1) 物体の変位が $x>0$ のとき右側のばねは伸びようとして左に，左側のばねは縮もうとして左に力を及ぼし，それぞれのばねが及ぼす力は $-kx$ と表せる。

185 ▶浮力による単振動 底面積 S，高さ l の円柱状の木片 A を水に浮かべる。水の密度を ρ，木片 A の密度を $\dfrac{3}{5}\rho$，重力加速度を g とする。水の抵抗は無視する。

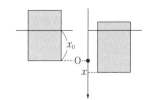

(1) 木片 A が静止しているとき，水面から底面までの深さ x_0 を求めよ。

(2) 木片 A を静止状態からわずかに水中に押し下げ，静かにはなしたところ木片は上下に振動した。物体が静止しているときの底面の位置を原点にとり，下向きに x 座標をとる。物体の変位が x のときの物体に働く力の合力を求め，振動の周期を求めよ。

ヒント 物体の変位が x のときの浮力と重力の合力を式で表す。

186▶摩擦のある水平面上での単振動 粗い水平面上でばね定数が k のばねの一端に質量 m の物体をつけ他端を固定する。ばねが自然長のときの物体の位置を原点にとり，水平右向きを正に x 軸をとる。いま，ばねが自然長から l 伸びた状態で物体を静かにはなしたところ，物体はO点を通過してP点ま

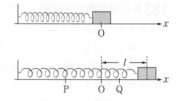

で達した後右に動きだし，Q点に達して静止した。物体と水平面との間の動摩擦係数を μ'，重力加速度を g とする。

(1) 物体をはなしてからP点に達するまでの運動が単振動であることを示し，振動中心とP点の座標 x_P，及び，はなした点からP点に達するまでの時間を求めよ。

(2) Q点の座標 x_Q を求めよ。

(3) 静止摩擦係数 μ は少なくともいくら以上でなければならないか。

ヒント (1) O点からP点に向かうときの弾性力と摩擦力の合力を式で表す。

187▶ばねの両端におもりをつけた場合の単振動 なめらかな水平面上で，ばね定数が k で自然長が L のばねの両端に，質量 m のおもりAと質量 $2m$ のおもりBがとりつけられている。いま，AとBを手で押さえ自然長から l の長さ縮めて，同時に静かにはなした。手をはなした瞬間のAの位置を原点とし，x 軸を右にとる。次の問いに答えよ。ただし，ばねの質量は無視できるものとする。

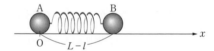

(1) Aの座標が x_1 になったとき，Bの座標 x_2 を x_1 を使って表せ。

(2) Aの座標が x_1 になったとき，Aが受ける弾性力を x_1 を用いて表せ。

(3) Aの運動が単振動であることを示し，周期を求めよ。

ヒント (1) 運動量保存の法則より，AとBの最初の位置からの変位をそれぞれ求める。
　　 (2) ばねの伸びを(1)の結果をもとに x_1 を使って表す。

188▶太陽質量の決定 地球は太陽からの引力によって，太陽中心を中心とする半径 L，周期 T の等速円運動をしているものとする。また，月は地球からの引力によって，地球中心を中心とする半径 l，周期 t の等速円運動をしているものとする。太陽の質量は地球の質量の何倍になるか。

ヒント 地球と月のそれぞれについて運動方程式をつくる。

189▶地球トンネル 図のように，地球の中心 O を通り，地表のある地点 A と地点 B を結ぶ細長いトンネル内における小球の運動を考える。地球を半径 R，一様な密度 ρ の球とみなし，万有引力定数を G とする。なお，地球の中心 O から距離 r の位置において小球が地球から受ける力は，中心 O から半径 r 以内にある地球の部分の質量が中心 O に集まったと仮定した場合に，小球が受ける万有引力に等しい。地球の自転や空気抵抗の影響は無視するものとする。

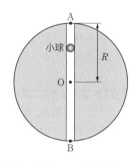

⑴ 質量 m の小球を地点 A から静かにはなした。小球が地球の中心 O から距離 r $(r<R)$ の位置にあるとき，小球に働く力の大きさは kr と表すことができる。k を求めよ。

⑵ 小球が運動開始後，はじめて地点 A に戻ってくるまでの時間 T を求めよ。

⑶ 中心 O を通過するときの速さを求めよ。

(2005 東京大 改)

ヒント ⑵ 小球に働く力は距離に比例した復元力になるので運動は単振動になる。

総合問題

190▶浮きの運動 図のように，浮きを水面に垂直に浮かべた。
浮きは断面積 S，長さ L の細長い一様な円柱であり，その下には
質量 m のおもりが糸でつり下げられている。水の密度を ρ_0，浮
きの密度を $\rho(\rho<\rho_0)$ とする。重力加速度の大きさを g とし，糸
の質量と太さおよびおもりの大きさは無視できるものとする。

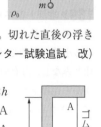

(1) 浮きが上端を水面上に出して図のように静止しているとき，
上端の水面からの高さ x はいくらか。

(2) 図の静止状態で，浮きとおもりをつないでいる糸が突然切れた。切れた直後の浮き
の加速度の大きさはいくらか。 (2008 センター試験追試 改)

191▶ゴムひもにつけられた物体の運動 図のように，床に高さ $2h$
のスタンドを置き，質量が無視できる自然の長さ h のゴムひもを点 A
に取り付ける。ゴムひもの他端に質量 m の小球を取り付けて，点 A
から小球を静かにはなすと，小球は鉛直に落下し，床に衝突せずに再
び上昇した。ここで，ゴムひもの弾性力は，ゴムひもが自然の長さか
ら伸びた場合にのみ働き，その大きさは自然の長さからの伸びに比例
するものとし，比例定数を k とする。重力加速度の大きさを g とする。

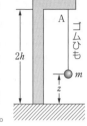

(1) 小球が高さ h の位置を最初に通過したときの，小球の速さはいくらか。

(2) 高さが $z(z<h)$ のときの小球の加速度 a はいくらか。ただし，上向きを正とする。

(3) 小球が最下点に達したときの高さを z_0 とするとき，比例定数 k を m，g，z_0，h を
使って表せ。 (2008 センター試験追試 改)

192▶鉛直のばねにつけられた物体の運動 下端を床
に固定し，上端に質量の無視できる台を水平に取りつけ
たつるまきばねがある。台を a だけ押し下げ，質量 m
の物体をのせて手をはなしたところ，台と物体は静止し
ていた。次に，物体をのせたままさらに $2a$ だけ押し下
げて手をはなした。台の運動は鉛直方向の上下運動のみ
とする。ただし，物体の座標は台にのせたときの静止位
置を原点とし，上方を正にとる。また，重力加速度の大
きさを g とし，空気の抵抗等は無視できるものとする。

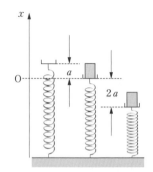

(1) このばねのばね定数 k はいくらか。

(2) 物体が最大の上昇速度をとる座標を求めよ。

(3) 物体が座標 x を通過するときの物体と台に関する運動方程式をそれぞれ答えよ。
ただし，台の質量を仮に M とおき，物体が台を押す力の大きさを N とする。

(4) 物体が台から離れる点の座標を求めよ。

(5) (4)の点での物体の速さを求めよ。

(6) 物体が最も高く上昇した地点の座標を求めよ。 (2000 工学院大 改)

193 ▶ばねにつけられた斜面上の物体 傾きの角 θ のなめらかな斜面に，ばね定数 k のばねの上端を固定した。図のように，ばねの他端に質量 m の物体を取りつけたところ，ばねが自然長から x_0 だけ伸びて，物体は点 P_0 で静止した。ただし，ばねの質量は無視でき，重力加速度の大きさを g とする。

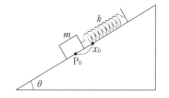

(1) ばねの伸び x_0 はいくらか。

(2) 次に，物体を点 P_0 から斜面に沿って距離 x だけ上方へ引き上げて静かに離すと，物体は下方へ滑り始めた。物体が再び点 P_0 に達したときの物体の速さはいくらか。

(3) (2)で物体が滑り始めた後，ばねは自然の長さから最大いくら伸びるか。x, x_0, θ のうち必要なものを用いて表せ。

(4) ばねが自然の長さから最大に伸びたとき，物体の加速度の大きさと向きを求めよ。

(2008 センター試験追試 改)

194 ▶重ねられた物体の運動 図のようになめらかな水平面上に質量 $2m$ の物体 A を置く。A に糸をつけ，糸の一端を物体 B をのせた皿と結んで糸を滑車に通す。A の右端には質量 m の物体 C をのせて全体を手で止めておく。皿の質量は無視でき，滑

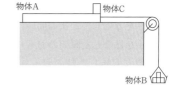

車は十分に軽くなめらかに回転できる。重力加速度の大きさを g とする。

(1) 物体 B の質量を m にして静かにはなしたところ，A と C は一体となって動き出した。このとき C に働いている静止摩擦力の大きさと向きを求めよ。

(2) 最初の状態に戻し，物体 B の質量を増やして静かにはなす実験をくり返したところ，物体 B の質量が $2m$ を超えたところで，物体 C が A に対して滑りだした。物体 A と C の間の静止摩擦係数を求めよ。

(3) 最初の状態に戻し，物体 B の質量を $3m$ にして静かにはなしたところ，C が A に対して滑った。物体 C が滑り出してから，C が A の左端に達するまでの時間を求めよ。

ただし，物体 A の長さを L，物体 A と C の間の動摩擦係数を $\dfrac{1}{5}$，C の大きさは無視できるものとする。

195▶ばねにつけられた物体 図のように，摩擦のある水平面上で，ばね定数 k の軽いばねの左端を壁に固定し，右端に質量 m の物体をつけ，ばねが自然の長さになる

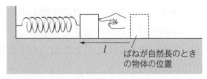

ように物体を置いた。次に，物体を左にゆっくりと手で押して自然長より l 縮めて静かに放したところ，物体は右向きに滑り始めた。ばねが自然長になったときに物体はばねを離れ，さらに物体は右へ滑った。物体と面との間の静止摩擦係数を μ，物体と面との間の動摩擦係数を μ'，重力加速度の大きさを g として次の問いに答えよ。

(1) 自然長の位置から物体を押してばねを l 縮めるまでに手がした仕事はいくらか。

(2) ばねが自然長になったときの物体の運動エネルギーはいくらか。

(3) 物体がばねを離れて滑っているとき，物体の加速度の大きさと向きを求めよ。

(4) 物体がばねを離れてから静止するまでの時間はいくらか。

(5) 物体がばねを離れてから静止するまでに滑った距離を求めよ。

196▶物体系の力学的エネルギー 図のように，なめらかに回る軽い定滑車と動滑車に，軽い糸をかけ，おもり A とおもり B をつり下げる。はじめおもりが動かないように手で支えておき，静かにはなした。このとき，おもり A が距離 h 上昇したときのおもり A の速さ v を求めたい。重力加速度の大きさを g として，次の問いに答えよ。

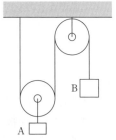

(1) 手をはなした瞬間のおもり A の力学的エネルギーを E_A，距離 h 上昇した時のおもり A の力学的エネルギーを E_A' とする。動滑車の両端にかかる糸の張力を T とするとき，E_A と E_A' の関係を式で示せ。

(2) おもり B についても，(1)と同様の関係式をつくり，おもり A と B の力学的エネルギーの和が一定になることを証明せよ。

(3) おもり A，B の質量をそれぞれ $m, 2m$ とする。(2)の結果を用いて，おもり A が距離 h 上昇したときの速さ v を求めよ。

197▶重ねられた物体の運動 水平面上を v_0 の速さで進んでいる質量 $2m$ の長い台車 B の右端に，質量 m の物体 A をそっと乗せたところ A は B の上を滑り，やがて A は B に対して静止した。台車と水平面

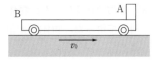

の間の摩擦の影響は無視できるものとし，A と B の間の動摩擦係数を μ'，重力加速度の大きさを g とする。A が B に対して静止する位置は，台車の右端からいくらの距離のところか。

198▶糸との摩擦によって発生する熱

図のように糸の両端におもり A，B をつけ，固定された金属円柱に糸を数回巻き付ける。A と B を支えておき，静かに放すと巻き付けた糸が円柱上を滑り出し，A は下向きに，B は上向きにそれぞれ $\frac{1}{5}g$ 〔m/s²〕の大きさの加速度で鉛直方向に加速度運動した。ここで g は重力加速度の大きさである。このとき，糸と金属円柱の間の摩擦によって金属円柱の温度が上昇した。A，B の質量をそれぞれ $2m$ 〔kg〕，m 〔kg〕とし，金属円柱の質量と比熱をそれぞれ，M 〔kg〕，c 〔J/g·K〕として次の問いに答えよ。

(1) 糸と金属円柱の間に摩擦が生じなかった場合，A，B の加速度の大きさはいくらになるか。

(2) A が運動しているとき，糸が A を引く力の大きさはいくらか。

(3) A と B が動き始めてから l 〔m〕の距離を動いたとき，A と B の力学的エネルギーはいくら減少したか。

(4) 失われた力学的エネルギーがすべて金属円柱の温度上昇に費やされたとすると，温度は何 K 上昇するか。

199▶台車上につけられたばねと物体の衝突

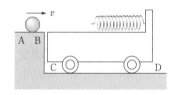

図のように，水平面 AB，CD があり，CD 上には質量 M の台車がある。台車の上面は AB 面と同じ高さである。いま，質量 m の物体が AB 面上を v の速さで進んできて，台車に乗り移った。台車上には，右端が台車に固定された軽いばねがあり，物体はこのばねを正面から押し縮めていった。ばね定数を k とし，AB 面，CD 面，および台車の上面における摩擦は無視できるものとする。ただし，物体とばねとの衝突で力学的エネルギーは失われないものとする。

(1) ばねが自然長から l 縮んだとき，台車の CD 面に対する加速度の大きさを求めよ。

(2) ばねが自然長から l 縮んだとき，物体の CD 面に対する加速度の大きさを求めよ。

(3) ばねが最も縮んだとき，台車の速さはいくらか。また，ばねは自然長からいくら縮んでいるか。

(4) ばねが自然長にもどったとき台車の速さはいくらか。

200▶運動方程式，力学的エネルギー，単振動

図のように，2つの物体が摩擦のない滑車を使って，ばね定数 k のばねに接続されている。質量 m_1 の物体1はなめらかで水平な台上にあり，質量 m_2 の物体2は糸につながれ，鉛直につり下げられている。水平右向きに x 軸をとり，ばねが自然の長さのときの物体1の左端を x 軸

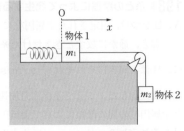

の原点とする。重力加速度の大きさを g とし，滑車とばね，および糸の質量は無視できるものとする。

(1) ばねが自然の長さの状態から，物体1を静かにはなしたところ，ばねが伸び，物体1は水平右向きに，物体2は鉛直下向きに動き出した。物体1の左端が x の位置にあるとき，糸の張力の大きさを T とし，物体1の加速度を a とする。物体1と物体2について運動方程式をそれぞれつくり，a を求めよ。

(2) (1)で鉛直下向きに動きだした物体2は，やがて最下点に達した。このときばねの伸び h を力学的エネルギー保存則から求めよ。

(3) 物体2が最下点に達した後，物体1，2は振動を繰り返した。この振動が単振動であることを物体1の加速度をもとに説明し，物体1の振動中心の位置と周期を求めよ。

(2007 北海道大 改)

201▶小球と動く台との運動

なめらかな水平な床の上に，図のような壁に針金が固定された台が静止している。針金と壁を含んだ台の質量を M とする。針金は床に水平な部分と垂直な部分からなり，その間はなめらかな曲線で接続されていて，変形しないものとする。孔の開いた質量 m の球を針金に通して，針金の水平部分か

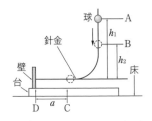

ら高さ h_1 の点 A から静かに落下させる。落下した球はこの曲線の部分を通過して水平方向左向きに運動し，同時に台は右向きに運動を始めた。その後，球は台の左端の壁に衝突してはね返り，針金を通ってある高さまで上昇した。重力加速度の大きさを g，壁と球のはね返り係数を e とする。球の大きさ，球と針金の間，および台と床の間の摩擦は無視できる。

(1) 球が針金の水平部分から高さ h_2 の点 B を通過するときの球の速さ v_B を求めよ。

(2) 球が左向きに水平運動しているとき球の速さ v と台の速さ V をそれぞれ求めよ。

(3) 壁の点 D から距離 a の点を点 C とする。球が CD 間を左向きに通過するのにかかる時間 t を求めよ。

(4) 壁に衝突した直後の球の速さ v' と台の速さ V' をそれぞれ求めよ。

(5) 球が壁に衝突後，針金を通って上に向かって運動し，針金の水平部分から高さ h_3 まで到達した。h_3 を求めよ。

(2000 筑波大)

202▶円柱の内面をもつ台と球の運動

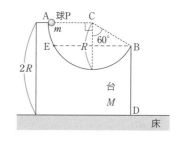

高さ $2R$ の直方体の上部を半円柱状に削ってつくった図のような台を，水平な床の上に置いた。削った円柱の半径を R，円柱の中心を C として，CA は床に平行で，CB は鉛直方向と $60°$ の角をなしている。D は台の右端下が床と接する点であり，BD は床に垂直である。はじめに台を床に固定し，図のように大きさの無視できる質量 m の球 P を A 点で静かにはなした。ただし，台と球 P の間の摩擦，および空気抵抗は無視できるものとする。また，この台の質量を M，重力加速度の大きさを g とする。

(1) 点 B から飛び出す直前の球 P の速さを求めよ。

(2) 球 P が点 B から飛び出す直前に球 P が台から受ける垂直抗力の大きさを求めよ。

(3) 球 P が点 B から飛び出した後に最高点に達したときの，球 P の床からの高さを求めよ。

次に台を滑らかな床の上に置いて動けるようにする。球 P を点 B と同じ高さの点 E に置いて，台を右に向かって水平に，適当な加速度で運動させると，手で押さえずに球 P を台に対して静止させることができる。このとき，球 P が受ける垂直抗力の大きさを N，台と球 P の，床に対する加速度の大きさを a とおく。

(4) 地上から観測したときの球 P の運動方程式を N を用いて表せ。また，鉛直方向のつり合いの式を示せ。

最後に，台を滑らかな床の上に置いて動けるようにした状態で，球 P を点 A で静かにはなす。台と床の間の摩擦は無視できるものとする。球 P が点 B から飛び出した瞬間の，床から見た球 P の速度の床に平行な成分（右向きを正）を v_x，床に垂直な成分（上向きを正）を v_y，台の速度（右向きを正）を V とする。

(5) 台と球 P の全力学的エネルギーを考える。球 P が点 A を離れたときの値と，点 B から飛び出すときの値との間に成り立つ関係式をかけ。ただし，点 A の位置エネルギーを 0 とする。

(6) 台と球 P の全運動量の床に平行な成分について，球 P が点 A を離れたときの値と，点 B から飛び出すときの値との間に成り立つ関係式をかけ。

(7) 球 P を点 A からはなしてから，球 P が点 C の真下の位置を通過するときまでに，台はどちらの向きにいくらの距離動くか。結果のみ示せ。

(8) 台とともに動く観測者から見たとき，点 B から飛び出す球 P の方向は水平方向から $60°$ 上向きである。このことから v_y を v_x，V を用いて表せ。

(9) $m = M$ としたとき，球 P が点 B から飛び出した後に最高点に達したときの，球 P の床からの高さを求めよ。

(2003　早稲田大　改)

203▶鉛直ばねに物体をのせた運動 図1-1のように，鉛直に固定した透明な管がある。ばね定数 k のばねの下端を管の底面に固定し，上端を質量 m の物体1に接続する。質量が同じく m の物体2を，物体1の上に固定せずにのせる。地面上の一点Oを原点として鉛直上向きに x 軸をとる。ばねが自然長になっている時の物体1の x 座標は h であり，重力加速度の大きさは g である。なお，物体の大きさは小さく，管との摩擦や空気抵抗は無視でき，x 方向以外の運動は考えない。ばねの質量は無視でき，管は十分長く，実験中に物体が飛び出すことはないものとする。

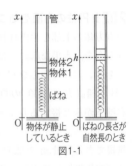

図1-1

Ⅰ 物体1と物体2を互いに接した状態で，物体1の x 座標が x_A となる位置まで押し下げ，時刻 $t=0$ に初速度0で放したところ，物体1と物体2は一体となって運動した。

(1) このときの，物体1の単振動の中心の x 座標を答えよ。

(2) 物体1と物体2の x 方向の運動方程式をそれぞれ書け。各物体の加速度を a_1, a_2，物体1の位置を x，互いに及ぼす抗力の大きさを $N(N\geqq0)$ とせよ。

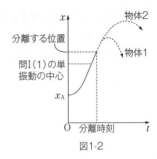

図1-2

(3) x_A の値によっては，運動中に物体1と物体2が分離することがある。図1-2はこのような場合の物体の位置の時間変化を示す。運動方程式を使って，分離の瞬間の物体1の x 座標を求めよ。なお，図1-2では物体の大きさは無視されており，接している間の物体1と物体2の位置を1本の実線で表している。

(4) 分離の瞬間の物体1の速度を答えよ。また，分離が起きるのは，時刻 $t=0$ における物体1の位置 x_A がどのような条件を満たす場合か答えよ。

Ⅱ 物体1と物体2が分離した後の運動を考える。分離後，物体1は単独で単振動し，物体2は分離後ある時間の後に物体1に衝突する。分離から衝突までの時間は時刻 $t=0$ の物体1の位置 x_A に依存する。ここで分離から衝突までの時間が，物体1が単独で単振動する際の周期 T になるように，x_A の値を設定した。衝突の時刻を T_1 とする。

(1) 物体1が単独で単振動する際の周期 T を答えよ。また，物体1と物体2が衝突する瞬間(時刻 T_1)の物体1の x 座標を答えよ。

(2) 分離の瞬間の物体2の速度を V とする。分離から衝突までの時間が T となるための V の満たす式を書け。

(3) 物体1と物体2の間のはね返り係数は1であるとし，時刻 T_1 における衝突以降の運動を考える。物体1と物体2が，T_1 以降に再び接触する時刻 T_2 と，その時の物体1の x 座標を答えよ。また，時刻 $t=0$ から $2T_1$ までの間で，横軸を時刻，縦軸を物体の位置とするグラフの概形を描け。物体の大きさを無視し，物体1と物体2が接した状

態で運動している部分は実線，分離している部分は点線を用いよ。なお，横軸，縦軸ともに，値や式を記入する必要はない。

⑷　この場合の x_A を，h，m，k，g を用いて表せ。　　　　　　（2009　東京大）

204▶ばねで結ばれた台車とその上の物体の運動

図(a)のように，水平な床の上に質量 M の台車を置く。台車の上面はなめらかかつ水平で，その左端に，ばね定数 k の軽いばねをつけ，ばねの右端には質量 m の小物体をつける。ばねが自然の長さの時，小物体は台車の中央

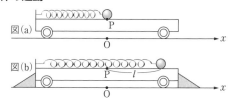

の点 P の位置にある。x 軸を床面上に，右向きを正にとり，原点 O を点 P の真下の床上の位置にとる。重力加速度の大きさを g として次の各問に答えよ。

図(b)のように，はじめ，台車を動かないように固定して，小物体を右に引き，ばねを自然長から l だけ伸ばし，静かに放した。

⑴　ばねの伸びの長さが $\dfrac{l}{2}$ になった時の，小物体の速さはいくらか。

⑵　小物体を放した後の振動の周期を求めよ。また，最初にばねの伸びが $\dfrac{l}{2}$ になるまでの時間は 1 周期の何分の 1 か。

次に，図(c)のように，台車を自由に動けるようにし，台車を手で押さえ止めたまま，小物体を右に引き，ばねを自然長から l だけ伸ばして，小物体と台車を同時で静かに放した。ただし，台車の車輪はなめらかに回転でき，かつ十分に軽いものとする。

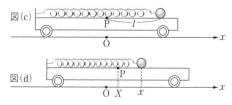

⑶　ばねの伸びが $\dfrac{l}{2}$ になった時，台車の床に対する加速度の大きさと向きを求めよ。

⑷　ばねの伸びが $\dfrac{l}{2}$ になった時，小物体の床に対する加速度の大きさと向きを求めよ。

⑸　台車の速度が V になったとき，小物体の床に対する速度を求めよ。

⑹　図(d)のように，台車の点 P の座標が X になったとき，小物体の座標 x を X を用いて表せ。

⑺　(6)の結果を使って台車がばねから受ける力を X の関数として示し，それを使って台車の単振動の周期を求めよ。

⑻　ばねが自然長になったときの，台車の速さを求めよ。

9 熱とエネルギー

❶ 熱と温度

◆1 **温度** 冷暖を数値化したものが**温度**である。温度の単位としては**セ氏温度**〔℃〕や**絶対温度**〔K〕がある。絶対温度 T〔K〕とセ氏温度 t〔℃〕の関係：
$$T = t + 273$$

◆2 **熱運動** 物体を構成している原子・分子は**熱運動**をしている。温度とは，物体を構成している原子・分子の熱運動の激しさの程度を表している。

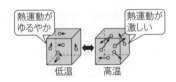

◆3 **熱** 高温物体 A と低温物体 B を接触させると，A から B に**熱が移動**する。移動する熱の量を**熱量**という。熱はエネルギーの一形態であり，熱量の単位は〔J〕である。2 つの物体を接触させ，しばらく時間が経過すると同じ温度（**熱平衡状態**）となる。

◆4 **熱容量** 物体を 1 K 温度変化させるのに必要な熱量のことを**熱容量**という。単位は J/K である。熱容量 C に関して，次の式が成立する。
$$Q = C\Delta T$$　Q：物体に加えた熱量〔J〕，C：熱容量〔J/K〕，ΔT：温度変化〔K〕

◆5 **比熱** 物質 1 g あたり，1 K 温度変化させるのに必要な熱量のことを**比熱**という。単位は J/(g·K) である。比熱 c に関して，次の式が成立する。
$$Q = mc\Delta T$$　Q：物体に加えた熱量〔J〕，m：質量〔g〕，c：比熱〔J/(g·K)〕，
　　　　　　ΔT：温度変化〔K〕

◆6 **熱量保存の法則** 高温物体と低温物体を接触させたとき，熱が 2 つの物体でのみ受け渡されているとすると，高温物体が失った熱量と低温物体が得た熱量は等しい。これを**熱量保存の法則**という。

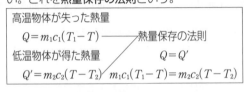

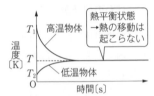

❷ 熱と仕事

◆1 **熱と仕事**　物体の内部エネルギーの変化において，熱と仕事は同じはたらきをする。

　　　1 cal＝4.2 J　（1 cal：1 g の水を 1 K 温度変化させるのに必要な熱量）

◆2 **物質の三態**　物質は，気体・液体・固体という 3 つの状態をとる。これを**物質の三態**という。

　　潜熱…状態変化に伴って出入りする熱（融解熱，蒸発熱など）

◆3 **熱力学第一法則**

　　内部エネルギー…物体を構成している原子・分子の運動エネルギーと位置エネルギーの総和。温度が高いほど，内部エネルギーは大きい。

　　熱力学第一法則…物体に加えた熱を Q 〔J〕，物体にした仕事を W 〔J〕とすると，物体の内部エネルギーの増加分 ΔU 〔J〕は，次式で表される。

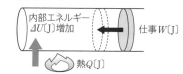

　　　$\Delta U = Q + W$

　　物体が熱を吸収する場合には $Q>0$，熱を放出する場合には $Q<0$ となる。
　　物体が仕事をされるときは $W>0$，仕事をするときは $W<0$ となる。

◆4 **熱機関と熱効率**　熱機関は，受け取った熱 Q_1〔J〕を，一部は外にする仕事 w〔J〕に変換する。

　　熱効率…熱をどれだけ仕事に変換するかを表す。

　　　熱効率　$e = \dfrac{w}{Q_1}$

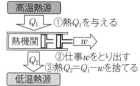

◆5 **不可逆変化**　ある方向には進むが，その逆向きには自然に進むことのない変化。

◆6 **エネルギーの変換**　エネルギーはいろいろな形（力学的エネルギー，電気エネルギー，熱エネルギー，化学エネルギー，核エネルギーなど）をとる。最終的には利用しにくい低温の熱となる。

　　エネルギー保存の法則…エネルギーはどのように変わっても，その総量は一定である。

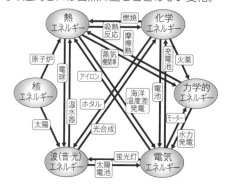

WARMING UP／ウォーミングアップ

1 セ氏温度 27 ℃は絶対温度で何 K か。また，絶対温度 0 K はセ氏温度で何 ℃か。

2 物体の温度を 20 ℃から 40 ℃まで上昇させた。このときの温度変化は何 K か。

3 以下の空欄を埋めよ。

　高温の物体 A と低温の物体 B を接触させると，物体(①)から物体(②)へ(③)が移動する。(③)の移動によって物体(①)の温度は(④)し，物体(②)の温度は(⑤)する。しばらくすると，両者の物体の温度は等しくなる。この状態を(⑥)という。

4 0 ℃の氷 500 g を 0 ℃の水にするのに必要な熱は 1.675×10⁵ J であった。これより水の融解熱(1 g あたり固体から液体に状態変化させるのに必要な熱量)を求めよ。

5 金属球に熱を 200 J 加えたところ，金属球の温度が，10 ℃上昇した。この金属球の熱容量を求めよ。

6 銅の比熱は 0.38 J/(g・K)，アルミニウムの比熱は 0.88 J/(g・K) である。同じ質量の銅とアルミニウムを同じ温度だけ上昇させるのには，どちらの方が多くの熱量を必要とするか。

7 質量 50 g のある物質からなる物体に，熱を 475 J 加えたところ，この物体の温度が 25 ℃上昇した。この物体の熱容量とこの物体を構成している物質の比熱を求めよ。

8 温度が 10 ℃で質量 200 g の水の中に，温度が 60 ℃で質量 40 g のお湯を入れた。混ぜた後の全体の温度は何 ℃になるか。ただし，水の比熱は 4.2 J/(g・K) であり，熱は水とお湯のみで受け渡されるものとする。

9 ある気体に 200 J の熱を加えたところ，外に 30 J の仕事をした。気体の内部エネルギーの増加は何 J か。

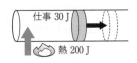

10 熱機関が，100 J の熱を受け取り，外に 20 J の仕事をした。この熱機関の熱効率を求めよ。

11 熱効率が 0.20 の熱機関がある。この熱機関が 80 J の仕事をすることができる場合，熱機関に与えた熱は何 J か求めよ。

基本例題 38 ｜ 熱量の保存

断熱材で囲まれた熱容量 60 J/K の熱量計に，1.5×10^2 g の水が入っている。今，全体の温度が 20.0 ℃ で一定になった。100.0 ℃ の湯の中で熱していた 70 g の銅球を容器に入れて，かくはん棒でかき混ぜると，全体の温度は，23.0 ℃ で一定になった。温度計の影響は無視できるものとし，熱のやりとりはこの中ですべて行われているものとする。水の比熱を 4.2 J/(g·K) として次の問いに答えよ。

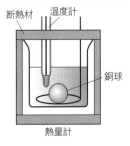

(1) 水の熱容量を求めよ。

(2) 水の得た熱量を求めよ。

(3) 銅の比熱を c 〔J/(g·K)〕とし，熱量の保存を式で示せ。

(4) (3)より，銅の比熱を求めよ。

●考え方

(1) (熱容量)＝(質量)×(比熱) で求める。

(2) 温度変化 ΔT より，熱量を求める。

(3) 熱量保存の法則より，(銅の失った熱量)＝(水の得た熱量)＋(容器の得た熱量)

(4) (3)式より，銅の比熱を求める。

解答

(1) 水は質量が 1.5×10^2 g，比熱が 4.2 J/(g·K)であることより，水の熱容量を C 〔J/K〕として，

$C = 1.5 \times 10^2$ g × 4.2 J/(g·K)

$= 6.3 \times 10^2$ J/K　　**答 6.3×10^2 J/K**

(2) 水の温度変化は

23.0 ℃ − 20.0 ℃ ＝ 3.0 K であることより，水の得た熱量 Q は

$Q = C\Delta T = 6.3 \times 10^2$ J/K × 3.0 K

$= 1.89 \times 10^3$ J　　**答 1.9×10^3 J**

(3) 銅の比熱を c として，(2)より

70 g × c 〔J/(g·K)〕×(100.0−23.0) K

$= 1.89 \times 10^3$ J ＋ 60 J/K ×(23.0−20.0) K

答 $70 \times c \times (100.0 − 23.0)$

$= 1.89 \times 10^3 + 60 \times (23.0 − 20.0)$

(4) (3)より，$5390c = 2070$

$c = 0.384$ 〔J/(g·K)〕

答 0.38 J/(g·K)

基本例題 39 氷の融解

水の比熱は $4.2\,\text{J/(g·K)}$，氷の融解熱は $3.3\times10^2\,\text{J/g}$ である。$-20\,℃$ の氷 $100\,\text{g}$ を $20\,℃$ の水にするのに $4.6\times10^4\,\text{J}$ の熱を必要とした。このことより，氷の比熱を求めよ。

●考え方
氷の融解熱より，$0\,℃$ の氷を $0\,℃$ の水にするのに必要な熱量が求まる。
水の比熱が与えられているので，$0\,℃$ の水を $20\,℃$ の水にするのに必要な熱量が求まる。$-20\,℃$，$100\,\text{g}$ の氷を $0\,℃$ の氷にするのに必要な熱量は，氷の比熱を c 〔J/(g·K)〕とすると，$100\times c\times(0-(-20))$ である。この和が必要な熱である。

解答

氷の比熱を c 〔J/(g·K)〕とする。$-20\,℃$ の氷を $0\,℃$ の氷にするのに必要な熱量は

$$100\times c\times(0-(-20))$$
$$=2.0\times10^3 c\,〔\text{J}〕 \quad\cdots①$$

$0\,℃$ の氷を $0\,℃$ の水にするのに必要な熱量は

$$100\,\text{g}\times3.3\times10^2\,\text{J/g}=3.3\times10^4\,\text{J} \quad\cdots②$$

$0\,℃$ の水を $20\,℃$ にするのに必要な熱量は

$$100\,\text{g}\times4.2\,\text{J/(g·K)}\times20\,\text{K}$$
$$=8.4\times10^3\,\text{J} \quad\cdots③$$

よって ①＋②＋③＝$4.6\times10^4\,\text{J}$

$$c=\frac{4.6\times10^3\,\text{J}}{2.0\times10^3\,\text{g·K}}=2.3\,\text{J/(g·K)}$$

答 $2.3\,\text{J/(g·K)}$

基本問題

205▶温度計 温度を測定するときには，温度計自身の影響をなるべく小さくしたい。そのためには，どのような温度計を用いればよいか。最も適当なものを次の(ア)～(エ)のうちから 1 つ選べ。

(ア) 測定される物体の熱容量に比べ，十分小さな熱容量をもつ温度計を用いる。

(イ) 測定される物体の熱容量に比べ，十分大きな熱容量をもつ温度計を用いる。

(ウ) 測定される物体の比熱に比べ，十分小さな比熱をもつ温度計を用いる。

(エ) 測定される物体の比熱に比べ，十分大きな比熱をもつ温度計を用いる。

(2003 センター試験 改)

206▶蒸発熱 教室の中に先生と生徒が合わせて 40 人いる。ひとり 1 時間あたり，$1.2\times10^5\,\text{J}$ のエネルギーが汗などの水分の蒸発に費やされるとすると，1 時間の授業中に，全部でどれだけの水分が蒸発するか。ただし，体温と同じ温度の水の蒸発熱を $2400\,\text{J/g}$ とする。

(2004 センター試験 改)

207▶比熱 同じ発熱量のガスコンロ2台に同種の鍋をか
け，それぞれに20℃の水$1.0×10^3$gと20℃の油$1.0×10^3$g
を入れて加熱した。図は，測定した水と油の温度を加熱時間
に対して示したものである。実験中の室温は20℃で一定で
あった。5分までのデータをもとにして，水の比熱を4.2
J/(g·K)として，油の比熱を求めよ。 （2001 センター試験 追試）

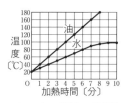

208▶熱容量と比熱 質量100gの銅製の容器に水が200g入っている。銅の比熱を
0.38 J/(g·K)，水の比熱を4.2 J/(g·K)とする。
(1) 銅製容器の熱容量を求めよ。
(2) 全体の温度を5.0 K上昇させるのに必要な熱量を求めよ。
(3) 与えた熱はすべて温度上昇に使われるものとし，5000 Jの熱量を与えると全体の温
　度は何K上昇するか求めよ。

209▶熱量の保存 3個の物体A，B，Cがある。まず，AとBを接触させ，熱平衡状
態に達すると，物体Aの温度は5 K下がり，物体Bの温度は20 K上昇した。次に，物
体BとCを接触させ，熱平衡状態に達すると，物体Cの温度は3 K上昇し，物体Bの
温度は18 K下がり，70℃になった。
(1) 物体Aの熱容量は物体Bの熱容量の何倍か。
(2) 物体Cの熱容量は物体Bの熱容量の何倍か。
(3) この後，物体Aと物体Cを接触させた。熱平衡状態に達したときの温度は何℃か。
（2009 北海道工業大）

210▶熱量の保存 質量m_1のある金属試料がある。この金
属試料の最初の温度はt_1であった。この金属試料を水熱量計
の中に入れ，熱平衡状態に達したときの温度をtとする。
　水熱量計は，容器の中に水が入っており，容器の外側は断熱
状態が保たれている。水(質量m_2，比熱c_2，最初の温度t_2)と
容器(質量m_3，比熱c_3，最初の温度t_2)，金属試料で熱の受け
渡しがあるものとして，金属試料の比熱を求めよ。

211▶熱機関と熱効率　ディーゼルエンジンは，重油を燃料として熱を仕事に変換する装置である。以下，毎秒 $1.2×10^6$ J の仕事をするディーゼルエンジンについて考える。

(1) 重油 1 kg を燃焼させたときに発生する熱量は $4.2×10^7$ J である。このエンジンの熱効率が 20％である場合，連続的に 5 時間稼働させるのに必要な重油は何 kg か。

(2) このエンジンを 1 台搭載したフェリー船が，水と空気の抵抗に逆らって，$2.0×10^5$ N の推進力で一定の速さで進んでいる。その速さを求めよ。

（2006　センター試験　追試　改）

212▶可逆変化と不可逆変化　次の現象は，可逆変化か不可逆変化か。

(1) コーヒーにミルクを垂らすとミルクが広がっていく。

(2) 風呂に張ったお湯が徐々に冷めていく。

(3) 空気抵抗のない振り子の往復運動。

(4) 摩擦のある水平面上で物体を滑らせると，やがて物体は止まる。

213▶熱力学第一法則　自由に動くことのできるピストンのついた密閉容器に気体が封入されている。

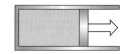

(1) 次の場合の内部エネルギーの変化量はいくらか。

　(ア)　気体に 200 J の熱を与え，外から気体が 300 J の仕事をされたとき

　(イ)　気体に 200 J の熱を与え，気体が外に 300 J の仕事をしたとき

　(ウ)　気体から 200 J の熱を放出され，気体が外に 300 J の仕事をしたとき

(2) (1)の(ア)〜(ウ)の中で，気体の温度上昇が最も大きいのはどの場合か。

214▶エネルギーの変換　次の空欄に最も適する語句を答えよ。

　太陽光エネルギーは，地球上でさまざまな形のエネルギーに変換する。太陽光エネルギーは海水を蒸発させるのに使われ，雲を発生させる。やがて，山地に降った雨はダムに蓄えられ，水の（　①　）エネルギーは水力発電に利用される。また，最近では太陽光エネルギーを直接電気に変える（　②　）が利用されるようになってきた。エネルギーにはさまざまな形があるが，どのような変化が起こってもその総量は変化しない。これを（　③　）の法則という。

（1997　センター試験）

発展例題 40 ジュールの実験

図は，熱と仕事の関係を調べるジュールの実験装置である。容器内には水 500 g が入っていて，10 kg のおもり 2 つがゆっくり落下して羽根車を回す。おもりがともに 10 m 落下し，重力のする仕事がすべて水の温度上昇に使われるものとする。次の問いに答えよ。ただし，重力加速度の大きさを 9.8 m/s^2，水の比熱を 4.2 J/(g·K) とする。

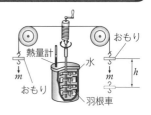

(1) おもりが落下することで，水にする仕事は何Jか。

(2) 水の温度上昇は何 K か。　　　　　(2009　センター試験　追試)

●考え方　おもりが落下する際に，位置エネルギーの減少分だけ，水に仕事をしている。その仕事の分だけ水の温度は上昇することになる。

解答

(1) 2つのおもりを 10 m 落下させるのに重力のする仕事 W は，

$W = mgh \times 2$
$= 10 \text{ kg} \times 9.8 \text{ m/s}^2 \times 10 \text{ m} \times 2$
$= 1.96 \times 10^3 \text{ J}$　　**答 2.0×10^3 J**

(2) 仕事 W と熱 Q は同じはたらきをする。(1)の仕事で，水は温度上昇する。水の温度上昇を ΔT 〔K〕とすると，$Q = mc\Delta T$ より，

$1.96 \times 10^3 = 500 \times 4.2 \times \Delta T$
$\Delta T = 0.933$ 〔K〕　　**答 0.93 K**

発展例題 41 融解熱

質量が 200 g の容器に，200 g の氷が入っている。はじめ，全体の温度が −20 ℃であった。これに毎秒 $2.0×10^2$ J の熱を加えると，容器および氷 (または水) の温度が時間とともに図のような変化をした。水の比熱を 4.2 J/(g·K) とする。

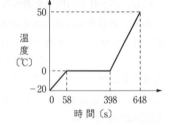

(1) 氷の融解熱を求めよ。

(2) 容器の比熱を求めよ。

(3) 氷の比熱を求めよ。

●考え方
(1) 温度 0 ℃のところは，熱は氷を水にするのみで用いられる。
(2) 水と容器は同じように温度変化していると考えられることより，容器の比熱を求めることができる。
(3) (2)の容器の比熱を用いて，氷の比熱が求められる。

解答

(1) 氷を水にするのに必要な熱量は，

$2.0×10^2$ J/s×(398−58)s=$6.8×10^4$ J

融解熱は $6.8×10^4$ J÷200 g

=$3.4×10^2$ J/g   答 $3.4×10^2$ J/g

(2) 水の温度上昇は 50 K なので，容器の比熱を c [J/(g·K)] とすると，

$200×4.2×50+200×c×50$

$=2.0×10^2×(648−398)$

よって，$c=0.80$ J/(g·K)

答 0.80 J/(g·K)

(3) 氷の温度上昇は 20 K なので，氷の比熱を c' [J/(g·K)] とすると，

$200×c'×20+200×0.80×20$

$=2.0×10^2×(58−0)$

よって，$c'=2.1$ J/(g·K)

答 2.1 J/(g·K)

発展問題

215▶熱力学第一法則　上昇気流によって気体は断熱膨張され，雲が発生する。気体の断熱膨張において，温度が下がることを熱力学第一法則より説明せよ。

216 ▶ 熱量の保存 図1(a)のような実験装置を用いて，質量80gの銅製の金属球を加熱した。図1の温度計が100℃を示し，十分に時間が経過した後，その金属球を取り出し，素早く図2のような水熱量計へ移した。この水熱量計には10℃の水200gが入っていた。銅製のかき混ぜ棒をつかって，水をよくかき混ぜたところ，しばらく経って温度は t〔℃〕で一定となった。水熱量計の銅製容器の質量を100g，銅製かき混ぜ棒の質量を20g，銅の比熱を0.38 J/(g·K)，水の比熱を4.2 J/(g·K)とする。

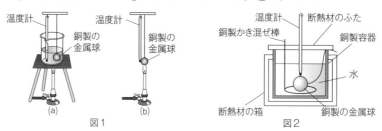

(1) 銅製の金属球を加熱するために，図1(b)のような実験装置でなく，図1(a)のような実験装置を用いた。その理由を説明せよ。

(2) 図1(a)で，銅製の金属球は糸でつるされており，ビーカーの底につかないようになっている。なぜそうするのか説明せよ。

(3) 金属球を移し，水熱量計の中の水をかき混ぜる際に，先生から「ゆっくりとかき混ぜなさい」と指示された。この理由の1つは水熱量計の中の水がこぼれないようにするためであるが，それ以外にどのような理由があるか説明せよ。

(4) 温度 t を求めよ。 (2011　埼玉大　改)

217 ▶ 熱量の保存 断熱材で覆われた水槽に質量 M_0 の水が入れられており，水槽内部には消費電力 D のヒーターが備えられている装置がある。この装置では，水槽，断熱材，ヒーターを通しての外部との熱の出入りはないものとする。水槽とヒーターの熱容量を合わせて C_1，水の比熱を c_W として，次の問いに答えよ。

(1) 水槽の水の $\dfrac{2}{3}$ を入れ替えた。最初の水温を t_0，加えた水の水温を t_1 とする。入れ替え後に熱平衡に達したときの水温 t_2 を求めよ。

(2) (1)の後，電源にヒーターを接続し，水槽の水温を t_2 から t_3 まで上昇させたい。このとき，必要となる通電時間 H を求めよ。

(3) (2)の後，水温を t_3 から t_4 に下げたい。氷を投入し，その氷をすべて融かして水温を下げる場合に必要な氷の質量 M_1 を求めよ。ただし，使用する氷の温度は t_5，比熱は c_i，融解熱は q とする。 (2010　岩手大　改)

10 気体分子の運動

① 気体の状態方程式

◆1 気体の圧力 気体の圧力 p は，分子が容器の壁面（面積 S）に衝突
する際に及ぼす力 F によって生じる。

$$p = \frac{F}{S}$$

圧力の単位：Pa，atm，mmHg
$1\,\text{atm} = 1.013 \times 10^5\,\text{Pa} = 1.013 \times 10^3\,\text{hPa} = 760\,\text{mmHg}$

◆2 ボイルの法則 等温過程における，圧力 p と体積 V の関係：$pV = (\text{一定})$

◆3 シャルルの法則 定圧過程における，絶対温度 T と体積 V の関係：$\dfrac{V}{T} = (\text{一定})$

◆4 ボイル・シャルルの法則 絶対温度 T と圧力 p，体積 V の関係：$\dfrac{pV}{T} = (\text{一定})$

一定量の気体を，状態 $A(p_1,\ V_1,\ T_1)$ から状態 $B(p_2,\ V_2,\ T_2)$ に変化させる場合，次の関係式が成立する。

ボイル・シャルルの法則 $\quad \dfrac{p_1 V_1}{T_1} = \dfrac{p_2 V_2}{T_2}$

◆5 理想気体の状態方程式

理想気体：ボイルの法則やシャルルの法則が正確に成り立つ仮想的な気体。

物質量：粒子が 6.02×10^{23} 個集まった状態を $1\,\text{mol}$ という。

アボガドロ定数：$N_A = 6.02 \times 10^{23}/\text{mol}$

絶対温度 T と圧力 p，体積 V，物質量 n の関係

理想気体の状態方程式 $\quad pV = nRT$

R：気体定数 $[\text{J}/(\text{mol·K})]$

気体定数 R：標準状態（$0\,℃$，$1.013 \times 10^5\,\text{Pa}$）で $1\,\text{mol}$ の気体の体積は $22.4\,\text{L}$
（$22.4 \times 10^{-3}\,\text{m}^3$）であることより，

$$R = \frac{pV}{nT} = \frac{1.013 \times 10^5\,\text{Pa} \cdot 22.4 \times 10^{-3}\,\text{m}^3}{1\,\text{mol} \cdot 273\,\text{K}} = 8.31\,\text{J}/(\text{mol·K})$$

◆6 **気体の混合** 外部との熱の出入りがない状態で，温度の異なる気体を混合させる場合，全体の物質量は保存されている。混合された気体について状態方程式を立てる。

② 気体分子の運動

◆1 **気体分子の運動と圧力** 容器に入れられた気体分子は，乱雑に運動している際に，内壁に力を及ぼす。気体の圧力は，これによって生じる。圧力 p〔Pa〕は次式で表される。

気体分子の圧力 　$p = \dfrac{Nm\overline{v^2}}{3V}$ 　N：分子数，m：分子1個の質量〔kg〕
　$\overline{v^2}$：分子の速度の2乗の平均値〔(m/s)²〕，
　V：容器の体積〔m³〕

気体の質量は Nm（分子数×分子1個の質量）で与えられ，体積が V であることより，気体の密度 ρ〔kg/m³〕は，$\rho = \dfrac{Nm}{V}$ となる。したがって，気体分子の圧力 p は，$p = \dfrac{1}{3}\rho\overline{v^2}$ とも表される。

◆2 **気体分子のエネルギーと絶対温度** 気体分子の圧力の式 $p = \dfrac{Nm\overline{v^2}}{3V}$ と，理想気体の状態方程式 $pV = nRT$ より求められる。

気体分子の運動エネルギーの平均値

$$\frac{1}{2}m\overline{v^2} = \frac{3}{2}\frac{pV}{N} = \frac{3}{2}\frac{nRT}{N} = \frac{3}{2}\frac{R}{N_A}T = \frac{3}{2}kT$$

k：ボルツマン定数（1.38×10^{-23} J/K）
（絶対温度に比例）

エネルギー等分配則…1方向あたり，$\dfrac{1}{2}kT$〔J〕のエネルギーが平均として与えられている。

◆3 **気体分子の平均速度** 気体分子の運動エネルギーの平均値より，

2乗平均速度：$\sqrt{\overline{v^2}} = \sqrt{\dfrac{3RT}{N_A m}} = \sqrt{\dfrac{3RT}{M \times 10^{-3}}}$ 　M：モル質量〔g/mol〕

気体分子の速さは，温度だけで決まり，圧力や体積には無関係である。

WARMING UP／ウォーミングアップ

1 面 S（面積 $2.0×10^{-2}$ m²）を垂直に押す力が 4.0 N であったとすると，この面にはたらく圧力は何 Pa か。

2 物質量 1 mol とは，原子または分子が（　　　）個集まった状態である。

3 標準状態とは，温度が（　①　）K，気圧が（　②　）Pa の状態のことである。このとき，物質量 1 mol の気体の占める体積は（　③　）m³ である。

4 一定量の気体を温度一定で変化させる場合，気体の圧力は体積に（　　　）する。

5 一定量の気体を圧力一定で変化させる場合，気体の体積は絶対温度に（　　　）する。

6 一定量の気体を，状態 A（圧力 p_1，体積 V_1，絶対温度 T_1）から状態 B（圧力 p_2，体積 V_2，絶対温度 T_2）に変化させる場合，これらの関係は（　　　）＝（　　　）となる。

7 気体の圧力は，気体分子が容器の壁に衝突し，はね返るときに壁に力を及ぼすことにより生じる。気体分子は，壁に衝突して（　①　）が変化する。この（①）の変化は，気体分子が受けた（　②　）に等しい。壁が受けた（②）は，気体分子が受けた（②）と作用反作用の関係があること，また単位時間あたりの気体分子の衝突回数より，壁に及ぼす力を見積もることができる。この力は，気体分子の質量に（　③　）する。また，気体分子の数に（　④　）する。そして，容器の体積に（　⑤　）する。

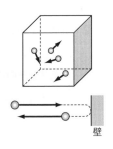

8 気体分子の平均運動エネルギーは，（　　　）に比例する。

9 ボルツマン定数は気体定数を（　　　）定数で割ったものである。

10 温度 1000 K の気体分子の平均運動エネルギーを求めよ。ただし，ボルツマン定数は，$1.38×10^{-23}$ J/K である。

11 気体分子の速さを表すものとして，2乗平均速度 $\sqrt{\overline{v^2}}$ がある。ある気体分子の絶対温度が2倍になると，2乗平均速度は（　　　）倍になる。

基本例題 42 ボイル・シャルルの法則

温度 27 ℃，圧力 1.0×10^5 Pa において，体積が 1.0×10^{-2} m³ の気体がある。この気体を温度 127 ℃，圧力 2.0×10^5 Pa にすると，体積はいくらになるか。

●考え方 ボイル・シャルルの法則は，絶対温度 T と圧力 p，体積 V の関係が $\dfrac{pV}{T} =$ 一定 で表される。温度の単位は，絶対温度の単位 〔K〕 にする。

解答

27 ℃は $(27+273)$ K であり，127 ℃は $(127+273)$ K である。

ボイル・シャルルの法則 $\dfrac{pV}{T} =$ 一定 より，

$$\frac{1.0 \times 10^5 \cdot 1.0 \times 10^{-2}}{(27+273)} = \frac{2.0 \times 10^5 \cdot V}{(127+273)}$$

$$V = \frac{1.0 \times 10^5 \times (127+273)}{2.0 \times 10^5 \times (27+273)} \cdot 1.0 \times 10^{-2}$$
$$= 6.66 \times 10^{-3} \ 〔m^3〕$$

答 6.7×10^{-3} m³

基本例題 43 理想気体の状態方程式

単原子分子理想気体を n 〔mol〕 用意し，円筒容器の中に閉じ込めて，圧力と体積を図のように状態 A から状態 B，状態 B から状態 C，状態 C から状態 A に変化させた。B から C の変化は等温であるとし，状態 A は（圧力 p_0，体積 V_0，温度 T_0）であるとする。気体定数を R とする。

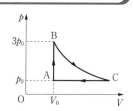

(1) 状態 B での温度はいくらか。

(2) 状態 C での体積はいくらか。

●考え方
・図のようなグラフを p-V グラフという。
・A から B への過程は体積が一定であり，定積変化である。B から C への過程は等温変化であり，ボイルの法則が成立する。C から A への過程は定圧変化であり，シャルルの法則が成立する。
・理想気体においては状態方程式 $pV = nRT$ が成立する。

解答

各状態で，状態方程式 $pV = nRT$ が成立する。

(1) 状態 B の温度を T_B とすると，状態 B では，圧力は $3p_0$，体積は V_0 であることより，状態方程式は

状態 A：$p_0 V_0 = nRT_0$

状態 B：$3p_0 V_0 = nRT_B$

これより，$T_B = 3T_0$ **答 $3T_0$**

(2) B から C は等温変化である。したがって，状態 C の温度も $3T_0$ である。よって，状態 C での体積を V_C とすると，状態方程式は

状態 C：$p_0 V_C = nR(3T_0)$

状態 A と比較して，

$V_C = 3V_0$ **答 $3V_0$**

基本例題 44 気体の状態方程式

$2.0\ \mathrm{m}^3$ の容器 A と $1.0\ \mathrm{m}^3$ の容器 B とが細い管でつながっている。容器 A，B 内には $27\ ℃$，$2.0 \times 10^5\ \mathrm{Pa}$ の気体が入っている。ここで，容器 A を $127\ ℃$ に温め，容器 B は $27\ ℃$ に保った。気体定数を $8.3\ \mathrm{J/(mol \cdot K)}$ とする。

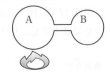

(1) 容器全体で，気体の物質量はいくらか。

(2) 容器 A を温めた後の，容器 B 内の気体の物質量はいくらか。

(3) 容器 A を温めた後の気体の圧力を求めよ。

●考え方　はじめ，容器 A と容器 B には均一に気体が存在しているが，容器 A を温めることによって容器内の物質量が変化する。A と B は接続されているので，容器 A を温めた後の A と B の圧力は等しい。

解答

(1) 気体の状態方程式 $pV = nRT$ より，
$$2.0 \times 10^5 \times (2.0 + 1.0)$$
$$= n \times 8.3 \times (273 + 27)$$
$$n = \frac{6.0 \times 10^5}{8.3 \times 300} = 2.40 \times 10^2\ \mathrm{[mol]}$$

答 $2.4 \times 10^2\ \mathrm{mol}$

(2) 容器を温めた後の圧力を p，物質量を n_A，n_B とすると，状態方程式は

A：$p \times 2.0 = n_\mathrm{A} \times 8.3 \times (273 + 127)$
$$\cdots ①$$
B：$p \times 1.0 = n_\mathrm{B} \times 8.3 \times (273 + 27)$ $\cdots ②$

また，$n = n_\mathrm{A} + n_\mathrm{B}$

これより，$n_\mathrm{B} = 96\ \mathrm{[mol]}$ **答** **96 mol**

(3) ②より $p = 2.39 \times 10^5\ \mathrm{[Pa]}$

答 $2.4 \times 10^5\ \mathrm{Pa}$

基本例題 45 気体分子の運動

質量 m の気体分子が速さ v で断面積が S の正方形の壁に向かって垂直に運動しているものとする。ここでは重力による影響を考えない。

(1) 分子が壁に弾性衝突すると，衝突後の速さはいくらか。

(2) 分子の運動量の変化の大きさはいくらか。

(3) 分子が壁に与える力積の大きさはいくらか。

(4) 壁に 1 秒間に N 個の分子が衝突する場合，壁が受ける力の大きさはいくらか。

(5) (4)で，壁に及ぼす気体分子の圧力はいくらか。

●考え方
(1) 弾性衝突では力学的エネルギーが保存される。
(2) 運動量はベクトルであり，向きを考慮して運動量変化を求める。
(3) 分子の運動量の変化は，分子が受けた力積に等しい。作用反作用の関係より，分子が壁に与える力積を求める。
(4) 1 秒間に N 個の分子が壁に衝突するのであれば，(3)の値に個数をかければ 1 秒間での力積が求まる。これより力を求める。
(5) (4)の値を面積で割ればよい。

解答

(1) 弾性衝突なので，分子の衝突後の速さは v 　　**答 v**

(2) 運動量変化は図のようになる。

したがって，

$-mv-(mv)=-2mv$

よって大きさは，$2mv$ 　　**答 $2mv$**

(3) 分子が受けた力積は，$-2mv$，壁が受けた力積は，$2mv$ 　　**答 $2mv$**

(4) 1秒間で壁が受けた力積は，$2mvN$ となる。力積は $F\varDelta t$ であることより，

$$F=\frac{2mvN}{1}=2mvN \quad \textbf{答 } 2mvN$$

(5) (4)より，$p=\dfrac{F}{S}=\dfrac{2mvN}{S}$

答 $\dfrac{2mvN}{S}$

基本問題

218▶ボイルの法則 　質量 m，断面積 S のなめらかに動くピストンをもったシリンダー内に気体を入れ，温度一定で次のように変化させた。図1のように圧力 p_0 の大気中に置いたところ，シリンダー内の体積は V_0 であった。次に，図2のようにシリンダーを縦に置いた。気体の温度は一定で，重力加速度の大きさを g とする。

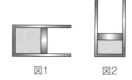

図1　　図2

(1) 図2の状態にしたときの気体の圧力を求めよ。

(2) 図2の状態にしたときの気体の体積を求めよ。

219▶シャルルの法則 　図のように，圧力 p_0 の大気中で質量 m，断面積 S のなめらかに動くピストンをもったシリンダー内に気体を入れた。シリンダーは水平面上に置いてあり，シリンダーの底からピストンまでは距離 L であった。圧力一定で熱を加えたところ，温度が T_0 から T になった。気体の体積を求めよ。

220▶ボイル・シャルルの法則 　圧力 1.0×10^5 Pa，温度 27 ℃，体積 3.0×10^{-2} m^3 の気体がある。

(1) 温度 27 ℃，圧力 3.0×10^5 Pa にした場合の体積を求めよ。

(2) 圧力 1.0×10^5 Pa で，温度を 127 ℃にした場合の体積を求めよ。

(3) 圧力 3.0×10^5 Pa で，温度を 57 ℃にした場合の体積を求めよ。

221▶大気圧　大気圧の大きさを調べたい。ある容器内に水銀を入れ，容器に太さが一様で一端を閉じたガラス管を横に入れ，管内に水銀を満たす。その後ガラス管を倒立させると，ガラス管内には鉛直に 760 mm の高さの水銀柱ができ，管内の水銀の上部には真空部分ができた。この実験結果より，大気圧を求めよ。た

だし，水銀の密度は $1.36×10^4$ kg/m³ とし，重力加速度の大きさを 9.80 m/s² とする。

222▶大気の密度　気圧 $1.0×10^5$ Pa のときの大気の密度は，温度が 15℃ で 1.2 kg/m³ であるとする。気圧が等しいとき，温度 40℃ における大気の密度はいくらか。

223▶気体の状態変化　気体の状態を図のように A→B→C→D の順にゆっくり変化させた。A での温度は 300 K，C→D の変化は一定の温度で行う。

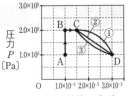

(1) 状態 B での温度を求めよ。

(2) 状態 C での温度を求めよ。

(3) 状態 C→D の変化の過程を表すのは①～③のうちどれか。

(1997　センター試験　追試)

224▶立方体容器内の気体分子の運動　単原子分子の理想気体について次の文章を読んで，（　　）内に最も適当な文字式または数字を答えよ。

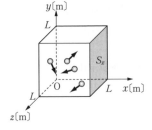

　1辺の長さ L〔m〕の立方体の容器内に，質量 m〔kg〕の単原子分子の理想気体が n〔mol〕入っていて，それぞれ自由に飛びまわっている。図のように x，y，z 軸を選び，$x=L$ 上にある壁 S_x に注目する。

　いま，容器の壁 S_x に1個の分子が速さ v_x〔m/s〕で弾性衝突しているものとすると，壁は1回の衝突で（　①　）〔N・s〕の大きさの力積を受ける。また，この分子は1秒間に壁 S_x に（　②　）回衝突する。したがって，1個の分子が1秒間に壁に与える力積の大きさは（　③　）〔N・s〕となる。

　ここで1個1個の分子の速さは異なっているので，全分子の速さの2乗 $v_x{}^2$ の平均値 $\overline{v_x{}^2}$〔m²/s²〕を導入する。アボガドロ定数を N_A〔/mol〕とし，n〔mol〕の分子が衝突しているとすると，壁 S_x に及ぼす力の大きさ F〔N〕は，L，m，n，N_A，$\overline{v_x{}^2}$ を用いて表すと，$F=$（　④　）となる。また，気体分子の等方性より，分子の速さの2乗の平均値を $\overline{v^2}$〔m²/s²〕とすると，$\overline{v_x{}^2}=$（　⑤　）となる。よって，圧力 p〔Pa〕は，L，m，n，N_A，$\overline{v^2}$ を用いて表すと，$p=$（　⑥　）となる。容器の体積 $V=L^3$ を用いると，$pV=$（　⑦　）となる（m，n，N_A，$\overline{v^2}$ を用いて表す）。一方，理想気体の内部エネルギ

ー U〔J〕は分子の運動エネルギーの総和であることより，m，n，N_A，$\overline{v^2}$ を用いて表すと，$U=($ ⑧ $)$ である。また，理想気体の状態方程式(気体定数を R〔J/(mol·K)〕，容器内の温度を T〔K〕とする)を考慮することにより，単原子分子理想気体の内部エネルギー U は，n，R，T を用いて，$U=($ ⑨ $)$ と表され，理想気体の内部エネルギーは絶対温度のみの関数で表される。

225▶分子運動と運動エネルギー 容器内の気体は，運動している多数の分子から構成されている。この分子は単原子分子理想気体であるとする。容器内の全分子数を N，分子の質量を m，分子の速さの2乗平均値を $\overline{v^2}$ とする。

(1) 気体を構成する分子のもつ全運動エネルギーを N，m，$\overline{v^2}$ を用いて表せ。

(2) 気体分子の運動の法則によれば，単原子分子からなる理想気体の圧力 p は，容器の体積を V とすると，$p=\dfrac{Nm\overline{v^2}}{3V}$ で与えられる。これと(1)の結果より，運動エネルギーを p，V を用いて表せ。

(3) 気体の物質量を n，気体定数を R とすると理想気体の状態方程式は $pV=nRT$ で表される。これと(2)の結果より，分子のもつ運動エネルギーを n，R，T を用いて表せ。

226▶分子の平均の速さ 空気を平均分子量 30 の理想気体と考え，温度 27 ℃における空気分子の平均的な速さ(2乗平均速度 $\sqrt{\overline{v^2}}$) を求めよ。ただし，気体定数を 8.3 J/(mol·K) とし，必要ならば $\sqrt{24.9}=4.99$ を用いてよい。(1990 センター試験 改)

発展例題 46 ボイル・シャルルの法則

図のような，シリンダーとなめらかに動くピストンからなる断熱容器がある。ピストンにはばねがつけられている。シリンダー内にはヒーターがついており，さらにシリンダーにはコックがついている。最初にコックは開いており，シリンダー内の気体部分の長さ

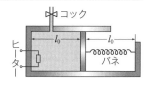

とばねの長さはともに l_0 であり，ばねは自然長であった。シリンダーの断面積を S，大気圧を p_0，室温は絶対温度で T_0 である。

(1) コックを閉じ，ヒーターによって熱を与える。容器内の気体の圧力が大気圧の1.2 倍になったとき，ばねの長さは自然長の 0.8 倍であった。これよりばね定数を求めよ。

(2) (1)の場合，気体の絶対温度は T_0 の何倍か。 (2000 センター試験 改)

●考え方
(1) ピストンにはたらく力を考える。ピストンには，容器内部の気体が右向きに及ぼす力と，ばねが左向きに及ぼす弾性力，大気が左向きに及ぼす力が働く。
ばねの縮みは $0.2l_0$ であることが問題文より分かるので，ばね定数を k として，ピストンにはたらく3力のつり合いを考える。
(2) 容器内の気体の温度を T として，ボイル・シャルルの法則より求めることができる。ピストンは $0.2l_0$ だけ右側へ移動したことより，体積は $0.2l_0S$ だけ増加する。

解答

(1) ピストンにはたらく力のつり合いより，右向きを正とし，ばね定数を k とすると，

$$1.2p_0S - p_0S - k(0.2l_0) = 0$$

よって，

$$k = \frac{p_0S}{l_0} \qquad 答 \frac{p_0S}{l_0}$$

(2) 初めの状態は，圧力 p_0，体積 Sl_0，絶対温度 T_0 である。容器内の空気の膨張によって，圧力 $1.2p_0$，体積 $S(l_0+0.2l_0)$ となっている。温度を T とすると，ボイル・シャルルの法則より，

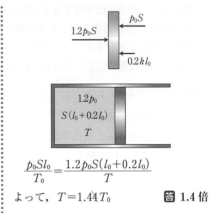

$$\frac{p_0Sl_0}{T_0} = \frac{1.2p_0S(l_0+0.2l_0)}{T}$$

よって，$T = 1.44T_0$ 　　答 **1.4 倍**

発展問題

227▶密度に関するボイル・シャルルの法則 熱気球では，気球内の空気を温めると，その密度がまわりの大気の密度より小さくなる。その結果，まわりの大気から受ける浮力の方が内部の空気を含めた熱気球全体にはたらく重力よりも大きくなるために，熱気球は浮上する。

(1) 空気の密度を ρ_0，絶対温度を T_0 とする。圧力が一定の条件下で空気の温度を T にした際に，空気の密度はどうなるか。

(2) 気球内部の温度が T_0 から T に上昇すると，空気が膨張して外に逃げる。したがって，気球全体の質量が減少する。(1)の結果を用いて，熱気球が浮上するための最低温度を求めよ。ただし，空気を除いた熱気球の質量を 300 kg，$T_0 = 280$ K，体積を 2000 m³，$\rho_0 = 1.2$ kg/m³，$g = 9.8$ m/s² とする。　　(1998 センター試験 追試)

228▶ピストンの単振動　断面積 S の円筒容器に自由に動くことのできる質量 m のピストンをはめて，理想気体を封入する。ピストンがつり合っているときの体積は Sh であり，大気圧は p_0 である。ここで，h に比べて，十分小さい量 x だけピストンを押し下げて離すと，ピストンは単振動する。重力加速度の大きさを g とし，次の問いに答えよ。

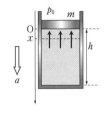

(1)　ピストンがつり合っている場合の，気体の圧力を求めよ。

(2)　封入気体の温度は一定に保たれているとする。ボイルの法則を用いて，x だけピストンを押し下げた場合の，気体の圧力を求めよ。

(3)　h に比べて x が十分小さいとき，次の近似式が成立する。

$$\frac{h}{h-x} = \left(\frac{h-x}{h}\right)^{-1} = \left(1-\frac{x}{h}\right)^{-1} \fallingdotseq 1+\frac{x}{h}$$

(2)の結果とこの近似式より，ピストンの運動方程式が $ma=-Kx$ の形（K が正の場合，この運動方程式にしたがう物体は単振動を行う）に表されることを示せ。

229▶断熱膨張　1辺の長さが L の立方体の容器に，質量 m の単原子分子が N 個入っている。図のように壁 A を非常に遅い一定の速さ u で移動させ，x 方向の長さを ΔL だけ増加させた。ここで ΔL は L に対して十分小さいとして，次の問いに答えよ。

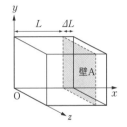

(1)　壁 A が移動している間に，壁 A に速度 $(v_x,\ v_y,\ v_z)$ で弾性衝突する分子の衝突前後の運動エネルギーの変化を求めよ。衝突時も壁 A が移動する速さが常に一定に保たれるように，外からの力が加えられているものとする。

以下では，u は v_x の大きさに比べて十分小さいものとし，(1)で求めた運動エネルギーの変化量のうち，u^2 に比例する項を無視し，$v_x u$ に比例する項のみ残して計算する。

(2)　壁 A が ΔL だけ移動する間に，(1)の分子が壁 A に衝突する回数を求めよ。ただし，ΔL が L に比べて十分小さいので，分子が壁 A に衝突する時間間隔の計算において ΔL は無視できる。

(3)　(1)，(2)の結果より，この変化での気体分子 N 個の運動エネルギーの変化を求めよ。答は，気体の分子運動における壁に及ぼす圧力の式 $p=\dfrac{Nm\overline{v_x^2}}{V}$ と，体積変化量 $\Delta V=L^2\Delta L$ を考慮し，p と ΔV を用いて表せ。　　　　　　　　　（2010　お茶の水女子大）

11 気体の内部エネルギーと状態変化

❶ 気体の内部エネルギー

◆1 **内部エネルギー** 気体を構成している原子・分子の力学的エネルギーの総和。
内部エネルギー U 〔J〕は物質量 n 〔mol〕と絶対温度 T 〔K〕に比例する。

> 単原子分子：$U = \dfrac{3}{2}nRT$ 　　二原子分子：$U = \dfrac{5}{2}nRT$

> R：気体定数 〔J/(mol·K)〕

単原子分子…ヘリウムやアルゴンなど単体で存在。
二原子分子…酸素や窒素などの二つの原子が結びついて存在。

◆2 **気体のする仕事** 一定の圧力 p 〔Pa〕で，体積が ΔV 〔m³〕変化したとき，気体が外部にする仕事 w 〔J〕は次のようになる。

> **気体が外部にする仕事** $w = p\Delta V$

> （膨張する場合は $w > 0$，圧縮する場合は $w < 0$）

◆3 **熱力学第一法則** 内部エネルギーは，物体が外部からもらった熱 Q と外部からされた仕事 W によって変化する。

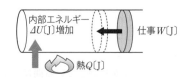

> **内部エネルギーの変化**

> $\Delta U = Q + W (= Q - w)$

❷ 気体の状態変化

◆1 **定積変化** 体積一定（$\Delta V = 0$）の状態変化。

> 内部エネルギーの変化：$\Delta U = Q$
> 外部にする仕事：$w = p\Delta V = 0$

定積変化

◆2 **定圧変化** 圧力一定の状態変化。

> 内部エネルギーの変化：$\Delta U = Q - p\Delta V = Q - nR\Delta T$
> 外部にする仕事：$w = p\Delta V = nR\Delta T = (p$–$V$ グラフの面積$)$

定圧変化において，体積変化を ΔV，温度変化を ΔT とすると，
状態方程式 $pV = nRT$ より，$p\Delta V = nR\Delta T$ となる。

定圧変化

◆3 **等温変化** 温度一定の状態変化。

> 内部エネルギーの変化：$\varDelta U = Q - w = 0$
> 外部にする仕事：$w = Q = (p\text{-}V \text{ グラフの面積})$

状態方程式 $pV = nRT (= 一定)$ より，p は V に反比例する（等温曲線）。

$\begin{cases} 膨張するときは，仕事の分だけ外から熱を受け取る \\ 圧縮するときは，仕事の分だけ外へ熱を放出する \end{cases}$

等温変化

◆4 **断熱変化** 熱を出入りさせずにおこなう状態変化（$Q=0$）。

> 内部エネルギーの変化：$\varDelta U = -w$
> 外部にする仕事：$w = (p\text{-}V \text{ グラフの面積})$

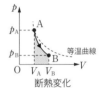

断熱変化

◆5 **モル比熱** 1 mol の物質を 1 K 温度上昇させるのに必要な熱量を**モル比熱**〔J/(mol·K)〕という。

体積一定の場合のモル比熱は

定積モル比熱 $\quad C_V = \dfrac{Q}{n\varDelta T} = \dfrac{\varDelta U}{n\varDelta T}$

$\left(単原子分子の場合，\quad C_V = \dfrac{3}{2}R = 12.5 \text{ J/(mol·K)}\right)$

圧力一定の場合のモル比熱は

定圧モル比熱 $\quad C_p = \dfrac{Q}{n\varDelta T} = \dfrac{\varDelta U + p\varDelta V}{n\varDelta T}$

$\left(単原子分子の場合，\quad C_p = \dfrac{5}{2}R = 20.8 \text{ J/(mol·K)}\right)$

・気体の種類に関係なく，定圧モル比熱と定積モル比熱の差は一定である。

マイヤーの関係 $\quad C_p - C_V = R$

・断熱変化では，気体の圧力と体積の関係について次式が成り立つ。

ポアソンの法則 $\quad pV^\gamma = 一定 \quad \left(\gamma : 比熱比 \dfrac{C_p}{C_V}\right)$

マイヤーの関係を用いると，$\gamma = \dfrac{C_p}{C_V} = \dfrac{C_V + R}{C_V} = 1 + \dfrac{R}{C_V} > 1$ である。よって，圧力 p と体積 V の関係を $p\text{-}V$ グラフに表すと，傾きは等温曲線より急になる。

◆6 **熱機関のする仕事**

高温熱源から熱 Q_1 を受け取り，外に仕事 w をする場合，熱機関の熱効率 e は次式で表される（Q_2 は低温熱源に放出する熱）。

$e = \dfrac{w}{Q_1} = \dfrac{Q_1 - Q_2}{Q_1}$

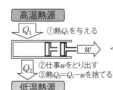

WARMING UP／ウォーミングアップ

1 一定量の気体の内部エネルギーは（　　　）に比例する。

2 一定圧力 1.0×10^5 Pa で，気体の体積を 3.0×10^{-3} m³ から 1.0×10^{-3} m³ に変化させた。この場合，気体が外からされた仕事 W は $W = ($　　　$)$ である。

3 一般に気体がした仕事の大きさは，p(圧力)$-V$(体積)グラフの（　　　）で表される。

4 気体に関する熱力学第一法則は，「気体の（　　　）の変化は，気体がもらった熱と気体が外からされた仕事の和に等しい」というものである。

5 気体の状態の変化において，定積変化は（　①　）が一定なので，気体は（　②　）をせず，気体の内部エネルギーの変化はもらった（　③　）に等しい。

6 気体の状態の変化において，等温変化は（　①　）が一定なので，気体の（　②　）は変化しない。したがって，気体が熱を受け取ると，膨張して外に（　③　）をし，熱を他に与えると，収縮する。

7 気体の状態の変化において，断熱変化は熱の出入りのない過程である。よって，気体が断熱膨張すると温度は（　①　）し，断熱圧縮すると温度は（　②　）する。

8 気体定数を R とすると，単原子分子理想気体の定積モル比熱 C_V は，$C_V = ($　①　$)$ となり，定圧モル比熱 C_p は，$C_p = ($　②　$)$ となる。定圧モル比熱と定積モル比熱の差は，気体の種類に関係なく一定であり，その値は（　③　）となる。

9 気体の断熱変化において，圧力 p と体積 V の関係は，比熱比を $\gamma \left(= \dfrac{C_p}{C_V} \right)$ とすると，（　　　）$=$(一定) の関係がある。

10 気体がある状態から別の状態へ変化して，再びもとの状態に戻る場合，その過程を（　①　）という。蒸気機関のように，吸熱や放熱の（　①　）によって，熱を仕事に変換する装置のことを（　②　）という。

11 くり返し熱を仕事に変えるためには，高温熱源から熱を吸収するだけでなく，仕事に変えた残りの熱を低温熱源へ放出する必要がある。高温熱源から得た熱に対して，取り出せる仕事の割合を（　　　）という。

基本例題 47 圧力一定の場合の仕事と内部エネルギーの変化

断面積 2.0×10^{-2} m^2 のなめらかに動くピストンがついて いるシリンダー内に、理想気体を封入した。圧力を 1.0×10^5 Pa に保ったまま、シリンダー内の気体に 5.0×10^2 J の熱量を与えたところ、ピストンは 0.10 m 動いた。

(1) 気体が外部にした仕事はいくらか。

(2) 気体の内部エネルギーの増加はいくらか。

●考え方
(1) 圧力が一定の状態である場合、気体のする仕事 w は、$w = p\Delta V$ で表される。ここで体積変化 ΔV は、ピストンの断面積を S、ピストンの移動距離を Δx とすると、$\Delta V = S\Delta x$ となる。

(2) 熱力学第一法則を用いる。気体に与えた熱量を Q、気体が外にした仕事を w とすると、内部エネルギーの変化 ΔU は、$\Delta U = Q - w$ となる。

解答

(1) 圧力が一定であることより、気体の する仕事 w は、

$w = p\Delta V = pS\Delta x$
$= 1.0 \times 10^5$ Pa$\cdot 2.0 \times 10^{-2}$ m$^2 \cdot 0.10$ m
$= 2.0 \times 10^2$ J　　　**答 2.0×10^2 J**

(2) 熱力学第一法則より、

$\Delta U = Q - w$
$= 5.0 \times 10^2$ J $- 2.0 \times 10^2$ J
$= 3.0 \times 10^2$ J　　　**答 3.0×10^2 J**

基本例題 48 p-V グラフ

なめらかに動くピストンのついた容器に気体を封入した。この気体の状態を図のように、A→B→C→A と変化させた。p-V グラフの横軸は体積、縦軸は圧力を表す。過程①は定積変化、過程②は等温変化、過程③は定圧変化である。

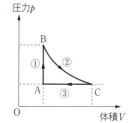

(1) 気体の内部エネルギーが増加するのはどの過程か。

(2) 気体が外に仕事をするのはどの過程か。

(3) 気体が外から熱を吸収するのはどの過程か。

●考え方
p-V グラフより、どのような過程であるかを判断する。熱力学第一法則は、気体に与えた熱量を Q、気体がされた仕事を W とすると、内部エネルギーの変化 ΔU は、$\Delta U = Q + W$ となる。

(1) 内部エネルギー U は、温度が上昇すると増加する。

(2) 気体が膨張すると、外に仕事をする。

(3) 熱力学第一法則を用いて考える。

解 答

過程①は定積変化であり，外に仕事をせず，もらった熱によって温度が上昇する。過程②は等温変化であり，もらった熱で外に仕事をし，内部エネルギーは変化しない。過程③は定圧変化であり，温度は低下し，外から仕事をされる。

(1) 内部エネルギーは温度に依存する。
　　　　　　　　　　　　　　　答 ①

(2) 膨張過程なので②　　　　　　**答 ②**

(3) 過程③は，熱を放出する過程である。したがって，①と②　　　**答 ①と②**

基本例題 49　気体の状態変化

　右の p-V グラフのように，ピストン付きのシリンダーに封入した物質量 n〔mol〕の単原子理想気体を状態 A から状態 B，状態 C と変化させて，元の状態 A に戻した。なお，B→C の過程は等温変化であり，その際に気体が外部にした仕事は W_{BC}〔J〕である。

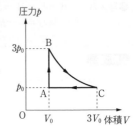

(1) 状態 A→B で受け取った熱を求めよ。

(2) 状態 B→C で受け取った熱を求めよ。

(3) 1 サイクルの間に気体が外部にした仕事は，p-V グラフのどの面積に対応するか。

(4) 熱効率を求めよ。

●考え方

　p-V グラフより，気体の温度やもらった熱，気体がした仕事を計算することで熱効率を計算する。各過程におけるそれらの量を求められるようにしておく。

(1) 気体の体積は変化しないので，外部に仕事をしない。理想気体の状態方程式より，状態 A と状態 B での温度を求めて内部エネルギーの変化を計算する。

(3) 1 サイクルの間に，気体は外部へ仕事をするだけでなく，外部から仕事をされる。

(4) (1), (2)の和と(3)より求める。

解 答

(1) 状態 A での気体の温度を T_A とすると，理想気体の状態方程式より，

$$p_0 V_0 = nRT_A \qquad よって \quad T_A = \frac{p_0 V_0}{nR}$$

同様に状態 B での温度は，$T_B = \dfrac{3p_0 V_0}{nR}$

A→B の過程は定積変化なので，気体が外部にした仕事は 0 である。したがって，受け取った熱 Q_{AB} は，内部エネルギーの増加分 ΔU_{AB} に等しい。よって

$$Q_{AB} = \Delta U_{AB} = \frac{3}{2} nR(T_B - T_A) = 3p_0 V_0$$

　　　　　　　　　　　　答 $3p_0 V_0$

(2) B→C は等温変化なので，内部エネルギーの変化は 0 である。よって，B→C で受け取った熱 Q_{BC} は，気体が外部にした仕事 W_{BC} に等しい。　**答 W_{BC}**

(3) 気体がした正味の仕事は，p-V グラフの A～B～C で囲まれた面積で与えられる。

答

(4) C→A において気体は熱を放出する。この過程では，気体が外にした仕事は，

$$p_0(V_0-3V_0)=-2p_0V_0$$

である。したがって，1サイクルでこの気体が外部にした正味の仕事 w は

$$w=W_{BC}-2p_0V_0$$

となる。一方，熱を受け取る過程は A→B と B→C である。したがって，熱効率 e は

$$e=\frac{w}{Q_{AB}+Q_{BC}}=\frac{W_{BC}-2p_0V_0}{3p_0V_0+W_{BC}}$$

答 $\dfrac{W_{BC}-2p_0V_0}{3p_0V_0+W_{BC}}$

基本問題

230 ▶気体が外にした仕事　断面積が $2.0\times10^{-3}\,\mathrm{m^2}$ のなめらかに動くことのできるピストンが付いた円筒形の容器がある。この中には，圧力が大気圧（$1.0\times10^5\,\mathrm{Pa}$）の理想気体が入っている。この気体に $3.0\times10^2\,\mathrm{J}$ の熱を加えたところ，気体は膨張し，ピストンが $0.10\,\mathrm{m}$ 移動した。

(1) 気体が外部にした仕事はいくらか。

(2) 気体の内部エネルギーの増加量はいくらか。

231 ▶気体の内部エネルギー　物質量 $1.0\,\mathrm{mol}$ の単原子分子理想気体がある。気体の温度を $300\,\mathrm{K}$，気体定数を $8.3\,\mathrm{J/(mol\cdot K)}$ とする。

(1) 気体の内部エネルギーはいくらか。

(2) 気体の温度を $600\,\mathrm{K}$ にすると，気体の内部エネルギーは何倍になるか。

(3) 温度を一定に保って体積を2倍にすると，気体の内部エネルギーは何倍になるか。

(4) 温度を一定に保って圧力を2倍にすると，気体の内部エネルギーは何倍になるか。

232 ▶気体のする仕事と与えた熱量　物質量 $2.0\,\mathrm{mol}$ の単原子分子理想気体の圧力を一定に保ちながら加熱して，温度を $300\,\mathrm{K}$ から $500\,\mathrm{K}$ にした。気体定数を $8.3\,\mathrm{J/(mol\cdot K)}$ とするとき，次の問いに答えよ。

(1) 気体が外部にした仕事はいくらか。

(2) 気体に外部から与えた熱量はいくらか。

233 ▶定積モル比熱と定圧モル比熱　物質量 $0.50\,\mathrm{mol}$ の単原子分子理想気体がある。次のように温度を $300\,\mathrm{K}$ から $400\,\mathrm{K}$ へ上昇させる場合，気体に加えなくてはならない熱を求めよ。ただし，気体定数を $8.3\,\mathrm{J/(mol\cdot K)}$ とする。

(1) 体積一定の場合

(2) 圧力一定の場合

234▶定積モル比熱と定圧モル比熱の差　なめらかに動くピストンがついた容器内に
気体が封入されている。この気体は物質量 n〔mol〕の単原子分子理想気体から構成さ
れており，温度は T である。この気体をゆっくりと加熱したところ，膨張して温度は
$2T$ となった。気体定数を R として，次の問いに答えよ。

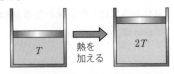

(1) 内部エネルギーの増加量 ΔU を求めよ。

(2) 気体が外にした仕事 w を求めよ。

(3) 気体が受け取った熱量 Q を求めよ。

(4) この気体の定圧モル比熱 C_p を求めよ。

(5) 初めの状態から，ピストンを固定し，温度を $2T$ に上昇させた。この場合，気体が
　　受け取った熱量 Q' を求めよ。

(6) (4)，(5)の結果より，定圧モル比熱 C_p と定積モル比熱 C_v の差 $C_p - C_v$ を求めよ。

(7) (6)の結果に値が生じる原因を答えよ。

235▶気体の状態変化　断面積が S の円筒容器の中に，なめらかに動くことのできる
ピストンで温度 T の理想気体を物質量 n〔mol〕封じ込める。ピストンと円筒容器は外
との熱のやり取りを遮断している。このとき，容器の内外の圧力は共に p_0 であった。
気体定数を R として，次の問いに答えよ。

(1) このとき，容器の底から，ピストンまでの距離を S，T，n，p_0，R を用いて表せ。

次に，容器内に取りつけたヒーターから，この気体に熱 Q を加えたら，気体の圧力が一
定のままでピストンが ΔL 移動した。

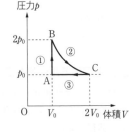

(2) 気体の温度を T，S，n，p_0，R，ΔL を用いて表せ。

(3) この気体の定圧モル比熱を S，p_0，R，ΔL，Q を用い
　　て表せ。

(4) 気体のした仕事を S，p_0，ΔL を用いて表せ。

(5) 気体の内部エネルギーの変化を Q，S，p_0，ΔL を用いて表せ。

236▶理想気体の状態変化と p-V グラフ　単原子分子理
想気体を物質量 n 用意し，図のように，A→B→C→A と
状態変化させた。B から C の過程は等温変化であり，この
間に気体に Q の熱を与えている。気体定数を R として，
次の問いに答えよ。

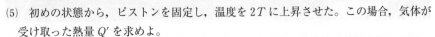

(1) A から B の過程で，気体に加えた熱量を求めよ。

(2) B から C の過程で，気体が外にした仕事を求めよ。

(3) C から A の過程で，気体が外にした仕事を求めよ。

(4) この気体の熱効率を，$\dfrac{(\text{気体が外にした仕事})}{(\text{気体が受け取った熱})}$ で定義する（「受け取った熱」の中に外
　　へ放出した熱は含まないものとする）。熱効率を求めよ。

発展例題 50 気体の状態変化

右図は断面積 S のシリンダーの断面図であり，シリンダーにはピストンが取り付けられている。シリンダーとピストンはともに断熱材でできており，シリンダー内の部屋 A と外気の間で熱および気体のやりとりは行われない。部屋 A には単原子分子理想気体が物質量 n 封入されていて，ピストンはなめらかに動くことができる。

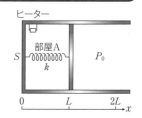

シリンダーの左側の壁とピストンの間には自然長 L，ばね定数 k のばねが取り付けられている。シリンダー内にはヒーターが取り付けられており，部屋 A に熱を与えることができる。

外の大気圧は P_0 で一定であり，気体定数を R とする。最初ばねは自然長 L，ピストンの位置は $x=L$，部屋 A 内の圧力は P_0 であった。この状態を I とする。

(1) 状態 I における，部屋 A 内の温度はいくらか。

次に，ヒーターで部屋 A 内にゆっくり熱を与え，ピストンが $x=2L$ になったところでヒーターを止めた。この状態を II とする。

(2) 状態 II における部屋 A 内の圧力はいくらか。

(3) 状態 II における部屋 A 内の温度はいくらか。

(4) 状態 I から状態 II に移る間の内部エネルギーの変化を求めよ。

(5) 状態 I から状態 II に移る間に部屋 A 内の気体がした仕事を求めよ。

(6) 状態 I から状態 II に移る間にヒーターが気体に与えた熱を求めよ。

●考え方

(1) 理想気体の状態方程式より，部屋 A 内の温度を求めることができる。

(2) ピストンに働く力のつり合いの関係より，部屋 A 内の圧力を求める。

(3) (2)で求めた圧力と体積から，温度を求めることができる。

(4) 単原子分子理想気体の内部エネルギー $U=\dfrac{3}{2}nRT$ を用いる。

(5) 状態 I から状態 II に移る間の気体の圧力 P と体積 V の関係を考える。

(6) (4)，(5)と熱力学第一法則より，求めることができる。

解答

(1) 状態 I について理想気体の状態方程式より，$P_0SL=nRT$

よって，$T=\dfrac{P_0SL}{nR}$　　**答** $\dfrac{P_0SL}{nR}$

(2) $x=2L$ の位置にある場合，ばねの弾性力は $k(2L-L)=kL$ である。

したがって，$PS=P_0S+kL$

よって，$P=P_0+\dfrac{kL}{S}$　　**答** $P_0+\dfrac{kL}{S}$

(3) 状態 II について理想気体の状態方程式より，$\left(P_0+\dfrac{kL}{S}\right)2SL=nRT$

よって，$T=\dfrac{2L}{nR}(P_0S+kL)$

答 $\dfrac{2L}{nR}(P_0S+kL)$

(4) (1)と(3)の結果より，

$$\Delta U = \frac{3}{2} nR\Delta T$$

$$= \frac{3}{2} nR\left\{ \frac{2L(P_0S + kL)}{nR} - \frac{P_0SL}{nR} \right\}$$

$$= \frac{3}{2} P_0SL + 3kL^2 \quad \text{答} \quad \frac{3}{2} P_0SL + 3kL^2$$

(5) p-V グラフ
は図のようにな
る。横軸との囲
まれた面積が気
体のした仕事
w である。

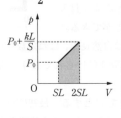

よって，

$$w = P_0SL + \frac{1}{2} kL^2$$

$$\text{答} \quad P_0SL + \frac{1}{2} kL^2$$

(6) 熱力学第一法則 $\Delta U = Q - w$ より，

$$Q = \Delta U + w = \left(\frac{3}{2} P_0SL + 3kL^2 \right)$$
$$+ \left(P_0SL + \frac{1}{2} kL^2 \right)$$
$$= \frac{5}{2} P_0SL + \frac{7}{2} kL^2$$

$$\text{答} \quad \frac{5}{2} P_0SL + \frac{7}{2} kL^2$$

発展問題

237▶気体の状態変化 図のように，大気と同じ圧力 p_0，
温度 T_0 の気体が閉じ込められた断面積 S のピストン付きシ
リンダーが床に固定されている。このピストンと床に置かれ
た質量 M の物体を，滑車を用いてひもにゆるみがないよう
につなぐ。このとき，ピストンは床から l_0 の高さであった。
ピストンおよびひもの質量は無視でき，ピストンはなめらか
に動くものとする。また，重力加速度の大きさを g とする。
次の問いに答えよ。

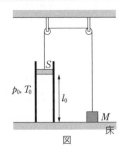

(1) シリンダー内の気体をゆっくり冷やしていくと，はじめのうちはピストンは動かな
かったが，ある温度になったときにピストンが動いて物体は上がりはじめた。このと
きのシリンダー内の圧力はいくらか。

(2) (1)で物体が上がりはじめたときの気体の温度を求めよ。

気体をさらに冷やして温度を T_1 とした。

(3) このとき，ピストンの床からの高さはいくらか。 (2000 センター試験 改)

238▶気体の状態変化と熱効率 単原子分子からなる理想気体を n〔mol〕用意し，円筒容器の中に閉じ込めて圧力と体積を図のように状態 A から状態 B，状態 B から状態 C，状態 C から状態 D，状態 D から状態 A に変化させた。状態 A は(圧力 p_0，体積 V_0，温度 T_0)であるとする。気体定数を R とし，次の問いに答えよ。

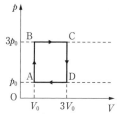

(1) この熱機関を 1 サイクル運転する場合，それぞれの過程において，内部エネルギーの変化 ΔU，熱機関が外にした仕事 w，熱機関が受け取った熱 Q について表を埋めよ。ただし，用いることのできる文字は，n，R，T_0 のみである。熱を放出する場合や，仕事をされた場合などでは，$-$ の符号が付くことに注意せよ。

過程	受け取った熱 Q	内部エネルギーの変化 ΔU	外にした仕事 w
A→B			
B→C			
C→D			
D→A			

(2) 1 サイクル経過すると，内部エネルギーはどれだけ変化するか求めよ。

(3) この熱機関の熱効率を，％表示で四捨五入して小数第 1 位まで求めよ。ただし，熱機関の熱効率 e を，$\dfrac{(熱機関のした仕事)}{(熱機関が受け取った熱)}$ で定義し，「受け取った熱」の中には外へ放出した熱は含まないものとする。

239▶気体の断熱膨張と断熱圧縮

図のように，栓 C がついた細い管でつながれた二つの円筒容器 A，B がある。容器 A の体積は V_0 で，容器 B にはなめらかに動く断面積 S のピストンが取り付けられている。はじめ栓 C は閉じられていて，容器 A には温度 T_0 で外部と同じ圧力 P_0 の気体が入っている。また，容器 B の内部は真空であり，体積が $\dfrac{V_0}{2}$ となるようにピストンが固定されている。ただし，円筒容器，栓，ピストンは熱を通さず，細い管の体積は無視してよい。

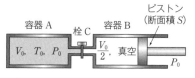

(1) ピストンの位置を保ったまま栓 C を開くと，気体が容器 A，B 全体に一様に広がり，温度は変化しなかった。ピストンの位置を一定に保つために，人がピストンに加えなければならない力の大きさを求めよ。

(2) 続いて，ピストンを静かに動かして容器 B 内の気体を容器 A にすべて戻した。このときの，気体の温度 T_1 と T_0 の大小関係を求めよ。また，気体の圧力 P_1 と P_0 の大小関係を求めよ。

(2005 センター試験)

12 波の性質

◆ 1 媒質の振動を表す量

周期 T 〔s〕：媒質の 1 点が 1 回振動するのに要する時間。

振動数 f 〔Hz〕：媒質の 1 点が 1 s 間に振動する回数.

$$f=\frac{1}{T} \text{ または } T=\frac{1}{f}$$

◆ 2 波形のグラフ

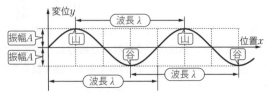

◆ 3 波の速さ v 〔m/s〕を表す 3 つの式

①波（波形）は等速で伝わる。　$v=\dfrac{x}{t}$　　x：移動距離〔m〕, t：経過時間〔s〕

②周期 T 〔s〕経過して媒質の各点が 1 回振動すると，波は波長 λ 〔m〕進む。

$$v=\frac{\lambda}{T}$$

③振動数 f 〔Hz〕の波の媒質は 1 s 間に f 回振動するので，波は 1 s 間に $f\times$（波長 λ）〔m〕の距離を進む。　　$v=f\lambda$

◆ 4 横波と縦波

横波：媒質の振動方向と波の進行方向が垂直な波。

縦波：媒質の振動方向と波の進行方向が平行な波。疎密波ともいう。

◆ 5 縦波を横波のような波形にかきなおす

方法　右向きの変位は上に，左向きの
変位は下に移す。

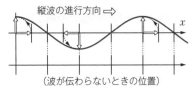

（波が伝わらないときの位置）

◆ 6 媒質の各点の速度

①山や谷は折り返し点なので
速さが 0

②変位 $y=0$ の点は，速さが
最大

③媒質の速度の向きを知るに
は波形を少し進めてみる

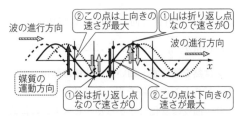

◆ 7 波の独立性

1 つの媒質に複数の波が重なっても，それぞれの波は影響を受けずに伝わること。

◆ 8 重ね合わせの原理

2 つの波が重なり合うとき，媒質の変位はそれぞれの波の変位を足し合わせたものになる。これを合成波という。合成波の変位 $y=y_1+y_2$

◆9 **定常波** 波長λと振幅Aの等しい2つの波
が互いに逆向きに進んで重なり合うとき，合
成波は左右どちらにも進まない。このような
波を定常波という。また，大きく振動する部
分を腹，まったく振動しない部分を節という。

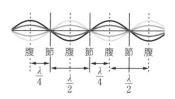

腹〜腹の長さ，節〜節の長さはもとの波の波長の半分$\left(\frac{\lambda}{2}\right)$になる。

◆10 **波の反射**
①**自由端**：媒質が自由に動ける端
　固定端：媒質が固定されて動けない端
②**自由端反射**：入射波と自由端に関して
　線対称な反射波が逆側から同じ速さで
　進み，反射端で両者がすれ違うと考え
　る。

③**固定端反射**：入射波と固定端に関し
　て点対称な反射波が逆側から同じ速
　さで進み，反射端で両者がすれ違う
　と考える。

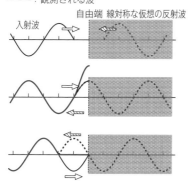

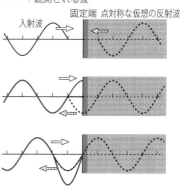

WARMING UP／ウォーミングアップ

1 波を観察したところ，媒質の各点が4.0 s間に10回振動した。
(1) この波の周期は何sか。　　(2) この波の振動数は何Hzか。

2 周期 $T=0.25$ s の連続波がx軸の正方向に伝わ
っている。ある時刻における波形が図のようになっ
た。以下の文中の空欄に数値を記入せよ。
この波の振幅は $A=(^{ア}$　　　)m，波長は $\lambda=(^{イ}$　　　)m，
振動数は $f=(^{ウ}$　　　)Hz，速さは $v=(^{エ}$　　　)m/s である。

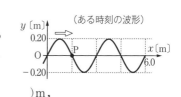

3 図1は波が伝わらないときの媒質のようす，図2は縦波（疎密波）が伝わっているときの媒質のようすである。図2を横波のような波形にかきなおせ。

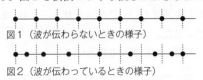

図1（波が伝わらないときの様子）

図2（波が伝わっているときの様子）

4 図は，右向きに伝わる横波のある時刻における波形を表している。媒質の点Dの運動方向を矢印で表せ。

5 **4**の図で媒質上の点A〜Dのうち，速さが0である点はどれか。該当するものをすべてかけ。

6 **4**の横波の周期が T 秒のとき，図の時刻より $\frac{3}{4}T$ 秒後の波形をかけ。

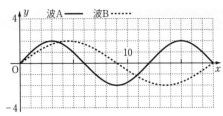

7 図は，右向きに進む波Aと左向きに進む波Bが重なり合った瞬間である。2つの波の合成波をかけ。

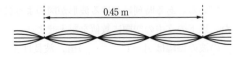

8 一直線上を互いに逆向きに進む振幅と波長が等しい2つの正弦波が重なり合って図のような定常波ができた。2つの正弦波の波長は何mか。

基本例題 51 波形のグラフと波の速さ

図中の右向きに進む波が，実線の波形から 1.5 s 後に初めて破線の波形になった。次の問いに答えよ。

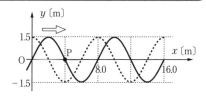

(1) この波の振幅，波長はそれぞれ何 m か。

(2) この波の伝わる速さは何 m/s か。

(3) この波の周期は何 s か。また，振動数は何 Hz か。

(4) 実線の波形のとき，媒質上の点 P の運動方向を示せ。

●考え方

(1) 振幅と波長

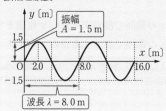

(2) 「実線の波形から 1.5 s 後に初めて破線の波形になった」→（右図）
$t = 1.5$ s の間に実線の波の $x = 2.0$ m にある山が $x = 8.0$ m にある破線の山まで 6.0 m 進んだことが分かる。

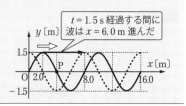

解答

(1) 上の図より振幅は $A = 1.5$ m

　　　　　　　　答 振幅：1.5 m

波長は $\lambda = 8.0$ m 　**答 波長：8.0 m**

(2) $t = 1.5$ s の間に波は 6.0 m 伝わったので，等速直線運動の式 $v = \dfrac{x}{t}$ より，

$$v = \frac{6.0 \text{ m}}{1.5 \text{ s}} = 4.0 \text{ m/s} \quad \textbf{答 4.0 m/s}$$

(3) 式 $v = \dfrac{\lambda}{T}$ より，

周期 $T = \dfrac{\lambda}{v} = \dfrac{8.0 \text{ m}}{4.0 \text{ m/s}} = 2.0$ s 　**答 2.0 s**

振動数は $f = \dfrac{1}{T}$ より

$$f = \frac{1}{2.0 \text{ s}} = 0.50 \text{ Hz} \quad \textbf{答 0.50 Hz}$$

〈別解〉 $v = f\lambda$ より

$$f = \frac{v}{\lambda} = \frac{4.0 \text{ m/s}}{8.0 \text{ m}} = 0.50 \text{ Hz}$$

(4) 下図のように波形を少しだけ進めてみると，点 P の運動の向きは上向きであることがわかる。　**答 上向き**

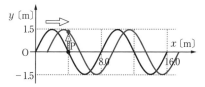

基本例題 52　定常波

図のように，x 軸上を進む媒質上を 2 つの正弦波（どちらも振幅 $A=0.30$ m，波長 $\lambda=0.80$ m，周期 $T=0.60$ s）が互いに逆向きに進んでいる。2 つの波は，時刻 $t=0$ s のとき図のようになっていた。

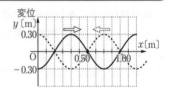

(1)　時刻 $t=\dfrac{3}{4}T$ におけるそれぞれの波の波形をかけ。

(2)　(1)の 2 つの波の合成波をかけ。

(3)　2 つの波の合成波は定常波になる。

　①定常波の振幅はいくらになるか。

　②その節はどこか，0 m$\leqq x \leqq 1.2$ m の範囲で該当する点の x 座標をすべてかけ。

　③その腹はどこか，0 m$\leqq x \leqq 1.2$ m の範囲で該当する点の x 座標をすべてかけ。

●考え方　(1)　速さ v〔m/s〕の波形は t〔s〕間に距離 $x=vt$〔m〕移動する。
　　　　　(3)　合成波の変位が時間と無関係に常に 0 のところが定常波の節である。

解答

(1), (2)　この波の速さ v は

$$v=\frac{\lambda}{T}=\frac{0.80 \text{ m}}{0.60 \text{ s}}=\frac{4}{3} \text{ m/s}$$

$v=\dfrac{x}{t}$ を変形して，移動距離 $x=vt$，

$t=\dfrac{3}{4}T=\dfrac{3}{4}\times 0.60$ s$=0.45$ s なので，

0.45 s 間にそれぞれの波は

$$x=vt=\frac{4}{3} \text{ m/s}\times 0.45 \text{ s}=0.60 \text{ m 進む。}$$

したがって，実線の波の $x=0.40$ m にある山は $x=1.0$ m まで右向きに進み，破線の波の $x=0.80$ m にある山は $x=0.20$ m まで左向きに進んで，それぞれ図のようになる。

答

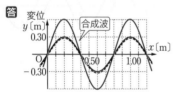

(3)　①　定常波の振幅は，もとの 2 つの波の振幅 A の 2 倍になるので

$2A=0.30$ m$\times 2=0.60$ m　**答** **0.60 m**

②　定常波の節の変位は常に 0 なので，図の合成波で変位が 0 のところが節である。

答 $x=0$ **m**，**0.40 m**，**0.80 m**，**1.20 m**

③　定常波の腹は，節と節の中間に存在する。

答 $x=0.20$ **m**，**0.60 m**，**1.00 m**

基本問題

240▶グラフの読み取り方　右向きに進む正弦波があり，媒質のある点の変位の時間変化が図(a)，時刻 $t=0.20$ s の瞬間の波形は，図(b)である。次の問いに答えよ。

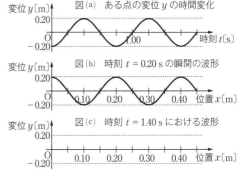

(1)　この波の速さは何 m/s か。

(2)　図(b)において，媒質の速度が下向きに最大である点の座標 x をすべて答えよ。

(3)　0 m$<x\leqq0.20$ m の範囲で，変位の時間変化が図(a)のようになる点の座標 x を求めよ。

(4)　時刻 $t=1.40$ s における波形をかけ。

241▶疎密波から波形への変換

　x 軸に沿って正の向きに伝わる疎密波がある。右図(A)は媒質の各点のつり合いの位置を表している。

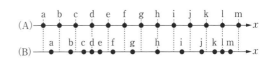

(1)　図(B)において右向きの速度が最大である点は a～m のどれか。あてはまるものをすべて答えよ。

(2)　この疎密波の周期を T とする。図(B)より $\dfrac{3}{4}T$ 後に最も疎になる点は a～m のどれか。あてはまるものをすべて答えよ。

242▶疎密波　図は x 軸の正方向に進む正弦波の縦波の，ある時刻における変位を表したものである。ある瞬間における媒質の各点の基準の位置からの変位が x 軸の正の向きにずれた場合を y 軸の正方向に取ってある。

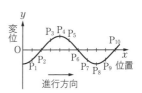

(1)　P_1～P_{10} のうち，疎部の中心にある位置はどこか。

(2)　媒質の速さが x 軸の負の向きに最大の位置はどこか。

(3)　この縦波が媒質中を伝わる速さが 1.00 m/s，図の P_{10} の位置が $x=10.0$ cm であった。この縦波の振動数 f を求めよ。

243▶定常波　両端を固定した長さ 1.2 m のゴム管をはじいたところ，両端で反射する波が重なり合って図のように振動した。また，この振動数を測定したところ，15 Hz だった。

1.2 m

(1)　このようにまったく振動しない点と激しく振動するところが現れる波を何と呼ぶか。

(2)　このゴム管を伝わっている波の波長は何 m か。

(3)　このゴム管を伝わっている波の速さは何 m/s か。

244▶定常波　図は，x 軸上にある媒質上を進む波 A（——）と左に進む波 B（……）の時刻 $t=0$ s における波形で，波の速さはいずれも 4.0 m/s である。次の問いに答えよ。

(1)　波 A と B の合成波をかけ。

(2)　時刻 $t=0.25$ s における波 A，B の波形およびこれらの合成波をかけ。

(3)　時刻 $t=0.50$ s における波 A，B の波形およびこれらの合成波をかけ。

(4)　(1)〜(3)の合成波は何と呼ばれているか。

(5)　図の範囲で節になる点の x 座標をすべて答えよ。

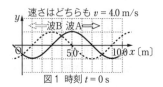

図1　時刻 $t=0$ s

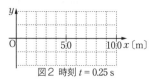

図2　時刻 $t=0.25$ s

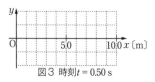

図3　時刻 $t=0.50$ s

245▶波の反射　図(a)は速さ 4.0 m/s で伝わる波が媒質の反射端に入射する前の様子である。入射波は途切れることなく入射しているものとする。

(1)　図(a)の反射端が自由端であるとする。図(a)から 1.5 s 後の入射波（——），反射波（……），および合成波（——）を図(b)にかけ。

(2)　図(a)の反射端が固定端であるとする。図(a)から 3.0 s 後の入射波（——），反射波（……），および合成波（——）を図(c)にかけ。

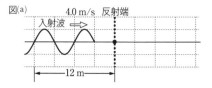

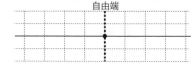

図(b)（自由端の場合で，図(a)の 1.5 s 後）

図(c)（固定端の場合で，図(a)の 3.0 s 後）

発展例題 53 正弦波

図は，x 軸の正の向きに進む横波の 2 つの時刻における波形と位置を示す。実線は
ある時刻における波形と位置を，破線はそれから 0.50 s 後における同じ波の波形と位
置を表している。なお，この波の振動数 f の範囲が 9 Hz $< f <$ 11 Hz であることが分
かっている。

この波の速さ v 〔cm/s〕と振動数 f を求めよ。

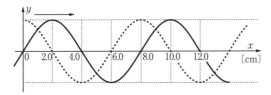

●**考え方** 波長 $\lambda = 8.0$ cm なので，実線の波形の $x = 2.0$ cm にあった山が 0.50 s 後に
$x' = 8.0$, 16.0, 24.0, 32.0, … cm のどの位置まで進んでも破線の形になる。こ
れらの位置 x' は自然数を $n(n = 1, 2, 3, …)$ とすれば
$x' = 8.0 + (n-1)\lambda = 8.0 + (n-1) \times 8.0 = 8.0n$ 〔cm〕
と表せるので，この間に進んだ距離は $x' - x = (8.0n - 2.0)$ 〔cm〕になる。

解答

波長 $\lambda = 8.0$ cm である。

n を自然数 $(n = 1, 2, 3, …)$ とする。実
線の形の波が 0.50 s 後に破線の形にな
ったことから，波はこの 0.50 s の間に
$(8.0n - 2.0)$ cm 進んだことがわかる。

$v = \dfrac{x}{t}$ より，

$v = \dfrac{(8.0n - 2.0) \text{ cm}}{0.50 \text{ s}}$

$= (16n - 4.0)$ cm/s

波の速さの式 $v = f\lambda$ より，

$(16n - 4.0) = f \times 8.0$

よって $f = (2n - 0.5)$ 〔Hz〕

f の条件に代入して

$9 < (2n - 0.5) < 11$

$4.75 < n < 5.75$

これを満たす自然数は $n = 5$

したがって，振動数は

$f = (2 \times 5 - 0.5)$ Hz $= 9.5$ Hz

波の速さの式 $v = f\lambda$ より，

$v = 9.5$ Hz $\times 8.0$ cm $= 76$ cm/s

答 $v = 76$ **cm/s**，$f = 9.5$ **Hz**

発展問題

246 ▶ 疎密波の定常波

x 軸上の 2 点 S_1，S_2 から振幅，波長，振動数の等しい疎密波が出ている。
$0\,\mathrm{cm}\leqq x\leqq12.0\,\mathrm{cm}$ の合成波を観察したところ，$x=3.0\,\mathrm{cm}$，$9.0\,\mathrm{cm}$ の点 B と D は振幅
$2.0\,\mathrm{cm}$，振動数 $5.0\,\mathrm{Hz}$ で振動し，$x=0\,\mathrm{cm}$，$6.0\,\mathrm{cm}$，$12.0\,\mathrm{cm}$ の点 A，C，E はまっ
たく振動しなかった。

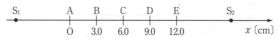

(1) S_1，S_2 から出ている波の振幅，波長，周期を求めよ。

(2) $0\,\mathrm{cm}\leqq x\leqq12.0\,\mathrm{cm}$ において，疎密の変化が最も大きい点の x 座標を求めよ。

(3) 図 1 は，ある時刻における媒質の疎密の様子である。これより $0.050\,\mathrm{s}$ 後の疎密の
様子は，次の①〜④のどれになるか。

図 1

247▶疎密波とグラフ 下の図は，x 軸の正方向に進む縦波の時刻 $t=0$ s における右方向の変位を y 軸の正の向きに変えて表示したものである。周期が 0.40 s であるとき，次の問いに答えよ。

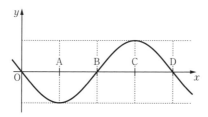

(1) 時刻 $t=0.30$ s で最も密な点はどれか。A〜D の記号で答えよ。

(2) 媒質上の点 B の速さが 0 になる時刻 t はいつか。0 s ≦ t < 0.40 s の範囲で答えよ。

(3) 時刻 $t=0$ s〜0.40 s における媒質上の点 D の変位 y と時刻 t のグラフと，速度 v と時刻 t のグラフをかけ。速度 v は変位 y の向きを正，振幅を A，速度の最大値を V とする。

248▶定常波 x 軸上を互いに逆向きに進む振幅 A と波長 λ，および周期 $T=0.80$ s がそれぞれ等しい波 A と波 B が重なっており，波 A は正方向に，波 B は負方向に進んでいる。

図は時刻 $t=0.20$ s における波 A と波 B の合成波の波形であり，$x=1.2$ m の変位が最大になっており，この変位が合成波の変位の最大値である。

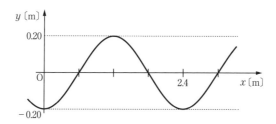

(1) 図の範囲で定常波の節になる点の x 座標をすべて答えよ。

(2) 元の波の振幅と速さを求めよ。

(3) 時刻 $t=0.40$ s における媒質の波形をかけ。

(4) 時刻 $t=0.40$ s のとき，0 m ≦ x ≦ 3.0 m において媒質の振動の速さが最大である点の x 座標をすべて答えよ。

13 音波

◆1　**音波の速さ**　気温 t〔℃〕のとき，空気中を伝わる音波の速さ V〔m/s〕は

$$V = 331.5 + 0.6t$$

◆2　**音の三要素**

①音の大きさ：振幅 A が大きいほど大きい音になる。

②音の高さ：振動数 f が大きく周期 T が短いほど高い音になる。

③音色：音波の波形。

◆3　**うなり**　1秒あたりのうなりの回数は

$$f = |f_1 - f_2|$$

◆4　**弦の固有振動**

v：弦を伝わる波の速さ〔m/s〕，l：弦の長さ〔m〕

固有振動の名称	弦の固有振動の様子	弦の長さ l と 波長 λ の関係	固有振動数の 名称と式
基本振動 （$n=1$）	←—— 弦の長さ l ——→	$\dfrac{\lambda_1}{2} = l \Rightarrow \lambda_1 = 2l$	基本振動数 $f_1 = \dfrac{v}{\lambda_1} = \dfrac{v}{2l}$
2倍振動 （$n=2$）	←—— 弦の長さ l ——→	$\dfrac{\lambda_2}{2} \times 2 = l \Rightarrow \lambda_2 = l$	2倍振動数 $f_2 = \dfrac{v}{\lambda_2} = \dfrac{2v}{2l}$
・・・	・・・	・・・	・・・
n 倍振動	←—— 弦の長さ l ——→ $\dfrac{\lambda_n}{2}$	$\dfrac{\lambda_n}{2} \times n = l \Rightarrow \lambda_n = \dfrac{2l}{n}$	n 倍振動数 $f_n = \dfrac{v}{\lambda_n} = \dfrac{nv}{2l}$

※　$f_n = nf_1$（n 倍振動数 f_n〔Hz〕は基本振動数 f_1 の n 倍）

◆5　**閉管内の気柱の固有振動**

V：空気中の音速〔m/s〕，l：気柱の長さ〔m〕（開口端補正が 0 のときは管の長さと等しい）

固有振動の名称	閉管内の気柱の 固有振動の様子	気柱の長さ l と 波長 λ の関係	固有振動数の 名称と式
基本振動 （$m=1$）	1	$\dfrac{\lambda_1}{4} = l \Rightarrow \lambda_1 = 4l$	基本振動数 $f_1 = \dfrac{V}{\lambda_1} = \dfrac{V}{4l}$
3倍振動 （$m=3$）	1　　2　　3	$\dfrac{\lambda_3}{4} \times 3 = l \Rightarrow \lambda_3 = \dfrac{4l}{3}$	3倍振動数 $f_3 = \dfrac{V}{\lambda_3} = \dfrac{3V}{4l}$
・・・	・・・	・・・	・・・
m 倍振動 （m は奇数）	管内に「⟶ や ⟵」 $\left(長さ \dfrac{\lambda_m}{4}\right)$ が m 個ある。	$\dfrac{\lambda_m}{4} \times m = l \Rightarrow \lambda_m = \dfrac{4l}{m}$	m 倍振動数 $f_m = \dfrac{V}{\lambda_m} = \dfrac{mV}{4l}$

※　$f_m = mf_1$（m 倍振動数 f_m〔Hz〕は基本振動数 f_1 の m 倍）

なお，閉管の場合は奇数倍振動のみ，つまり，$m = 1, 3, 5, \cdots$

◆6 開管内の気柱の固有振動

固有振動の名称	開管内の気柱の固有振動の様子	気柱の長さ l と波長 λ の関係	固有振動数の名称と式
基本振動 $(n=1)$		$\dfrac{\lambda_1}{2}=l \Rightarrow \lambda_1=2l$	基本振動数 $f_1=\dfrac{V}{\lambda_1}=\dfrac{V}{2l}$
2 倍振動 $(n=2)$		$\dfrac{\lambda_2}{2}\times 2=l \Rightarrow \lambda_2=l$	2 倍振動数 $f_2=\dfrac{V}{\lambda_2}=\dfrac{2V}{2l}$
・・・	・・・	・・・	・・・
n 倍振動	管内に「$\asymp$」$\left(長さ \dfrac{\lambda_n}{2}\right)$ が n 個ある。	$\dfrac{\lambda_n}{2}\times n=l \Rightarrow \lambda_n=\dfrac{2l}{n}$	n 倍振動数 $f_n=\dfrac{V}{\lambda_n}=\dfrac{nV}{2l}$

※ $f_n=nf_1$（n 倍振動数 f_n〔Hz〕は基本振動数 f_1 の n 倍）

◆7 共振・共鳴
固有振動数にあった周期で力が加わると，物体は大きく振動する。この現象を共振という。また，音の場合は共鳴という。

WARMING UP／ウォーミングアップ

1 崖から 525 m のところで手をたたき，「パ
ン！」という大きな音を出したところ，3.00 s
後にその反射音が聞こえた。この音が空気中を
伝わる速さはいくらか。

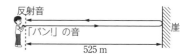
反射音
「パン!」の音
崖
525 m

2 振動数 f〔Hz〕のおんさと 300 Hz のおんさを同時に鳴らしたところ，毎秒 3 回の
うなりが聞こえた。f の値はいくらか。

3 長さ 0.75 m の弦をはじいたところ，右図
のように振動した。この弦を伝わる波の速さが
80 m/s のとき，弦は何 Hz で振動しているか。

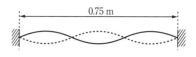
0.75 m

4 閉管内の長さ 85 cm の気柱が 5 倍振動で共鳴した。
音速が 340 m/s のとき，管内の気柱は何 Hz で振動してい
るか。

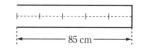
85 cm

5 開管内の長さ 51 cm の気柱が 3 倍振動で共鳴した。音
速 340 m/s のとき，管内の気柱は何 Hz で振動しているか。

51 cm

基本例題 54 弦の固有振動

　図のように，210 Hz の振動数で音を出しているスピーカーに糸をつけ，コマの位置を変えて長さを変えられる弦を作る。弦の長さが 1.20 m のとき，弦は図のように振動した。コマの位置を動かしても弦を伝わる波の速さは変化しないものとする。

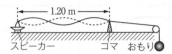

(1)　この弦を伝わる波の波長を求めよ。

(2)　この弦を 4 倍振動させたい。スピーカーの振動数を何 Hz にすればよいか。

(3)　スピーカーの振動数を 210 Hz にもどし，コマを動かして弦の長さを l にしたところ，弦は 4 倍振動するようになった。l の値を求めよ。

●考え方
(1)　定常波の節〜節の長さは $\dfrac{\lambda}{2}$ である。

(2)　$f_n = n f_1$ より基本振動数 f_1 を求める。

(3)　$v = f\lambda$ より，速さ v と振動数 f が同じなら波長 λ は変化しない。
　　→節〜節の長さも変わらない。

解答

(1)　図を表す式は $\dfrac{\lambda}{2} \times 3 = 1.20$

よって $\lambda = 0.80$〔m〕　　**答 0.80 m**

〈別解〉　弦の n 倍振動の波長 $\lambda_n = \dfrac{2l}{n}$ より

$$\lambda_3 = \frac{2 \times 1.20 \text{ m}}{3} = 0.80 \text{ m}$$

(2)　図は 3 倍振動なので，$f_3 = 210$ Hz
弦の n 倍振動数 $f_n = n f_1$ より
$210 = 3 f_1$
よって，基本振動数 $f_1 = 70$〔Hz〕
$f_n = n f_1$ より　4 倍振動数は
　$f_4 = 4 \times 70$ Hz $= 280$ Hz　　**答 280 Hz**

〈別解〉　波の速さの式 $v = f\lambda$ より，

この弦を伝わる波の速さは
　$v = 210$ Hz $\times 0.80$ m
弦の n 倍振動数の式 $f_n = \dfrac{nv}{2l}$ より，
4 倍振動数は

$$f_4 = \frac{4 \times 210 \text{ Hz} \times 0.80 \text{ m}}{2 \times 1.20 \text{ m}} = 280 \text{ Hz}$$

(3)　コマを動かしても波長は変わらないため，振動の様子は図のように変化する。

$$l = 1.20 + \frac{\lambda}{2} = 1.60 \text{〔m〕} \quad \text{答 } \mathbf{1.60 \text{ m}}$$

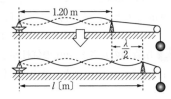

基本例題 55 開管内の気柱の固有振動

　長さ 1.70 m の開管の片方の開口端付近にスピーカーを置いて小さな音を出す。スピーカーの振動数を 0 Hz から徐々に大きくしていくと、その値が f_1 になったときに 1 回目の共鳴が、次に f_2 になったときに 2 回目の共鳴が起きた。音が空気中を伝わる速さを 340 m/s、開口端に定常波の腹があるものとして、次の問いに答えよ。

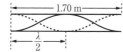

スピーカー　　開管

(1) 2 回目の共鳴のとき、スピーカーから出ている音の波長 λ_2 と振動数 f_2 を求めよ。

(2) スピーカーの振動数を、f_2 から徐々に大きくしていく。次に共鳴するのは何 Hz のときか。

●**考え方**　開管の固有振動は、基本振動 → 2 倍振動 → 3 倍振動 → …

解　答

(1) 開管の n 倍振動数 $f_n = \dfrac{nV}{2l}$ より、

$$f_2 = \frac{2 \times 340 \text{ m/s}}{2 \times 1.70 \text{ m}} = 200 \text{ Hz}$$

$$\lambda_2 = \frac{V}{f_2} = 1.70 \text{ m}$$

答 $\lambda_2 = 1.70$ **m**，$f_2 = 200$ **Hz**

〈別解〉

2 倍振動のとき、管内には図のような定常波が生じている。

図より、$\dfrac{\lambda}{2} \times 2 = 1.70$

$\lambda = 1.70$ 〔m〕

波の速さの式 $v = f\lambda$ より、

$340 = f_2 \times 1.70$

$f_2 = 200$ 〔Hz〕

(2) n 倍振動数 $f_n = nf_1$ に 2 倍振動数 $f_2 = 200$ Hz を代入して $200 = 2 \times f_1$

よって基本振動数 $f_1 = 100$ 〔Hz〕

3 倍振動数は $f_3 = 3 \times 100$ Hz $= 300$ Hz

答 **300 Hz**

基本例題 56 閉管の気柱の固有振動

長さ 0.85 m の閉管の片方の開口端付近にスピーカーを
置いて小さな音を出す。スピーカーの振動数を 0 Hz から
徐々に大きくしていくと，まず 1 回目の共鳴が，次に 2 回

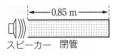
スピーカー　閉管

目の共鳴が起きた。音が空気中を伝わる速さを 340 m/s，開口端に定常波の腹がある
ものとして，次の問いに答えよ。

(1) 2 回目に共鳴したときの振動数は何 Hz か。

(2) スピーカーの振動数をさらに大きくしていくと，3 回目の共鳴が起きた。このと
き管内の空気中を伝わる音の波長は何 m か。

●**考え方** 閉管の固有振動は基本振動→3 倍振動→5 倍振動…

解 答

(1) 2 回目の共鳴で気柱は 3 倍振動して
いる。

閉管の m 倍振動数の式 $f_m = \dfrac{mV}{4l}$ より，

3 倍振動数は

$$f_3 = \frac{3 \times 340 \text{ m/s}}{4 \times 0.85 \text{ m}} = 300 \text{ Hz}$$

答 3.0×10^2 Hz

〈別解〉

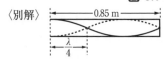

3 倍振動のとき，管内には上図のような
定常波が生じている。

図より $\dfrac{\lambda}{4} \times 3 = 0.85$

$$\lambda = \frac{3.4}{3} \text{ (m)}$$

波の速さの式 $v = f\lambda$ より，

$$340 = f \times \frac{3.4}{3}$$

$$f = 300 \text{ (Hz)}$$

(2) 閉管の場合，3 倍振動の次は 5 倍振
動である。

閉管の m 倍振動の波長の式 $\lambda_m = \dfrac{4l}{m}$ よ

り，$\lambda_5 = \dfrac{4 \times 0.85 \text{ m}}{5} = 0.68 \text{ m}$

答 0.68 m

〈別解〉

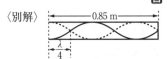

5 倍振動のとき，管内には上図のような
定常波が生じている。

図より $\dfrac{\lambda}{4} \times 5 = 0.85$

$$\lambda = 0.68 \text{ (m)}$$

基本問題

249▶空気中を伝わる音の速さ ある寒い日に，海上でがけに向かって速さ 15 m/s で進む船がある地点 A で汽笛を鳴らしたところ，がけでの反射音が $t=2.0$ s 後に聞こえた。このとき，汽笛の音が空気中を伝わる速さは 335 m/s であった。

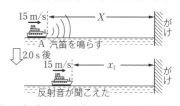

(1) がけでの反射音を聞いたときの船とがけの距離 x_1〔m〕と，地点 A とがけの距離 X〔m〕は，それぞれいくらか。

(2) 別の暖かい日に，がけに向かって速さ 15 m/s で進む船が同じ地点 A で汽笛を鳴らした。がけでの反射音が聞こえるまでの時間 T〔s〕は，2.0 s より大きいか小さいか。

250▶うなり 140 Hz の音源 A と振動数の分からない音源 B を同時に鳴らし，これらによる「うなり」の波形をマイクとオシロスコープで観察したと

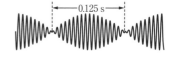

ころ右図のような結果が得られた。次に音源 A の振動数を小さくすると，うなりの周期が長くなった。次の問いに答えよ。

(1) 音源 A の振動数が 140 Hz のとき，うなりの周期は何 s か。

(2) このとき，うなりの 1 s あたりの回数（振動数）は何 Hz か。

(3) 音源 B の振動数は何 Hz か。

251▶弦の振動 図のように 2 個のコマ A，G の間に弦を張った楽器がある。図の AG=1.20 m であり，A，B，C，D，E，F，G は等間隔である。弦の一部を軽く押さえながら弦をは

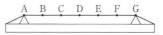

じいたところ，弦は振動数 400 Hz の音を出した。このとき点 B は A～C 間で最も激しく振動し，点 C はまったく振動しなかった。次の問いに答えよ。

(1) この弦を伝わっている波の速さを求めよ。

(2) 400 Hz の音を出している弦に振動数 F〔Hz〕のおんさを近づけたところ，4.0 s 間に 8.0 回のうなりが聞こえたが，コマ G を図の右方に少しだけずらしたところ，うなりが消えた。おんさの振動数 F を求めよ。

(3) コマ G の位置を元に戻して先ほどとは異なる場所を軽く押さえながら弦をはじいたところ，別の振動数で振動した。弦の A～C 間の振動を観察すると，最も激しく振動するところが 1 か所，まったく振動しないところが A 以外に 1 か所あった。この弦は何 Hz の音を出しているか。

252▶気柱の固有振動 長さ l_1 の開管 A と長さ l_2 の閉管 B の開口端付近にスピーカーを置いて小さな音を出し，その振動数を 0 から徐々に大きくしていくと，f になったときに開管 A，閉管 B ともに 1 回目の共鳴が起きた。定常波の腹の位置が開口端にあるとして次の問いに答えよ。

(1) $l_1 : l_2$ はいくらになるか。

(2) スピーカーの音の振動数を $2f$ にした。共鳴する管はどれか。次の①～④より選べ。
　①　開管 A　②　閉管 B　③　開管 A・閉管 B ともに共鳴　④　どちらも共鳴しない

(3) スピーカーから出る音の振動数を $2f$ から大きくしていく。次に開管 A，閉管 B ともに共鳴する振動数はいくらになるか。次の①～⑤より該当するものをすべて選べ。
　①　$3f$　②　$4f$　③　$5f$　④　$6f$　⑤　このような振動数は $3f$ 以上にはない

253▶閉管の気柱の共鳴 長い管の中にピストンをはめ込んで長さを変えられる閉管を作り，管口 O の付近にスピーカーを置いて 300 Hz の音を出す。ピストンを管口付近から図の右方向にゆっくり移動させると，まず OP＝0.270 m で，次に OR＝0.830 m の位置で気柱が共鳴した。実際には，気柱に生じる定常波の腹の位置が管口 O より少しだけ外側に出ている。

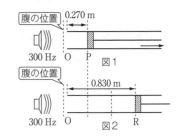

(1) 気柱の固有振動のようすを，ピストンの位置が P のときは図 1 に，R のときは図 2 にかけ。

(2) スピーカーから出ている音の波長は何 m か。

(3) このときの音速は何 m/s か。

(4) ピストンの位置を図 2 の状態に保って，スピーカーから出る振動数を 300 Hz から徐々に下げていく。次に共鳴するのは何 Hz のときか。

(5) ピストンの位置を図 2 の状態に保って，スピーカーから出る音の振動数を 300 Hz から徐々に上げていく。次に共鳴するのは何 Hz のときか。

発展例題 57 閉管の共鳴と弦の振動

図 1 のように気柱の長さ 84.0 cm の閉管の開口端付近にスピーカーを置いて音を出す。音の振動数を 0 Hz から徐々に大きくしていくと，1 回目は f_1〔Hz〕，2 回目は f_2〔Hz〕，3 回目は $f_3 = 500$ Hz で共鳴した。

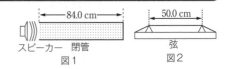

図 2 のような 2 つのコマの間に張られた弦がある。弦の長さを $l = 50.0$ cm にして 2 倍振動させ，同時にスピーカーから 500 Hz の音を出すと毎秒 5.0 回のうなりが生じた。

　また，この2倍振動している弦を図1の閉管の開口端付近に近づけると共鳴しなかったが，2倍振動を保ちながらコマを動かしていくと，弦が Δl〔cm〕だけ長くなったところで閉管内の気柱が共鳴した。閉管では腹の位置が開口端にあり，コマを動かしても弦を伝わる波の速さは変わらないものとして次の問いに答えよ。

(1) 閉管が500 Hzで共鳴しているとき，管内の空気中を伝わる音波の速さ V を求めよ。

(2) 長さ $l=50.0$ cmで2倍振動している弦から出ている音の振動数 F を求めよ。

(3) Δl は何 cm か。

(4) 閉管内の空気の温度が変化したため，Δl だけ長くした弦と共鳴しなくなった。そこで弦の長さを元の50.0 cmに戻すと再び共鳴するようになった。空気の温度は上昇したのか，それとも下降したのか。

●考え方　閉管の共鳴→1，3，5，…倍振動である。

解答

(1)　500 Hzのとき，閉管内の気柱は5倍振動している。閉管の m 倍振動数の式

$$f_m = \frac{mV}{4l} \text{ より, } 500 = \frac{5V}{4 \times 0.84}$$

よって，$V = \dfrac{500 \times 4 \times 0.84}{5}$

　　　　　$= 336$〔m/s〕　**答 336 m/s**

(2)　うなりの式 $f = |f_1 - f_2|$ より，

　$5 = |500 - F|$

よって $F = 495$〔Hz〕，または 505〔Hz〕

弦の n 倍振動数は $f_n = \dfrac{nv}{2l}$ なので，弦の長さ l を長くすると弦の振動数 F は小さくなる。F が小さくなって 500 Hz になったので，　　　**答 $F=505$ Hz**

(3)　弦の n 倍振動数 $f_n = \dfrac{nv}{2l}$ より，

$l=50.0$ cm のとき，$505 = \dfrac{2v}{2 \times 0.500}$…①

Δl だけ長くしたとき，

$$500 = \frac{2v}{2 \times (0.500 + \Delta l)} \quad \cdots ②$$

①より　$v = 252.5$〔m/s〕

②に代入して $500 = \dfrac{2 \times 252.5}{2 \times (0.500 + \Delta l)}$

よって　$\Delta l = 0.005$ m $= 0.5$ cm

　　　　　　　　　答 0.5 cm

(4)　$l=50$ cm の弦の振動数は 505 Hz

閉管の m 倍振動数 $f_m = \dfrac{mV}{4l}$ より，

$505 = \dfrac{5V}{4 \times 0.840}$　音速 $V = 339.36$〔m/s〕

音速の式 $V = 331.5 + 0.6t$〔m/s〕より，音速は 336 m/s より増したので空気の温度 t〔℃〕は上昇したことが分かる。

　　　　　　　　　答 上昇した。

発展問題

254▶弦の振動，うなり　図のように，端を台に固定したピアノ線の弦を間隔が18 cm あいたコマ1，コマ2で支え，滑車を通して他端におもりをつり下げた。1個あたり50 gのおもりの数を変えながらピアノ線の中央をはじいて上下に振動させ，弦の基本振動数を3桁の精度で測定したところ，表のような結果を得た。おもりの数が同じならコマを動かしても波の速さは変わらないものとする。

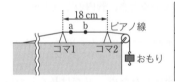

おもりの数	基本振動数〔Hz〕
1個	110
4個	220
9個	330
12個	381

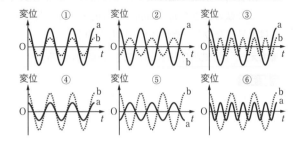

(1)　弦が基本振動しているとき，図の点aおよび点bの上下方向の変位を時間 t に対してそれぞれ実線（──），破線（……）で示した。そのグラフとして最も適当なものを右の①～⑥のうちから1つ選べ。

(2)　おもりが1個の場合に，4倍振動数を330 Hzにするためには，コマ1とコマ2の間隔を何cmにすればよいか。

(3)　(2)の弦の基本振動数は何Hzになるか。

(4)　コマ1，コマ2の間隔を18 cmにして，ピアノ線を基本振動させた。442 Hzで振動するおんさをもってきたところ，毎秒2回のうなりが聞こえた。このときのおもりの数はいくつか。

255▶閉管の共鳴　閉管にスピーカーから振動数 f の音を出して共鳴させた。音波の波形に影響を与えない小さなマイクを用いて管内の空気の疎密の変化を観察すると，マイクの検知する音が極

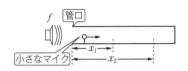

小になるのは管口からの距離 $x(x>0)$ が x_1 と x_2 の2か所のみであった。閉管の熱膨張は無視でき，このマイクは空気の疎密変化が大きいときに大きい音であると検知するものとして，次の問いに答えよ。

(1)　疎密波の定常波において疎密の変化が小さいのは，節，腹のうちどちらか。

(2)　この閉管内の気柱は何倍振動しているか。

(3)　管内の空気中の音速はいくらか。

(4)　管内の空気の温度を上げるとき，同じ倍振動の共鳴音の振動数 f の値と，x_2-x_1 の値は，それぞれどのように変化するか。

14 波の伝わり方

◆1 単振動と単振動を表す式

単振動：ばね振り子など，y–t（変位-時刻）グラフが正弦曲線になる運動

単振動の式：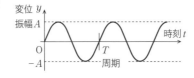

$$y = A \sin \frac{2\pi}{T} t$$

グラフを表す式

◆2 正弦波を表す式と位相

① x 軸正方向に正弦波が伝わるとき，時刻 t〔s〕における位置 x〔m〕の媒質の変位 y〔m〕は

$$y = A \sin \frac{2\pi}{T}\left(t - \frac{x}{v}\right) = A \sin 2\pi\left(\frac{t}{T} - \frac{x}{\lambda}\right)$$

A：振幅〔m〕，T：周期〔s〕，v：波の速さ〔m/s〕，λ：波長〔m〕

② 位相：①の正弦関数の中の $\frac{2\pi}{T}\left(t - \frac{x}{v}\right)$ などを位相という。

③ 同位相と逆位相：点 A，B，C が下の y–t 図のような振動をしているとき，「点 A と B は同位相で振動している」，「点 A と C は逆位相で振動している」という。

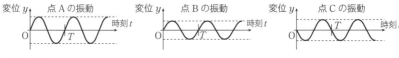

◆3 波の干渉

① 水面波：水面の一点を振動させると，波が同心円状に広がっていく（円形波）。

② 干渉：2 つ以上の波が重なり，振動を強め合ったり弱め合ったりする現象。

③ 同周期・同振幅で振動する 2 つの波源 S_1，S_2 から出る波の干渉のようす。

②山と谷が重なるところを結んだ線上の点は弱め合って振動しない（節線）

①山と山，谷と谷が重なるところを結んだ線上の点は強め合って激しく振動する（腹線）

『節線』と『腹線』の位置が逆転する

①強め合って激しく振動する（腹線）

②弱め合って振動しない（節線）

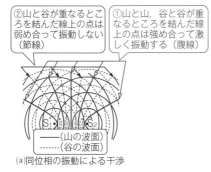

——（山の波面）
-----（谷の波面）
(a)同位相の振動による干渉

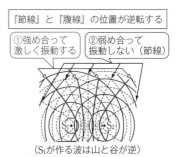

（S_1 が作る波は山と谷が逆）
(b)逆位相の振動による干渉

④　2つの波源が同位相で振動しているときの干渉条件

・強め合って大きく振動する点の条件（点Pが「腹線」上にある条件）

『点Pから2つの波源までの距離の差が半波長$\left(\dfrac{\lambda}{2}\right)$の偶数倍』

$$|S_1P - S_2P| = \dfrac{\lambda}{2} \times 2m = m\lambda \quad (m = 0, \ 1, \ 2, \ \cdots)$$

・弱め合って振動しない点の条件（点Qが「節線」上にある条件）

『点Qから2つの波源までの距離の差が半波長$\left(\dfrac{\lambda}{2}\right)$の奇数倍』

$$|S_1Q - S_2Q| = \dfrac{\lambda}{2} \times (2m+1) = m\lambda + \dfrac{\lambda}{2} \quad (m = 0, \ 1, \ 2, \ \cdots)$$

2つの波源が逆位相で振動する場合は，干渉条件の偶数倍と奇数倍が逆転する。

◆4　ホイヘンスの原理

・**波面**：波の同じ位相の部分を連ねた線や面。

・**ホイヘンスの原理**：波面上の各点は**素元波**（球面波）を出しており，これらに共通に接する線や面（包絡面）がそれ以後の波面になる。

したがって，波面と波の進行方向は直交する。

・**波の回折**：波がすきまや障害物の背後に回り込む性質。

◆5　屈折の法則

①　右図のように，波が媒質Ⅰ（波の速さv_1）から媒質Ⅱ（波の速さv_2）へ進むとき，入射角をi，屈折角をrとすると

屈折の法則　$\dfrac{\sin i}{\sin r} = \dfrac{v_1}{v_2} = n_{12}$

が成り立つ。n_{12}を媒質Ⅰに対する媒質Ⅱの屈折率（相対屈折率）という。

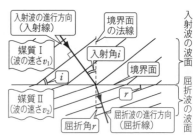

②　屈折の前後で波の振動数fは変化しない。

→入射波の波長がλ_1，屈折波の波長がλ_2のとき，$v = f\lambda$より$\dfrac{v_1}{v_2} = \dfrac{f\lambda_1}{f\lambda_2} = \dfrac{\lambda_1}{\lambda_2}$

→①と合わせて　$\dfrac{\lambda_1}{\lambda_2} = n_{12}$

◆6　反射の法則

波は2つの媒質の境界面で右図のように反射する。このとき，入射角iと反射角i'の間には

反射の法則　$i = i'$

が成り立つ。

入射角i，反射角i'，屈折角rは，いずれも波面と境界面のなす角と等しい。

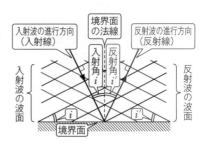

WARMING UP／ウォーミングアップ

1 次の式のグラフをかけ。

(1) $y = -3\sin\dfrac{\pi}{2}t$

(2) $y = 2\cos\dfrac{2\pi}{3}x$

2 次のグラフを表す式をかけ。

(1)

(2)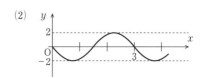

3 y 軸上を運動する物体の時刻 t における位置 y が $y = 5\sin\dfrac{2\pi}{3}t$ の式で表されるとき，次の問いに答えよ。

(1) この物体の運動の名称を答えよ。

(2) この物体の振幅 A と周期 T を求めよ。

4 x 軸上を正方向に伝わる正弦波がある。ある時刻の位置 x における変位 y を表す式が $y = 2\sin\dfrac{2\pi}{5}x$ であった。この正弦波の振幅 A と波長 λ の値を求めよ。

5 深さが一様な水面上の 2 点 A，B が同じ振幅，同じ位相で振動し，波長 5.0 cm の円形波を送り出している。次の(1)，(2)の点の振動は**ア・イ**のどちらか。記号で答えよ。

   ア 強め合って大きく振動する。   **イ** 打ち消し合って振動しない。

(1) A から 7.5 cm，B から 12.5 cm の点 P

(2) A から 10 cm，B から 17.5 cm の点 Q

6 **5** で，2 点 A，B が逆位相で振動している場合，点 P と Q の振動はどのようになるか。記号**ア**または**イ**で答えよ。

7 図のように，平面波の波面が媒質Ⅰから媒質Ⅱとの境界面に入射した。この波の媒質Ⅰに対する媒質Ⅱの屈折率は $\sqrt{2}$ である。入射角 i と屈折角 r を求めよ。

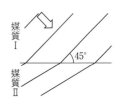

8 **7** で，媒質Ⅰの中の波長は 0.14 m，振動数は 20 Hz である。媒質Ⅱの中の波長と振動数を求めよ。$\sqrt{2} = 1.4$ とする。

基本例題 58 　正弦波を表す式

時刻 t 〔s〕における位置 x 〔m〕と変位 y 〔m〕の関係式（正弦波を表す式）が

$y=0.50\sin\dfrac{\pi}{3.0}(2.0t-x)$ の波がある。

(1) この波の振幅，周期，速さ，波長，振動数を求めよ。

(2) 時刻 $t=0.75\,\mathrm{s}$ における原点の変位 y を求めよ。

(3) 時刻 $t=4.5\,\mathrm{s}$ における波形をかけ。

●考え方

(1) 正弦波の式 $y=A\sin\dfrac{2\pi}{T}\left(t-\dfrac{x}{v}\right)$ と同じ形になるように位相部分を変形。

(2) 原点の位置は $x=0\,\mathrm{m}$

(3) $\sin(\theta+3\pi)=-\sin\theta$ 　　$\sin(-\theta)=-\sin\theta$
波形のかき方…次の①または②
　① 三角関数の式とグラフのかき方による。
　② $x=0$，$\dfrac{\lambda}{4}$ のときの y の値を求めて打点し，残りを類推する。

解 答

(1) 与式を $y=0.50\sin\dfrac{2.0\pi}{3.0}\left(t-\dfrac{x}{2.0}\right)$

と変形して，正弦波の式

$y=A\sin\dfrac{2\pi}{T}\left(t-\dfrac{x}{v}\right)$ と比較すれば，振

幅 $A=0.50\,\mathrm{m}$，周期 $T=3.0\,\mathrm{s}$，波の速

さ $v=2.0\,\mathrm{m/s}$ となる。

波の速さの式 $v=\dfrac{\lambda}{T}$ より

　波長 $\lambda=vT=2.0\,\mathrm{m/s}\times3.0\,\mathrm{s}=6.0\,\mathrm{m}$

周期 T と振動数 f の関係式 $fT=1$ より

　振動数 $f=\dfrac{1}{T}=\dfrac{1}{3.0\,\mathrm{s}}=0.333\cdots\,\mathrm{Hz}$

　　答 振幅 0.50 m，周期 3.0 s，
　　　　速さ 2.0 m/s，波長 6.0 m，
　　　　振動数 0.33 Hz

(2) 問題の式に $x=0\,\mathrm{m}$，$t=0.75\,\mathrm{s}$ を代入して

　$y=0.50\sin\dfrac{\pi}{3.0}(2.0\times0.75-0)$

　　$=0.50\sin\dfrac{\pi}{2.0}=0.50$ 〔m〕

　　　　　　　答 $y=0.50\,\mathrm{m}$

(3) 問題の式に $t=4.5\,\mathrm{s}$ を代入して

$y=0.50\sin\dfrac{\pi}{3.0}(2.0\times4.5-x)$

　$=0.50\sin\left(3.0\pi-\dfrac{\pi x}{3.0}\right)$

　$=-0.50\sin\left(-\dfrac{\pi x}{3.0}\right)$

　$=0.50\sin\dfrac{\pi x}{3.0}=0.50\sin\dfrac{2.0\pi}{6.0}x$

よって，グラフは次のようになる。

答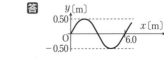

〈別解〉　$t=4.5\,\mathrm{s}$ を代入した式

$y=0.50\sin\dfrac{\pi}{3.0}(2.0\times4.5-x)$ は，

$x=0$ のとき $y=0.50\sin3.0\pi=0$ 〔m〕

$x=\dfrac{\lambda}{4}=1.5\,\mathrm{m}$ のとき

　$y=0.50\sin\dfrac{\pi}{3.0}(2.0\times4.5-1.5)$

　　$=0.50\sin2.5\pi=0.50\sin\dfrac{5.0}{2.0}\pi$

　　$=0.50$ 〔m〕

これらの点を打ち，残りの形を類推する。

基本例題 59 　水面波の干渉

　広くて深さが一様な水面上に 2 点 S_1 と S_2 に波源を置き，これらを同じ振幅，同じ周期 2.0 s，同位相で振動させ，波長 10 cm の波を発生させた。図は，それぞれの波源から広がる円形波の時刻 $t=0$ における山の波面（———）と谷の波面（………）を表したものである。

(1)　時刻 $t=3.0$ s における点 A の変位は　正・0・負のどれか。

(2)　次の点において 2 つの円形波は強め合うか，弱め合うか。　　① S_1 から 40 cm，S_2 から 55 cm の点 P　　② 図中の点 A

(3)　線分 S_1S_2 を横切る節線（2 つの波が常に弱め合う点を連ねた線）は何本あるか。

(4)　2 つの波源の距離，周期，振幅を変えずに逆位相で振動させるとき，線分 S_1S_2 を横切る節線は何本になるか。

(5)　波源 S_1，S_2 の距離を 20 cm にし，両者を同位相で振動させて波長 10 cm の波を発生させる。新たな線分 S_1S_2 を横切る節線は何本になるか。

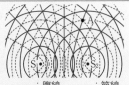

●考え方

(1)　周期 T の波は $\dfrac{T}{2}$ 経過するごとに同じ点の山と谷が入れ替わる。

(3)(4)　図がある場合，これに節線と腹線を記入すればそれぞれの本数が分かる。

(5)　円形波の図がない場合は，波源 S_1，S_2 の断面が「定常波」になることに注目する。また，波源 S_1，S_2 が同位相で振動するときは，その中点が腹になる。

―― ：腹線　……… ：節線

解　答

(1)　図（$t=0$ s）において，点 A では 2 つの波の谷と谷が重なっている。これより 3.0 s$=\dfrac{T}{2}$〔s〕$\times 3$ 経過すると，どちらの波も谷から→山→谷→山と変化するので，重ね合わせの原理より，点 A は山で，変位は正である。　　　　**答　正**

(2)①　$|PS_1-PS_2|=15$ cm$=\dfrac{\lambda}{2}\times 3$ 半波長の奇数倍なので，点 P では弱め合って振動しない。　　**答　弱め合う。**

②　図では谷と谷が重なっているので 2 つの波は点 A で常に同位相で重なり合って強め合う。　　　　　**答　強め合う。**

(3)　考え方の図より　　　　　**答　6 本**

(4)　2 つの波源が逆位相で振動するときは同位相の場合と節線と腹線が逆転する

ので，5 本。　　　　　　　　**答　5 本**

(5)　波源を結ぶ線分 S_1S_2 上の点は定常波の振動となり，円形波の干渉模様の節線と線分 S_1S_2 の交点が節になる。S_1，S_2 が同位相で振動しているので中点は腹になる。波長 $\lambda=10$ cm なので，腹〜腹の間隔は $\dfrac{\lambda}{2}=5$ cm。よって，振動のようすは下図のようになる。

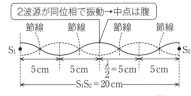

2 波源が同位相で振動→中点は腹

節線　　節線　　節線　　節線

S_1　　　　　　　　　　　　S_2

5 cm　5 cm　$\dfrac{\lambda}{2}=5$ cm　5 cm

$S_1S_2=20$ cm

答　4 本

基本問題

256▶正弦波を表す式 原点($x=0$ m)の単振動が x 軸上を正方向に伝わっている。原点の時刻 t〔s〕における変位 y〔m〕を表す式は $y=0.15\sin 4\pi t$ であり，右図はこの波のある時刻における波形である。

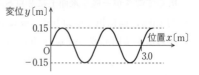

(1) この波の振幅・周期・速さを求めよ。

(2) 時刻 t における位置 x の点の変位を表す式を求めよ。

(3) $t=0$ s の後，初めて上図のような波形になる時刻を求めよ。

257▶円形波の干渉 次の文の(ア)～(オ)に当てはまる文字または数式を記入せよ。

水面上で同じ位相，同じ振幅，同じ振動数で単振動する 2 点 S_1，S_2 から波長 λ の 2 つの円形波が出て互いに干渉している。図上で $S_1Q=S_2P$ であり，$m=0$，1，2，…とする。

時刻 t のとき，S_1 から出た波の点 P における変位を y_{1P}，S_2 から出た波の点 P における変位を y_{2P} とする。同じ時刻 t のとき，S_1 から出た波の点 Q における変位 $y_{1Q}=$（　ア　）であるから，PQ＝（　イ　）$\times\lambda$ のとき $y_{1P}=$（　ウ　）となり，点 P で 2 つの波が強め合って大きく振動する。また，PQ＝（　エ　）$\times\lambda$ のとき $y_{1P}=$（　オ　）となり，点 P で 2 つの波が打ち消し合って振動しない。

258▶円形波の干渉 深さが一様な水面上で，2 つの点 S_1，S_2 を同じ振幅，同じ振動数 f で振動させて波長 λ の 2 つの円形波を作る。2 つの波源 S_1，S_2 の間隔，振動の位相，振動数 f を変えると，干渉のようすが図(a)～図(c)のようになった。図中の破線は振動しない点を連ねた線である。以下の文中の｛　｝内から正しいものを選び，（　）内には数値を記入せよ。

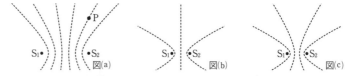

図(a)では，2 つの波源 S_1，S_2 が｛①同位相・逆位相｝で振動している。$S_1S_2=d$ とすると，（　ア　）$\times\lambda<d<$（　イ　）$\times\lambda$ である。また，$PS_1=4\lambda$ のとき $PS_2=$（　ウ　）$\times\lambda$ である。図(b)では，$S_1S_2=\dfrac{5}{4}\lambda$ である。2 つの波源 S_1，S_2 は図(b)では｛②同位相・逆位相｝で振動している。図(c)の 2 つの波源の間隔は図(b)と同じであり，これらは｛③同位相・逆位相｝で振動している。図(c)の波源 S_1，S_2 の振動数 f' は図(a)の振動数 f の（　エ　）倍より大きく（　オ　）倍より小さい。

259▶屈折と反射 底が水平な水槽に水を張り，厚さが一様な板を沈めて水深の大きい領域と小さい領域を作る。この水槽で直線状の波を作ったところ，右図のように屈折した。水深が h のときの水面波の速さ v が $\sqrt{h}$ に比例するものとして，次の問いに答えよ。

(1) 図で，上側に対する下側の屈折率 n の大きさは次のどれか。

　ア　$n>1$　　　イ　$n=1$　　　ウ　$n<1$

(2) 板は，写真の上半分と下半分どちらに沈めたか。

260▶ホイヘンスの原理，波の屈折と反射 右下図のように，波長 4.0 cm の平面波が媒質Ⅰから媒質Ⅱに入射し，境界面で反射，屈折した。図の半直線 AB，CD は媒質Ⅰにおける山の波面であり，点 A を中心とする半径 1.0 cm〜4.0 cm の 4 つの同心円は作図のための補助線である（波面ではない）。また，媒質Ⅱにおける波長は 3.0 cm であった。

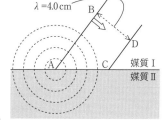

(1) 点 C を通る反射波と屈折波の山の波面を図に記入せよ。

(2) この波の媒質Ⅰに対する媒質Ⅱの屈折率を求めよ。

261▶屈折 媒質Ⅰから媒質Ⅱへ進む平面波の波面が下図のように変化した。この波は媒質Ⅰにおいて波長 1.4 m，振動数 20 Hz である。$\sqrt{2}=1.4$ として，次の問いに答えよ。

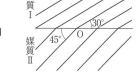

(1) 図上に，点 O を通る入射波と屈折波の進行方向，入射角 i，屈折角 r を示せ。

(2) 入射角 $i=30°$，屈折角 $r=45°$ になることを説明せよ。

(3) 媒質Ⅰに対する媒質Ⅱの屈折率はいくらか。

(4) この波の媒質Ⅰにおける速さ v_1 と媒質Ⅱにおける速さ v_2 はどちらの方が大きいか。

(5) この波の媒質Ⅱにおける波長と振動数を求めよ。

262▶波の屈折 媒質 1 と媒質 2 が境界面 A で，媒質 2 と媒質 3 が境界面 B で接して，面 A と面 B は平行である。図のように媒質 1 から入射した波長 3.0 cm，速さ 45 cm/s の平面波が境界面 A で屈折して媒質 2 へ入る。図中の平行線は山の波面を表し，$\sqrt{2}=1.41$，$\sqrt{3}=1.73$，$\sqrt{6}=2.45$ とする。

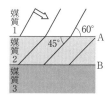

(1) この波の振動数を求めよ。　　(2) 媒質 1 に対する媒質 2 の屈折率を求めよ。

(3) この波の媒質 2 における速さを求めよ。

(4) 媒質 1 に対する媒質 3 の屈折率が 2.0 のとき，媒質 2 に対する媒質 3 の屈折率を求めよ。

発展例題 60　水面波の干渉

　水面上の2点 S_1，S_2 から波長と周期が等しい球面波が出ている。図1および図2には S_1，S_2 から出た波のある瞬間の山の位置をつないだ線が示してある。

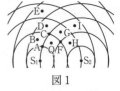

図1

　図1において，2点から出る波は同位相である。この波の波長を λ_1，周期を T_1 として，次の問いに答えよ。

(1)　図1で2つの波が弱め合う点をつないだ線（節線）上の任意の点Pはどのような条件を満たしているか。その条件式を示せ。

(2)　図1の点Qは山か谷か。また，この山または谷は時間 T_1 の後，どこに移動するか。図中の点A〜Iの中から選べ。

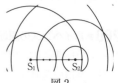

図2

(3)　図2の直線 S_1S_2 上には等間隔に印がつけてある。2点から出る波の波長を λ_2 とする。線分 S_1S_2 上の節の位置と S_1 との距離を λ_2 を用いて表せ。

(2009　大阪府立大　改)

●考え方
(1)　図1の波面の様子から，S_1 と S_2 は同位相で振動していることが分かり，波源 S_1，S_2 までの距離の差が半波長の奇数倍になる点は節線上にある。
(2)① 山の波面の中間は谷の波面である。
　② 波は周期 T 経過すると波長 λ 進むので，時間 T_1 後には点Qを通る谷の波面のうち S_1 から出たものはD，G，Hを通る円になり，S_2 から出たものはB，Dを通る円になる。
(3)　図2より，①S_1 と S_2 は逆位相で振動している，
　②$\lambda_2=$（小目盛り）$\times 4$　→　$S_1S_2=\dfrac{7}{4}\lambda_2$

解答

(1)　S_1 と S_2 の振動が同位相なので，

答 $|S_1P-S_2P|=\dfrac{\lambda_1}{2}(2m+1)$

$(m=0,\ 1,\ 2,\ \cdots)$

(2)　谷と谷が重なっているので　答 谷
周期 T_1 経過すると，どちらの円形波も半径が λ_1 だけ大きくなるので　答 D

(3)　S_1 と S_2 の振動が逆位相で，$S_1S_2=\dfrac{7}{4}\lambda_2$ なので線分 S_1S_2 の断面は図のような定常波になる。

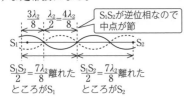

答 $\dfrac{3\lambda_2}{8}$，$\dfrac{7\lambda_2}{8}$，$\dfrac{11\lambda_2}{8}$

〈別解〉　$S_1P=x$ とすると，S_1，S_2 が逆位相で振動するときにPが節線上にある条件は $\left|x-\left(\dfrac{7}{4}\lambda_2-x\right)\right|=\dfrac{\lambda_2}{2}\times 2m$

したがって，$0\leqq x\leqq\dfrac{7}{4}\lambda_2$ における m と x の組み合わせは次のようになる。

m	0	1	
x	$\dfrac{7\lambda_2}{8}$	$\dfrac{3\lambda_2}{8}$	$\dfrac{11\lambda_2}{8}$

発展例題 61 水面波の屈折

水面に生じる波の振幅が水の深さ h に比べて小さく，波の波長が水の深さ h に比べて大きいとき，波の速さは

$$v = h^\alpha g^\beta$$

で表されることが知られている。ここで両辺の次元は同じでなければならないので，$\alpha = \dfrac{1}{2}$，$\beta = \dfrac{1}{2}$ であることがわかる。

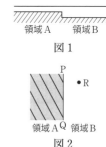

図 1

図 1 の断面図のように段差のある水槽があり，領域 A の水深は h，領域 B の水深は $2h$ で，PQ を境に水深が異なっている。図 2 はこの水槽を上から見た図である。

図 2

領域 A において速さ $1.4\,\mathrm{m/s}$，波長が $0.40\,\mathrm{m}$ で振幅が小さい直線波が作られて，領域 B に向かった。領域 A に示されている太い実線はこの波の山の波面であり，境界 PQ と $30°$ の角をなしている。次の問いに答えよ。重力加速度の大きさを $g = 9.8\,\mathrm{m/s^2}$，$\sqrt{2} = 1.41$ とする。

(1) $v = h^\alpha g^\beta$ の両辺の次元に注目して $\alpha = \dfrac{1}{2}$，$\beta = \dfrac{1}{2}$ になることを説明せよ。

(2) 領域 B の点 R において，波の山がやってくる周期はいくらか。

(3) 領域 B の領域 A に対する屈折率はいくらか。

(4) 領域 B に入った波の波面と境界 PQ のなす角 θ は何度か。

(5) 領域 B におけるこの波の山の波面のおおよその形を図 2 にかけ。

(1999　同志社大　改)

●考え方
(1)　$v\,[\mathrm{m/s}]$ なので，v の次元は $\mathrm{LT^{-1}}$
$h\,[\mathrm{m}]$ なので，h の次元は L
$g\,[\mathrm{m/s^2}]$ なので，g の次元は $\mathrm{LT^{-2}}$

(3)　文中の記述より，水深 h の領域の水面波の速さは $v = h^{\frac{1}{2}} g^{\frac{1}{2}} = \sqrt{hg}$ になる。領域 B の領域 A に対する屈折率は「n_{AB}」と表せる。

(4)　入射角 i は入射波面と境界面のなす角と等しい。屈折角 r も同様である。ここでは入射角 $i = 30°$，屈折角 $r = \theta$

解答

(1)　**(記述例)**　$v = h^\alpha g^\beta$ の両辺の次元に注目すると

左辺：$[\mathrm{LT^{-1}}]$

右辺：$[\mathrm{L^\alpha (LT^{-2})^\beta}] = [\mathrm{L^{\alpha+\beta} T^{-2\beta}}]$

両辺の次元は等しいので

$\alpha + \beta = 1$，$-2\beta = -1$

よって，$\alpha = \dfrac{1}{2}$，$\beta = \dfrac{1}{2}$ **答**

(2)　波の速さの式 $v = \dfrac{\lambda}{T}$ より，

この波の領域 A における周期 T は

$$T = \frac{\lambda}{v} = \frac{0.40\,\mathrm{m}}{1.4\,\mathrm{m/s}} = 0.2\overset{9}{8}5\,\mathrm{s}$$

屈折の際に周期は変わらないので

答 0.29 s

(3)　屈折の法則 $n_{12} = \dfrac{v_1}{v_2}$ より

$$n_{\mathrm{AB}} = \frac{v_{\mathrm{A}}}{v_{\mathrm{B}}} = \frac{\sqrt{hg}}{\sqrt{2hg}} = \frac{1}{\sqrt{2}} = \frac{\sqrt{2}}{2} = \frac{1.41}{2}$$

$$\fallingdotseq 0.71$$

答 0.71

(4) 屈折の法則

$n_{12} = \dfrac{\sin i}{\sin r}$ より $\dfrac{1}{\sqrt{2}} = \dfrac{\sin 30°}{\sin \theta}$

変形して $\sin \theta = \dfrac{\sqrt{2}}{2}$ 答 $\theta = 45°$

(5) 答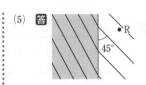

発展問題

263 ▶ 正弦波の式と定常波 x 軸に沿った直線状の媒質において，原点 O で $y_0 = A \sin at$ (A，a は定数) の単振動を起こして x 軸の正の向きに伝わる正弦波を作った。同時に $x = L$($L > 0$) の点 P でも $y_P = A \sin at$ の単振動を起こして x 軸の負の向きに伝わる正弦波を作った。OP 間の位置 x' における 2 つの正弦波による合成波の変位について考える。2 つの波の速さを v，円周率を π とする。A，a，L，v，x'，π のうち必要なものを用いて，次の問いに答えよ。

(1) この単振動の周期と正弦波の波長を求めよ。

(2) 原点からの波の変位が位置 x' の点に達するまでの時間 t_1 を求めよ。

(3) 原点からの波による位置 x' における変位は，$y_1 = A \sin a(t - bx')$ の式で表される。b を求めよ。

(4) 点 P から x 軸負方向に伝わる波による位置 x' における変位は
$y_2 = A \sin a(t + cx' + d)$ の式で表される。c と d を求めよ。

(5) 三角関数の和積の公式 $\sin \alpha + \sin \beta = 2 \sin \dfrac{\alpha + \beta}{2} \cos \dfrac{\alpha - \beta}{2}$ を用いて，2 つの波が重なるときの位置 x'($0 < x' < L$) における変位 y' を，三角関数の積の形で表せ。

(6) (5)の結果を用いて，OP 間に定常波の腹が必ず生じることを説明せよ。

(7) L が正弦波の波長の $\dfrac{7}{4}$ 倍のとき，OP 間には節が何か所生じるか。

(2004 東洋大 改)

264 ▶水面波の干渉　次の文章の（　　）内には数値を，〔　　〕内には数式を，┊　　┊内には語句を記入して，文章を完成させよ。

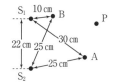

広くて深さが一様な水槽に水を入れる。水面上で 22 cm 離れた波源 S_1，S_2 が周期 $T=0.25$ s の同位相で振動し，波長 10.0 cm の水面波を発生させている。右図はこれを真上から見たものである。

この波の速さは（　ア　）cm/s である。

2つの波が重なり合って強め合ったり打ち消し合ったりする現象を┊　イ　┊という。

ここでは，水面波など2次元の波の場合に，強め合う点を結んだ線を『腹線』，打ち消し合う点を結んだ線を『節線』と呼ぶことにする。

図の P 点が腹線上にある条件は，$m=0，1，2，\cdots$とすると，$|PS_1-PS_2|=$〔　ウ　〕cm とかける。図の A 点は┊　エ　┊上に，B 点は┊　オ　┊上にある。また，線分 AB を横切る節線の数は（　カ　）本である。

S_1，S_2 の周期は変えずに振動の位相だけを逆にすると，線分 AB を横切る節線の数は（　キ　）本になる。　　　　　　　　　　　　　　　（2008　日本歯科大　改）

265 ▶直線波の反射と屈折　水深 h が浅い場合，水面を伝わる波の速さは $\sqrt{h}$ に比例する。振幅 a，周期 T の平面波が水面を伝わる場合を考える。図のように境界面で平面波が屈折する。図中の実線は入射波および屈折波の山の波面を表す。領域 A と領域 B での波の速さを v_A，v_B とする。入射角を α，屈折角を β として，次の問いに答えよ。

(1)　領域 A と領域 B のうち水深が大きいのはどちらか。

(2)　図の XY の長さを L とする。入射波の波長 λ_A と屈折波の波長 λ_B を α，β，L のうち必要なものを用いて表せ。

(3)　(2)の結果を利用して，$\dfrac{\sin\alpha}{\sin\beta}$ の値を v_A，v_B で表せ。

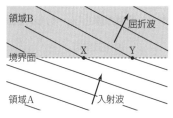

(4)　上の図で，入射角 α を 0° から 90° まで大きくした場合，屈折波や屈折角がどのように変化するか述べよ。　　　　　（2009　岡山大　改）

15 音

❶ 音の伝わり方

◆1 空気中の音波の速さ 気温 t〔℃〕のとき，空気中を伝わる音波の速さ(音速 V〔m/s〕)は

音速 $V = 331.5 + 0.6t$

◆2 音の三要素

①音の大きさ：振幅が大きいほど音は大きい。

②音の高さ：高い音は振動数 f が大きく周期 T が短い。

③音色：音波の波形。

◆3 可聴音 人が聞くことができる音(およそ 20〜20000 Hz)。

◆4 超音波 20000 Hz 以上の音波(人には聞こえない)。

◆5 音波の性質 音は波なので，反射・屈折・回折・干渉の波の性質を示す。

❷ ドップラー効果

◆1 音源が速さ v_S で動き，観測者が静止している場合

音源の進行方向では波長が短く，その逆側では
波長が長くなる。

波源が静止　波源が右に移動

観測波長 $\lambda' = \dfrac{V - v_S}{f}$

観測振動数 $f' = \dfrac{V}{V - v_S} f$

V：空気中の音速〔m/s〕，f：音源の振動数〔Hz〕

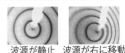

◆2 音源が静止($v_S = 0$)し，観測者が速さ v_0 で遠ざかる場合

観測振動数 $f' = \dfrac{V - v_0}{V} f$

V：空気中の音速〔m/s〕，f：音源の振動数〔Hz〕

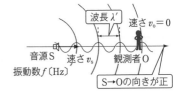

◆3 観測者(Observer)が速さ v_0 で逃げ，音源(Source)が速さ v_S で追う場合

観測振動数 $f' = \dfrac{V - v_0}{V - v_S} f$

V：空気中の音速〔m/s〕，f：音源の振動数〔Hz〕

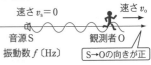

① v_S と v_0 の符号に注意(S→O の向きが正)。

② 音速 V は常に正

③ (添え字のおぼえ方)「上(on)が O，下(shita)が S」

◆3 だけを覚えればよい

⇒ 「$v_0 = 0$ なら◆1 の式」，「$v_S = 0$ なら◆2 の式」になる。

WARMING UP／ウォーミングアップ

1 人の可聴音の振動数は約 20〜20000 Hz である。空気中を伝わる音速が 340 m/s のとき，可聴音の波長は約何 m〜何 m か。

2 次の文中の空欄を語で埋めよ。
　音も波なので，（　ア　），（　イ　），（　ウ　），（　エ　）の性質を示す。

3 図のように壁に向かって音を出す。この間で小さなマイクをゆっくり動かして音の大きさを調べたところ，音の大きさが極小になる位置が同じ間隔で存在した。このようになる理由を述べよ。

4 **3**で，音の大きさが極小になる位置の間隔が 15 cm だった。音源から出ている音波の波長を求めよ。

5 2つの小さな音源 A と B から同じ位相，同じ波長 20 cm で波面が球形の音波が出ている。PA＝35 cm，PB＝25 cm の点において，音は大きく聞こえるか，それとも小さく聞こえるか。

6 図のように 640 Hz の音を出しながら 20 m/s の速さで動く音源 S の前方で，音源と同じ向きに 10 m/s の速さで動く観測者 O がいる。O の観測振動数はいくらか。音の速さを 340 m/s とする。

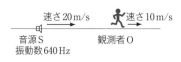

7 660 Hz の音を出しながら 10 m/s の速さで進む音源がある。音源の動く向きの前方に伝わる音波の波長はいくらか。音の速さを 340 m/s とする。

8 静止して 680 Hz の音を出している音源に向かって 20 m/s で動く観測者には，音源の出す音が何 Hz に聞こえるか。音の速さを 340 m/s とする。

基本例題 62　音の伝わり方

「クインケ管」という器具がある（右図）。音源の出す
音は ACB と ADB の経路に分かれて進み，出口 B で
重なって干渉する。初めは，経路 ACB と ADB の長
さが等しくなるようにしておく。次に右側の U 字部
分を引き出していくと，B から出る音の大きさが周期

的に変化し，6.0 cm 引き出すごとに極大になった。音速を 342 m/s とする。

(1)　文中の｛　｝内から正しいものを選べ。

経路 ACB と ADB の長さが等しい状態では，B において 2 つの音が①｛同位相・逆
位相｝で重なるため，B から出る音は②｛極大・極小｝になっている。

(2)　音源が出している音の波長と振動数を求めよ。

●考え方

(1)　同じ波がいったん分かれて再び重なる場合，途中の経路の長さが等しければ，
重なるときの両者の変位は同じ（同位相）になり，強め合って大きく振動する。

(2)　右下図のように D を 6.0 cm 引き出すと，経路 ADB は 6.0 cm + 6.0 cm = 12.0 cm
長くなる。このとき音が極大なので，2 つの音は同位相で重なっている。

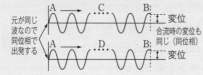

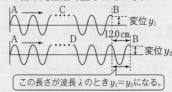

この長さが波長 λ のとき $y_1 = y_2$ になる。

解答

(1)　**答** ①同位相，②極大

(2)　経路の増加量が波長 λ と等しけれ
ば，B において 2 つの波は同位相で重な
る。よって，

$$\lambda = 6.0\,\text{cm} + 6.0\,\text{cm} = 12.0\,\text{cm}$$

また，波の速さの式 $v = f\lambda$ より，

$$f = \frac{v}{\lambda} = \frac{342\,\text{m/s}}{0.120\,\text{m}} = 2850\,\text{Hz}$$

答 波長：**12.0 cm**，
振動数：**2.85×10^3 Hz**

基本例題 63　ドップラー効果

図のように，観測者 O，720 Hz の音を出し
ている音源 S，反射板 R が直線上に並んでい
る。音速を 340 m/s として，次の問いに答えよ。

(1)　音源 S だけが図の右向きに 20 m/s で動くとき，次の量を求めよ。

①反射板 R が受ける音の振動数 f_{R1}　　②観測者が受ける反射音の振動数 f_{O1}

(2)　音源 S が右向きに 20 m/s，反射板 R が左向きに 20 m/s で動くとき，次の量を
求めよ。

①反射板 R が受ける音の振動数 f_{R2}　　②観測者が受ける反射音の振動数 f_{O2}

●**考え方**　ドップラー効果の v_S と v_0 は，S→O の向きが正，逆向きでは負号をつける。

(1)　反射板は受けた音 f_{R1} をそのまま返す。つまり振動数 f_{R1} の音源になる。

解答

(1)①
ドップラー効果の式

音源S
$v_S = +20\,\text{m/s}$

反射板 R（観測者）
$v_0 = 0\,\text{m/s}$

$f' = \dfrac{V - v_0}{V - v_S} f$ より

$$f_{R1} = \frac{340\,\text{m/s} - 0\,\text{m/s}}{340\,\text{m/s} - 20\,\text{m/s}} \times 720\,\text{Hz}$$

$= 765\,\text{Hz}$　答 $f_{R1} = \boldsymbol{765\,\text{Hz}}$

②　反射板と観測者は静止しており，ドップラー効果は生じないので，振動数 f_{R1} の音がそのまま観測者に届く。

答 $f_{01} = \boldsymbol{765\,\text{Hz}}$

(2)①
ドップラー効果の式

音源S
$v_S = +20\,\text{m/s}$

反射板 R（観測者）
$v_0 = -20\,\text{m/s}$

$f' = \dfrac{V - v_0}{V - v_S} f$ より

$$f_{R2} = \frac{340\,\text{m/s} - (-20)\,\text{m/s}}{340\,\text{m/s} - 20\,\text{m/s}} \times 720\,\text{Hz}$$

$= 810\,\text{Hz}$　答 $f_{R2} = \boldsymbol{810\,\text{Hz}}$

②　ドップラー効果の式より，

観測者 O
$v_0 = 0\,\text{m/s}$

反射板 R（音源Sになる）
$v_S = +20\,\text{m/s}$

振動数 f_{R2}〔Hz〕

$$f_{02} = \frac{340\,\text{m/s} - 0\,\text{m/s}}{340\,\text{m/s} - 20\,\text{m/s}} \times 810\,\text{Hz}$$

$= 860.\overset{1}{6}\,\text{Hz}$　答 $f_{02} = \boldsymbol{861\,\text{Hz}}$

基本問題

266 ▶ 音波の干渉　図の 2 つの音源 S_1，S_2 から振動数 $1.7 \times 10^3\,\text{Hz}$ で振幅と位相が同じ正弦波の音波が出ている。曲線 ABCD は S_2 を中心とする半径 2.0 m の円弧であり，点 A は S_1，S_2 から等距離にある。

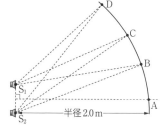

　円弧 AD 上での音の聞こえ方をマイクで調べたところ，点 A では音量が極大であり，点 A から円弧に沿って D の方にゆっくり移動させると，点 B ではじめて極小になり，続いて点 C で極大，点 D で極小となった。また，AB，BC，CD 間では極大・極小いずれにもならなかった。空気中の音速を 340 m/s とする。

(1)　音源から出ている音の波長を求めよ。

(2)　CS_1 および DS_1 の値を求めよ。

(3)　次の文中の空欄に当てはまる言葉を選択肢の中から選び，記号で答えよ。なお，同じ記号を繰り返し選んでもよい。

　音源 S_1，S_2 の振動数を 2 倍にし，両者の位相を逆にした。再び円弧 AD 上での音の聞こえ方をマイクで調べたところ，A では（　ア　），B では（　イ　），C では（　ウ　），D では（　エ　）になった。

　選択肢：(a) 極大　　(b) 極小　　(c) 極大でも極小でもない

267▶ドップラー効果の式を導く

図1のような一直線上を速度 v_S で動く音源Sが出す振動数 f の音が，その前方を速度 v_0 で動く観測者Oには振動数 f' の音に聞こえる。f' を観測振動数という。空気中の音速が V のとき，観測振動数 f' を f，V，v_S，v_0 で表す。

(1) 以下の文中の空欄を，適切な文字または式で埋めよ。

観測者に速さ V，波長 λ の音が届くとき，観測者には振動数 $f=($ ア $)$ の音に聞こえる。音源の速さ v_S の値にかかわらず，音波が空気中を伝わる速さは V である（音速は音源の速さと無関係）。

図2は，速度 v_S で動く振動数 f の音源が時刻 $t=0$ に点Aを通過したときに出した音の波面が t 秒間に距離 AC=$($ イ $)$ 伝わって点Cまで広がり，音源も距離 AB=$($ ウ $)$ の点Bまで移動したときの波の様子を示している。この t 秒間に音源が出した $($ エ $)$ 個の波が距離 BC=$($ オ $)$ の間に存在するので，B→C方向に伝わる音波の波長は $\lambda'=($ カ $)$ になる。

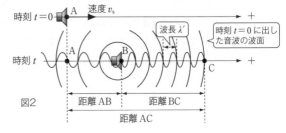

図2

次に，図3のように音波の進行方向に速度 v_0 で動く観測者に，図2の音（速さ V で伝わる波長 λ' の音波）が，1秒間に何個届くか考える。点Dに届いた音波が1秒後に DF=$($ キ $)$ の点Fまで伝わる間に，観測者は DE=$($ ク $)$ の点Eまで進む。λ' を用いれば，この1秒間に観測者に届いた波の数（EF間にある波の数）は $f'=($ ケ $)$ になる。これに $\lambda'=($ カ $)$ を代入すれば，$f'=($ コ $)$ になる。これが観測振動数 f' である。観測者のみが静止している場合は $($ サ $)=0$ なので $f'=($ シ $)$ であり，音源のみが静止している場合は $($ ス $)=0$ なので $f'=($ セ $)$ になる。

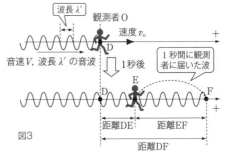

図3

(2) 以下の文中の $\{\ \}$ 内から正しいものを選べ。

①$\{v_S<v_0,\ v_S=v_0,\ v_S>v_0\}$ のときには音源Sと観測者Oの距離が狭くなっていくので，観測者には音源が出すより②$\{$高い，低い$\}$ 音が聞こえる。また，速度 v_0 で動く観測者に届く音波の波長 λ'' と(1)の λ' の関係は③$\{\lambda''<\lambda',\ \lambda''=\lambda',\ \lambda''>\lambda'\}$ になる。

268 ▶ドップラー効果　図のように，振動数
f_1 の音源S_1，観測者O，振動数 f_2 の音源 S_2 が
一直線上に並んでいる。観測者Oが静止して
いるときにはうなりが聞こえたが，S_2 に向かって一定の速さ v で歩くときにはうなりが
聞こえなかった。音速を V として，次の問いに答えよ。

(1)　f_1，f_2 の大小を，等号または不等号を用いて表せ。

(2)　観測者の歩く速さ v を求めよ。

269 ▶ドップラー効果　図のように，360 Hz の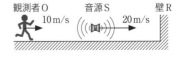
音を出している音源Sが壁に向かって 20 m/s で
進み，その後方から観測者Oが同じ向きに 10
m/s で進んでいる。音速を 340 m/s として，次の問いに答えよ。

(1)　観測者Oが聞くSからの直接音の振動数はいくらか。

(2)　壁が受ける音の振動数はいくらか。

(3)　観測者が聞く反射音の振動数はいくらか。

(4)　観測者には毎秒何回のうなりが観測できるか。

270 ▶ドップラー効果　図のように，中心O，半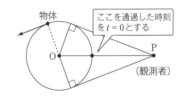
径 r の円周上を振動数 f の音を出しながら反時計
回りに一定の速さ v で運動している物体がある。
この音を図の点Pで観測したところ，観測振動数
f' は時間 t の経過とともに変化した。音速を V
とする。また，音がPまで伝わる時間は，円運動の周期 T と比べて無視できるほど短
いものとする。次の問いに答えよ。

(1)　観測振動数の最大値 f_1 と最小値 f_2 を求めよ。

(2)　物体がPに最も近い点を通過する時刻を $t=0$ とするとき，$f'\text{-}t$ グラフの概形はど
のようになるか。最も適切なものを次の①～⑥の中から選べ。なお，グラフの T は
円運動の周期である。

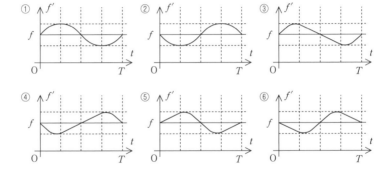

発展例題 64 斜めのドップラー効果

音源が振動数 f の音を出しながら一定の速さ v で x 軸上を正の向きに移動しており，観測者が y 軸上の点 Q に静止している。音速を V とし，次の問いに答えよ。

(1) 音源が図の点 P($\angle$QPO$=\alpha$)で発した音波を点 Q で聞くときの観測振動数 f_1 を求めよ。

(2) この後，観測者も y 軸上を正の向きに一定の速さ v で動き，音源が図の点 R($\angle$SRO$=\beta$)で出した音を点 S で聞いた。観測者の点 S における観測振動数 f_2 を求めよ。

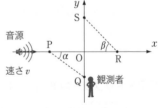

(2003　岐阜大　改)

斜め方向のドップラー効果 ⇒ v_s と v_o には，速度の音源 S→観測者 O 方向の成分を代入する。どちらも音源 S→観測者 O の向きを正とする。

●考え方

(1)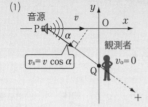

(2)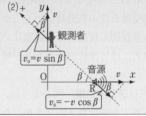

解 答

(1) 上図より $v_\mathrm{s}=v\cos\alpha$ であるので，ドップラー効果の式 $f'=\dfrac{V-v_\mathrm{o}}{V-v_\mathrm{s}}f$ より

$$\boxed{答}\ f_1=\frac{V}{V-v\cos\alpha}f$$

(2) 上図より $v_\mathrm{o}=v\sin\beta$, $v_\mathrm{s}=-v\cos\beta$

であるので，ドップラー効果の式

$f'=\dfrac{V-v_\mathrm{o}}{V-v_\mathrm{s}}f$ より

$$f_2=\frac{V-v\sin\beta}{V-(-v\cos\beta)}f$$

$$\boxed{答}\ f_2=\frac{V-v\sin\beta}{V+v\cos\beta}f$$

発展問題

271▶クインケ管 「クインケ管」という器具がある(右図)。入口 S から音を入れ，左右 2 つの経路 SAT と SBT を通った音を干渉させ，出口 T で音を聞くことができる。また，管 B を出し入れすることにより，右側の経路 SBT の長さを変化させることができる。図の実線の状態で，左右の経路の長さが等しくなっているとする。次の問いに答えよ。

(1) 音源の振動数が f のときに管 B を引き出していくと，出口 T で聞く音がしだいに小さくなり，ちょうど長さ l だけ引き出したときに初めて極小になった。音の速さを V とすると，振動数 f はいくらか。

(2) 次に管 B を押しこみ，左右の経路の長さが等しい状態に戻す。入口 S から振動数 f の音と f より少し低い振動数 f' の音を同時に入れる。管 B を引き出すにつれて出口 T で聞こえる音が変化する様子を述べた次の文中の空欄を，f と f' を用いて埋めよ。

　　初めは毎秒（　ア　）回のうなりが聞こえるが，B を l' だけ引き出すと振動数（　イ　）の音だけが目立って聞こえるようになり，さらに引き出していくと振動数（　ウ　）の音だけが目立って聞こえるようになる。

(3) 室温を変えて(1)の実験を行ったときの長さ l の変化を考える。初めの室温は 30 ℃であり，次に室温を 5 ℃ とした。気温 t〔℃〕における音の速さが $V=331.5+0.6t$ で与えられるとすると，振動数 $f=500\,\mathrm{Hz}$ のとき，l の変化の大きさはいくらか。

（2000　センター試験　改）

272 ▶ ドップラー効果　図のように観測者

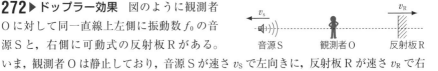

O に対して同一直線上左側に振動数 f_0 の音源 S と，右側に可動式の反射板 R がある。いま，観測者 O は静止しており，音源 S が速さ v_S で左向きに，反射板 R が速さ v_R で右向きに進んでいる。音速を V とし，$V>v_\mathrm{R}$，$V>v_\mathrm{S}$ とする。次の問いに答えよ。

(1) 観測者 O に届く音源 S からの直接音の振動数 f_S を求めよ。

(2) 音源 S が t 秒間音を発し続けたとき，観測者 O が音源 S からの音を直接聞く時間 t_S を求め，t と比較せよ。

(3) 観測者 O が 1 秒間に聞くうなりの回数 N を求めよ。（2010　お茶の水女子大　改）

273 ▶ 斜めのドップラー効果と等速円運動　図のように，

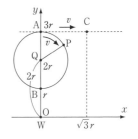

水平面内に x 軸，y 軸をとる。振動数 f の音を出している音源 P が点 A$(0,\ 3r)$ から一定の速さ v で点 Q$(0,\ 2r)$ を中心とする半径 r の等速円運動をしている。観測者 W は原点 O$(0,\ 0)$ に静止している。音の速さを V として，次の問いに答えよ。ただし，音源 P が点 A$(0,\ 3r)$ を通過した瞬間を時刻 $t=0$，円周率を π とする。

(1) 点 A で音源 P から出た音は，観測者 W に振動数 f_A の音として聞こえた。f_A はいくらか。

(2) f_A は時間とともに変化する。この振動数の最大値 $f_{\max}$ と最小値 $f_{\min}$ を求めよ。

(3) f_A が最大値 $f_{\max}$ となる時刻 t_1 と，最小値 $f_{\min}$ となる時刻 t_2 を求めよ。

(4) 等速円運動していた音源 P は点 A に到着後，一定の速さ v で点 C$(\sqrt{3}\,r,\ 3r)$ に向かって等速直線運動を始めた。点 C で音源 P から出された音は，観測者 W に振動数 f_C の音として聞こえた。f_C はいくらか。

（2009　近畿大　改）

16 光

❶ 光の伝わり方

◆1 **光の速さ** 真空中の光速は $c \fallingdotseq 3.00 \times 10^8$ m/s （光の速さは秒速約 30 万 km。）

❷ 光の反射と屈折

◆1 **物質（媒質）の屈折率** 絶対屈折率ともいい，n で表す。

屈折率 $n = \dfrac{c}{v}$
c：真空中の光速〔m/s〕
v：物質（媒質）中の光速〔m/s〕

真空や空気の屈折率は $n=1$ である。

◆2 **光の反射** 反射の法則 $i = i'$

i：入射角，i'：反射角

◆3 **屈折の法則** 屈折の際に，振動数は変化しない。

(1) 真空中（空気中）から屈折率 n の物質に入射するとき（絶対）屈折率は，

屈折率 $n = \dfrac{\sin i}{\sin r} = \dfrac{c}{v} = \dfrac{\lambda}{\lambda'}$

λ，λ'：入射光，屈折光の波長〔m〕

i：入射角，r：屈折角

c：真空中の光速〔m/s〕

v：物質（媒質）中の光速〔m/s〕

(2) 光が屈折率 n_1 の媒質 1 から屈折率 n_2 の媒質 2 へ屈折するとき（右図は $n_1 < n_2$ の屈折）媒質 1 に対する媒質 2 の相対屈折率 n_{12} は，

相対屈折率 $n_{12} = \dfrac{n_2}{n_1}$

屈折の法則 $\dfrac{\sin i}{\sin r} = \dfrac{v_1}{v_2} = \dfrac{\lambda_1}{\lambda_2} = \dfrac{n_2}{n_1}$

v_1，λ_1：媒質 1 の中の光速〔m/s〕と波長〔m〕

v_2，λ_2：媒質 2 の中の光速〔m/s〕と波長〔m〕

◆4 **入射側の屈折率が大きい（$n_1 > n_2$）場合の反射，屈折，臨界角**

(1) 入射角 i と光の進路の関係：$n_1 > n_2$ のとき屈折角 r は入射角 i より大きい。

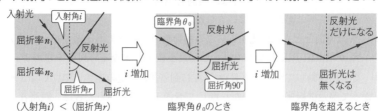

（入射角 i）<（屈折角 r）　　　臨界角 θ_0 のとき　　　臨界角を超えるとき

(2) **臨界角 θ_0**：屈折角 $r = 90°$ になるときの入射角

屈折の法則 $\dfrac{\sin i}{\sin r} = \dfrac{n_2}{n_1}$ に代入して $\dfrac{\sin \theta_0}{\sin 90°} = \dfrac{n_2}{n_1}$ → $\sin \theta_0 = \dfrac{n_2}{n_1}$

(3) **全反射**：入射角 i が臨界角 θ_0 より大きいと屈折光は無く，光はすべて反射する。

◆5 **浮き上がり** 屈折率 n の物質中の深さ h にある物体を真上から見ると，見かけの深さが $h' = \dfrac{h}{n}$ に減少したように見える。

❸ レンズと球面鏡

◆1 レンズ

(1) 凸レンズと凹レンズ

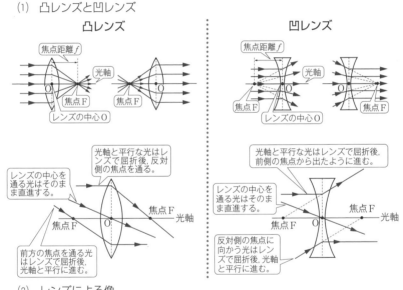

凸レンズ

焦点距離 f
光軸
焦点 F
レンズの中心 O

凹レンズ

焦点距離 f
光軸
レンズの中心 O
焦点 F

光軸と平行な光はレンズで屈折後，反対側の焦点を通る。
レンズの中心を通る光はそのまま直進する。
前方の焦点を通る光はレンズで屈折後，光軸と平行に進む。
焦点 F
光軸

光軸と平行な光はレンズで屈折後，前側の焦点から出たように進む。
レンズの中心を通る光はそのまま直進する。
反対側の焦点に向かう光はレンズで屈折後，光軸と平行に進む。
焦点 F
光軸

(2) レンズによる像

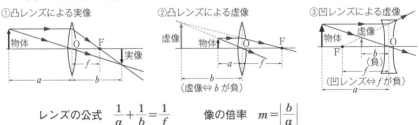

①凸レンズによる実像

物体
実像
f
a
b

②凸レンズによる虚像

虚像
物体
F
f
a
b
（虚像⇔ b が負）

③凹レンズによる虚像

物体
虚像
F
O
b（負）
a
（凹レンズ⇔ f が負）

レンズの公式 $\quad \dfrac{1}{a} + \dfrac{1}{b} = \dfrac{1}{f} \qquad$ **像の倍率** $\quad m = \left| \dfrac{b}{a} \right|$

a：物体とレンズの距離〔m〕（常に正），b：像とレンズの距離〔m〕（物体と逆側が正）

f：焦点距離〔m〕（凸レンズは正，凹レンズは負）

◆2 球面鏡

(1) 凹面鏡と凸面鏡

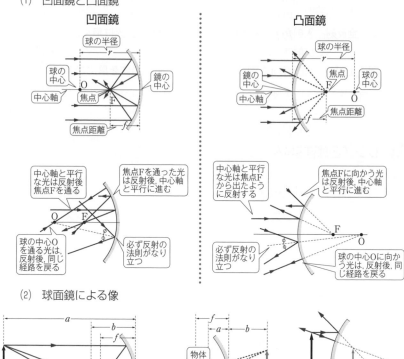

(2) 球面鏡による像

球面鏡の公式 $\dfrac{1}{a}+\dfrac{1}{b}=\dfrac{1}{f}$ **像の倍率** $m=\left|\dfrac{b}{a}\right|$

a：物体と鏡の中心の距離（常に正），b：像と鏡の中心の距離（物体と同じ側が正）

f：焦点距離（凹面鏡が正，凸面鏡は負） ※凹凸の正負がレンズの場合と逆である。

◆3 光の性質

・光の色と性質

スペクトル	赤外線	赤 セキ	橙 トウ	黄 オウ	緑 リョク	青 セイ	藍 ラン	紫 シ	紫外線
波長	7.7×10^{-7} m							3.8×10^{-7} m	
振動数	3.9×10^{14} Hz							7.9×10^{14} Hz	
屈折率 n	小 ──────────────────────────→ 大								

・**散乱**：光が微粒子に当たって，あらゆる方向に広がっていくこと。

・**偏光**：1方向だけに振動する偏った光。

・**偏光板**：特定の振動方向の光だけを通す性質があり，通過した光は偏光になる。

WARMING UP／ウォーミングアップ

1 太陽と地球の距離が 1 億 5 千万 km のとき，太陽から出た光が地球に到達するまでに要する時間を求めよ。真空中の光速を $3.0×10^8$ m/s とする。

2 屈折率 1.5 のガラス中における光の速さはいくらか。真空中の光速を $3.0×10^8$ m/s とする。

3 光が空気中から屈折率 $\sqrt{3}$ の物質中に図のように入射した。この後の光の進路を図に記入せよ。

4 光が屈折率 $\sqrt{2}$ の物質から屈折率 $\sqrt{3}$ の物質中に入射角 60° で入射した。屈折角を求めよ。

5 光が屈折率 2.0 の物質 I から屈折率 $\sqrt{3}$ の物質 II に進むとき，入射角を大きくしていくと θ を超えたところで全反射が生じた。θ の値を求めよ。

6 前問で光が物質 II から物質 I に進む場合，全反射が生じるか。理由とともに答えよ。

7 水中の深さ 40 cm にある物体を真上から見ると水面下 30 cm にあるように見えた。水の屈折率を求めよ。

8 図(a)の物体をレンズを通して見ると，図(b)のように物体より大きな像が見えた。レンズの凹凸と，映っている像の種類を答えよ。

図(a)物体　図(b)レンズの中の像

9 レンズの前方 60 cm の距離に物体を置いたところ，レンズの前方 20 cm の距離に像ができた。このレンズは凹・凸どちらか。また焦点距離と像の倍率を求めよ。

10 (1)　球面鏡の前に立ったところ，右図のように上下左右が逆さに映って見えた。この球面鏡は凹・凸どちらか。また，見えた像は実像・虚像どちらか。

(2)　球面鏡の前方 60 cm の距離に物体を置いたところ，球面鏡の前方 20 cm の距離に像ができた。この球面鏡は凹・凸どちらか。また，焦点距離と像の倍率を求めよ。

球面鏡に映った
自分の姿

基本例題 65　屈折の法則

図のように，屈折率 $\sqrt{\dfrac{3}{2}}$ の媒質 I と屈折率 n の値が不明

の媒質 II が，平行な層をなして真空中に置かれている。媒質 I に光が真空中から入射角 α で境界面に入射して媒質 I へ屈折角 45° で屈折，さらに媒質 II へ屈折角 30° で屈折，最後に真空中に屈折角 β で出ていった。次の問いに答えよ。

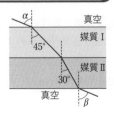

(1)　α の値を求めよ。

(2)　媒質 II の屈折率 n の値はいくらか。

(3)　真空中への屈折角 β の値はいくらか。

(4)　逆に，光が媒質 II から媒質 I に進むときの臨界角の値を求めよ。

●考え方

(1)　真空から媒質 I への屈折では，
　　入射角 $i = \alpha$，屈折角 $r = 45°$

(2)　媒質 I から媒質 II への相対屈折では，
　　入射角 $i = 45°$（錯角），屈折角 $r = 30°$　$n_1 = \sqrt{\dfrac{3}{2}}$，$n_2 = n$（不明）

(3)　媒質 II から真空への相対屈折では，
　　入射角 $i = 30°$（錯角），屈折角 $r = \beta$　$n_1 = n$，$n_2 = 1$（真空の屈折率は 1）

(4)　媒質 II から媒質 I への相対屈折では，
　　$n_1 = n = \sqrt{3}$　（(2)の解），$n_2 = \sqrt{\dfrac{3}{2}}$

解答

(1)　屈折の式 $\dfrac{\sin i}{\sin r} = n$ より，

$$\frac{\sin \alpha}{\sin 45°} = \sqrt{\frac{3}{2}}$$

$$\sin \alpha = \frac{\sqrt{3}}{\sqrt{2}} \sin 45° = \frac{\sqrt{3}}{2}$$

よって　$\alpha = 60°$　　　　答 **60°**

(2)　屈折の法則 $\dfrac{\sin i}{\sin r} = \dfrac{n_2}{n_1}$ より，

$$n = \sqrt{\frac{3}{2}} \cdot \frac{\sin i}{\sin r} = \sqrt{\frac{3}{2}} \cdot \frac{\sin 45°}{\sin 30°}$$

$$= \sqrt{\frac{3}{2}} \cdot \frac{1}{\sqrt{2}} \cdot \frac{2}{1} = \sqrt{3}$$　　答 $\sqrt{3}$

(3)　屈折の法則 $\dfrac{\sin i}{\sin r} = \dfrac{n_2}{n_1}$ より，

$$\frac{\sin 30°}{\sin \beta} = \frac{1}{n} = \frac{1}{\sqrt{3}}$$

$$\sin \beta = \sqrt{3} \sin 30° = \frac{\sqrt{3}}{2}$$

よって　$\beta = 60°$　　　　答 **60°**

（真空中から平行な層に入射する場合，何回屈折を繰り返しても，最後に真空中に屈折する光は最初の入射光と平行になる。）

(4)　臨界角の式 $\sin \theta_0 = \dfrac{n_2}{n_1}$ より，

$$\sin \theta_0 = \frac{\sqrt{\dfrac{3}{2}}}{\sqrt{3}} = \frac{1}{\sqrt{2}}$$

よって　$\theta_0 = 45°$　　　　答 **45°**

基本例題 66　凸レンズによる像

図1のように，焦点距離 7.5 cm の凸レンズの左方 10 cm のところに，高さ 9.0 cm，幅 9.0 cm の物体を光軸と垂直に置いた。

(1)　像のできる位置はどこか。

(2)　この像は実像・虚像のいずれか。また，正立・倒立のいずれか。

(3)　半透明のスクリーンを光軸と垂直に置き，(2)の像をすべてスクリーンに映したい。スクリーンの縦の長さは最低何 cm 必要か。

(4)　レンズの一部を図2のような紙で覆う。(3)のスクリーンに映った像をかけ。

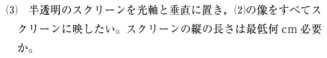
図1

手前がスクリーン
図2

●考え方　(2)　実像・虚像や正立・倒立は，像ができる様子を作図して判断する。

解答

(1)　レンズの公式 $\dfrac{1}{a}+\dfrac{1}{b}=\dfrac{1}{f}$ より

$$\dfrac{1}{10}+\dfrac{1}{b}=\dfrac{1}{7.5}$$

$$\dfrac{1}{b}=\dfrac{1}{7.5}-\dfrac{1}{10}=\dfrac{1}{30}$$

よって　$b=30$〔cm〕

答 レンズの右方 30 cm

(2)　像は下図のようになる。

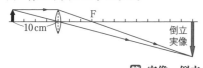

答 実像，倒立

(3)　像の倍率の式 $m=\left|\dfrac{b}{a}\right|$ より，この像の倍率は $m=\dfrac{30\ \text{cm}}{10\ \text{cm}}=3$ 倍なので，像の高さは 9.0 cm ×3＝27 cm　**答 27 cm**

(4)　(2)より，像は上下左右が逆になる。また，(3)よりサイズは縦横 27 cm。レンズの一部が欠けても，像は暗くなるだけで欠けることは無い。

答
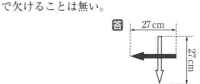

基本例題 67　球面鏡

球面鏡の前方 10 cm の位置に物体を置いたところ，物体と反対側 30 cm のところに像ができた。このとき次のものを答えよ。

(1)　像の倍率

(2)　この球面鏡の焦点距離 f と凹凸

(3)　像の種類

●考え方　・球面鏡の式中の a，b，f の正負に注意する。
　　　　　・像の種類は，光線と像をかいて判断する。

解答

(1) 像の倍率の式 $m = \left| \dfrac{b}{a} \right|$ より，

$m = \dfrac{30\ \mathrm{cm}}{10\ \mathrm{cm}} = 3.0$　　**答 倍率：3.0 倍**

(2) 球面鏡の公式 $\dfrac{1}{a} + \dfrac{1}{b} = \dfrac{1}{f}$ より

$\dfrac{1}{10} + \dfrac{1}{(-30)} = \dfrac{1}{f}$

よって　$f = 15\ (\mathrm{cm})$

$f > 0$ より，凹面である。

答 $f = 15\ \mathrm{cm}$，凹面鏡

(3) 鏡像ができる様子は，下図のようになる。

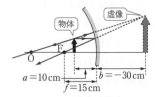

答 像の種類：正立虚像

基本問題

274 ▶ フィズーの光速測定実験

図1はフィズーによる光速測定実験の原理である。光源Sからの光はハーフミラーGで反射し，点Fで回転する歯車Wの歯の隙間を通り抜け，反射鏡Mで反射して再び点Fに戻り，ハーフミラーGを通って観測者に届く。歯車の回転数が遅いうちは反射光も同じ隙間を通り抜けて観測者に届

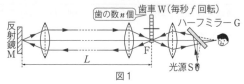

図1

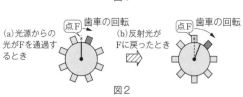

図2

くが，歯車の回転数を増していくと図2(b)のように戻ってきた光が隣の歯で遮られるようになるため，観測者の視界が暗くなる。このときの歯車の回転数を f，歯車の歯の数を n 個，光速を c，点Fと反射鏡Mの距離を L とする。

(1) 光が点Fと反射鏡Mの間を往復する時間 t_1 を求めよ。

(2) 図2の(a)から(b)までの時間 t_2 を，回転数 f と歯車の歯の数 n で表せ。

(3) 光速 c を求めよ。

275 ▶ 相対屈折率

右図のような入射角で，光が媒質Ⅰから媒質Ⅱに入射した。媒質Ⅰの屈折率は1.8，媒質Ⅰに対する媒質Ⅱの相対屈折率は $\dfrac{2}{3}$，光の媒質Ⅰ中の波長は $4.0 \times 10^{-7}\ \mathrm{m}$ である。次の問いに答えよ。

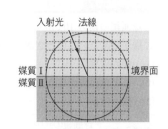

(1) 媒質Ⅱの屈折率はいくらか。

(2) 光の波長は媒質Ⅱの中ではいくらになるか。

(3) 光の進路をかけ。

276 ▶ 光の反射，屈折 屈折率 $n=\sqrt{3}$ のガラスでできた，1つの角が $60°$ の直角プリズム PQR の A 点に，右図のように光が入射した。

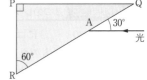

(1) A 点における反射角と屈折角の大きさはいくらか。

(2) A 点で屈折した光は，境界面 PQ に達する。このとき，空気中への屈折光は存在するか。存在する場合は，その屈折角の大きさはいくらか。また，存在しない場合はその理由を答えよ。

(3) この光の進路をかけ。ただし，境界面と垂直に入射するときの反射光は除く。

277 ▶ 浮き上がりと全反射 2つのコインと水槽を右図のように配置して，水槽に屈折率 $n=1.25$ の液体を入れた。真上から見ると，2つのコインはまったく同じ大きさに見えた。液体中のコイン上面の深さは液面から 30.0 cm である。

(1) 右側のコインを置いた台の高さは何 cm か。

(2) 次に，この液面下 30.0 cm のところに点光源を置く。光源の真上に円板を浮かべて，空気中へ光がもれないようにするためには，円板の半径 r は何 cm 必要か。

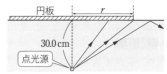

278 ▶ 浮き上がりの応用 水の屈折率を n とする。水面の上方 h のところにある光源を，水中に潜ってほぼ真下から見上げるとき，見かけの高さが $h'=nh$ になることを示せ。なお，θ が十分小さいとき，$\sin\theta ≒ \tan\theta$ となる。

279 ▶ レンズによる像 次の各場合について，①できる像の位置，②像の種類，③正立か倒立か，④像の大きさ をそれぞれ求めよ。

(1) 焦点距離 10 cm の凸レンズ前方 5.0 cm の光軸上に，大きさ 4.0 cm の物体を置く。

(2) 焦点距離 15 cm の凹レンズ前方 10 cm の光軸上に，大きさ 4.0 cm の物体を置く。

280 ▶ 凸レンズ 右図のように物体 A から 32 cm の距離にスクリーン B を置く。凸レンズを A から a だけ離れた L の位置に置くと，スクリーン B の上に A の像がはっきり写った。次に，このレンズ

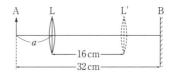

をさらに 16 cm だけ A から遠ざけて L′ の位置に置いたとき，再びスクリーン上に A の像がはっきり写った。次の量を求めよ。

① 図の a，② このレンズの焦点距離，③ レンズが L′ の位置にあるときの像の倍率

発展例題 68　2つのレンズによる像

次の文中の（　　）には数値を記入し、
｛　　｝内は正しいものを選べ。

図のように x 軸を定めて、焦点距離

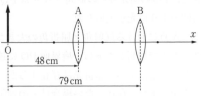

$f_A = 12\text{ cm}$ の凸レンズ A を

$x = 48\text{ cm}$ の位置に、焦点距離

$f_B = 10\text{ cm}$ の凸レンズ B を $x = 79\text{ cm}$ の位置に置く。次に、原点に高さ 6.0 cm の物体を置いたところ、レンズ B の右側 $x = (\quad ア\quad)$ cm の位置に高さ $(\quad イ\quad)$ cm の ｛正立・倒立｝の ｛実像・虚像｝ ができた。

●考え方

（ア）　レンズ A による像の位置に仮想の物体があるとみなし、この仮想物体のレンズ B による像の位置を計算する。

　　　｛正立・倒立｝ および ｛実像・虚像｝ の判断は、次の a または b を用いる。

a　「レンズを通る光の進路」および「物体の先端から出た光はレンズで屈折後、実像の先端に集まる」を利用して像を作図する。

b　「凸レンズの場合、レンズの公式で b が正なら倒立（物体と上下左右が逆）の実像である（b が負なら正立の虚像）」と覚える。

解答

（ア）　レンズ A による像：

レンズの公式 $\dfrac{1}{a} + \dfrac{1}{b} = \dfrac{1}{f}$ より

$$\frac{1}{48} + \frac{1}{b} = \frac{1}{12}$$

よって、$b = 16$〔cm〕

レンズ A による像の位置は

$$x = 48 + 16 = 64\text{ cm} \quad \cdots ①$$

レンズ B による像：

レンズ B と①の像の距離は

$$79 - 64 = 15\text{ cm}$$

レンズの公式に代入して

$$\frac{1}{15} + \frac{1}{b} = \frac{1}{10}$$

よって、$b = 30$〔cm〕

この像の位置は 79 cm ＋ 30 cm ＝ 109 cm

答 109

（イ）　像の倍率 $m = \left| \dfrac{b}{a} \right|$ より

レンズ A の倍率 $m_A = \dfrac{16\text{ cm}}{48\text{ cm}} = \dfrac{1}{3}$

レンズ B の倍率 $m_B = \dfrac{30\text{ cm}}{15\text{ cm}} = 2$

よって、像の大きさは

$$6.0\text{ cm} \times \frac{1}{3} \times 2 = 4.0\text{ cm} \quad \text{答 } \mathbf{4.0}$$

（｛正立・倒立｝ および ｛実像・虚像｝ の判断）

2つのレンズによる像は次のようになる。

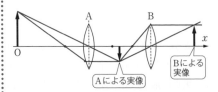

答 正立，実像

〈別解〉レンズ A による像は $b > 0$ なので上下左右が逆転した実像、これを物体とみなしたときのレンズ B による像も $b > 0$ なので、上下左右が逆転した実像となる。合計 2 回逆転し、元の正立に戻る。

発展問題

281 ▶光ファイバー 図は，光ファイバーの中心軸を含む断面の一部を表している。コアとクラッドの境界面は，中心軸と平行である。コアの屈折率を n_1，クラッドの屈折率を n_2 とし，

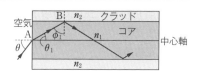

光ファイバーの左端の面は中心軸に対して垂直とする。

(1) 点 A で空気中から入射角 θ で入射した光線が，屈折角 θ_1 でコア内に進んだ。このとき，θ と θ_1 の間に成り立つ式をかけ。

(2) 図のように，屈折後にコア内を進む光線が，クラッドとの境界面上の B 点に入射角 ϕ_1 で入射した。ϕ_1 を用いて，この光線が全反射するための条件を不等式で示せ。

(3) この光線がコア内で全反射を繰り返しながら進むためには $\sin\theta$ がある値より小さくなる必要がある。この条件を不等式で示せ。 (2009　静岡大　改)

282 ▶明視の距離

虫眼鏡と顕微鏡の原理を考えてみる。

(1) 焦点距離 $\overline{OF_1} = \overline{OF_2} = 20$ mm の凸レンズがある。物体 AA′ をレンズの中心 O より 24 mm 左側の位置に置くと，レンズの右側に拡大された像 BB′ ができ

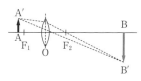

た。像 BB′ と凸レンズの距離 $\overline{OB}$，および物体 AA′ の拡大率を求めよ。

次に，虫眼鏡のように物体を拡大して観察する場合を考える。物体 AA′ を(1)と同じ凸レンズの焦点よりわずかにレンズに近い位置に置いて右側の焦点 F_2 の付近からレンズをのぞくと，拡大された虚像 BB′ が見える。

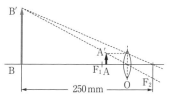

(2) 明視の距離（虚像と眼との距離）を 250 mm とする。眼の位置をレンズの焦点 F_2 にして，明視の距離の位置で虚像 BB′ を見たい。レンズと物体 AA′ の距離 $\overline{OA}$ をいくらにすればよいか。また，このときの物体 AA′ の拡大率を求めよ。

(3) 2 枚の凸レンズを組み合わせて顕微鏡を作る。レンズ L_1 の焦点距離は 20 mm，レンズ L_2 の焦点距離は 50 mm である。物体 AA′ とレンズ L_1 の距離を 24 mm とする。

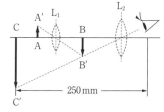

図のようにレンズ L_2 の右側の焦点の位置からのぞき，明視の距離（虚像 CC′ と眼との距離）が250 mm であった場合，L_1 と L_2 の距離 $\overline{L_1L_2}$ はいくらか。また，このときの物体 AA′ の拡大率を求めよ。 (2001　名古屋大　改)

17 光の干渉

◆1 ヤングの実験(複スリットを通った光の干渉)

点Pから2つのスリット S_1, S_2
までの
距離の差

$$|PS_1 - PS_2| \fallingdotseq d\sin\theta \fallingdotseq \frac{dx}{l}$$

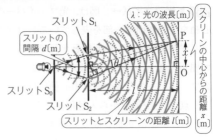

明暗の条件式

$$\frac{dx}{l} = \begin{cases} \dfrac{\lambda}{2} \times 2m & \cdots \text{明帯の中心} \\[2ex] \dfrac{\lambda}{2}(2m+1) & \cdots \text{暗帯の中心} \end{cases}$$

$(m = 0, 1, 2, \cdots)$

干渉縞の間隔 $\quad \Delta x = \dfrac{l}{d}\lambda$

◆2 回折格子

・**回折格子**：ガラスなどに1cmあたり 10^2～
10^3 本の平行な溝を等間隔に刻んだもの。

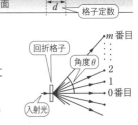

・**格子定数** d：溝の間隔〔m〕

右図のように，回折光が強め合い，角度 θ の方向に
進む条件を式で表すと

強め合う条件 $\quad d\sin\theta = m\lambda \quad (m=0, 1, 2, \cdots)$

◆3 光の干渉条件

(1) 光路差と光路長

・**光路長** nl：（光が通った媒質の屈折率 n）×（光の経路長 l〔m〕）

・**光路差**：光路長 nl の差　（真空や空気の屈折率は $n=1$）

(2) 2つの光の干渉条件：(3)，(4)，(5)で求めた光路差をこの条件式に代入する。

	2つの光が同位相で重なり，強め合って明るくなる条件	2つの光が逆位相で重なり，打ち消し合って暗くなる条件
反射の際の位相反転の合計が偶数回	①（光路差）$=\dfrac{\lambda}{2}\times 2m = m\lambda$ $(m=0, 1, 2, \cdots)$ ⇒ 半波長の偶数倍	②（光路差）$=\dfrac{\lambda}{2}(2m+1)$ $(m=0, 1, 2, \cdots)$ ⇒ 半波長の奇数倍
反射の際の位相反転の合計が奇数回	③（光路差）$=\dfrac{\lambda}{2}(2m+1)$ $(m=0, 1, 2, \cdots)$ ⇒ 半波長の奇数倍	④（光路差）$=\dfrac{\lambda}{2}\times 2m = m\lambda$ $(m=0, 1, 2, \cdots)$ ⇒ 半波長の偶数倍

式①だけを覚える。残りは「偶数⇔奇数」が入れ替わるだけ。

・**反射の際の位相変化**：入射側の屈折率が $\begin{cases} \text{小} \rightarrow \text{位相が反転} \\ \text{大} \rightarrow \text{位相は変化しない} \end{cases}$

(3) **薄膜による干渉**：薄膜の表面と
裏面で反射する光の干渉（右図）

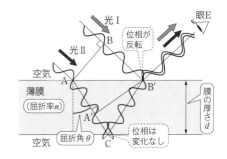

・右図の2つの光の光路差は

$2nd\cos\theta$

反射の際の位相反転の合計は1回
→(2)の表③または④に当てはまる。

→干渉により強め合って明るくな
る条件式は，

$$2nd\cos\theta=\frac{\lambda}{2}(2m+1) \text{ になる。}$$

(4) **くさび形空気層による干渉**

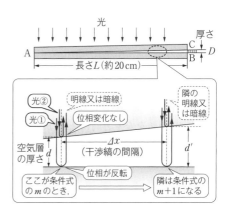

・空気の屈折率は $n=1$ なので光路
差は空気層の厚さの2倍（右図の
$2d$ あるいは $2d'$）

反射の際の位相反転の合計は1回
→(2)の表③または④に当てはまる。

→干渉により反射光が強め合って明
るくなる条件式は

$$2d=\frac{\lambda}{2}(2m+1)$$

隣の明線は $2d'=\frac{\lambda}{2}\{2(m+1)+1\}$

干渉縞の間隔 $\quad \Delta x=\frac{L\lambda}{2D}$

(5) **ニュートンリング** （平凸レンズとガラス板の間の空気層による干渉）

右図で，空気層の厚さ $d\fallingdotseq\frac{r^2}{2R}$

空気の屈折率は $n=1$ なので，2
つの光の光路差は

$$1\times2d\fallingdotseq\frac{r^2}{R}$$

位相反転の合計は1回
→(2)の表③または④に当てはまる。

→明環の条件式は $\dfrac{r^2}{R}=\dfrac{\lambda}{2}(2m+1)$，暗環の条件式は $\dfrac{r^2}{R}=\dfrac{\lambda}{2}\times2m$

明環の半径 $r=\sqrt{\dfrac{R\lambda}{2}(2m+1)}$，　暗環の半径 $r=\sqrt{mR\lambda}$ $(m=0,\ 1,\ 2,\ \cdots)$

（暗環の式で $m=0$ のとき $r=0$ → 中心は暗部である）

WARMING UP／ウォーミングアップ

1 $x \ll 1$ のとき，近似式 $(1+x)^n \fallingdotseq 1+nx$，$\sin x \fallingdotseq \tan x \fallingdotseq x$ が成立する。近似式を用いて次の値を求め，電卓による計算結果や三角関数表と比較せよ。

(1) 1.02^2　　(2) $\sqrt{1.05}$　　(3) $\sin 0.070$　（角度の単位は rad）

(4) $\tan 0.052$（角度の単位は rad）　(5) $\sqrt{4.12}$

2 右図のヤングの実験で，光の波長 $\lambda = 6.4 \times 10^{-7}\,\mathrm{m}$，スリットとスクリーンの距離 $l = 2.0\,\mathrm{m}$，スリットの間隔 $d = 0.10\,\mathrm{mm}$ のとき，図の x はいくらになるか。

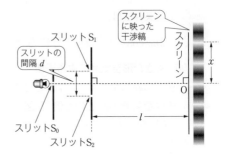

3 回折格子の面に垂直に波長 $5.23 \times 10^{-7}\,\mathrm{m}$ の光線を入射させたところ，入射光の延長線と $3.0°$ の角をなす方向に 2 次 $(m=2)$ の明線が現れた。$\sin 3° = 0.0523$ である。この回折格子の格子定数はいくらか。また，この回折格子には $1.0\,\mathrm{cm}$ あたり何本の溝が刻まれているか。

4 右図の 2 つの光の光路差を求めよ。

5 光が，右図のように屈折と反射を繰り返して進んだ。$1 < n_1 < n_2$ のとき，この光の位相反転の合計は何回か。

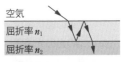

6 空気中で，厚さ $7.0 \times 10^{-7}\,\mathrm{m}$，屈折率 $\sqrt{3}$ の薄膜に，図のように屈折角が $30°$ になるように波長 $6.0 \times 10^{-7}\,\mathrm{m}$ の平行な光線を当てて反射光を観察した。この光は明るく見えるか，それとも暗く見えるか。

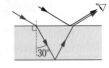

7 長さ $20\,\mathrm{cm}$ の 2 枚のガラス板の一端に薄いアルミ箔をはさみ，波長 $6.0 \times 10^{-7}\,\mathrm{m}$ の光を当てて真上から観察すると，明るい線の間隔が $0.50\,\mathrm{cm}$ の平行な干渉縞が見えた。アルミ箔の厚さはいくらか。

8 平らなガラス板の上に平凸レンズを置き，真上から反射光を観察したところ，右のような写真が映った。図中の暗環の半径 r' は r の何倍か。

基本例題 69　ヤングの実験

図はヤングの干渉実験を示しており，D は波長 λ の光源，複スリットの間隔 $S_1S_2 = d$，スクリーンと複スリットの距離 L，スクリーンの中心 O から x だけ離れた点を P とする。また，x と d は L に比べて十分に小さい。

(1)　P から 2 つのスリットまでの距離の差 $|PS_2 - PS_1|$ を求めよ。

(2)　点 P に m 番目（$m = 0，1，2，\cdots$）の明線が現れる条件式を答えよ。

(3)　干渉縞の間隔 Δx の値を求めよ。

(4)　入射光線の色が赤色と緑色の場合で，干渉縞の間隔 Δx が大きいのはどちらか。

(5)　$d = 2.0 \times 10^{-4}$ m，$L = 1.2$ m，$\Delta x = 3.0 \times 10^{-3}$ m だった。当てた光の波長はいくらか。

(6)　(5)の装置を屈折率 1.2 の液体中に入れて実験するとき，干渉縞の間隔 Δx はいくらになるか。

●考え方
(2)　明帯の中心を「明線」という。
(4)　光の色の波長 λ は，赤→橙→黄→緑→青→藍→紫の順に短くなる。
(6)　屈折率 $n = \dfrac{\lambda}{\lambda'}$ より，屈折率 n の媒質中では光の波長が $\lambda' = \dfrac{\lambda}{n}$ になる。

解答

(1)　ヤングの実験の式 $|PS_2 - PS_1| \fallingdotseq \dfrac{dx}{l}$

より　　　　　　**答** $|\boldsymbol{PS_2 - PS_1}| \fallingdotseq \dfrac{\boldsymbol{dx}}{\boldsymbol{L}}$

(2)　明線の条件式 $\dfrac{dx}{l} = \dfrac{\lambda}{2} \times 2m$ より

答 $\dfrac{\boldsymbol{dx}}{\boldsymbol{L}} = \boldsymbol{m\lambda}$

(3)　干渉縞の間隔の式 $\Delta x = \dfrac{l\lambda}{d}$ より

答 $\boldsymbol{\Delta x = \dfrac{L\lambda}{d}}$

(4)　波長 λ は緑色より赤色の方が長いので，(3)より Δx は赤色の方が大きい。

答 **赤色**

(5)　(3)より

$$\lambda = \frac{d\Delta x}{L} = \frac{2.0 \times 10^{-4}\ \text{m} \times 3.0 \times 10^{-3}\ \text{m}}{1.2\ \text{m}}$$

$= 5.0 \times 10^{-7}$ m　　**答** $\boldsymbol{5.0 \times 10^{-7}}$ **m**

(6)　(3)の $\Delta x = \dfrac{L\lambda}{d}$ より，L と d が同じ場合，干渉縞の間隔 Δx は波長 λ に比例する。また，屈折率 $n = 1.2$ の液体中では光の波長が $\lambda' = \dfrac{\lambda}{n} = \dfrac{\lambda}{1.2}$ になるので，干渉縞の間隔 Δx も $\dfrac{1}{n} = \dfrac{1}{1.2}$ 倍になる。

新たな $\Delta x = \dfrac{3.0 \times 10^{-3}\ \text{m}}{1.2} = 2.5 \times 10^{-3}$ m

答 $\boldsymbol{2.5 \times 10^{-3}}$ **m**

基本例題 70 回折格子

　空気中で，$1.0\,\text{cm}$ あたり 2000 本の溝が刻まれた回折格子に，波長 $5.0\times10^{-7}\,\text{m}$ の緑色のレーザー光を当てたところ，回折格子と平行に置いたスクリーン上にいくつかの輝点が現れた。真空中における光の速さを $3.0\times10^{8}\,\text{m/s}$ とする。

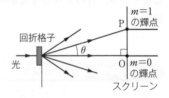

(1)　この緑色レーザー光の振動数は何 Hz か。

(2)　この回折格子の格子定数 d の値は何 m か。

(3)　当てた光と $m=1$ の輝点の方向に進む光のなす角を θ とする。$\sin\theta$ を求めよ。

(4)　この実験を液体中で行ったところ，$m=1$ のときの $\sin\theta$ の値が(3)の 0.75 倍になった。この液体の屈折率を求めよ。

(5)　赤色のレーザー光に変えると，輝点の間隔は広くなるか，狭くなるか。

●考え方
(2)　回折格子の溝の間隔＝格子定数 d

(4)　新たな回折角を θ_1 とすると $\dfrac{\sin\theta_1}{\sin\theta}=0.75$

これ以外は，文字のまま計算すれば(2)(3)ができなくても解ける。

解答

(1)　波の速さの式 $v=f\lambda$ より

$$f=\frac{v}{\lambda}=\frac{3.0\times10^{8}\,\text{m/s}}{5.0\times10^{-7}\,\text{m}}=6.0\times10^{14}\,\text{Hz}$$

答 6.0×10^{14} Hz

(2)　$d=\dfrac{1.0\,\text{cm}}{2000}=\dfrac{1.0\times10^{-2}\,\text{m}}{2\times10^{3}}$

　　　$=5.0\times10^{-6}\,\text{m}$　　**答 5.0×10^{-6} m**

(3)　回折格子による干渉の式

$d\sin\theta=m\lambda$ より，

$$\sin\theta=\frac{m\lambda}{d}=\frac{1\times5.0\times10^{-7}\,\text{m}}{5.0\times10^{-6}\,\text{m}}=0.10$$

答 0.10

(4)　新たな回折角を θ_1 とすると，

$$\frac{\sin\theta_1}{\sin\theta}=0.75 \quad \cdots ①$$

屈折率 n の液体中の波長 $\lambda'=\dfrac{\lambda}{n}$　$\cdots ②$

回折格子による干渉の式 $d\sin\theta=m\lambda$ より，

空気中：$d\sin\theta=1\times\lambda$　$\cdots ③$

液体中：$d\sin\theta_1=1\times\lambda'$　$\cdots ④$

④÷③：$\dfrac{\sin\theta_1}{\sin\theta}=\dfrac{\lambda'}{\lambda}$

これに①と②を代入して　$0.75=\dfrac{1}{n}$

よって $n=1.33\cdots$　　**答 1.3**

〈別解〉　(2)(3)の結果を利用する。

屈折の式　$\dfrac{\lambda}{\lambda'}=n$ より，

　液体中の波長 $\lambda'=\dfrac{\lambda}{n}=\dfrac{5.0\times10^{-7}}{n}$ 〔m〕

$d\sin\theta=m\lambda$ より

　$5.0\times10^{-6}\,\text{m}\times(0.10\times0.75)$

　　$=1\times\dfrac{5.0\times10^{-7}\,\text{m}}{n}$

よって $n=\dfrac{1}{0.75}=1.33\cdots$

(5)　波長は，緑色より赤色の方が長い。$d\sin\theta=m\lambda$ で，m が同じなら，波長 λ が長いほど $\sin\theta$ の値が大きく輝点の間隔が広い。したがって，赤色の方が緑色より輝点の間隔が広い。　**答 広くなる。**

> ### 基本問題

283▶ヤングの実験 図1のように，2枚のついたて A，B を距離 L だけ離して平行に立て，A にはスリット S_0 を，B にはスリット S_1，S_2 を，間隔 d で S_0 から等距離になるように取り付ける。次にスクリーン C を，A，B と平行に距離 $l(l \gg d)$ 離して置く。この後，S_0 の左側の光源 Q から波長 λ の単色光を送ったところ，C 上に明暗の縞模様が見えた。C の中心を O，図の OP=y とする。

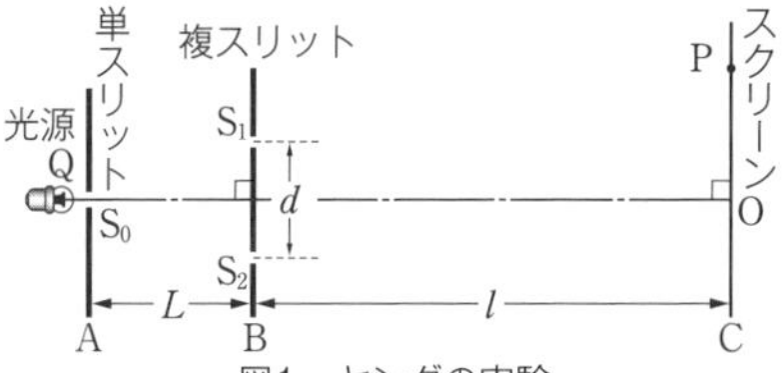

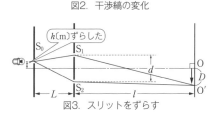
図1. ヤングの実験

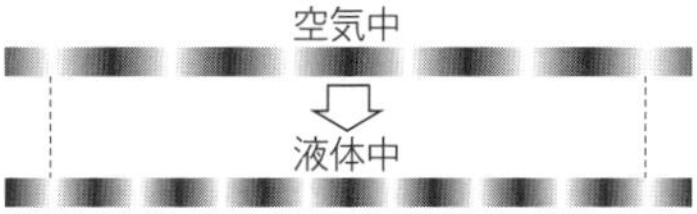

図2. 干渉縞の変化

(1) $m=0$，1，2，…とする。点 P が暗線の中心となるとき，y を d，l，λ，m を用いて表せ。

(2) この実験を屈折率 n の液体中で行ったところ，干渉縞が図2のように変化した。n の値を求めよ。

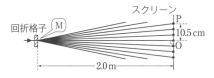
図3. スリットをずらす

(3) 次に，図3のようにスリット S_0 の位置を上方に $h(h \ll L)$ ずらしたところ，中央の明線の位置が下に D ずれた。D を求めよ。

(4) 3色の光源（赤色光，緑色光，紫色光）を交互に取り替えて干渉縞を観察したところ，図4のような干渉縞が観察された。(a)，(b)，(c) のときの光源の色を答えよ。

図4 (a)
(b)
(c)

284▶回折格子 波長 7.0×10^{-7} m の赤色レーザー光を薄い回折格子に垂直に当て，2.0 m 離してスクリーンを回折格子と平行に置いたところ，右図のような輝点が現れた。また，スクリーンの中心 O から3つ目の輝点 P までの距離が 10.5 cm であった。回折格子上の，レーザー光が通った点を M とし，∠PMO=θ とする。θ が微小なので，$\sin\theta \fallingdotseq \tan\theta$ として計算せよ。

(1) この回折格子には，1.0 cm あたり何本の溝が刻まれているか。

(2) 波長 5.0×10^{-7} m の緑色のレーザー光を当てると，輝点の間隔は何 cm になるか。

(3) この装置を液体中に入れ，波長 7.0×10^{-7} m の赤色レーザー光を当てたところ，輝点の間隔が 2.8 cm になった。この液体中での光の速さは真空中の何倍か。

285▶薄膜の干渉 屈折率 n' の液体の上に，屈折率 $n(n<n')$ の油の薄い膜（膜厚は d）が浮かんでいる。空気中を進んできた波長 λ の単色光が，右図のように油膜の表面および裏面で反射する。ただし，液体中に屈折する光は省略されている。

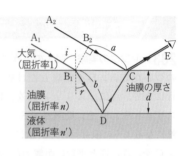

油膜への入射角を i，屈折角を r，図中の $B_2C=a$，$B_1D=b$ とする。

(1) この単色光の油膜の中の波長はいくらか。

(2) 次の文中の｛ ｝内より正しい方を選べ。

点 C における反射では位相は^①｛π 変化し・変化せず｝，点 D における反射では位相は^②｛π 変化する・変化しない｝。

(3) 図中の 2 つの光の光路差を，a，b，n を用いて表せ。

(4) 図中の 2 つの光の光路差が $2nd\cos r$ となることを示せ。

(5) $m=0$，1，2，…とする。E 点で観察するとき，2 つの光が強め合って明るく見えるための条件式を，m と油膜の厚さ d および必要な文字を用いて表せ。

286▶薄膜の干渉 屈折率 1.5 の物質で厚さ 5.0×10^{-7} m の膜を作り，図1のように波長 6.0×10^{-7} m の単色光を垂直に当てた。

(1) 真上から見るとき，反射光の強さは極大，極小どちらになっているか。

(2) 次に，図 2 のように入射角と眼の位置を変化させると屈折角 r が増し，観察される反射光の強さが減少した。反射光の強さが最初に極小になるときの $\cos r$ の値を求めよ。

図1　図2

287▶くさび形空気層による干渉 図のように，2枚の平行平面ガラスを合わせ，両者の接点 O から距離 l のところに厚さ h の薄い紙をはさんだ。真上から波長 λ の単色光を当てて上から反射光を観察すると，等間隔で平行な干渉縞が見えた。

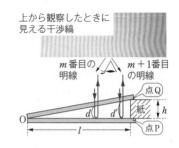

(1) 接点 O から数えて m 番目（$m=0$，1，2，…）の明線が見える位置におけるガラス間の空気層の厚さを d として，d，m，λ の間の関係式をかけ。

(2) 接点 O から数えて $m+1$ 番目の明線の位置の空気層の厚さを d' とすると，d，d'，λ の間にはどのような関係式が成り立つか。

(3) 明線の間隔が $\Delta x=\dfrac{l\lambda}{2h}$ となることを示せ。

288▶くさび形空気層の干渉 2枚の平面ガラスの一端ど
うしを密着し, そこから $10\,\mathrm{cm}$ のところに紙片をはさむ。
このガラス板の真上から波長 $5.5\times10^{-7}\,\mathrm{m}$ の単色光を当て
て上方から見ると等間隔の明暗の縞模様が見え, 暗線の間
隔が $2.5\,\mathrm{mm}$ だった。

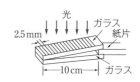

(1) 紙片の厚さはいくらか。

(2) ガラス板の間を液体で満たすと, 暗線の間隔が $2.0\,\mathrm{mm}$ になった。液体の屈折率は
  いくらか。

289▶ニュートンリング 平面ガラス板の上に球面の
半径が R の平凸レンズを置き, その上方から波長 λ の
単色光を当てて真上から反射光を観察すると, 同心円状
の明暗の縞模様が見えた。平面ガラスと平凸レンズの接
点 P から水平に r 離れた位置 Q での空気層の厚さを d
とする。なお, 実際の寸法は $R\fallingdotseq10\,\mathrm{m}$, $r\fallingdotseq10^{-2}\,\mathrm{m}$ なの
で, r は R に比べて十分小さい $(r\ll R)$ とみなすことが
できるため, $\sqrt{R^2-r^2}\fallingdotseq R-\dfrac{r^2}{2R}$ の近似式が成り立つ。

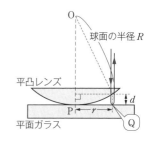

(1) $m=0$, 1, 2, … とする。Q の位置が暗く見えると
  き, d, λ, m の間に成り立つ式をかけ。

(2) 右図(a), (b)のいずれの縞模様が見えるか。

(3) 上の近似式を利用して, d を R と r で表せ。

(4) 明環を中心 P から $m=0$, 1, 2, … と数えるとき,
  明環の半径が $r=\sqrt{\dfrac{R\lambda}{2}(2m+1)}$ となることを示せ。

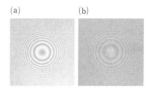

290▶ニュートンリング 平面ガラス板の上に球面の半径が R の平凸レンズを置き,
その上方から単色光を当て, 真上あるいは真下にカメラを置いて干渉の様子を撮影した
ところ, 図(a)～図(c)の写真が得られた。

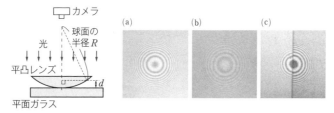

(1) 真下から撮影したときの写真は, (a), (b)のどちらか。理由とともに答えよ。

(2) 上の装置に青色と赤色の光を半分ずつ同時に当てたところ, 図(c)の写真が得られた。
  真上, 真下どちらから撮影したものか。また, 写真の左半分は何色の光による干渉か。
  それぞれ理由とともに答えよ。

発展例題 71 ヤングの実験

図1はヤングの
実験を示しており，
スリットの間隔は
d，スリットとス
クリーンの距離は

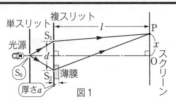

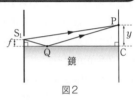

l，また$l \gg d$である。

(1) 図1のように，下側のスリットを屈折率n，厚さaの薄膜でおおったところ，ス
クリーン上の中心Oからm番目($m=0$，1，2，…)の明線の位置がhだけずれた。

 ① 図の上下どちらにずれるか。 ② hを求めよ。

(2) 図2のように下側のスリットをふさぎ，上側のスリットS_1から距離fだけ下に
鏡を置く。ただし，点Cは中心Oより上側にあるとする。

 ③ スクリーン上で，点Cからyだけ離れた点Pが明線になる条件式をかけ。

 ④ 明線の間隔Δyを求めよ。

●考え方

(1) $l \gg d$なので，薄膜を通過する光の経路長は膜の厚さaに等しいとみなせる。
図1では反射が無く位相反転の合計は0なので，強め合って明るくなる条件式
は(光路差)＝(半波長の偶数倍)。「中心O」では，条件式の$m=0$。

(2) 反射による位相反転が1回なので，強め合って明るくなる条件式は
(光路差)＝(半波長の奇数倍)である。また，ヤングの実験の公式の$d \to 2f$，$x \to y$

解答

(1) 図1の2つの光の光路差は

$na+1 \times (PS_2 - a) - 1 \times PS_1$

$= a(n-1) + PS_2 - PS_1$

ヤングの実験の式$|PS_1 - PS_2| \fallingdotseq \dfrac{dx}{l}$を

代入して，(光路差)$=a(n-1) + \dfrac{dx}{l}$

位相変化が0なので，強め合って明るく

なる条件式は $a(n-1) + \dfrac{dx}{l} = m\lambda$

$m=0$，$x=x_0$のとき，

$a(n-1) + \dfrac{dx_0}{l} = 0$

よって $x_0 = -\dfrac{la(n-1)}{d}$ （<0）

$h=|x_0|$より，$h = \dfrac{la(n-1)}{d}$

答 ①：下にずれる ②：$h = \dfrac{la(n-1)}{d}$

(2)③ 図2で干渉する光の光路差は，

$1 \times (S_1Q + QP - PS_1) = PS_2 - PS_1$

ヤングの実験の式$|PS_1 - PS_2| \fallingdotseq \dfrac{dx}{l}$よ

り，$PS_2 - PS_1 \fallingdotseq \dfrac{2fy}{l}$

反射による位相反転が1回なので，Pが
強め合って明るくなる条件は

答 ③：$\dfrac{2fy}{l} = \dfrac{\lambda}{2}(2m+1)$

④ ③より，図2のm番目と$m+1$番
目の明線のyは

$y_m = \dfrac{l\lambda}{4f}(2m+1)$，$y_{m+1} = \dfrac{l\lambda}{4f}(2m+3)$

よって $\Delta y = y_{m+1} - y_m = \dfrac{l\lambda}{2f}$

答 ④：$\Delta y = \dfrac{l\lambda}{2f}$

発展問題

291▶回折格子 コンパクトディスク
(CD)に光を当てると，図1のように多
数の反射光が生じる。これは，図2のよ
うにCDの表面にピットという微小な

図1．CDによる反射　　図2．反射部分の断面図

突起とランドという平坦な部分が密に並んでおり，これらが反射型の回折格子の役割を
果たすからである。CDは，ピットとランドが交互にそれぞれ等間隔に直線状に並んだ
反射板とみなすことにする。

(1) 波長 λ の光がCDの表面に垂直に入射し，ランドにおいて反射されて角度 θ の方向
に進む場合，ランドの間隔を d として，光が強め合う干渉条件の式を示せ。なお，ピッ
トからの反射光は考慮しないものとする。

(2) 波長 $\lambda=800$ nm の単色光をCDの表面に垂直な方向から当てると，図2の $\theta=30°$
の方向に1次の反射光が見られた。ランドの間隔 d を求めよ。1 nm $=10^{-9}$ m である。

(3) ピットからの反射光も考慮してみる。CDの表面に垂直に入射した波長 $\lambda=800$ nm
の光が図2の $\theta=0°$ の方向に反射されるとき，ピットからの反射光とランドからの反
射光が打ち消し合うときのピットの高さ h の最小値を求めよ。

(2008　滋賀医科大　改)

292▶薄膜の干渉 空気の中に厚さ $d=5.2\times10^2$ nm，屈折率 $n=1.5$ の薄膜を置き，
$\sin i_0=0.75$ を満たす入射角で光が入射する場合を考える。1 nm $=10^{-9}$ m，$\sqrt{3}=1.73$
として，次の問いに答えよ。

(1) 入射する光の波長が 4.0×10^2 nm から 7.0×10^2 nm までの間の値をとるとき，反射
光が強め合う条件を満たす波長が何個存在するか求めよ。

(2) 同じ屈折率 $n=1.5$ で，異なる厚さの空気中に置かれた薄膜に垂直に光が入射する
場合を考える。入射する光の波長を 4.0×10^2 nm から 7.0×10^2 nm の間で変化させた
ところ，反射光が強め合う条件を満たす波長が2個存在した。そのうち，長い方の波
長は 6.5×10^2 nm であった。このとき，次の値をそれぞれ有効数字2桁で求めよ。

(a) 膜の厚さ

(b) 強め合う条件を満たすもう1つの波長　　　　　　(2010　大阪府大　改)

293▶ニュートンリング 単色光の波長が $\lambda=5.9\times10^{-7}$ m のと
き，右の装置を上から見ると半径 2.30×10^{-3} m と 2.57×10^{-3} m
の暗い環が隣り合って見えた。このとき，平凸レンズの球面の半
径 R を有効数字2桁で求めよ。　　　　　　　　　(岩手大　改)

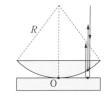

総合問題

294▶波の反射・回折・干渉　浅く水を張った底面が水平な水槽で，図1のように波源Gを鉛直方向に周期Tで振動させて，振幅Aの右向きに進む波面が直線状の波を作る。右方には波源Gと平行な壁が立っており，波源Gと壁から等距離の位置に点Qをとる。時刻$t=0$における波の断面は，波源Gからの距離をXとして図2のようになっており，波は点Qまで進んでいた。

図1

発生した波の波長をλ，波源Gと壁の距離が3λ，波は減衰しないとして，次の問いに答えよ。

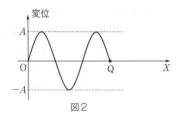

図2

(1)　波源Gにおける変位と時刻tの関係を，$0 \leqq t \leqq 2T$の範囲でグラフにかけ。

(2)　時間が経つと波は点Qからさらに右に進み，壁で自由端反射する。点Qにおける変位と時刻tの関係を，$0 \leqq t \leqq 4T$の範囲でグラフにかけ。

(3)　図3のように，壁に点Oをとり，そこから壁に垂直に距離lだけ離れた点をP，点Pから壁と平行に距離xだけ離れた点をRとする。点Oの両側にそれぞれ距離dだけ離れたところに，2つの隙間AとBを設ける。隙間の

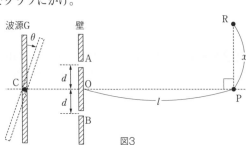

図3

幅は十分に狭く，壁の右側へは隙間を中心とした円形波が広がっていく。ここで，lはdおよびxに比べて十分大きいとする。

(a)　隙間Bを閉じて隙間Aのみをあけると，点Rの水面が上下に振動した。さらに隙間Bをあけると点Rの水面は振動しなくなった。PRの距離xはいくらか。ただし，任意の整数をmとする。

(b)　波源Gと直線POの交点をCとする。波源GをCを中心に右回りに徐々に回転させていくと，その角度がθになったときに点Rの水面の振動が初めて極大になった。$\sin\theta$の値はいくらか。

(2008　新潟大　改)

295 ▶気柱の共鳴と斜め方向のドップラー効果　管の中では気柱の共鳴という現象が起こる。そのときの振動数を固有振動数と呼ぶ。なお，以下で用いる管は細いので，開口端補正は無視できるものとする。

〔A〕　管の長さをL，空気中の音の速さをVとして，次の問いに答えよ。

(1)　管の両端が開いているときの固有振動数のうち，小さい方から3番目までの振動数を求めよ。

(2)　管の一端が開いていて，他端が閉じられているときの固有振動数のうち，小さい方から3番目までの振動数を求めよ。

〔B〕　長さ1.00 mの透明で細長い管の左端に膜を張り，この膜を外部からの電流によって微小に振動させ，管の中に任意の振動数の音波を発生できるようにした。管は水平に置かれ，内部には細かなコルクの粉が少量まかれていて，空気の振動の様子が見えるようになっている。

　管の右端をふたで閉じ，音波の振動数をゆっくり変化させた。振動数を400 Hzから700 Hzまで変化させたとき，519 Hzと692 Hzで共鳴が起こり，空気の振動の腹と節がコルクの粉の分布ではっきり見えた。なお，他の振動数では共鳴は起こっていない。

(1)　692 Hzでの共鳴のときの空気の振動の節の位置を，管の右端からの距離で答えよ。

(2)　この条件を用いて，音の速さVを求めよ。

〔C〕　次に，〔B〕で行った実験では閉じられていた右端を開いて，振動数を400 Hzから700 Hzまで変化させた。今度は振動数がf_1とf_2で共鳴が起こり，管は大きな音で鳴った。ここで，$f_1<f_2$である。

　開口端補正を無視してf_1，f_2を求めよ。

〔D〕　ここで，この装置を自転車にのせてサッカー場に行った。固有振動数f_1の音を出しながら，図に示すようにサイドライン上を点Aから点Cに向かって一定の速さvで走る。点Cにはマイクロフォンと増幅器とスピーカーがあり，マイクロフォンでとらえた音を増幅してスピーカーで鳴らす。三角

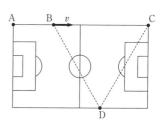

形BCDが正三角形になるように，サイドライン上に点Bと点Dを設定する。点Dで装置からの音とスピーカーからの音を聞く。風の影響は無視して，次の問いに答えよ。

(1)　点Dでは，2つの音源からの音により，うなりが生じる。点Bからの音とスピーカーからの音が重なって生じるうなりの振動数を，音の速さV，自転車の速さv，振動数f_1を用いて表せ。

(2)　自転車がBを通過するときのうなりの振動数は2 Hzであった。この値を用いて，自転車の速さを有効数字1桁で求めよ。なお，音の速さの値は〔B〕で求めたものを用い，自転車の速さvが音速Vより十分に小さいので，$\dfrac{v}{V}\fallingdotseq0$として計算を進めよ。

（2010　東京大）

296 ▶ 音源が単振動する場合のドップラー効果

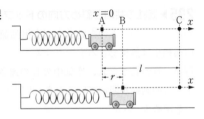

　図のように，ばねの左端を壁に固定し，右端に台車をつなぎ，なめらかで水平な床の上に置いた。この台車には振動数 f の音を出す音源が積まれており，音源を含めた台車全体の質量は m である。

　この台車を，図のように音源が A から B の位置となるまで，距離 r だけ壁に直交するように水平に引っ張り，静かに離したところ，減衰することなく周期 T の単振動を始めた。

　ばねが自然長にあるときの音源の位置を原点とし，台車を引っ張る向きが正となるように x 軸をとる。また，空気中の音の速さを V，台車を離した瞬間の時刻を $t=0$，台車の速さの最大値を u，円周率を π とする。このとき，次の問いに答えよ。ただし，壁は低く音の反射の効果は無視でき，風は吹いていないものとする。

(1)　時刻 t の音源の位置 x と，その位置における音源の速度 v を t，r，T，u，π のうち必要な記号を用いて表せ。

(2)　ドップラー効果に関する以下の文章の（　）に入る式を，v，V，f，Δt のうち必要な記号を用いて表せ。

　この音源は単振動をしているが，十分に短い時間 Δt〔s〕をとればその間の速度 v の変化は無視することができる。音源が観測者に近づいているとき，Δt の間に音源と音源から出た音の進む距離には（　ア　）〔m〕の差が生じ，この距離の中には（　イ　）個の波がつまっているので，その波長は（　ウ　）〔m〕と表される。したがって観測者が聞く音の振動数は（　エ　）〔Hz〕と表される。

(3)　音源から f_0 の音が出ているとき，この音を原点から l だけ正の向きに離れた x 軸上の観測者 C が聞いた。ただし，$l>r$ とする。

　(a)　観測者 C が聞いた振動数が最初に最大となる音は，音源がどの位置 x にあるときに発せられたか。また，その音が発せられた時刻 t を T を用いて表せ。

　(b)　観測者 C が最初に振動数最大の音を聞いたときの音源の位置 x を，r，T，V，l，π のうち必要な記号を用いて表せ。

　(c)　観測者 C が最初に振動数最大の音を聞いたときの音源の位置は，音源が観測者から最も近い位置にあるときであった。このとき l の満たすべき条件を求めよ。なお，$n=0$，1，2，…とする。

　(d)　観測者が聞いた音の最小振動数 $f_{\min}$ を，u，V，f_0 を用いて表せ。

(4)　台車に積まれた音源を，時間とともに振動数が変化できる音源に交換しても，台車が単振動する周期 T は変わらなかった。観測者 C が常に一定の振動数 f_c の音を聞くようにするためには，音源から出す音の振動数 f を，時間 t とともにどのように変化させればよいか。f を，u，V，t，T，f_c，π のうち必要な記号を用いて表せ。

（2007　岐阜大　改）

297 ▶プリズムを用いた光の干渉

図1(a)は光源，小さな孔（あな：ピンホール）のあいた板，レンズ，プリズム，スクリーンからなる実験装置の断面であり，ピンホールとレンズの光軸は紙面上にある。図1(b)のようにレンズとプリズムの間に透明な物質からできた膜を挿入すると，この装置で物質の屈折率を測定することができる。

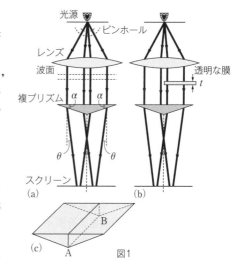

図1

光源から出る光は単色光で，空気中の波長をλとする。レンズは，通過した光が平面波となるように調整されている。

この光を，図1(c)に示すような直角三角柱のプリズムを2つ組み合わせた複プリズムに通す。複プリズムの上面は平面波の波面に平行であり，図1(a)，(b)において，その稜（りょう：点Aと点Bを結ぶ線）は紙面に垂直である。複プリズムの頂角はα，屈折率は$n_\mathrm{p}(>1)$であるとする。

光の進行方向は複プリズムの左右のプリズムでそれぞれ角度θだけ曲げられ，光軸に垂直なスクリーンに到達して紙面に垂直な細かい干渉縞を作る。角αおよびθは小さく，$\sin\theta \fallingdotseq \tan\theta \fallingdotseq \theta$，$\sin\alpha \fallingdotseq \tan\alpha \fallingdotseq \alpha$としてよく，レンズなどの物体の端からの回折の効果は無視できるものとする。

(1) 複プリズムで曲げられる角度θを，α，n_pを用いて表せ。

(2) 図2のように，紙面上にあるスクリーン上の2点OとPを考える。点Oでは波が強め合っている。点Oから距離lだけ離れた点Pにおいても波が強め合うとき，lをλ，n_p，θおよび任意の正の整数kの中から必要なものを用いて表せ。

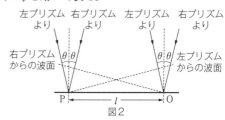

図2

(3) 図1(b)のように，屈折率$n(>1)$の物質でできた一定の厚さtの透明な膜を，レンズと右側のプリズムの間に平面波の波面に平行に置いた。このとき，干渉縞の間隔は変わらず，その位置が膜を入れる前に比べてδだけずれた。膜は右側のプリズムを覆うほど十分に大きいとする。

干渉縞のずれは，紙面に向かって左右いずれの向きに起こるかを答えよ。また，干渉縞の間隔をdとしたとき，nをδ，t，λ，dを用いて表せ。ただし，$2t(n-1)<\lambda$であるとする。

（2006　東北大　改）

298▶ヤングの実験　図1はヤングの干渉実験を示したものである。単色光源から出た光は，単スリット S，スリット S_1，S_2 を通り，スクリーン上に干渉縞を作る。

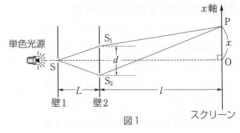

図1

スクリーンとスリットのある壁は平行で，壁1と壁2の距離を L，壁2とスクリーンの距離を l，スリットの間隔を d とする。S_1 と S_2 の垂直二等分線とスクリーンの交点を O とし，スクリーン上に点 O を原点とする x 軸を設ける。

l と L は d や干渉の様子を観測する位置 x に比べて十分大きいとする。光の真空中での速さを c，単色光源から出る光の真空中における波長を λ，空気の屈折率を1とする。

(1) 壁1とスクリーンの間を屈折率 n の透明な物質で埋めつくすとき，スクリーン上に現れる干渉縞の間隔を求めよ。

(2) 次に，図2のようにスリット S_2 のすぐ横で，埋めつくした透明物質を厚さ a（a は l に比べて十分に小さい）の薄い膜状に取り除き，内部を空気で満たす。このときスクリーン上の干渉縞は，(1)の場合に比べて移動する。その移動する向きと距離を求めよ。

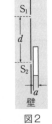

図2

(3) 次に，透明物質をすべて取り除いて，光源とスクリーンの間を空気のみで満たす。このときの干渉縞の間隔を Δx とする。さらに，直線 OS 上で光源を一定の速さ v（$c > v > 0$）で壁1から左向きに遠ざけていくときの干渉縞の間隔を $\Delta x'$ とする。$\dfrac{\Delta x'}{\Delta x}$ の値を求めよ。

(4) 光源を取り換え，波面が壁と平行な波長 λ の光が壁に届くようにする。次に，スリット S_1，S_2 に加えて，図3のように大きさと形状がスリット S_1，S_2 とまったく同じであるスリット S_3，S_4 を作る。$S_3S_4 = d'$，S_1 と S_2 の中点を O' とすると，$O'S_3 = O'S_4 = \dfrac{d'}{2}$ である。スリット S_1，S_2 だけの場合の干渉縞は点 O が明線の中心となり，その隣の明線（上下2つある）の中心の位置は $x = \pm x_1$（$x_1 > 0$）であった。ただし，d，d' は x_1 に比べて十分小さいとする。

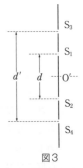

図3

　(a)$d' = 2d$，(b)$d' = 3d$　それぞれの場合について，$x = \pm x_1$ の位置における明るさは，スリット S_1，S_2 だけの場合と比べてどのように変化するか。以下の①～④から正しいものを1つ選べ。

① 明線のままで明るさも変化しない。　② 明線のままで明るさを増す。

③ 明線のままであるが，少し暗くなる。　④ 暗線となる。

（2005　早稲田大　改）

299▶ニュートンリング，光の干渉の応用

Ⅰ 図1に示すように，平面と凸面からなる平凸レンズの凸面と平板ガラスを接触させ，波長 λ の単色光を垂直に照射してレンズ凸面Aおよび平板ガラス面Bからの反射光を観測したところ，同心円状の模様（ニュートンリング）が見られた（図2）。凸面は半径 R の球面の一部であり，レンズの中心部分の厚み $CC'=L$，レンズの中心 C' から y（$y\ll R$）におけるレンズの厚みは $L-\dfrac{y^2}{2R}$ になる。また，実験は空気中で行い，平凸レンズと平板ガラスの屈折率を n，空気の屈折率を1とする。

(1) 図1の反射光によって見えるニュートンリングの中心が，暗い部分になる理由を説明せよ。

(2) ニュートンリングの中心の暗い部分を $m=0$，次の暗い部分である暗線を $m=1$ として，m 番目の暗線の半径 y_m を，R，λ，m を用いて表せ。

(3) 凸面と平板ガラスの間を屈折率 n_1 の液体で満たし，反射光の強度を測定した。$n=1.5$ のとき，液体の屈折率 n_1 と(2)の y_m で求めた位置 y_1 での反射光強度との関係を示すグラフとして適切なものは図3①〜③のどれか。

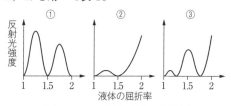

図3　$n=1.5$ における液体の屈折率と反射光強度の関係

Ⅱ 中心から $y_m=\sqrt{mA}$（A は定数，$m=0,1,2,\cdots$）の位置に，幅の狭い同心円状の光を通す部分（開口部）をもつ模様板を作成した（図4）。中心の開口部を $m=0$，次の開口部を $m=1$ のように順に番号をつける。

この模様板に単色光を垂直に照射したところ，開口部を通過した光の一部分は，模様板の中心から距離 f の x 軸上の点Fに集光した（図5）。模様板の厚みは無視してよいものとする。

(4) m 番目の開口部（点D）と点Fの距離DFを，m，A，f を用いて表せ。

(5) $m+1$ 番目の開口部（点G）と点Fの距離GFと(4)のDFとの差が m に関係なく一定値 λ であった。f を，A，λ を用いて表せ。ただし，f は y_m より十分に大きいものとする。

(6) 模様板に垂直に照射した光が(5)で求めた点Fに集光する理由を答えよ。

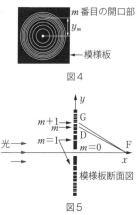

図5

（2008　慶応大　改）

18 電流と電気の利用

◆1 静電気

- **帯電**…異なる物体どうしをこすり合わせることにより、一方から他方へ電子が移動して、+または−の電気をもつようになること。
- **帯電体**…電気をもっている物体
- **電荷**…帯電体がもっている電気
- **電気量**…帯電体がもっている電荷の量。単位は〔C〕(クーロン)
- **電気素量**…陽子や電子の電気量の大きさ。$e = 1.6 \times 10^{-19}$〔C〕
- **静電気力**…同種の電荷間には斥力がはたらき、異種の電荷間には引力が働く。
- **導体**…金属など電気を通しやすいもの
- **不導体**…アクリルやガラスなど電気を通しにくいもの
- **半導体**…電気の通しやすさが導体と不導体の中間のもの

◆2 電流

電気量 q〔C〕の電荷が、t〔s〕の間に通過したとき、電流の強さ I〔A〕は、

$I = \dfrac{q}{t}$(1 A の電流が流れているとき、1 s 間あたり、1 C の電荷が通過している。)

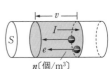

- 金属中を自由電子が移動しているときの電流

  $I = envS$

  e：電気素量〔C〕

  n：金属の自由電子の個数密度〔個/m³〕

  v：電子の移動速度〔m/s〕

  S：金属の断面積〔m²〕

- **電流の向き**…正電荷の移動する向き(電子の移動する向きと逆向き)
- **起電力(電圧)**…電荷を動かし、電流を流そうとする働き。単位は〔V〕(ボルト)

◆3 オームの法則

- 抵抗 R〔Ω〕の導体に、V〔V〕の電圧をかけたときに流れる電流 I〔A〕は、

  $I = \dfrac{V}{R}$ 　　または、　$V = RI$

- 導体の抵抗 R は、長さ l〔m〕に比例し、断面積 S〔m²〕に反比例する。比例定数 ρ〔Ω·m〕を抵抗率という。

  $R = \rho \dfrac{l}{S}$

◆4 抵抗の接続

- **直列接続**

  抵抗を直列につないだとき、それぞれの抵抗に流れる電流は等しく、それぞれの抵抗にかかる電圧の和が全体にかかる電圧に等しい。

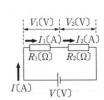

$$I=I_1=I_2, \qquad V=V_1+V_2$$

直列接続の合成抵抗 R は $\quad R=R_1+R_2$

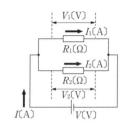

- **並列接続**

  抵抗を並列につないだとき，それぞれの抵抗にかかる電圧は等しく，それぞれの抵抗を流れる電流の和が全体を流れる電流に等しい。

$$V=V_1=V_2, \qquad I=I_1+I_2$$

並列接続の合成抵抗 R は $\quad \dfrac{1}{R}=\dfrac{1}{R_1}+\dfrac{1}{R_2}$

◆5 電流と仕事

- **電流と熱**

  抵抗 R 〔Ω〕に V 〔V〕の電圧をかけて，I 〔A〕の電流が流れているとき，t 〔s〕間に抵抗から発生する熱量 Q 〔J〕は，

$$Q=IVt=I^2Rt=\frac{V^2}{R}t$$

  Q をジュール熱といい，この関係をジュールの法則という。

- **電力（消費電力）**

  単位時間当たりに電流がする仕事〔J/s〕，つまり仕事率〔W〕に等しい。

$$P=IV=I^2R=\frac{V^2}{R}$$

- **電力量**

  t 〔s〕間電流を流したときに電流がする仕事〔J〕

$$W=IVt=I^2Rt=\frac{V^2}{R}t$$

◆6 電流と磁場

- **磁気力**…同種の磁極間には斥力，異種の磁極間には引力が働く。

- **磁場の向きと磁力線**

  ○磁場の向き…N 極が受ける磁気力の向き。

  ○磁力線…磁場の向きを連ねてかいた線。磁力線の向きはその点における磁場の向きを示す。磁石の N 極から出て S 極に向かう。

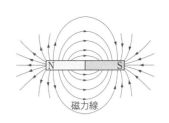

磁力線

- **電流による磁場**

  ○直線電流による磁場…右ねじの進む向きに電流を流したときに，磁場の向きは右ねじを回す向きになる（**右ねじの法則**）。磁場の強さは，電流が強い程，電流からの距離が近い程大きい。

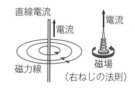

直線電流　電流
磁力線　　電流　磁場
（右ねじの法則）

○円形電流による磁場…右手の親指を立て，残りの4本の指を曲げたとき，円形電流の流れる向きを4本の指が指す向きに合わせると，円の中心にできる磁場の向きは，親指が指す向きになる。磁場の強さは，電流の強さが強いほど，円の半径が小さいほど大きい。

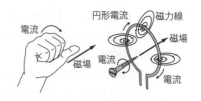

○ソレノイドによる磁場…右手の親指を立て，残りの4本の指を曲げたとき，ソレノイドに流れる電流の向きを4本の指の指す向きに合わせると，ソレノイドの内部の磁場の向きは親指の指す向きになる。磁場の強さは，ソレノイド1mあたりの巻数が多いほど，電流の強さが強いほど大きい。

◆7　電流が磁場から受ける力

一様な磁場中に電流が流れているとき，電流が磁場から受ける力は図のような向きになる。電流，磁場，力の向きは，それぞれ左手の中指，人指し指，親指の指す向きと一致する。これをフレミングの左手の法則という。

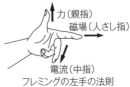

◆8　モーター

図のように，磁場の中で整流子を通してコイルに電流を流すと，電流が磁場から力を受け，コイルは一定の向きに回転する。

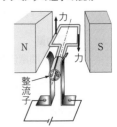

◆9　電磁誘導

磁石をコイルに近づけたり遠ざけたりすると，コイルに起電力が発生し，誘導電流が流れる。これを電磁誘導という。誘導起電力の大きさは，単位時間当たりにコイルを貫く磁力線の数の変化量とコイルの巻数に比例する。

レンツの法則　電磁誘導によって生じる誘導起電力は，コイルを貫く磁力線の本数が変化するのを妨げようとする向きになる。

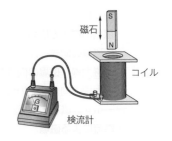

◆ **10 発電機**

磁場の中にあるコイルを回転させたり，磁場をつくっている磁石を回転させたりして電磁誘導の性質を利用し誘導起電力を生じさせ，回路に電流を流すことができる。

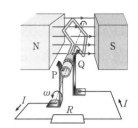

◆ **11 交流と直流**

・**直流** 電池から流れ出る電流のように＋極から−極へ向かって一方向に流れる電流

・**交流** 家庭用コンセントから流れ出る電流のように向きが絶えず周期的に変化し，振動している電流。右上の図のような交流発電機で発生することができる。

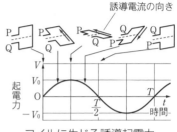

コイルに生じる誘導起電力

・**周期 T〔s〕** 交流が1回振動するのに要する時間

・**周波数 f〔Hz〕** 交流が1秒間に振動する回数

・**実効値** 交流の最大電流値や最大電圧値のそれぞれ $\dfrac{1}{\sqrt{2}}$ の値。この値を用いると，消費電力を直流と同じように計算できる。

◆ **12 変圧器**

交流の電圧を変化させることができる装置。図のような鉄芯に1次コイルと2次コイルを巻いたもの。1次コイルの電圧と巻数を，V_1〔V〕，N_1〔回〕とし，2次コイルの電圧と巻数を V_2〔V〕，N_2〔回〕とすると次のようになり，1次コイルと2次コイルで周波数は変化しない。

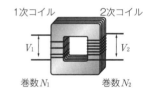

$$V_1 : V_2 = N_1 : N_2$$

◆ **13 電磁波**

空間中を伝わる電場と磁場が振動する波。周波数が小さい方から電波，赤外線，可視光線，紫外線，X線，γ線がある。真空中を伝わる速度は一定で，$c = 3.0 \times 10^8$ m/s である。また，電磁波の周波数(振動数)を f，波長を λ とすると，$c = f\lambda$ の関係がある。

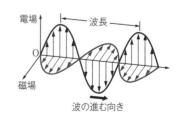

WARMING UP／ウォーミングアップ

1 塩化ビニル棒をセーターでこすったら，塩化ビニル棒が−に帯電した。このとき，セーターは正負どちらに帯電するか。また，電子はどちらからどちらへ移動したか。

2 ある物体に，＋に帯電したアクリル棒を近づけたところ，斥力が働いた。アクリル棒の代わりに，−に帯電した塩化ビニル棒を近づけるとどのような力が働くか。

3 導線のある部分を，1分間に30 mC の電荷が通過した。このとき導線を流れる電流はいくらか。

4 断面積が 8.0×10^{-7} m^2 の銅線に 100 mA の電流が流れているとき，銅の中を移動する自由電子の平均の速度はいくらか。ただし，銅内の自由電子の個数密度は 8.5×10^{28} 個/m^3，電子の電気量は -1.6×10^{-19} C とする。

5 100 Ω の抵抗を 10 V の電源につないだ。抵抗に流れる電流はいくらか。

6 3.0 V の電池に抵抗をつないだら，60 mA の電流が流れた。この抵抗は何 Ω か。

7 断面積が 2.2×10^{-6} m^2 で，長さが 10 m の金属線の抵抗値を調べたら，5.0 Ω であった。この金属の抵抗率を求めよ。

8 ab 間および cd 間の合成抵抗を求めよ。

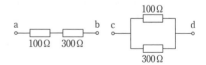

9 25 Ω の電熱線に 10 V の電源をつないで電流を流したとき，1分間に発生するジュール熱は何 J か。

10 100 V で使用したときの消費電力が 500 W になるニクロム線には，電流は何 A 流れているか。

11 実効値が 100 V である交流電圧の最大値はいくらか。ただし，$\sqrt{2} = 1.41$ とする。

12 変圧器の1次コイルに 100 V の交流電圧を加えて，2次コイルの電圧が 20 V になるようにしたい。1次コイルと2次コイルの巻数の比はいくらにすればよいか。

13 波長が 8.0×10^{-7} m の赤外線の周波数(振動数)は何 Hz か。ただし，真空中の電磁波の速さは $c = 3.0 \times 10^8$ m/s とする。

基本例題 72 抵抗の接続

図のような3つの抵抗に電源を接続したところ，AB間の電圧が8.0 Vであった。

(1) AC間の合成抵抗を求めよ。

(2) 200 Ωの抵抗を流れる電流を求めよ。

(3) 100 Ωの抵抗にかかる電圧はいくらか。

(4) 300 Ωの抵抗を流れる電流はいくらか。

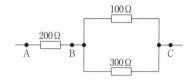

●考え方
(1) BC間は並列の合成抵抗 $\dfrac{1}{R}=\dfrac{1}{R_1}+\dfrac{1}{R_2}$
AC間は直列の合成抵抗 $R=R_1+R_2$

(3) AB間の電圧とBC間の電圧の和が全体の電圧である。

解答

(1) BC間は並列なので $\dfrac{1}{R}=\dfrac{1}{R_1}+\dfrac{1}{R_2}$

より，$\dfrac{1}{R_{BC}}=\dfrac{1}{100}+\dfrac{1}{300}$

よって $R_{BC}=75.0$〔Ω〕。さらにAC間は，200 Ωと75 Ωの抵抗の直列なので，$R=R_1+R_2$ より，

$R_{AC}=200\ \Omega+75.0\ \Omega=275\ \Omega$

答 275 Ω

(2) 200 Ωの抵抗について $I=\dfrac{V}{R}$ より

$I=\dfrac{8.0\ \text{V}}{200\ \Omega}=0.040\ \text{A}$ **答 40 mA**

(3) 合成抵抗に40 mAの電流が流れているので，全体の電圧は $V=RI$ より

$V=275\ \Omega\times0.040\ \text{A}=11.0\ \text{V}$

これはAB，BC間の電圧の和なので，BC間の電圧は，11.0 V−8.0 V=3.0 V
100 Ωにかかる電圧はBC間の電圧に等しい。 **答 3.0 V**

(4) BC間の電圧と300 Ωにかかる電圧は等しく3.0 Vなので，$I=\dfrac{V}{R}$ より，

$I=\dfrac{3.0\ \text{V}}{300\ \Omega}=0.010\ \text{A}$ **答 10 mA**

基本例題 73 消費電力とジュール熱

図のように水の中に入ったニクロム線に電源をつないで電流を流したところ，電流計は1.4 A，電圧計は12 Vを示していた。

(1) ニクロム線の消費電力はいくらか。

(2) 1分間でニクロム線から発生したジュール熱を求めよ。

(3) コップの中に入った120 gの水の温度を6.0 ℃上昇させるためには，何分間電流を流し続ければよいか。ただし，ニクロム線から発生した熱量は，水にのみ与えられるとする。また，水の比熱を 4.2 J/(g·K) とする。

●考え方
(3) 水の質量と比熱から温度上昇に必要な熱量を求め，ニクロム線から発生する熱量は消費電力×時間で求められる。

解答

(1) 抵抗の消費電力は,

$$P = IV = 1.4\ \text{A} \times 12\ \text{V} = 16.8\ \text{W}$$

答 17 W

(2) ニクロム線から発生したジュール熱は,

$$Q = IVt = 1.4\ \text{A} \times 12\ \text{V} \times 60\ \text{s}$$
$$= 1008\ \text{J} = 1.0 \times 10^3\ \text{J}$$ **答 1.0×10^3 J**

(3) 120 g の水の温度を 6.0 ℃上昇させるために必要な熱量は

$$Q = mc\varDelta T = 120\ \text{g} \times 4.2\ \text{J/(g·K)} \times 6\ \text{K}$$
$$= 3024\ \text{J}$$

また, t 秒間にニクロム線から発生するジュール熱は

$$Q = IVt = 1.4 \times 12 \times t = 16.8t$$
$$16.8t = 3024$$
$$t = 180\ (\text{s}) = 3.0\ (\text{min})$$ **答 3.0 分間**

基本例題 74　抵抗の接続と消費電力

$R_1 = 50\ \Omega$ と $R_2 = 200\ \Omega$ の抵抗を直列・並列に接続し,それぞれ 5.0 V の電池に接続した。

(1) 並列に接続したとき,R_1,R_2 それぞれの消費電力を求めよ。

(2) 直列に接続したとき,R_1,R_2 それぞれの消費電力を求めよ。

●考え方
(1) 並列接続の場合 2 つの抵抗にかかる電圧が等しいので,電圧と抵抗を用いた消費電力の式 $P = \dfrac{V^2}{R}$ を用いる。

(2) 直列接続では,2 つの抵抗を流れる電流が等しいので,電流と抵抗を用いた消費電力の式 $P = I^2 R$ を用いる。

解答

(1) 2 つの抵抗の電圧はともに 5.0 V である。$P = \dfrac{V^2}{R}$ より,

R_1 の消費電力は

$$P = \frac{(5.0\ \text{V})^2}{50\ \Omega} = 0.50\ \text{W}$$

答 R_1：0.50 W

R_2 の消費電力は

$$P = \frac{(5.0\ \text{V})^2}{200\ \Omega} = 0.125\ \text{W}$$

答 R_2：0.13 W

(2) 直列の合成抵抗は $R = R_1 + R_2$ より,

$$R = 50\ \Omega + 200\ \Omega = 250\ \Omega$$

回路全体を流れる電流は,

$$I = \frac{V}{R} = \frac{5.0\ \text{V}}{250\ \Omega} = 0.020\ \text{A}$$

であり,R_1,R_2 に流れる電流となる。$P = I^2 R$ より,R_1 の消費電力は,

$$P = (0.020\ \text{A})^2 \times 50\ \Omega = 0.020\ \text{W}$$

答 R_1：2.0×10^{-2} W

R_2 の消費電力は,

$$P = (0.020\ \text{A})^2 \times 200\ \Omega = 0.080\ \text{W}$$

答 R_2：8.0×10^{-2} W

基本例題 75 モーターと発電機

図1の直流モーターに電池をつな
ぐと，コイルのアの部分の導線に，
手前向きに電流が流れた。

(1) 導線アの部分が磁場から受ける
力の向きを答えよ。

(2) コイルはどちら回りに回転するか。

次に，電池を外し，抵抗を接続してコイルを時計回りに回転させる。

(3) 次の文章の（ ）にあてはまる語を埋めよ。

図2の状態から回転させるとコイルを貫く（ ① ）向きの磁力線の本数が

（ ② ）るので，その変化を妨げる向きに電流が流れる。したがって抵抗を流れる

電流の向きは（ ③ ）向きになる。

●考え方
(1) フレミングの左手の法則より，電流と磁場の向きから力の向きを調べる。
(2) 整流子の働きで回転に応じてコイルを流れる電流の向きが変わる。

解答

(1) 左手の指と電流，磁場の向きを合わ
せると，力の向きは上向きになる。

答 上向き

(2) (1)と同様に考え，イの部分は下向き
に力を受ける。整流子の働きで，アやイ
の部分が右側にある間は電流の向きは奥
向きになり，力の向きは下向きになる。
したがって，コイルの回転は時計回り。

答 時計回り

(3) ① 磁力線の向きは右向き **答 右**

② 磁力線の向きに対するコイルの面積
が増える。 **答 増え**

③ コイル内側へ左向きの磁場をつくる
向きに電流が流れるので，抵抗にも左向
きに電流が流れる。 **答 左**

基本問題

300▶**電流のモデル** 図は，断面積が $2.5 \times 10^{-7} \, \mathrm{m}^2$
の銅線の一部である。電子の電気量の大きさを
$1.6 \times 10^{-19} \, \mathrm{C}$，銅の電子の個数密度を 8.5×10^{28}
個/m^3 として，次の問いに答えよ。

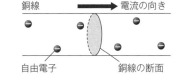

(1) 銅線の図の部分を右向きに電流が流れていると
き，自由電子の動く向きはどちらか。

(2) 銅線に $0.80 \, \mathrm{A}$ の電流が流れているとき，銅線の断面 S を $1.0 \, \mathrm{s}$ 間に通過する自由電
子の個数を求めよ。

(3) 銅線に $0.34 \, \mathrm{A}$ の電流が流れているとき，銅線内を移動する自由電子の平均の速さ
を求めよ。

301▶抵抗率

断面積がSで，長さがlの金属棒の抵抗がRであった。

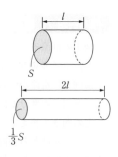

(1) この金属棒の抵抗率はいくらか。

(2) 同じ金属を用いて，長さを2倍，断面積を$\frac{1}{3}$倍にした棒をつくると抵抗は元の何倍になるか。

(3) 上記の2つの金属棒を並列に接続したとき，合成抵抗はいくらか。

302▶合成抵抗
$100\,\Omega$，$300\,\Omega$，$600\,\Omega$の3つの抵抗を，次の(1)〜(3)のように接続したときの合成抵抗の大きさをそれぞれ求めよ。

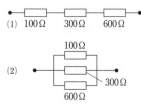

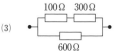

(1) 3つの抵抗を直列に接続したとき

(2) 3つの抵抗を並列に接続したとき

(3) $100\,\Omega$と$300\,\Omega$の抵抗を直列に接続し，これらと$600\,\Omega$の抵抗を並列に接続したとき

303▶直列回路，並列回路
図のように回路を接続したところ，電圧計が$3.0\,\text{V}$を示した。

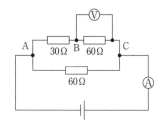

(1) BC間を流れている電流はいくらか。

(2) AB間の電圧はいくらか。

(3) 図の位置に接続した電流計は，どのような値を示すか。

304▶消費電力とジュール熱

$100\,\text{V}$の電圧で使用したときに，消費電力が$500\,\text{W}$になるニクロム線がある。

(1) このニクロム線の抵抗はいくらか。

(2) このニクロム線に$10\,\text{V}$の電圧をかけたときの消費電力はいくらか。

(3) このニクロム線を$\frac{1}{5}$の長さに切って$10\,\text{V}$の電圧をかけると，消費電力はいくらになるか。

(4) (3)のとき1分間に発生するジュール熱はいくらか。

305▶可変抵抗　右の図のように可変抵抗 R と抵抗 r を起電力 E の電池につなぎ，可変抵抗の抵抗値 R を①$R=\dfrac{r}{2}$ ②$R=r$　③$R=2r$ と変化させた。次の(1)〜(3)の条件に合う R の値をそれぞれ①〜③の中から選べ。

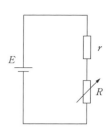

(1)　R を流れる電流が最大になるのは①〜③のどれか。

(2)　R の両端の電圧が最大になるのは①〜③のどれか。

(3)　R の消費電力が最大になるのは①〜③のどれか。

306▶電力量　1日で 100 W の電灯を3時間，500 W の電子レンジを12分間，1000 W のエアコンを4時間使った。

(1)　1日で使用した電力量は，何 kWh か。

(2)　100 V の電源でこれら3つの電気機器を使用しているとき，合計で何 A の電流が流れているか。

307▶電力と仕事率　モーターを使って，1.0 kg のおもりを一定の速さ 0.50 m/s で 1.2 m の高さまで持ち上げた。この間，モーターの両端には 12 V の電圧がかかり，0.60 A の電流が流れていた。重力加速度の大きさを 9.8 m/s² とし，次の問いに答えよ。

(1)　おもりを持ち上げたときの仕事率 P_1 はいくらか。

(2)　おもりを持ち上げている間の，モーターの消費電力 P_2 はいくらか。

(3)　モーターが消費したエネルギーのうち，おもりを持ち上げる仕事以外がジュール熱になったとすると，おもりを持ち上げる間に発生した熱量 Q はいくらか。

308▶磁極のまわりの磁場　下の図はそれぞれ，磁石のまわりの磁力線の様子を表している。図中にこれらの磁力線の磁場の向きを示せ。

(1)
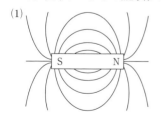

(2)
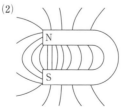

(3)
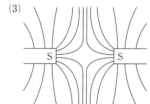

309▶電流による磁場 図1〜3のように直線電流が流れているとき，その周囲の点 A および B での磁場の向きを右図の向きにならって答えよ。

向きの表し方

(1) 水平面上の線分 AB の中点を通り，鉛直上向きに流れているときの A 点，B 点の磁場の向き。

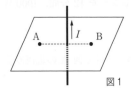

図1

(2) 水平面上の線分 AB の真上を，右向きに流れているときの A 点，B 点の磁場の向き。

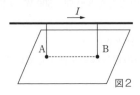

図2

(3) 線分 AB を含む水平面上にあり，線分 AB と垂直に手前向きに流れているときの A 点，B 点の磁場の向き。

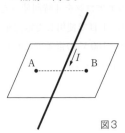

図3

310▶コイルを流れる電流による磁場 コイルに図のような電流が流れている。コイル周辺の磁場の向きを右図の向きにならって答えよ。

向きの表し方

(1) 図のように流れているときコイルの中心 A の磁場の向き。

(2) 図のようにソレノイドコイルに流れているときの点 A および点 B の磁場の向き。

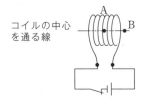

コイルの中心を通る線

311▶電流が磁場から受ける力 図のように，上面が N 極になるように磁石を置き，その横に長い金属棒2本をレール状に

置いた実験装置がある。このレールの上に，細い金属棒で橋渡しをした。

(1) 図の向きに2本のレールに電池をつないだら，細い金属棒には a，b どちら向きに電流が流れるか。

(2) (1)の向きに電流が流れているとき，細い金属棒は左右どちらに動くか。

312▶電磁誘導 コイルに磁石のN極を上から近づけたとき，抵抗に流れる電流を調べると，図1のようになった。次に図2のように点Oを軸に，矢印の向きに磁石を回転させた。磁石が図の位置から一回転する間，抵抗に流れる電流の様子を正しく示したグラフを下の①〜④から選べ。

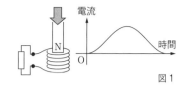

図1

①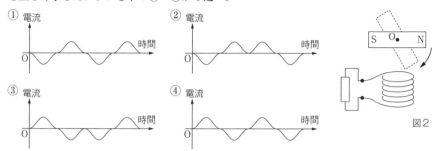

②

③

④

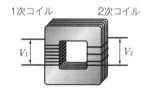

図2

313▶変圧器 図のような変圧器の1次コイルと2次コイルの巻数の比は2：1である。1次コイルに周波数50 Hz，電圧10 Vの交流電圧をかけたとき，2次コイルに生じる交流電圧と周波数を求めよ。

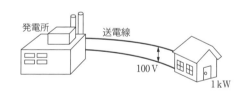

314▶送電による電力損失 発電所から家庭まで，送電線で電力を送るとき，その一部が電線を流れる電流のジュール熱で失われてしまう。家庭において，100 Vの電圧，1 kWの電力で電気を使用しているとき，次の問いに答えよ。

(1) 送電線を流れる電流はいくらか。

(2) 送電線の抵抗を往復で10 Ωとすると，送電線で消費される電力はいくらか。

(3) 家庭での電圧が1000 Vになるようにして，同じ送電線で電力を送り，家庭で1 kWの電力で電気を使用しているとき，10 Ωの送電線で消費される電力はいくらか。

315▶電磁波 電子レンジで使われているマイクロ波の周波数は，およそ2.4 GHz（2.4×10^9 Hz）である。空気中の電磁波の速度を3.0×10^8 m/sとして次の問いに答えよ。

(1) このマイクロ波の波長は何cmか。

(2) 紫外線・赤外線・可視光線のうち，波長がマイクロ波に最も近いものはどれか。

◆1　電荷

①**摩擦電気**…2物体を摩擦した際に，一方から他方へ電子が移動することで，物体内の電子の過不足が生じ，帯電する。

②**電荷の単位**…導線に1Aの電流が流れているとき，導線の断面を1秒間に通過する電荷の電気量を1C(クーロン)という。

③**電気素量**…電子および陽子1個がもつ電気量の大きさ

$e=1.6\times10^{-19}$ C　　電子の電気量は $-e$　陽子の電気量は $+e$

摩擦電気によって帯電した電気量は，移動した電子の数で決まるので，電気素量の整数倍になる。$Q=\pm ne$

④**クーロンの法則**…真空中で距離 r [m] 離れた2点に電荷 Q_1 [C]，Q_2 [C] を置いたとき電荷間に生じる力の大きさは，

$$F=k\frac{Q_1Q_2}{r^2}$$
k：クーロンの法則の比例定数 [N·m²/C²]
(真空中では $k=k_0=9.0\times10^9$ N·m²/C²)

ただし，同符号の電荷間には斥力が，異符号の電荷間には引力が生じる。

◆2　電場

①**電場**…電荷を置いたとき，電荷に力を及ぼす空間を電場という。ある点に +1C の電荷を置いたとき，電荷に働く力の向きと大きさを，その点における電場の向き，および電場の強さという。

②**電場ベクトル**…電場ベクトル $\vec{E}$ [N/C] の空間中に電荷を置いたとき，電荷 q [C] (>0)に働く力 $\vec{F}$ [N] は，

$$\vec{F}=q\vec{E}$$　　つまり，電場ベクトル $\vec{E}$ は，$\vec{E}=\dfrac{\vec{F}}{q}$

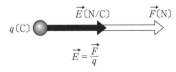

③**電気力線**…電場中の各点で，電場の向きに沿って引いた線を電気力線という。

電気力線の性質

・+の電荷から出て，-の電荷に入る。

・枝分かれしたり，交差したり，折れ曲がったりしない。

・電場の強さ E [N/C] のところでは，電場に垂直な面1m²当たりの電気力線の本数は E 本になる。

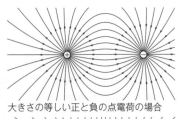

大きさの等しい正と負の点電荷の場合

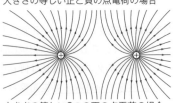

大きさの等しい2つの正の点電荷の場合

④**ガウスの法則**…真空中で $+q$〔C〕の電荷から出る電気力線の本数 N は，

$$N = 4\pi k_0 q = \frac{q}{\varepsilon_0}$$　　ε_0：真空の誘電率

⑤**点電荷による電場**…Q〔C〕の電荷から r〔m〕だけ離れた点の電場の強さ E〔N/C〕は，$E = k\dfrac{Q}{r^2}$

◆3　電位

①**電位**…基準点から点 P まで $+q$〔C〕の電荷を運ぶときに，外力がする仕事を W〔J〕とすると，$\dfrac{W}{q} = V$〔J/C〕が，点 P の電位である。

②**点電荷による電位**…Q〔C〕の電荷から r〔m〕だけ離れた点の電位 V〔V〕は，無限遠点を基準点とすると，

$$V = k\frac{Q}{r}$$　　k：クーロンの法則の比例定数

③**電位差**…電位差が V〔V〕の 2 点間を q〔C〕の電荷が電場の向きに移動するとき，電場のする仕事 W〔J〕は経路に関係なく，

$$W = qV$$

④**一様な電場中の電位差**…一様な電場 E〔N/C〕中で，電場の方向に q〔C〕の電荷を d〔m〕移動させるときに，電場のする仕事 W〔J〕は，

$$W = Fd = qEd$$

また，③より $W = qV$ なので電場と電位の関係は，$V = Ed$

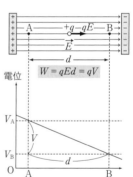

⑤**等電位面**…電位の等しい点を連ねてできた面。

等電位面の性質

・等電位面の間隔が狭いところほど，電場が強い。

・等電位面と電気力線とは直交する。

・等電位面上で電荷を移動させても電場は仕事をしない。

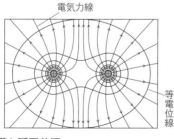

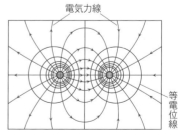

◆4　静電誘導と誘電分極

①**静電誘導**…導体に帯電体を近づけると，導体内の自由電子が静電気力を受けて移動し，帯電体に近い側に異符号の電荷が，遠い側に同符号の電荷が現れる。

②**誘電分極**…誘電体(不導体)に帯電体を近づけると，誘電体の分子や原子の電子配置が偏ることにより，帯電体に近い側に異符号の電荷が，遠い側に同符号の電荷が現れる。

③**はく検電器**…はく検電器の金属部分(金属板と金属棒，はく)が外部と絶縁しており，帯電体を金属板に近づけると，静電誘導によって電子が移動し，帯電したはくが反発して開く。

④**電場中の金属**…電場中に金属を置くと，静電誘導により金属の内部の電場を打ち消して，0になるまで電子が移動し，表面に電荷が現れる。

⑤**静電遮へい**…内部が空洞になっている金属を電場中に置くと④と同様に静電誘導によって，内部の電場は0になるので，外部の電場の影響を受けない。

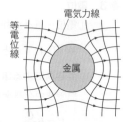

WARMING UP／ウォーミングアップ

(必要ならば真空中のクーロンの法則の比例定数 $k_0 = 9.0 \times 10^9 \, \mathrm{N \cdot m^2/C^2}$ を用いよ。)

1 アクリル棒を絹布でこすったところ，アクリル棒が ＋ に帯電した。このとき，絹布には正負どちらの電荷が帯電しているか。また，電子はどちらからどちらへ移動したか。

2 塩化ビニルの棒をセーターでこすったところ，塩化ビニルの棒に帯電した電荷が $-2.0 \, \mathrm{pC}$（ピコクーロン $= 10^{-12} \, \mathrm{C}$）であった。この静電気がすべて電子によるものとすると，セーターから塩化ビニルの棒に移動した電子は何個か。電気素量 $e = 1.6 \times 10^{-19}$ C とする。

3 真空中で $3.0 \, \mathrm{cm}$ 離れた2点に，それぞれ $3.0 \times 10^{-6} \, \mathrm{C}$，$-4.0 \times 10^{-6} \, \mathrm{C}$ の点電荷 A，B を置いた。A，B それぞれに働く静電気力の大きさを求めよ。また，この力は引力か，斥力か。

4 右向きに一様で，強さが $300 \, \mathrm{V/m}$ の電場中に，$-6.0 \times 10^{-9} \, \mathrm{C}$ の電荷を置いたとき，電荷に働く力の向きと大きさを答えよ。

5 電場の様子を表現するのに電気力線を用いる。電気力線は（　①　）電荷から出て，（　②　）電荷へ入り，途中で切れたり枝分かれしたりしない。また，生じる電気力線の本数は電荷の大きさで決まり，単位面積を通過する（　③　）の本数がその点の電場の大きさになるようにかく。真空中で $+q$〔C〕の電荷から生じる電気力線の本数は，クーロンの法則の比例定数を k_0 とすると，（　④　）本となる。

6 右向きに $10\,\mathrm{V/m}$ の一様な電場がある。電場の方向に $3.0\,\mathrm{m}$ 離れた 2 点の電位差はいくらか。

7 真空中に $4.0\times10^{-9}\,\mathrm{C}$ の電荷を置いた。この電荷から $3.0\,\mathrm{m}$ 離れた点の電場の大きさと，無限遠方を基準としたときの電位を求めよ。

8 真空中に $-4.0\times10^{-9}\,\mathrm{C}$ の電荷を置いた。この電荷から $1.0\,\mathrm{m}$ 離れた点 P から，$3.0\,\mathrm{m}$ 離れた点 Q まで，$2.0\times10^{-9}\,\mathrm{C}$ の電荷を運ぶのに外力がする仕事は何 J か。

9 帯電していないはく検電器の上部の金属板に－の帯電体を近づけた。はく検電器の"はく"の部分は正負どちらに帯電しているか。

基本例題 76 クーロンの法則

質量 $1.0\times10^{-3}\,\mathrm{kg}$ の小球 A を糸でつるし，電荷を与えた。次に，$+3.0\times10^{-7}\,\mathrm{C}$ の電荷を与えた小球 B を同じ高さを保ちながら A に近づけたところ，図のように，AB 間の距離が $0.30\,\mathrm{m}$ のとき，糸が鉛直方向から $30°$ 傾いた。重力加速度の大きさを $9.8\,\mathrm{m/s^2}$ とし，クーロンの法則の比例定数を $9.0\times10^9\,\mathrm{N\cdot m^2/C^2}$ とする。

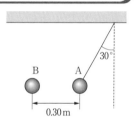

(1) AB 間に働くクーロン力の大きさを求めよ。

(2) A に与えられた電荷を求めよ。

●考え方
(1) 小球 A に働いている 3 力(重力 mg，糸の張力 S，静電気力 F)が図のようにつり合いの関係にあることから，クーロン力を求める。
(2) クーロンの法則の式に(1)で求めたクーロン力を代入する。

解答

(1) 図より，$F=mg\tan30°$
よって，

$$F=1.0\times10^{-3}\,\mathrm{kg}\times9.8\,\mathrm{m/s^2}\times\frac{1}{\sqrt{3}}$$

$$=5.6\overset{7}{5}\times10^{-3}\,\mathrm{N} \qquad \text{答 } 5.7\times10^{-3}\,\mathrm{N}$$

(2) A の電荷の大きさを q とすると，

$$F=9.0\times10^9\times\frac{3.0\times10^{-7}\times q}{0.3^2}$$

$$=5.65\times10^{-3}$$

$$q=1.8\overset{9}{8}\times10^{-7}\,(\mathrm{C})$$

AB 間に働くクーロン力は引力なので，A の電荷は B の電荷と異符号である。

答 $-1.9\times10^{-7}\,\mathrm{C}$

基本例題 77　電場の重ね合わせ

xy 平面上の 2 点 A$(+L,\ 0)$ および B$(-L,\ 0)$ に，ともに電気量が $+q$ の点電荷がある。これらの点電荷がつくる電場について次の問いに答えよ。ただし，クーロンの法則の比例定数を k とする。

(1)　A 点の電荷が，B 点に作る電場の向きと大きさを求めよ。

(2)　A および B にある電荷が C 点 $(0,\ +L)$ につくる電場の向きと大きさを求めよ。

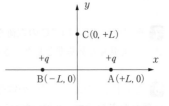

●**考え方**　(1)　点電荷のまわりにできる電場の式を使う。
(2)　図のように，A 点の電荷が C 点につくる電場ベクトル $\vec{E_A}$ と，B 点の電荷が C 点に作る電場ベクトル $\vec{E_B}$ の和を考える。

解 答

(1)　$E = k\dfrac{Q}{r^2}$ より，

$$E = k\dfrac{q}{(2L)^2} = k\dfrac{q}{4L^2}$$

答 x 軸の負の向きに，$\dfrac{kq}{4L^2}$

(2)　$E_A = E_B = k\dfrac{q}{(\sqrt{2}\,L)^2} = k\dfrac{q}{2L^2}$

右図より，合成電場 E は

$$E = \sqrt{2}\,E_A$$
$$= k\dfrac{\sqrt{2}\,q}{2L^2}$$

答 y 軸の正の向きに，$\dfrac{\sqrt{2}\,kq}{2L^2}$

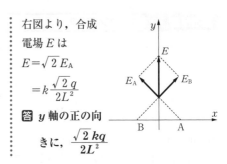

基本例題 78　電場がする仕事

図のように，広い金属板 AB を 2 枚向かい合わせて，0.40 m だけ離して平行に置き，100 V の電圧をかける。また，B の極板は接地してあり，電位は 0 V である。点 P，Q はそれぞれ極板間の点であり，点 P は A から 0.10 m，点 Q は A から 0.30 m だけ離れている。

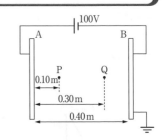

(1)　極板間の電場の向きと強さを答えよ。

(2)　極板間の点 PQ 間の電位差を求めよ。

(3)　点 P に 1.0×10^{-6} C の正電荷を置いたとき電荷に働く力の大きさはいくらか。

(4)　(3)の電荷を P から Q までゆっくり移動させたとき，電場がした仕事はいくらか。

●**考え方**　(1),(2)　一様な電場 E と電位 V の関係は，$V = Ed$ である。
(3)　電場 E の空間に電荷 q を置いたときに電荷に働く静電気力 F は，$F = qE$ である。
(4)　電場のする仕事は，経路によらず 2 点の電位差 V によって決まる。$W = qV$

解答

(1) $V = Ed$ より，

$$E = \frac{100\ \text{V}}{0.40\ \text{m}} = 250\ \text{V/m}$$

答 向き A→B，250 V/m

(2) $d = 0.20\ \text{m}$，(1)より $E = 250\ \text{V/m}$，

$V = 250\ \text{V/m} \times 0.20\ \text{m} = 50\ \text{V}$ **答 50 V**

(3) $F = qE$ より，

$F = 1.0 \times 10^{-6}\ \text{C} \times 250\ \text{V/m}$

$= 2.5 \times 10^{-4}\ \text{N}$ **答 2.5×10⁻⁴ N**

(4) (2)より $V = 50\ \text{V}$ また $W = qV$

より，$W = 1.0 \times 10^{-6}\ \text{C} \times 50\ \text{V}$

$= 5.0 \times 10^{-5}\ \text{J}$ **答 5.0×10⁻⁵ J**

基本例題 79 等電位面と仕事

　右の図は，電気量の等しい正負の点電荷を置いたときにできた，1.0 V 間隔の等電位面を示している。次の問いに答えよ。

(1) 正負の電荷間の電位差はいくらか。

(2) A→B→C→D→E の順に $+q$ の点電荷をゆっくりと移動させるとき，次の①～③に当てはまる区間をすべて答えよ。

　①電場が正の仕事をする。　②外力が正の仕事をする。　③どちらも仕事をしない。

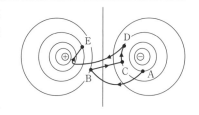

●考え方 (2) 2点の電位差が求まれば，経路によらずその間の電場のする仕事は，$W = qV$

解答

(1) 正負の電荷間には等電位線の間隔が 10 あるので，$1.0\ \text{V} \times 10 = 10\ \text{V}$ **答 10 V**

(2) B は A より 4.0 V 高い，C は B より 3.0 V 低い，D は C と等電位，E は D より 4.0 V 高い。正電荷を電場の向きに動かすと電場が正の仕事をし，逆向きに

動かすと，外力が正の仕事をする。したがって①電場が正の仕事をするのは，B→C，②外力が正の仕事をするのは，A→B と D→E，③仕事をしないのは，C→D

答 ① B→C　② A→B と D→E

　　③ C→D

基本問題

316 ▶クーロンの法則と電荷の保存　$+3.0 \times 10^{-6}\ \text{C}$ の電荷を与えた金属小球 A と $-1.0 \times 10^{-6}\ \text{C}$ の電荷を与えた金属小球 B を 1.0 m だけ離して固定した。クーロンの法則の比例定数を $9.0 \times 10^{9}\ \text{N·m}^2/\text{C}^2$ とし，小球 A と小球 B の大きさは等しいものとする。

(1) AB 間にはたらく静電気力の大きさを求めよ。また，この力は引力か斥力か。

小球 A，B を一度接触させたのち，もう一度離した。

(2) 小球 A，B のそれぞれの電荷はいくらか。

317▶静電誘導と誘電分極

図のように絶縁体で固定した金属球 AB を接触させておく。ここで，B に右の方から負の帯電体を近づけていき，その状態を保ったまま，A を B から左の方にはなし，最後に負の帯電体を遠ざけた。はじめ，A，B ともに電荷はなかったとして，次の問いに答えよ。

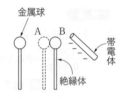

(1) 最終的に A，B には，それぞれ正負どちらの電荷が現れるか。

(2) 負の帯電体の代わりに正の帯電体を用いると，最終的に A，B の電荷はどうなるか。

(3) 負の帯電体のまま，金属球を誘電体の球 A，B にして行った場合，最終的に A，B の電荷はどうなるか。

318▶クーロン力と力のつり合い

長さ 0.30 m の軽い糸に質量 2.5×10^{-3} kg の金属球を取り付けたものを 2 つ用意する。これらの両方に $+q$ 〔C〕の電荷を与えて糸をつるしたところ，図のように 2 本の糸のなす角が 90° になった。クーロンの法則の比例定数を 9.0×10^9 N·m²/C² とし，重力加速度の大きさを 9.8 m/s² とする。

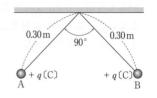

(1) 2 つの金属球間に働くクーロン力の大きさを求めよ。

(2) 金属球に与えた電荷 q を求めよ。

319▶ガウスの法則

次の文章の（　）に適切な語や数式を補い，文章を完成させよ。

　クーロンの法則の比例定数を k_0 〔N·m²/C²〕とすると，真空中の点 O に点電荷 $+q$ 〔C〕を置いたとき，この点から r 〔m〕だけ離れた点の電場の強さは（　①　）〔N/C〕である。$+q$ の電荷からは，（　②　）本の電気力線が出ていると考えられるので，電荷を中心とした半径 r 〔m〕の球を考えると，この球面を貫く電気力線の本数も（②）本である。したがって，この球面 1.0 m² あたりを貫く電気力線の本数は，（　③　）本となる。

320▶はく検電器

帯電していないはく検電器がある。このはく検電器を用いて，次のような一連の実験をした。それぞれの実験で上部の金属板と下部のはくには，それぞれどのような電荷が現れるか。正の電荷が現れる場合には＋，負電荷の場合には－，電荷が現れない場合には 0 として示せ。

①正の帯電体を近づける。

②帯電体を近づけたままの状態で，上部の金属板に指を触れる。

③指を離す。

④帯電体を遠ざける。

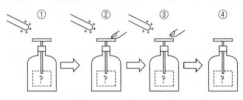

321▶点電荷による電場と電位　真空中に x 軸を定め，原点に $+9.0\times10^{-9}$ C の電荷を固定した。真空中のクーロンの法則の比例定数を 9.0×10^9 N·m²/C² とする。

(1)　A 点 $(0.90, 0)$ の点の電場の大きさと向きを求めよ。

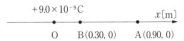

(2)　B 点 $(0.30, 0)$ の点の電場の大きさと向きを求めよ。

(3)　AB の電位差はいくらで，どちらの電位が高いか。

(4)　A 点から B 点まで，$+1.0\times10^{-9}$ C の電荷をゆっくりと移動させる際の，外力のする仕事を求めよ。

322▶一様な電場中の金属　右の図は，平行な 2 枚の広い金属板に電圧を加えて，極板間に一様な電場が生じている様子を電気力線で示したものである。極板間に金属球を入れると，電気力線はどのように変化するか。金属の内部とその周辺の電気力線の様子として，最も適当なものを以下の①〜④から 1 つ選べ。

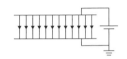

323▶金属板間の電場と電位　面積 S の広い 2 枚の金属板 A，B を距離 d はなして固定し，B を接地してから A に $+q$ の電荷を与えたところ，B には $-q$ の電荷が現れた。金属板 A から出た電気力線はすべて B に入り，AB 間には一様な電場ができ，端の影響はないものとする。また，極板 A を原点として，A に垂直に B に向けて x 軸をとり，クーロンの法則の比例定数を k_0 とする。

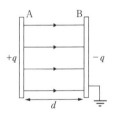

(1)　AB 間の電気力線の本数を求めよ。

(2)　$x=\dfrac{d}{2}$ における電場の強さ E を求めよ。

(3)　AB 間の電位差 ΔV を求めよ。

(4)　AB 間の電場の強さ $E(x)$ と x との関係のグラフ，電位 $V(x)$ と x との関係のグラフをかけ。

発展例題 80　合成電場の電位

真空中の x-y 平面上の位置 A$(a, 0)$ に $+Q$ の電荷を固定し，位置 B$(-a, 0)$ に $+Q$ の電荷を固定した。このとき，位置 C$(0, 2a)$ に生じる電場ベクトルを $\vec{E}$ とする。また，真空中のクーロンの法則の比例定数を k_0 とする。

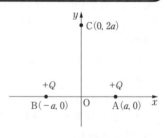

(1)　A および B の点電荷が位置 C につくる電場をそれぞれ $\vec{E_A}$，$\vec{E_B}$ として，電場ベクトル $\vec{E_A}$，$\vec{E_B}$ および $\vec{E}$ の関係をベクトル図に示し，それぞれの電場の強さを求めよ。

(2)　無限遠を基準としたときの，位置 C の電位 V_C を求めよ。

(3)　電荷 $-e$ をもつ電子を位置 $(0, 0)$ に置いた。この電子を位置 C まで，ゆっくり動かすために必要な仕事 W を求めよ。

(4)　(3)の電子を位置 $(0, b)$ に置いて固定した。$b(>0)$ が a に比べて十分小さいとき，電子に働く力が，b に比例することを示せ。必要ならば，b が a に比べて十分小さいとき，$a^2 + b^2 \fallingdotseq a^2$ となることを用いてよい。

●考え方　(2)　A，B 2 つの点電荷による電位の和を求めればよい。
(4)　位置 $(0, b)$ に電荷を置いたときに受ける力は，点電荷 A および B による電場から受ける力の和である。この力と b との関係を考える。

解答

(1)　点電荷の電場の式より，

$$|\vec{E_A}| = |\vec{E_B}|$$

$$= k_0 \frac{Q}{(\sqrt{5}\,a)^2}$$

$$= \frac{k_0 Q}{5a^2}$$

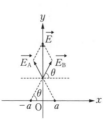

である。また $\vec{E_A}$，$\vec{E_B}$ および $\vec{E}$ の関係は図のようになり，

$$|\vec{E}| = |\vec{E_A}|\sin\theta + |\vec{E_B}|\sin\theta \quad \cdots ①$$

$$= 2 \times \frac{k_0 Q}{5a^2} \times \frac{2}{\sqrt{5}}$$

$$= \frac{4k_0 Q}{5\sqrt{5}\,a^2}$$

答　$|\vec{E_A}| = |\vec{E_B}| = \dfrac{k_0 Q}{5a^2}$，$|\vec{E}| = \dfrac{4\sqrt{5}\,k_0 Q}{25a^2}$

(2)　点電荷 A による C 点の電位を V_A，B による電位を V_B とすると，求める電位 V_C は，

$$V_C = V_A + V_B = \frac{k_0 Q}{\sqrt{5}\,a} + \frac{k_0 Q}{\sqrt{5}\,a} = \frac{2k_0 Q}{\sqrt{5}\,a}$$

答　$V_C = \dfrac{2\sqrt{5}\,k_0 Q}{5a}$

(3)　(2)と同様に原点の位置の電位を V_0 とすると，$V_0 = \dfrac{2k_0 Q}{a}$ となる。よって，

$$(-e)V_0 + W = (-e)V_C$$

$$W = qV = -e(V_C - V_0)$$

$$= -e\left(\frac{2k_0 Q}{\sqrt{5}\,a} - \frac{2k_0 Q}{a}\right)$$

$$= 2\left(1 - \frac{\sqrt{5}}{5}\right)\frac{k_0 eQ}{a}$$

答　$\dfrac{2}{5}(5 - \sqrt{5})\dfrac{k_0 eQ}{a}$

(4)　(記述例)　位置 $(0, b)$ における，点電荷の電場は①において

$$|\overrightarrow{E_A}|=|\overrightarrow{E_B}|=\frac{k_0Q}{a^2+b^2}, \quad \sin\theta=\frac{b}{\sqrt{a^2+b^2}}$$

とすればよいので、

$$|\overrightarrow{E}|=2\left(\frac{k_0Q}{a^2+b^2}\times\frac{b}{\sqrt{a^2+b^2}}\right)$$

$$=\frac{2k_0Qb}{(a^2+b^2)^{\frac{3}{2}}}$$

これに近似式を用いると、$|\overrightarrow{E}|\fallingdotseq\dfrac{2k_0Qb}{a^3}$

答

発展問題

324 ▶電場がする仕事　真空中で、水平面上に xy 平面をとり、x 軸の正の向きに一様な電場 E が加えられている。この電場中で、質量 m で正の電荷 q をもつ荷電粒子を考える。重力加速度の大きさを g とする。

(1) 図1のように xy 平面上に原点を中心とした半径 d の円弧を考え、この円弧と x 軸、y 軸との交点を P、Q とする。原点の電位を 0 とし、P および Q の電位を求めよ。

(2) OR と x 軸とのなす角が θ となるような円弧上の点を R とする。荷電粒子 q を O→R、R→P とゆっくり動かしたときに電場がする仕事をそれぞれ求めよ。

(3) 図2のように鉛直上向きに z 軸をとる。電場は変わらず、x 軸の正の向きに加えている。z 軸上の高さ h の点 A から荷電粒子を自由落下させたとき、x 軸上の点 B を通過した。原点から点 B までの長さ x を求めよ。

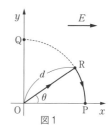

図1

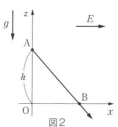

図2

（2008　静岡大　改）

325 ▶極板間の電場と電位のグラフ

右図1のような2枚の導体板 A、B を互いに平行にして 0.050 m 隔てて置く。A を接地し、B が高電位となるように、極板間に 0.20 V の電圧をかけた。ただし、極板の面積は極板間隔に比べて十分に広いものとする。

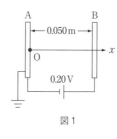

図1

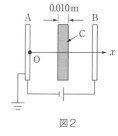

図2

(1) 極板 A の1点 O を原点として A に垂直に、B に向けて x 軸をとる。x 軸の各点における電位と電場の強さをそれぞれ V、E とするとき、AB 間における V-x グラフ、E-x グラフをかけ。

(2) 次に、図2のように、厚さ 0.010 m の導体板 C を A、B の真ん中に挿入する。このときの V-x グラフ、E-x グラフをかけ。

326▶導体殻内の電場 電荷をもたない半
径 a の導体球殻 A が真空中に固定されてい
る。導体球殻 A の中心 O から距離 $r(r>a)$
だけ離れた点 P に電気量 Q の正電荷 B を置
いた。すると，導体球殻 A は（　①　）現象
により，球殻表面に電荷が誘導されて現れる。
点電荷 B に近い側の表面には（　②　）が，点

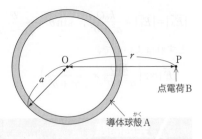

電荷 B から遠い側の表面には（　③　）が現れる。また，電気量は保存されるので，②と
③の電気量の和は 0 である。次に，球殻に現れた誘導電荷に出入りする電気力線を考え
る。一般に，導体内の電場は，（　④　）であるから，導体球殻 A の全ての点は（　⑤　）
となり，②と③を結ぶ電気力線は存在しない。したがって，③から出た電気力線は
（　⑥　）までいく。つまり，導体球殻 A の電位は，（　⑦　）であることがわかる。

　導体の内側には，電荷が現れるだろうか。導体の内側に電荷が現れるとすると，球殻
内部に電場ができて，電気力線の始点と終点が，導体内部にあることになる。これは，
導体が⑤であることに矛盾する。つまり，球殻内部に電場は存在しないといえる。した
がって，導体球殻 A とそれが囲む空間内のすべての点が⑤ということになる。一般に，
導体で囲まれた空間の電場は，外部の電場の影響を受けない。このような効果を
（　⑧　）という。

(1) 　上の文章の①〜⑧にあてはまる最も適切なものを下の選択肢から選べ。

　　(a)正　　　(b)負　　　(c)0　　　(d)点電荷 B　　　(e)無限遠　　　(f)正の誘導電荷

　　(g)負の誘導電荷　　(h)等電位　　(i)静電誘導　　(j)誘電分極　　(k)静電しゃへい

(2) 　k_0 をクーロンの法則の比例定数として，導体球殻の中心 O の電位 V_A を Q, a, r,
　　k_0 の中から必要なものを用いて表せ。

（2010　千葉大　改）

20 コンデンサー

◆1 コンデンサー

①極板間の電位差と蓄えられる電荷の関係

コンデンサーの向かい合った極板には，引力が働く異符号の電荷が蓄えられる。蓄えられる電荷は極板間の電位差に比例する。

$$Q = CV \qquad C：コンデンサーの電気容量〔F〕$$

$10^{-6}\,\text{F} = 1\,\mu\text{F}, \quad 10^{-12}\,\text{F} = 1\,\text{pF}$

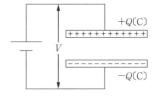

②平行板コンデンサーの電気容量

同じ電位差において，蓄えることのできる電荷は，極板の面積に比例し，極板間距離に反比例する。面積が S〔m²〕の向かい合う極板を，d〔m〕だけ隔てて固定したとき，誘電率を ε〔F/m〕とすると，電気容量 C〔F〕は次のようになる。

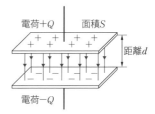

$$C = \varepsilon \frac{S}{d} \qquad \left(\varepsilon = \frac{1}{4\pi k} \right)$$

③平行板コンデンサー間の電場

十分に面積の大きな平行板コンデンサーの極板間には，一様な電場 E〔V/m〕ができる。

$$E = \frac{V}{d} = \frac{\dfrac{Q}{C}}{d} = \frac{Q}{\varepsilon S} \qquad （電場の向きは＋から－への向き）$$

④コンデンサーの耐電圧

コンデンサーに加えることができる電圧の上限のことで，これ以上の電圧をかけると絶縁破壊が起こり，電荷を保つことができない。

◆2 コンデンサー内の誘電体と金属

①誘電体を入れたコンデンサー

平行板コンデンサーに誘電率 ε の誘電体を挿入したときの電気容量は，真空の場合に比べて，ε_r 倍だけ大きくなる。

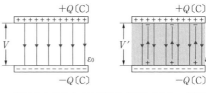

$$C = \varepsilon \frac{S}{d} = \varepsilon_r \varepsilon_0 \frac{S}{d} = \varepsilon_r C_0$$

比誘電率 $\varepsilon_r = \dfrac{C}{C_0} = \dfrac{\varepsilon}{\varepsilon_0}$

※誘電体を挿入すると誘電体が誘電分極し，誘電体内に逆向きの電場が生じる。結果として，極板間の電場が小さくなり，極板間電位差も低下する。

②金属を入れたコンデンサー

金属中は等電位になるので，金属の厚さ分だけ極板間を短くしたコンデンサーと考えることができる。

◆3 コンデンサーの接続

①コンデンサーの並列接続

各コンデンサーの極板間の電圧が等しい。全体の電荷は各コンデンサーの電荷の和。

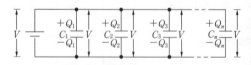

合成容量	$C = C_1 + C_2 + C_3 + \cdots\cdots + C_n$
全体の電荷	$Q = Q_1 + Q_2 + Q_3 + \cdots\cdots + Q_n$
電気容量と電荷の関係	$\dfrac{Q}{C} = \dfrac{Q_1}{C_1} = \dfrac{Q_2}{C_2} = \dfrac{Q_3}{C_3} = \cdots\cdots = \dfrac{Q_n}{C_n}$

②コンデンサーの直列接続

各コンデンサーの電荷が等しい。全体の電圧は各コンデンサーの電圧の和。

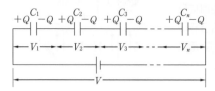

合成容量	$\dfrac{1}{C} = \dfrac{1}{C_1} + \dfrac{1}{C_2} + \dfrac{1}{C_3} + \cdots\cdots + \dfrac{1}{C_n}$
全体の電圧	$V = V_1 + V_2 + V_3 + \cdots\cdots + V_n$
電気容量と電圧の関係	$CV = C_1 V_1 = C_2 V_2 = C_3 V_3 = \cdots = C_n V_n$

③電荷の保存

点線で囲まれた部分の電荷の和は，スイッチを入れる前後で変化しない。

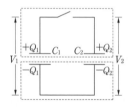 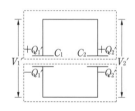

$$Q_1 + Q_2 = Q_1' + Q_2'$$
$$V_1' = V_2'$$

◆4 静電エネルギー

①コンデンサーの静電エネルギー

電気容量が C〔F〕のコンデンサーに V〔V〕の電池で充電し，Q〔C〕の電荷が蓄えられているとき，コンデンサーのもつ静電エネルギー U〔J〕は，

$$U = \frac{1}{2} QV = \frac{1}{2} CV^2 = \frac{1}{2} \frac{Q^2}{C}$$

②電池のする仕事

V〔V〕の電池でコンデンサーに Q〔C〕の電荷を充電する間に電池のした仕事 W〔J〕は，$W = QV$

コンデンサーを充電する際，電池がした仕事の $\dfrac{1}{2}$ が，コンデンサーの静電エネルギーとして蓄えられ，$\dfrac{1}{2}$ が導線を流れる電流により，ジュール熱になる。

WARMING UP／ウォーミングアップ

1 電気容量 10 μF のコンデンサーを 3.0 V の電池に接続したときに，コンデンサーに蓄えられる電荷の電気量は何 C か。

2 0.60 m² の金属板を 0.40 m 隔てて向かい合わせた。真空の誘電率 $\varepsilon_0 = 8.9 \times 10^{-12}$ F/m として，この平行板コンデンサーの電気容量を求めよ。

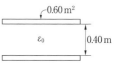

3 12 pF の平行板コンデンサーの極板間を比誘電率 $\varepsilon_r = 2.5$ の物質で満たすと，電気容量はいくらになるか。

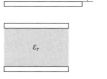

4 0.60 m² の金属板を 0.40 m 隔てて向かい合わせた平行板コンデンサーの極板間に厚さ 0.20 m の金属を挿入したときの電気容量を求めよ。$\varepsilon_0 = 8.9 \times 10^{-12}$ F/m とする。

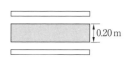

5 1.0 μF，2.0 μF，3.0 μF のコンデンサーを，それぞれ 6.0 V の電池に接続し，十分な時間をかけて充電した後，電池を取り外した。この時，コンデンサーの両端の電圧は，それぞれいくらか。

6 図1〜図3のように平行板コンデンサーを電圧 V の電池に接続したとき，それぞれのコンデンサーに蓄えられる電荷を求めよ。

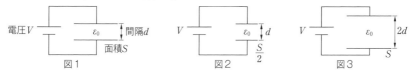

7 5.0 μF のコンデンサーを図1〜図3のように接続したときの合成容量はそれぞれいくらか。

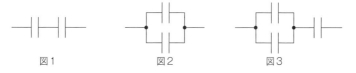

8 1.0 μC の電荷が蓄えられた 3.0 μF のコンデンサー C_1 と，充電されていない 1.0 μF のコンデンサー C_2 を並列に接続した。C_1 の両端の電圧はいくらか。

9 100 μF のコンデンサーを 10 V の電池で充電したとき，コンデンサーの静電エネルギーはいくらか。

基本例題 81　コンデンサーのつなぎ替えと静電エネルギー

10 V の電池と 12 μF，3.0 μF のコンデンサー C_1，C_2，スイッチ S_1，S_2 を図のように接続した。はじめは，どちらのスイッチも開いていて，どちらのコンデンサーにも電荷はなかったとして，次の問いに答えよ。

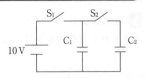

(1) スイッチ S_1 を閉じて十分に時間が経った後，C_1 に蓄えられた電荷と静電エネルギーを求めよ。

(2) (1)に続いてスイッチ S_1 を開いて，スイッチ S_2 を閉じて十分に時間が経った後，それぞれのコンデンサーに蓄えられた電荷と電圧を求めよ。

(3) (2)のとき，2 つのコンデンサーの静電エネルギーの和はいくらか。

(1) 電気容量 C_1 のコンデンサーを 10 V の電池で充電する。電荷を求めるには，$Q=CV$ を用い，静電エネルギーを求めるには，$U=\dfrac{1}{2}CV^2$ の関係を用いる。

(2) S_2 を閉じることで，電荷は，C_1 から C_2 へ 2 つのコンデンサーの電圧が等しくなるまで移動する。実際には，C_1 の上の極板から C_2 の上の極板に正電荷が移動し，C_1 の下の極板から C_2 の下の極板に負電荷が移動したと考えてよい。つまり，S_2 を閉じる前後で，2 つのコンデンサーに蓄えられる電荷の和は変化しない。

●考え方

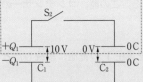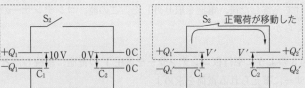

S_2 を閉じる前後で，点線で囲まれた部分の電荷は一定となるから $+Q_1+0=+Q_1'+Q_2'$ の関係が成り立つ。

また，スイッチ S_2 を閉じた後のそれぞれの電圧は等しく，$V'=\dfrac{Q_1'}{C_1}=\dfrac{Q_2'}{C_2}$ となる。

解答

(1) 考え方より，
$$Q_1=C_1V=12\,\mu\text{F}\times10\,\text{V}=120\,\mu\text{C}$$
また，$U=\dfrac{1}{2}CV^2=\dfrac{1}{2}\times12\,\mu\text{F}\times(10\,\text{V})^2$
$$=600\,\mu\text{J}$$
答　$1.2\times10^2\,\mu\text{C}$，$6.0\times10^2\,\mu\text{J}$

(2) S_2 を閉じる前後の電荷の保存より，
$$Q_1+Q_2=Q_1'+Q_2'=120\,\mu\text{C}+0$$
また，2 つのコンデンサーの電圧が等しいので，$\dfrac{Q_1'}{C_1}=\dfrac{Q_2'}{C_2}$ より，

$$\frac{Q_1'}{12\,\mu\text{F}}=\frac{Q_2'}{3.0\,\mu\text{F}}$$
これを解いて，
$$Q_1'=96\,\mu\text{C}\quad Q_2'=24\,\mu\text{C}$$
また，どちらも電圧は等しく，
$$V'=\frac{Q_1'}{C_1}=\frac{96\,\mu\text{C}}{12\,\mu\text{F}}=8.0\,\text{V}$$

答　$C_1:96\,\mu\text{C}$，$8.0\,\text{V}$
　　$C_2:24\,\mu\text{C}$，$8.0\,\text{V}$

(3) S_2 を閉じた後のそれぞれのコンデンサーの電圧は等しく蓄えられた静電エネルギーを U_1', U_2' とすると，

$U = \dfrac{1}{2}CV^2$ より，

$$U_1' + U_2' = \dfrac{1}{2}C_1 V'^2 + \dfrac{1}{2}C_2 V'^2$$

$$= \dfrac{1}{2}\{12\,\mu\text{F} \times (8.0\,\text{V})^2$$

$$+ 3.0\,\mu\text{F} \times (8.0\,\text{V})^2\}$$

$= 480\,\mu\text{J}$ **答 $4.8 \times 10^2\,\mu\text{J}$**

基本例題 82　コンデンサーの接続

電気容量が $C_1 = 4.0\,\mu\text{F}$，$C_2 = 8.0\,\mu\text{F}$，$C_3 = 6.0\,\mu\text{F}$ の3つのコンデンサーを右図のように 12 V の電池に接続し，スイッチを入れた。次の問いに答えなさい。ただし，スイッチを入れる前は，コンデンサーには電荷がなかったものとする。

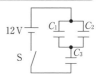

(1) C_1，C_2 の合成容量 C_{12} を求めよ。

(2) 全体の合成容量 C を求めよ。　(3) C_3 の両端の電圧は何 V か。

(4) C_1，C_2 に蓄えられている電気量はそれぞれ何 C か。

●考え方
(1) 並列に接続したコンデンサーの合成容量はそれぞれの電気容量の和である。

(2) (1)で求めた電気容量 C_{12} と C_3 との合成容量を求める。直列の場合 $\dfrac{1}{C} = \dfrac{1}{C_{12}} + \dfrac{1}{C_3}$ の関係がある。

(3) 全体の電気容量 C に蓄えられた電荷と C_{12} や C_3 のそれぞれに蓄えられた電荷は同じであると考える。

解答

(1) 並列接続の合成容量 C は，$C = C_1 + C_2$ の関係があるので，合成容量を C_{12} とすると，

$C_{12} = 4.0\,\mu\text{F} + 8.0\,\mu\text{F} = 12.0\,\mu\text{F}$

答 $C_{12} = 12.0\,\mu\text{F}$

(2) 直列接続の合成容量の式より，

$\dfrac{1}{C} = \dfrac{1}{C_{12}} + \dfrac{1}{C_3}$

$C = 4.0\,\mu\text{F}$　**答 $4.0\,\mu\text{F}$**

(3) $Q = CV$ より，全体の電荷 Q は，

$Q = 4.0 \times 10^{-6}\,\text{F} \times 12\,\text{V} = 4.8 \times 10^{-5}\,\text{C}$

C_3 に蓄えられている電荷もこれと等しいので，$V_3 = \dfrac{Q_3}{C_3}$ より

$V_3 = \dfrac{4.8 \times 10^{-5}\,\text{C}}{6.0 \times 10^{-6}\,\text{F}} = 8.0\,\text{V}$　**答 $8.0\,\text{V}$**

(4) (3)より C_1，C_2 にかかる電圧は，ともに，$V - V_3 = 12.0\,\text{V} - 8.0\,\text{V} = 4.0\,\text{V}$ であるから，それぞれに蓄えられた電荷は，

$Q_1 = C_1 V_1 = 4.0 \times 10^{-6}\,\text{F} \times 4.0\,\text{V}$

$= 1.6 \times 10^{-5}\,\text{C}$

答 $C_1 : 1.6 \times 10^{-5}\,\text{C}$

$Q_2 = C_2 V_2 = 8.0 \times 10^{-6}\,\text{F} \times 4.0\,\text{V}$

$= 3.2 \times 10^{-5}\,\text{C}$

答 $C_2 : 3.2 \times 10^{-5}\,\text{C}$

基本例題 83 極板間距離と電気容量

図のように，極板の面積が S，間隔が d の平行板
コンデンサーに，電圧 V の電池を接続しスイッチ
を入れた。真空の誘電率を ε_0 として，次の問いに
答えよ。

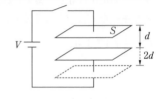

(1) 十分時間が経った後の，極板間の電場 E を求め
よ。

(2) コンデンサーに蓄えられた電荷はいくらか。

(3) スイッチを入れたままで極板間距離を $2d$ にしたとき，極板間の電場とコンデン
サーに蓄えられている電荷を求めよ。

(4) スイッチを切ってから極板間距離を $2d$ にしたとき，極板間の電圧 V' はいくら
か。

●考え方
(1) 電池に接続されていれば，コンデンサーの電圧は電池の電圧に等しい。
(2) コンデンサーの電圧と電荷の関係，平行板コンデンサーの電気容量の関係式
を用いる。
(3) 電池につないだまま→電圧一定。また，電気容量は極板間距離に反比例する。
(4) スイッチを切ると電荷の移動が起こらないので，電場も変化しない。

解答

(1) 極板間の間隔が d で電圧が V であ
るので，

$$E = \frac{V}{d}$$ 　　　答 $\dfrac{V}{d}$

(2) コンデンサーの電気容量は，

$$C = \varepsilon_0 \frac{S}{d}$$

よって，$Q = CV = \varepsilon_0 \dfrac{S}{d} V$ 　答 $\varepsilon_0 \dfrac{S}{d} V$

(3) 極板間距離を 2 倍にすると電場は，

$$E = \frac{V}{2d}$$

コンデンサーの電気容量は，$C = \varepsilon_0 \dfrac{S}{2d}$

電圧は変わらず，$Q = CV = \varepsilon_0 \dfrac{S}{2d} V$

答 電場：$\dfrac{V}{2d}$，電荷：$\varepsilon_0 \dfrac{S}{2d} V$

(4) 極板間の電場は，変化せず $E = \dfrac{V}{d}$

よって，$V' = 2d \cdot E = 2d \cdot \dfrac{V}{d} = 2V$

答 $2V$

基本例題 84 　誘電体の挿入と静電エネルギー

1辺が L の正方形の金属板2枚を距離 d だけ離し，向かい合わせに固定した。このコンデンサーを電圧 V の電池で充電し，スイッチを開いた後，比誘電率が ε_r で厚さ d の誘電体を $\dfrac{L}{2}$ まで挿入した。真空の誘電率を ε_0 として，次の問いに答えよ。

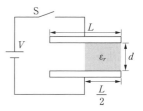

(1) 誘電体を $\dfrac{L}{2}$ まで挿入したコンデンサーの電気容量を求めよ。

(2) 誘電体を挿入した後，コンデンサーの両端の電圧はいくらになったか。

(3) 誘電体を挿入することによって変化したコンデンサーの静電エネルギーはいくらか。

●考え方
(1) 極板面積が $\dfrac{1}{2}$ で，誘電体を挿入していないコンデンサーと誘電体を挿入したコンデンサーの並列接続と考える。
(2) 電池に接続していないので，電荷が保存される。

解答

(1) 挿入後のコンデンサーを図のように2つのコンデンサー C_1，C_2 の並列接続であると考えると，

$$C_1 = \varepsilon_0 \frac{S}{d} = \varepsilon_0 \frac{L^2}{2d}$$

$$C_2 = \varepsilon_r \varepsilon_0 \frac{S}{d} = \varepsilon_r \varepsilon_0 \frac{L^2}{2d}$$

よって，求める電気容量 C は

$$C = C_1 + C_2 = \varepsilon_0 \frac{L^2}{2d}(1+\varepsilon_r)$$

答 $\varepsilon_0 \dfrac{L^2}{2d}(1+\varepsilon_r)$

(2) 電荷は挿入前と変わらず，

$$Q = CV = \varepsilon_0 \frac{L^2}{d} V$$

(1)で求めた電気容量にこの電荷が蓄えられているので，求める電圧を V' とすると

$$V' = \frac{Q}{C} = \frac{\varepsilon_0 \dfrac{L^2}{d} V}{\varepsilon_0 \dfrac{L^2}{2d}(1+\varepsilon_r)} = \frac{2V}{1+\varepsilon_r}$$

答 $\dfrac{2V}{1+\varepsilon_r}$

(3) 挿入前の静電エネルギー U は，

$$U = \frac{1}{2}QV = \frac{1}{2}\varepsilon_0 \frac{L^2}{d} V \cdot V = \frac{1}{2}\varepsilon_0 \frac{L^2}{d} V^2$$

挿入後の静電エネルギー U' は，

$$U' = \frac{1}{2}QV' = \frac{1}{2}\varepsilon_0 \frac{L^2}{d} V \cdot \frac{2V}{1+\varepsilon_r}$$

よって，変化した静電エネルギー ΔU は，

$$\Delta U = U' - U$$
$$= \frac{1}{2}\left(\frac{2\varepsilon_0 L^2 V^2}{d(1+\varepsilon_r)} - \varepsilon_0 \frac{L^2}{d} V^2\right)$$
$$= \frac{\varepsilon_0 L^2 V^2 (1-\varepsilon_r)}{2d(1+\varepsilon_r)}$$

答 $\dfrac{\varepsilon_0 L^2 V^2 (1-\varepsilon_r)}{2d(1+\varepsilon_r)}$

基本問題

327 ▶ 極板間の電場　正方形で面積がSの2枚の金属板をdだけ離し，向かい合わせて平行板コンデンサーを作った。これに電池をつないでしばらく置くと，コンデンサーにはQの電荷が蓄えられた。次の問いに答えよ。ただし，真空の誘電率をε_0とする。

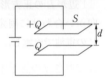

(1)　このコンデンサーの電気容量Cを求めよ。

(2)　電池の電圧Vを求めよ。

(3)　2枚の極板間には，電場ができる。この電場の強さEを求めよ。

328 ▶ コンデンサーの直列接続　$C_1 = 2.0\,\mu\mathrm{F}$，$C_2 = 3.0\,\mu\mathrm{F}$，$C_3 = 6.0\,\mu\mathrm{F}$のコンデンサーを図のように直列にして10Vの電池に接続した。

(1)　3つのコンデンサーの合成容量を求めよ。

(2)　各コンデンサーの電圧V_1，V_2，V_3を求めよ。

(3)　各コンデンサーの静電エネルギーU_1，U_2，U_3はいくらか。

329 ▶ コンデンサーの並列接続　$C_1 = 2.0\,\mu\mathrm{F}$，$C_2 = 3.0\,\mu\mathrm{F}$，$C_3 = 6.0\,\mu\mathrm{F}$のコンデンサーを図のように並列にして10Vの電池に接続した。

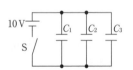

(1)　3つのコンデンサーの合成容量を求めよ。

(2)　各コンデンサーの電圧V_1，V_2，V_3，静電エネルギーU_1，U_2，U_3を求めよ。

330 ▶ コンデンサーの接続　$C_1 = 2.0\,\mu\mathrm{F}$，$C_2 = 3.0\,\mu\mathrm{F}$，$C_3 = 6.0\,\mu\mathrm{F}$のコンデンサーを図のように接続して10Vの電池に接続した。

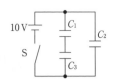

(1)　3つのコンデンサーの合成容量を求めよ。

(2)　各コンデンサーの電圧V_1，V_2，V_3を求めよ。

(3)　各コンデンサーの静電エネルギーU_1，U_2，U_3はいくらか。

331 ▶ 誘電体と静電エネルギー　$1.0\,\mu\mathrm{F}$の平行板コンデンサーに20Vの電池を接続し充電した。その後，電池につないだまま極板間を比誘電率が3.0の誘電体で満たした。

(1)　誘電体がないとき，コンデンサーに蓄えられていた静電エネルギーはいくらか。

(2)　誘電体で満たしたコンデンサーの電気容量はいくらか。

(3)　誘電体で満たした後のコンデンサーの静電エネルギーを求めよ。

332▶電気容量　面積 S，極板間距離 d の平行板コンデンサーがある。これに，図のように比誘電率が ε_r で，①下半分に厚さ $\dfrac{d}{2}$ の誘電体，②右半分に幅が $\dfrac{1}{2}$ の誘電体，③右下に厚さ $\dfrac{d}{2}$ で幅が $\dfrac{1}{2}$ の誘電体を挿入し固定した。

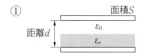 

(1)　電気容量をそれぞれ求めよ。

(2)　①のコンデンサーに電圧 V の電池で充電したとき，コンデンサーに蓄えられる電荷を求めよ。

(3)　②のコンデンサーに電圧 V の電池で充電したとき，コンデンサーの静電エネルギーはいくらか。

(4)　③のコンデンサーに電圧 V の電池で充電した後，電池を取り外してから誘電体を取り去ったとき，コンデンサーの電圧はいくらになるか。

333▶コンデンサーの接続　$20\,\mu\mathrm{F}$ のコンデンサー C_1 と，$5.0\,\mu\mathrm{F}$ のコンデンサー C_2 を $10\,\mathrm{V}$ の電池で充電した。この 2 つのコンデンサーを次のように接続したとき，AB 間の電圧はそれぞれいくらになるか。ただし，＋，－は接続する前に蓄えられていた電荷の符号を示している。

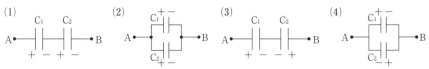

334▶金属板の挿入　電気容量が C_0 の平行板コンデンサーを起電力 V の電池に接続した。スイッチを閉じて十分に時間が経った後，スイッチを開いた。次に，極板と同じ大きさで厚さが極板間距離の $\dfrac{1}{2}$ である金属を極板の中央に平行に挿入した。

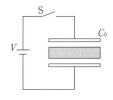

(1)　コンデンサーに蓄えられる電荷を求めよ。

(2)　金属を挿入したコンデンサーの電気容量はいくらか。

(3)　金属を挿入する直前の極板間の電場を E とすると，金属挿入後の　①金属内部の電場　②金属の上部または下部の電場　はいくらか。

(4)　さらにスイッチを入れると，コンデンサーに蓄えられる電荷はいくらになるか。

335▶コンデンサーの耐電圧　電気容量が $5.0\,\mu\mathrm{F}$ で耐電圧が $20\,\mathrm{V}$ のコンデンサー C_1 と電気容量が $15\,\mu\mathrm{F}$ で耐電圧が $50\,\mathrm{V}$ のコンデンサー C_2 がある。

(1)　2 つのコンデンサー C_1，C_2 を並列に接続したとき全体の耐電圧はいくらになるか。

(2)　2 つのコンデンサー C_1，C_2 を直列に接続したとき全体の耐電圧はいくらになるか。

発展例題 85 平行板コンデンサー

面積 S の2枚の金属板を d だけ隔てて向かい合わせに置き，固定して平行板コンデンサーを作った。このコンデンサーに電池を接続して，Q の電荷を蓄えた後，電池を取り外した。空気の誘電率を ε_0 として次の問いに答えよ。

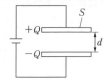

(1) コンデンサーに蓄えられた静電エネルギーはいくらか。

(2) 2枚の極板の間には電場ができている。この電場の強さはいくらか。

(3) 2枚の極板が引き合う力の大きさはいくらか。

(4) 上の極板の固定を外して，極板の間隔が $2d$ になるまで，ゆっくり上げた。このとき，外力がコンデンサーにした仕事はいくらか。

●考え方

(1) 平行板コンデンサーの電気容量は，$C = \varepsilon_0 \dfrac{S}{d}$

(2) Q〔C〕の電荷からは，$\dfrac{Q}{\varepsilon_0}$ 本の電気力線が出ている。極板間にだけ電場があるので，単位面積当たりの電気力線の本数（電場の強さ）を求められる。

(3) 極板間の電場は，上の極板の電荷によるものと，下の極板の電荷によるものの和である。たとえば，下の極板が電場から受ける力に関係するのは，上の電荷がつくる電場である。

(4) (3)で求めた力で d だけ動かしたときの仕事を求めればよい。これは，コンデンサーの静電エネルギーの変化に等しくなるので，これを求めてもよい。

解答

(1) コンデンサーの静電エネルギーは，

$$U = \frac{1}{2} \cdot \frac{Q^2}{C} = \frac{1}{2} \cdot \frac{Q^2}{\varepsilon_0 \dfrac{S}{d}} = \frac{Q^2 d}{2\varepsilon_0 S}$$

答 $\dfrac{Q^2 d}{2\varepsilon_0 S}$

(2) 上の極板に Q の電荷があるとき，電場は下側に一様にできるので，極板と同じ面積 S を貫く電気力線の本数を考えると，$E = \dfrac{Q}{\varepsilon_0 S}$ となる。 答 $\dfrac{Q}{\varepsilon_0 S}$

(3) 下の極板が受ける力の大きさ F を考えると，上の極板の電荷がつくる電場 $E_{\text{上}}$ と下の極板の電荷の大きさ Q を用いて，$F = E_{\text{上}} Q$ と表せる。

また，上下の極板にある電荷で極板間の電場 E をつくっているので，

$E_{\text{上}} = \dfrac{1}{2} E$ の関係がある。

したがって，

$$F = E_{\text{上}} Q = \frac{Q}{2\varepsilon_0 S} Q = \frac{Q^2}{2\varepsilon_0 S}$$

答 $\dfrac{Q^2}{2\varepsilon_0 S}$

(4) (3)の力で d だけ極板を動かしたときの仕事 W は，$W = Fd = \dfrac{Q^2 d}{2\varepsilon_0 S}$

答 $\dfrac{Q^2 d}{2\varepsilon_0 S}$

〈別解〉極板間隔が変化し，電気容量が変わるので静電エネルギー U' は次のように表せる。

$$U' = \frac{1}{2} \cdot \frac{Q^2}{C'} = \frac{1}{2} \cdot \frac{Q^2}{\varepsilon_0 \dfrac{S}{2d}} = \frac{Q^2 d}{\varepsilon_0 S}$$

静電エネルギーの変化が，その間にした仕事なので，$W = U' - U$ より，

$$W = U' - U = \frac{Q^2 d}{\varepsilon_0 S} - \frac{Q^2 d}{2\varepsilon_0 S} = \frac{Q^2 d}{2\varepsilon_0 S}$$

発展例題 86　コンデンサー回路のスイッチ切り替え

右図のように，電気容量が $C_1=3.0\,\mu\mathrm{F}$，$C_2=2.0\,\mu\mathrm{F}$，
$C_3=4.0\,\mu\mathrm{F}$ の 3 つのコンデンサーと 2 個のスイッチ
S_1，S_2 を 10 V の電池に接続した。最初は，すべての
コンデンサーの電荷が 0 の状態で，スイッチは 2 つと
も開いていた。次の問いに答えよ。

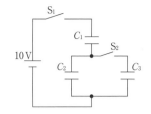

(1)　S_1 を閉じてしばらく時間が経った後，C_1 に蓄え
られた電荷は何 C か。

(2)　続いて，S_1 を開き，S_2 を閉じてしばらくおいた。C_3 に蓄えられる電荷は何 C か。

(3)　次に，S_2 を開き，S_1 を閉じてしばらくおいた。C_2 の両端の電圧は何 V か。

(4)　(2)，(3)の操作を何度も繰り返し行っていくと，C_1 に蓄えられる電荷は何 C に近
づいていくか。

●考え方

(1)　S_1 を閉じる前後で C_1 の負極側と，C_2 の正極側の電荷の和は変化せず，電荷
が保存されるので，合成容量全体に蓄えられた電荷と，それぞれの電荷は等し
いと考えてよい。

(2)　S_1 が開いているので，C_2 に蓄えられた電荷の一部が C_3 に移動し，等しい電
圧になる。

(3)　S_2 が開いているので，S_1 を閉じる前後で，C_1 の負極側の電荷と C_2 の正極側
の電荷の和は変化しない。

(4)　スイッチ操作を無限に繰り返すと，電荷が移動しなくなるので，C_2 と C_3 の
電圧が等しくなっていく。つまり，S_1，S_2 ともに閉じた状態を考えればよい。

解答

(1)　C_1，C_2 の合成容量を C_{12} とすると

$$\frac{1}{C_{12}}=\frac{1}{C_1}+\frac{1}{C_2}=\frac{C_1+C_2}{C_1\cdot C_2}$$

$$C_{12}=\frac{C_1\cdot C_2}{C_1+C_2}=\frac{3.0\cdot 2.0}{3.0+2.0}=1.2\,\mu\mathrm{F}$$

このとき全体に蓄えられる電荷 Q_{12} は，

$$Q_{12}=C_{12}V=1.2\,\mu\mathrm{F}\cdot 10\,\mathrm{V}=12\,\mu\mathrm{C}$$

よって，$Q_1=Q_2=Q_{12}=12\,\mu\mathrm{C}$

答 12 μC

(2)　C_2，C_3 の合成容量 C_{23} は，

$$C_{23}=C_2+C_3=2.0\,\mu\mathrm{F}+4.0\,\mu\mathrm{F}$$
$$=6.0\,\mu\mathrm{F}$$

また，S_2 を閉じる前後で C_2 と C_3 の電荷
の和は保存されるので，

$$Q_{23}=Q_2=12\,\mu\mathrm{C}$$

さらに，電圧は等しいので

$$V_2'=V_3'=V_{23}=\frac{Q_{23}}{C_{23}}=\frac{12\,\mu\mathrm{C}}{6.0\,\mu\mathrm{F}}=2.0\,\mathrm{V}$$

$$Q_3'=C_3V_3'=4.0\,\mu\mathrm{F}\times 2.0\,\mathrm{V}=8.0\,\mu\mathrm{C}$$

答 8.0 μC

(3)　C_1 の負極側の電荷と C_2 の正極側の
電荷の和が一定なので，

$$-Q_1+Q_2'=-Q_1''+Q_2''=-8.0\,\mu\mathrm{C}$$
$$V_1''+V_2''=10\,\mathrm{V}$$
$$Q_1''=C_1\cdot V_1''$$
$$Q_2''=C_2\cdot V_2''$$

これらを解いて，$V_2''=4.4\,\mathrm{V}$　　**答 4.4 V**

(4)　スイッチを両方閉じた状態では，

$$V_1'''+V_{23}'''=V=10\,\mathrm{V},\quad Q_1'''=Q_{23}'''$$
$$Q_1'''=C_1\cdot V_1''',\quad Q_{23}'''=C_{23}\cdot V_{23}'''$$

これを解いて，$Q_1'''=20\,\mu\mathrm{C}$　　**答 20 μC**

発展問題

336▶コンデンサーの接続 電気容量が C_1, C_2, C_3 の 3つのコンデンサー，および起電力 E の電池とスイッチ S_1, S_2 で図のような回路を考える。はじめ C_1, C_2 の電荷は 0 で，C_3 には，上側の極板に $+Q_0$，下側の極板に $-Q_0$ の電荷が蓄えられていた。

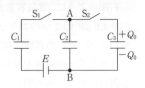

(1) スイッチ S_1 を閉じて十分に時間が経った後，C_1 の上側の極板に蓄えられた電荷はいくらか。

(2) 図中の A 点と B 点の間の電位差を求めよ。

続いて，S_1 を閉じたまま S_2 も閉じ，十分時間が経った後に C_1, C_2, C_3 の各コンデンサー上側の極板に蓄えられた電荷を，それぞれ Q_1, Q_2, Q_3 とする。

(3) Q_0 と Q_1, Q_2, Q_3 の関係式をかけ。

(4) ①AB 間の電位差を E, C_1, Q_1 で表せ。

　　②AB 間の電位差を C_2, Q_2 で表せ。

　　③AB 間の電位差を C_3, Q_3 で表せ。

(5) (3), (4)の関係から，Q_2, Q_3 を消去し Q_1 を求めよ。

(2011 北海道大 改)

337▶誘電体をはさんだ平行板コンデンサー 1辺が a の正方形極板2枚を，a に比べて十分小さな距離 d だけ離して，誘電率が ε_0 の真空中に置いた。このコンデンサーの極板間に誘電率 $\varepsilon(\varepsilon > \varepsilon_0)$ の誘電体をすき間なく入れ，起電力 V の電源につないだ。

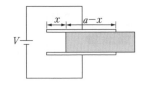

　次に，この誘電体を外力によって x だけ引き出した。このとき，コンデンサーの電気容量は減少するので，蓄えられた電荷の一部が電池の起電力に逆らって移動したことになる。これら一連の現象について，次の問いに答えよ。

(1) 誘電体を引き出す前，コンデンサーに蓄えられていた静電エネルギーを求めよ。

(2) 誘電体を x だけ引き出したときのコンデンサーの電気容量を求めよ。

(3) 誘電体を x だけ引き出す過程で，電池に対してした仕事はいくらか。

(4) 誘電体を x だけ引き出した後のコンデンサーに蓄えられている静電エネルギーを求めよ。

(5) 外力を加えて，誘電体を x だけ引き出すのに必要な仕事はいくらか。

ヒント 誘電体を x だけ引き出したとき，極板の面積比が $x:(a-x)$ で，誘電体の入っていないコンデンサーと，誘電体の入っているコンデンサーの並列接続と考える。

(2008 名古屋市立大 改)

338▶極板間の電場と極板間に働く力　極板の面積が S の金属極板 P_1, P_2, P_3 が図のように真空中に配置されている。極板 P_1, P_3 間の距離は l, 極板 P_1, P_2 間の距離は d である。極板は端の影響が無視できるほど十分大きく、厚さが無視できるものとする。また、真空の誘電率を ε_0 として次の問いに答えよ。

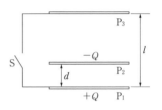

はじめ、スイッチ S は開いており、極板 P_1, P_2 にそれぞれ $+Q$, $-Q$ の電荷を与える。

(1)　極板 P_1, P_2 間の電場 E_0 を求めよ。

(2)　P_2 の電位を 0 としたとき、P_1 の電位 V_0 を求めよ。

次に、スイッチ S を閉じ、十分時間が経過したものとする。

(3)　P_1 から P_3 に移動した電荷 q を求めよ。

(4)　極板 P_1, P_2 間の電場 E_1 と、極板 P_2, P_3 間の電場 E_2 を求めよ。

(5)　極板 P_2 に働く力の大きさと向きを求めよ。

(2009　京都府立大　改)

339▶極板間の電場と電位　図1のように2枚の金属板からなる極板間隔 d の平行板コンデンサーが真空中に置かれている。極板 A, B に与えられた電荷は、それぞれ $+Q$, $-Q$ で、極板 B は接地されている。極板端部周辺に電場の乱れはないものとする。

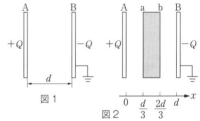

図1
図2

(1)　図2のように、AB 間の中央に厚さ $\dfrac{d}{3}$ の帯電していない金属板を極板 A, B と平行に挿入したとき、①x 軸方向の位置と電場の強さ、②x 軸方向の位置と電位の関係を示すグラフを下の解答群からそれぞれ選べ。ただし、グラフの横軸は図2の x 軸に相当し、縦軸は電場の強さ、または電位とする。

(2)　金属板を極板間から取り外し、厚さ $\dfrac{d}{3}$ で比誘電率 $\varepsilon_r = 2.0$ の誘電体板を、図2のように AB 間の中央に極板 A, B と平行に挿入したとき、①x 軸方向の位置と電場の強さ、②x 軸方向の位置と電位の関係を示すグラフを下の解答群からそれぞれ選べ。

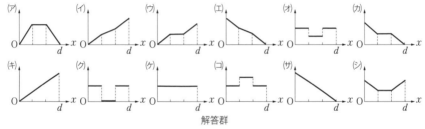

解答群

(2010　愛媛大)

21 電気回路

◆1 オームの法則

・抵抗 R 〔Ω〕の導体に，V 〔V〕の電圧をかけたときに流れる電流 I 〔A〕は，

$$I=\frac{V}{R} \quad \text{または，} \quad V=RI$$

・金属中を自由電子が移動しているときの電流

$$I=envS$$

e：電気素量〔C〕 v：電子の移動速度〔m/s〕

n：金属の自由電子の個数密度〔個/m³〕 S：金属の断面積〔m²〕

・電圧降下…電気抵抗の両端の電位は，電流の流れている向きに RI だけ下がる。

◆2 電流と熱

抵抗 R 〔Ω〕に V 〔V〕の電圧をかけて，I 〔A〕の電流が流れているとき，t 〔s〕間に抵抗から発生する熱量 Q 〔J〕は，

$$Q=IVt=I^2Rt=\frac{V^2}{R}t$$

Q をジュール熱といい，この関係をジュールの法則という。

・電力（消費電力）

単位時間当たりに電流がする仕事〔J/s〕，つまり仕事率〔W〕に等しい。

$$P=IV=I^2R=\frac{V^2}{R}$$

・電力量

t 〔s〕間電流を流したときに電流がする仕事〔J〕

$$W=IVt=I^2Rt=\frac{V^2}{R}t$$

◆3 抵抗の接続

・直列接続

抵抗を直列につないだとき，それぞれの抵抗に流れる電流は等しく，それぞれの抵抗にかかる電圧の和が全体にかかる電圧に等しい。

$$V=V_1+V_2+\cdots+V_n$$

直列接続の合成抵抗 R は $\quad R=R_1+R_2+\cdots+R_n$

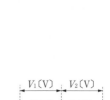

・並列接続

抵抗を並列につないだとき，それぞれの抵抗にかかる電圧は等しく，それぞれの抵抗を流れる電流の和が全体を流れる電流に等しい。

$$I=I_1+I_2+\cdots+I_n$$

並列接続の合成抵抗 R は $\quad \dfrac{1}{R}=\dfrac{1}{R_1}+\dfrac{1}{R_2}+\cdots+\dfrac{1}{R_n}$

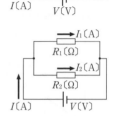

◆4　電流計と電圧計

・**電流計の分流器**…内部抵抗が r 〔Ω〕で I 〔A〕まで測れる電流計を，n 倍まで測れるようにするには，$R_A = \dfrac{r}{n-1}$ 〔Ω〕の分流器を電流計に並列に接続する。

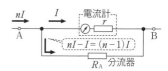

・**電圧計の倍率器**…内部抵抗が r 〔Ω〕で V 〔V〕まで測れる電圧計を，n 倍まで測れるようにするには，$R_V = r(n-1)$ 〔Ω〕の倍率器を電圧計に直列に接続する。

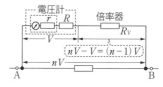

◆5　抵抗率

・**抵抗率**…導体の抵抗 R 〔Ω〕は，長さ l 〔m〕に比例し，断面積 S 〔m²〕に反比例するので，

$$R = \rho \dfrac{l}{S}$$

ρ 〔Ω・m〕は抵抗率で，断面積 1 m² あたり，長さ 1 m あたりの抵抗の値を指す。

・**抵抗率の温度係数**…金属の抵抗率は，温度とともに増加し，0 〔℃〕のときの抵抗率を ρ_0 とすると，t 〔℃〕における抵抗率は次式で表される。

$$\rho = \rho_0 (1 + \alpha t)$$　　このときの α を抵抗率の温度係数という。

◆6　電池の起電力と内部抵抗

実際の電池には内部抵抗があり，起電力 E と内部抵抗 r が直列に接続されていると考えてよい。実際の電池から電流 I が流れ出ているときの端子電圧 V は，　　$V = E - rI$

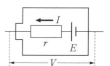

◆7　キルヒホッフの法則

・**第一法則**…回路の分岐点に流れ込む電流の和は，流れ出る電流の和に等しい。

$$I_1 + I_2 = I_3 + I_4$$

・**第二法則**…回路の任意の閉じた経路に沿って考えると，起電力の和は電圧降下の和に等しい。

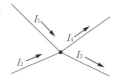

◆8　ホイートストンブリッジ

値のわからない抵抗 R を図のように接続し，スイッチを入れ，検流計に電流が流れないように抵抗 R_3 の値を調節したとき，　　$\dfrac{R_1}{R_2} = \dfrac{R}{R_3}$

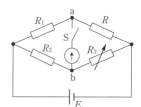

◆9　半導体

・**半導体ダイオード**…p 型半導体と n 型半導体を接合したもので，電流を一方向(順方向)にしか流さない作用(**整流作用**)がある。右の図の a→b の向きに電流が流れるが，b→a の向きには流れない。

WARMING UP／ウォーミングアップ

1 抵抗を図のように接続した。
BC 間の合成抵抗と AC 間の合成抵抗を求めよ。

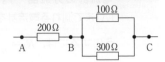

2 50 Ω の抵抗と 200 Ω の抵抗を直列につないで，10 V の電圧をかけた。それぞれの抵抗を流れる電流はいくらか。

3 50 Ω の抵抗と 200 Ω の抵抗を並列につないで，10 V の電圧をかけた。それぞれの抵抗を流れる電流はいくらか。

4 100 V で使用すると，消費電力が 100 W になるニクロム線の抵抗はいくらか。

5 20 Ω のニクロム線に 0.50 A の電流が流れているとき，60 秒間に発生するジュール熱はいくらか。

6 内部抵抗が 4.9 Ω で，10 mA まで測定できる電流計がある。この電流計を 5.0×10^2 mA まで測定できる電流計にするには，分流器を何 Ω にすればよいか。

7 内部抵抗が 5.0×10^2 Ω で，3.0 V まで測定できる電圧計がある。この電圧計を 15 V まで測定できる電圧計にするには，倍率器を何 Ω にすればよいか。

8 抵抗率が 4.8×10^{-8} Ω·m の金属を使って 10 m で 10 Ω の導線にするには断面積はいくらにすればよいか。

9 起電力が 1.6 V で内部抵抗が 0.40 Ω の電池に，500 mA の電流が流れているとき，電池の端子電圧はいくらか。

10 右の図の回路にスイッチを入れても，検流計に電流が流れなかった。このときの抵抗 R の値を求めよ。

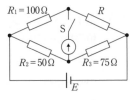

11 右の図のような回路をつくり，スイッチを入れたとき，それぞれの抵抗には電流が流れるか。また，電流の向きはどちら向きか。

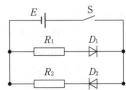

基本例題 87 キルヒホッフの法則

起電力が $E_1 = 8.0$ V，$E_2 = 6.0$ V の内部抵抗の無視できる電池と，$R_1 = 50$ Ω，$R_2 = 25$ Ω，$R_3 = 50$ Ω の 3 つの抵抗を用いて，図のような電気回路を組み立てた。

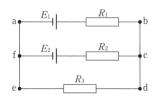

(1) R_1，R_2，R_3 を流れる電流をそれぞれ I_1，I_2，I_3 とする。また分岐点 c に流れ込む電流を I_1，I_2 とし，分岐点 c から R_3 へ向かって流れ出る電流を I_3 とするとき，I_1，I_2，I_3 の関係を示せ。

(2) 閉回路 abcdef について起電力と電圧降下の関係式を立てよ。

(3) 閉回路 fcde について起電力と電圧降下の関係式を立てよ。

(4) 以上の結果から，電流 I_1，I_2，I_3 の値を求めよ。

●考え方
(1) R_1，R_2 から分岐点 c に流れ込む電流を I_1，I_2 とし，分岐点 c から R_3 へ向かって流れ出る電流を I_3 と仮定する。c 点についてキルヒホッフの第一法則を適用する。

(2)(3) 回路図のそれぞれの閉じた経路についてキルヒホッフの第二法則（起電力の和＝電圧降下の和）を適用する。

解答

(1) 考え方より電流 I_1，I_2，I_3 の向きを考えると，キルヒホッフの第一法則から，
$I_1 + I_2 = I_3 \cdots$① となる。

答 $I_1 + I_2 = I_3$

(2) 電流の流れる向きを(1)と同じ向きであると考えると，閉回路 abcdef についてのキルヒホッフの第二法則の式は，起電力が E_1 で，電圧降下が電流の向きに沿って $R_1 I_1$ と $R_3 I_3$ であるから，
$E_1 = R_1 I_1 + R_3 I_3$
$8.0 = 50 \times I_1 + 50 \times I_3 \cdots$②
となる。 **答** $8.0 = 50 I_1 + 50 I_3$

(3) 閉回路 fcde についても(2)と同様に考えると，$E_2 = R_2 I_2 + R_3 I_3$ となる。
$6.0 = 25 \times I_2 + 50 \times I_3 \cdots$③

答 $6.0 = 25 I_2 + 50 I_3$

(4) 上記の①，②，③を解く。
$I_1 + I_2 = I_3 \cdots$①
$8.0 = 50 \times I_1 + 50 \times I_3 \cdots$②
$6.0 = 25 \times I_2 + 50 \times I_3 \cdots$③
これを解いて，

答 $I_1 = 6.0 \times 10^{-2}$ A，
$I_2 = 4.0 \times 10^{-2}$ A，
$I_3 = 0.10$ A

基本例題 88 非オーム抵抗

抵抗 R と電球 A それぞれに電圧を加え，電圧と電流の関係を調べたら図1のようになった。

(1) 抵抗 R は何 Ω か。

(2) 図2のように，抵抗 R と電球 A を並列につなぎ 9.0 V の電圧をかけたとき，電源から流れ出る電流はいくらか。

(3) 図3のように，抵抗 R と電球 A を直列につなぎ 8.0 V の電圧をかけたとき，電源から流れ出る電流はいくらか。

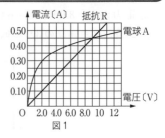

図1

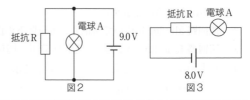

図2　　　　図3

● 考え方

(1) オームの法則の式より，I-V グラフの傾きが $\dfrac{1}{R}$ を示すことがわかる。したがって，抵抗 R のグラフの傾きを求める。

(2) 抵抗 R と電球 A は並列接続されているので，両方にかかる電圧はともに，電源の電圧と等しく，それぞれに流れる電流の和が全体の電流となる。

(3) 回路を流れる電流を i，電球にかかる電圧を V とすると抵抗の両端の電圧が iR と表せるので，それぞれの和が全体の電圧になる。つまり，$8.0\,\text{V}=Ri+V$ この式を，電球の電圧 V について解いた形にして，電球の i-V グラフを図1にかき，電球の曲線との交点を求めればよい。

解 答

(1) 0 V と 8.0 V の間のグラフの傾きの逆数は，

$$\frac{8.0\,\text{V}-0\,\text{V}}{0.40\,\text{A}-0\,\text{A}}=20\,\Omega$$
　　　　答 20 Ω

(2) グラフより，9.0 V のとき抵抗 R と電球 A に流れる電流はともに 0.45 A。したがって，電源から流れ出る電流は，

0.45 A＋0.45 A＝0.90 A　　**答 0.90 A**

(3) 考え方の式 8.0 V＝$Ri+V$ および $R=20\,\Omega$ より，$V=-20i+8.0$ をグラフに描き，電球の曲線(特性曲線)との交点を求めると，交点は (0.30, 2.0) となる。

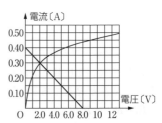

よって，交点の値より電流は，0.30 A となる。
　　　　答 0.30 A

基本例題 89 ホイートストンブリッジ

図のように内部抵抗を無視できる電源 $E=1.2$ V と $R_1=30$ Ω，$R_2=40$ Ω，$R_3=15$ Ω および可変抵抗 R_4 の値を 10 Ω にして回路をつくった。

(1) スイッチ S を閉じたとき，検流計に流れる電流の向きを答えよ。

(2) 検流計に電流が流れないようにするには，R_4 の値をいくらにすればよいか。

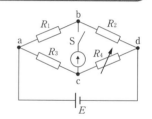

●考え方

(1) 電流は電位の高い方から低い方へ流れるので，b 点と c 点の電位を比較し，電位の高いのはどちらかを調べればよい。

(2) $\dfrac{R_1}{R_3}=\dfrac{R_2}{R_4}$ を満たす関係になるように R_4 の値を求めればよい。

解答

(1) d 点を基準とした b 点の電位は

$$V_b=\frac{R_2}{R_1+R_2}E=\frac{40}{30+40}E=\frac{4}{7}E$$

同様にして d 点を基準とした c 点の電位は

$$V_c=\frac{R_4}{R_3+R_4}E=\frac{10}{15+10}E=\frac{2}{5}E$$

したがって，$V_b>V_c$ なので，

答 **b→c の向きに流れる。**

(2) b 点と c 点の電位が等しければ電流は流れなくなるので，

$$V_b=\frac{R_2}{R_1+R_2}E=V_c=\frac{R_4}{R_3+R_4}E$$

よって，$\dfrac{R_2}{R_1+R_2}=\dfrac{R_4}{R_3+R_4}$

つまり，$\dfrac{R_1}{R_3}=\dfrac{R_2}{R_4}$ を満たせばよい。したがって，

$$\frac{30}{15}=\frac{40}{R_4}$$

$$R_4=20 \ [\Omega]$$

答 **20 Ω**

基本問題

340 ▶ **キルヒホッフの法則** 起電力が $E_1=6.0$ V，$E_2=2.0$ V の内部抵抗の無視できる電池と，$R_1=50$ Ω，$R_2=100$ Ω，$R_3=200$ Ω の 3 つの抵抗を用いて，図のような電気回路を組み立てた。

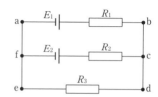

(1) それぞれの抵抗を流れる電流を求めよ。

(2) R_2 にはどちら向きに電流が流れているか。

(3) 点 a を 0 V としたとき，点 b の電位はいくらか。

341▶抵抗の接続　抵抗 R を 12 個用意し，それぞれ
が立方体の 1 辺になるように接続した。図のように，
立方体の頂点を a〜h とし，a と g を 10 V の電源に接
続したところ 600 mA の電流が流れた。

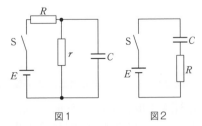

(1)　回路の対称性から b，d，e 点の電位は等しくな
　　ると考えられる。このことから a〜b 間，a〜d 間，
　　a〜e 間に流れる電流を求めよ。

(2)　bc 間にはどちら向きにどれだけの電流が流れるか。

(3)　g 点を 0 V としたとき，b，d，f，h 点の電位をそれぞれ求めよ。

(4)　それぞれの抵抗の値 R を求めよ。

342▶電流計・電圧計　以下の文中の(①)〜(⑥)を埋めよ。

　ある抵抗を流れる電流を測定したいときには，電流計を抵抗に(①)に接続する。
電流計には内部抵抗があるので，電流計を接続することで回路を流れる電流は(②)
くなるが，一般に電流計の内部抵抗は(③)いので，その影響は小さく，実際の抵抗
を流れる電流に近い値を表示することができる。また，抵抗にかかる電圧を測定したい
ときには，電圧計を抵抗に(④)に接続する。すると，抵抗だけでなく電圧計にも電
流が流れ込んでしまうが，一般に電圧計の内部抵抗は(⑤)いので，電圧計に流れる
電流は(⑥)くなり，その影響は小さいといえる。

343▶コンデンサーを含む回路　抵抗値が R および r の抵抗，コンデンサー C，起電
力 E の電池を接続して回路を作った。はじめ，コンデンサーの電荷は 0 であったとする。

　図 1 のように接続してスイッチ S を入れ
た。

(1)　スイッチ S を入れた直後，抵抗 R を流
　　れる電流 I_1 はいくらか。

(2)　十分時間が経った後，抵抗 R を流れる電
　　流 I_1' はいくらか。

　図 2 のように接続してスイッチ S を入れた。

(3)　スイッチ S を入れた直後，抵抗 R を流れる電流 I_2 はいくらか。

(4)　十分時間が経った後，抵抗 R を流れる電流 I_2' はいくらか。

344▶電池の起電力と内部抵抗

電池の起電力 E と内部抵抗 r を調べるために，図のような回路を組み，抵抗 R の値を変えて，回路を流れる電流 I を調べたところ，はじめは，$R=4.0\,\Omega$ のとき $I=400\,\text{mA}$ であった。

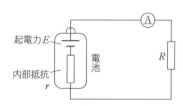

次に $R=19\,\Omega$ にすると $I=100\,\text{mA}$ になった。ただし，電流計の内部抵抗は無視できるものとする。

(1) R を $4.0\,\Omega$ にしたとき，電池の端子電圧はいくらか。

(2) 2回の実験の結果から，電池の起電力と内部抵抗を求めよ。

(3) この電池に $49\,\Omega$ の抵抗を接続すると電流はいくらになるか。

345▶導体中の自由電子の運動

以下の文章の（①）～（④）を埋めよ。

断面積 S の金属導線に電場を加えたとき，導体中の自由電子（質量 m，電荷 $-e$）は，電場による加速と金属イオンとの衝突による減速を繰り返しながら平均の速さ v_m で移動し，これが電流となる。このとき，導線を流れる電流 I は，金属に含まれる単位体積当たりの自由電子数を n とすると，e，v_m，S，n を用いて $I=($ ① $)$ と表せる。次に，金属を移動する自由電子の速さを求めてみる。金属導線に加えた電場を E とすると，自由電子は加速度（ ② ）で加速するが，平均して一定時間 t_0 ごとに金属イオンに衝突して速さ 0 になると考えよう。すると，導線に沿った方向の衝突直前の自由電子の速さは（ ③ ）となり，t_0 秒間の平均の速さ v_m は（ ④ ）と表せる。

346▶電位差計

太さの均一な $1.0\,\text{m}$ の金属線 AB を用いて図のような回路を作った。$R_1=10\,\Omega$ で検流計の一端は金属線 AB に接することができるようになっており，この点を P とする。電流計の内部抵抗は無視できるとする。スイッチ S を起電力が $1.5\,\text{V}$ の E_2 側に入れ，AB 上で P を動かしたところ，

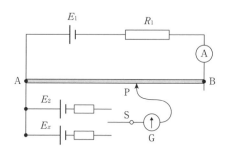

AP$=30\,\text{cm}$ のとき検流計に電流が流れなかった。また，このとき，電流計の値が $100\,\text{mA}$ を示していた。

(1) このとき，金属線 AB にかかっている電圧はいくらか。

(2) 起電力 E_1 はいくらか。

(3) スイッチ S を E_x に入れたところ，AP$=24\,\text{cm}$ のときに検流計に電流が流れなかった。このことから，E_x を求めよ。

347▶メートルブリッジ 20 Ω の抵抗 R_1 と値の
わからない抵抗 R_x を 12 V で内部抵抗の無視でき
る電池に接続した。さらに，AB 間に長さ 1.00 m
で 25 Ω の太さの一様な金属線を取り付けた。C 点
からは検流計を通して，金属線 AB への接点 P が
あり，AB 間の任意の点に接触できるようになって
いる。AP を 60 cm にしたときに検流計には電流
が流れなかった。

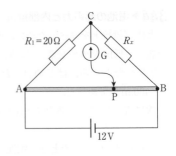

(1) 金属線の AP 部分の抵抗はいくらか。　(2) 抵抗 R_x にかかる電圧を求めよ。

(3) 抵抗 R_x の値を求めよ。

発展例題 90 　電流計・電圧計の内部抵抗

　内部抵抗を無視できる電池と真の抵抗値が R の抵抗，内部抵
抗 r_A の電流計，内部抵抗が r_V の電圧計を用いて，図 1 および
図 2 の回路を作り，2 つの方法で抵抗 R の値を測定した。

(1) 図 1 の回路で測定した電流，電圧の測定結果から得られる
　抵抗の値 R' を求めよ。

(2) 図 2 の回路で測定した電流，電圧の測定結果から得られる
　抵抗の値 R'' を求めよ。

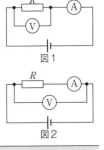

図1

図2

●考え方 | (1)(2) 電流計や電圧計は R を流れる電流と電圧を直接測定しているわけではな
い。電流計の位置に r_A の抵抗があり，電圧計の位置に r_V の抵抗があると考え，
r_A を流れる電流と r_V にかかる電圧の値から抵抗を求めている。図 1 と図 2 そ
れぞれの回路に応じて，r_A を流れる電流と r_V にかかる電圧から抵抗の測定値
を計算する。

解答

(1) 内部抵抗を含めて書くと図のように
なり，点線の部分の電圧と電流を測定し
ているので，点線部分の合成抵抗が R'
であるといえる。

並列の合成
抵抗の式

$\dfrac{1}{R} = \dfrac{1}{R_1} + \dfrac{1}{R_2}$
より，

$\dfrac{1}{R'} = \dfrac{1}{R} + \dfrac{1}{r_V}$ 　これを解いて

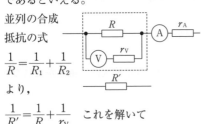

$R' = \dfrac{Rr_V}{R + r_V}$ 　　答 $\dfrac{Rr_V}{R + r_V}$

(2) 　(1)と同様
に 図 2 では，
点線部分の合
成抵抗が R''
であると考え
ることができる。したがって，直列の合
成抵抗の式

$R = R_1 + R_2$ より，$R'' = R + r_A$

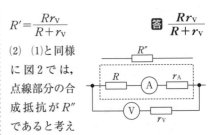

答 $R + r_A$

発展例題 91 非オーム抵抗の直列並列

　2つの電球A，Bそれぞれに加える電圧を変化させて，電流を測定したら図のようになった。これら2つの電球を用いて直列接続，並列接続の回路を作った。

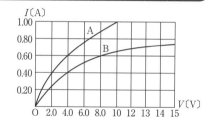

(1)　この電球を並列に接続して，4.0Vの電圧を加えたとき，電源を流れる電流を求めよ。

(2)　この電球を直列に接続して，12Vの電圧を加えたとき，電源を流れる電流を求めよ。

●考え方　(1)(2)　並列接続では，かかる電圧が等しいので，それぞれを流れる電流の和を求めればよい。直列接続では，2つの電球を流れる電流が等しく，そのときの電圧は，それぞれの電球にかかる電圧の和になるので，下図のようなグラフが描ける。

解答

(1)　グラフの4.0Vのときのそれぞれの電流の値より

$I = 0.40\,\text{A} + 0.60\,\text{A} = 1.00\,\text{A}$　答 **1.00 A**

(2)　右図の合成したグラフの12Vのときの値より，$I = 0.60\,\text{A}$　答 **0.60 A**

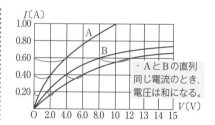

・AとBの直列
同じ電流のとき，
電圧は和になる。

発展問題

348▶キルヒホッフの法則　図のような回路を組み内部抵抗を無視できる9.0Vの電源をつないだ。$R_1 = 100\,\Omega$，$R_2 = 300\,\Omega$，$R_3 = 300\,\Omega$，$R_4 = 100\,\Omega$，$R_5 = 300\,\Omega$であり，はじめスイッチSは開いている。

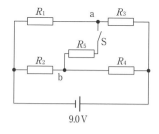

(1)　スイッチSが開いているとき，a点とb点ではどちらがどれだけ電位が高いか。

(2)　スイッチSを閉じたとき，抵抗R_5を流れる電流はいくらか。

(3)　スイッチSが閉じた状態での全体の合成抵抗Rを求めよ。

349▶コンデンサーを含む回路 図の回路で C_1, C_2 は，電気容量が C で，はじめの電荷が 0 のコンデンサー，R_1，R_2，R_3 は抵抗値が R の抵抗である。これと内部抵抗が無視できる起電力 E の電池およびスイッチ S_1，S_2 から回路を作った。

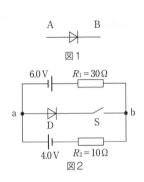

　はじめに，S_2 を開いた状態で S_1 を閉じた。

(1) S_1 を閉じた直後の R_1 を流れる電流を求めよ。

(2) さらに，十分時間が経った後の R_1 の両端にかかる電圧を求めよ。

　続けて，S_1 を閉じた状態のまま，S_2 を閉じた。

(3) S_2 を閉じた直後の R_3 を流れる電流を求めよ。

(4) さらに，十分時間が経った後の C_2 の両端にかかる電圧を求めよ。

350▶半導体を含む回路 図1は，半導体ダイオードの回路記号である。図1の A→B の向きに電流が流れるとき抵抗が 0 となり，B→A の向きには電流が流れない性質がある。これを用いて，図2のような回路を作った。はじめ，スイッチ S は開いていた。

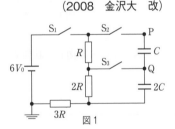

(1) a点とb点ではどちらがどれだけ電位が高いか。

(2) S を閉じたとき，ダイオードを流れる電流を求めよ。

(3) S を閉じてもダイオードに電流が流れなくなるためには，R_1 をどのような値にすればよいか。

351▶電池の内部抵抗 図のように，起電力 E，内部抵抗 r の電池と，可変抵抗 x をつなぐ。

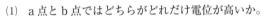

(1) 可変抵抗 x で消費される電力を求めよ。

(2) 起電力 $10\,\mathrm{V}$，内部抵抗 $1.0\,\Omega$ の電池につないだとき，可変抵抗の消費電力が $9.0\,\mathrm{W}$ になるような抵抗 x の値をすべて求めよ。

(3) 可変抵抗 x での消費電力の最大値を求めよ。また，そのときの x の値を求めよ。必要ならば，実数 a，b に対して，$(a+b)^2 \geqq 4ab$ の関係を用いよ。

(2008　金沢大　改)

352▶コンデンサーを含む回路 内部抵抗が無視できる起電力 $6V_0$ の電池と，抵抗値が R, $2R$, $3R$ の抵抗，電気容量が C, $2C$ のコンデンサー，スイッチ S_1，S_2，S_3 で図1のような回路を作った。電池の負極は接地しており，ここの電位を $0\,\mathrm{V}$ とする。

はじめスイッチはすべて開いており，すべてのコンデンサーに電荷は蓄えられていなかった。

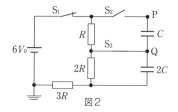

図2

スイッチ S_2 を閉じた後，スイッチ S_1 を閉じた。

(1) S_1 を閉じた直後のP点を流れる電流を求めよ。

(2) S_1 を閉じてからしばらく経った後のQ点の電位を求めよ。

続いて，図2のようにスイッチ S_2 を開いた後，スイッチ S_3 を閉じた。

(3) S_3 を閉じてから，十分に時間が経過するまでにスイッチ S_3 を通過した電荷の大きさを求めよ。

(4) S_3 を閉じてから，十分に時間が経過した後のP点の電位を求めよ。

(2009　関西大　改)

353▶ダイオードとコンデンサーを含む回路

図1のように，抵抗値がそれぞれ R，$2R$，$3R$ の抵抗 R_1，R_2，R_3，電気容量が C のコンデンサーC，スイッチ S_1，S_2，S_3，素子Dおよび内部抵抗が無視できる直流電源Eを用いて回路を作った。図2は，素子Dの両端AB間の電位差 V と，流れる電流 I の関係を示したものである。素子Dは，電圧を0Vから上げていくと，はじめは電流が流れないが，V_0 に達すると電流が流れ始める。その電流と電圧は直線的であり，電流はAからBの向きを正とする。はじめ，コンデンサーには電荷が蓄えられていなかった。各問いには R，C，V_0，V_D，I_D のうち必要なものを用いて答えよ。

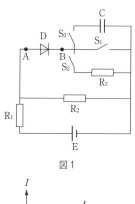

図1

はじめに，スイッチ S_2，S_3 は開けたままで，スイッチ S_1 だけを閉じる。

(1) 電源Eの電圧を0Vから上げていく。電源電圧が V_T を超えると素子Dに電流が流れ始めた。この電圧 V_T を求めよ。

(2) 電源電圧を V_T からさらに上げると，素子Dに流れる電流が図2の I_D になった。このときの電源電圧 V_E を求めよ。

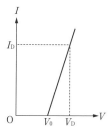

図2

続いて，スイッチ S_1 を開き，スイッチ S_2 を閉じる。スイッチ S_3 は開いたままとする。

(3) 電源電圧を調節したところ，素子Dに流れる電流が，(2)と同じく I_D になった。このときの電源電圧 V_E' を求めよ。また，抵抗 R_1 に流れる電流 I_1' を求めよ。

さらに，スイッチ S_3 を閉じた。

(4) コンデンサーCの充電が完了したとき，その両端の電位差 V_C，電気量 Q，静電エネルギー U_C を求めよ。

(2012　岐阜大　改)

22 磁場と電流

◆1 磁気に関するクーロンの法則

$$F=\frac{1}{4\pi\mu_0}\frac{m_1 m_2}{r^2}$$

F：磁極間に働く磁気力の大きさ〔N〕

m_1，m_2：磁極の強さ（磁気量）〔Wb（ウェーバ）〕

r：磁極間の距離〔m〕

μ_0：真空の透磁率〔Wb²/(N·m²)〕（磁気定数）

$\mu_0 = 4\pi\times10^{-7}$ Wb²/(N·m²)

※同じ強さの磁極を 1 m 離して置いたとき，

$F=\dfrac{1}{(4\pi)^2}\times10^7$ N になるような磁気量の大きさを 1 Wb という。

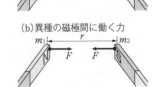

磁極の間に働く力
(a)同種の磁極間に働く力

(b)異種の磁極間に働く力

・磁場と磁気力

$$\vec{F}=m\vec{H} \quad \text{つまり，} \quad \vec{H}=\frac{\vec{F}}{m} \text{〔N/Wb〕}$$

磁場 H の中に置かれた磁気量 m には大きさ mH の磁気力が作用する。

作用する力の向きは，磁気量 m が N 極の場合，磁場 H の方向と同じである。

◆2 電流が作る磁場

・直線電流の作る磁場

電流から r だけ離れた点の磁場の大きさ

$$H=\frac{I}{2\pi r}$$

単位は A/m，あるいは N/Wb

磁場の向きは，直線電流に垂直な平面内で，電流を中心とした円の接線方向で，電流の向きに右ねじを回す向きである。したがって，磁力線は原点を中心とした同心円状に描ける。

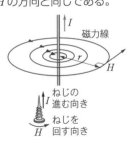

磁力線

ねじの
I 進む向き
ねじを
H 回す向き

・円形電流の作る磁場

円の中心の磁場の大きさ

$$H=\frac{I}{2r}$$

r は円電流の半径，I は電流の値である。

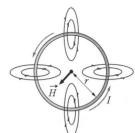

・ソレノイド内部の磁場

$$H=nI$$

n：1 m あたりの巻数〔1/m〕

I：電流〔A〕

※導線を一様に巻いた十分長いコイルの内部磁場はほぼ一様になる。

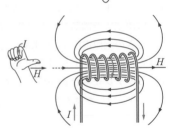

◆3　磁場 $\vec{H}$ と磁束密度 $\vec{B}$

・**磁束密度**…磁場を表す量として H の他に，磁束密度と呼ばれる量 B もある。

$$\vec{B}=\mu_0\vec{H}$$

μ_0：真空の透磁率（磁気定数）

B：磁束密度〔T〕(テスラ)　　（$1\,\mathrm{T}=1\,\mathrm{N}/(\mathrm{A}\cdot\mathrm{m})$）

※T の代わりに $\mathrm{Wb/m^2}$ を用いることもある。

・**場の合成**…$\vec{H}$ も $\vec{B}$ もベクトル量であるから，たとえば 2 本の直線電流があるときなど，空間のある点の $\vec{H}$ や $\vec{B}$ は，それぞれの直線電流がその点につくる $\vec{H}$ や $\vec{B}$ のベクトル和である。

◆4　電流が磁場から受ける力

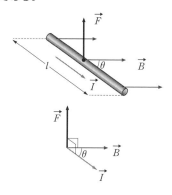

磁束密度 $\vec{B}$ の磁場の向きから角度 θ（$0°<\theta<180°$）だけ，傾いた向きに電流 $\vec{I}$ が流れているとき，電流の長さ l の部分に作用する力 $\vec{F}$ の大きさは

$$F=IBl\sin\theta$$

で表される。$\vec{F}$ の向きは，$\vec{I}$ のベクトルを角度 θ 回転して $\vec{B}$ のベクトルに重ねることを右ねじを回転させることと考えたときの，右ねじの進む向きである。ただし，θ は小さい方の角をとる。

θ が 90° のとき，

$$F=IBl \quad \text{となる。}$$

図のように，左手の人指し指を磁場，中指を電流の向きに合わせると，親指の指す向きが力の向きになる（フレミングの左手の法則）。

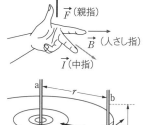

◆5　平行電流間に働く力

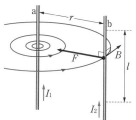

r だけ離れた平行な 2 本の導線に，それぞれ I_1，I_2 の電流が流れているとき，電流間には力が働く。その大きさは導線の長さが l のとき，

$$F=\frac{\mu_0 I_1 I_2}{2\pi r}l \quad \text{となる。}$$

電流の向きが同じ場合は引力で，逆向きの場合は斥力となる。

◆6　ローレンツ力

磁束密度 $\vec{B}$ の磁場の中を正電荷 q が速度 $\vec{v}$ で運動しているとき，電荷は磁場から力 $\vec{f}$ を受ける。力の大きさ f は，$f=qvB\sin\theta$ である。

θ は $\vec{B}$ と $\vec{v}$ のなす角で, $\vec{f}$ の向きは, $\vec{v}$ の向きから $\vec{B}$ の向きに右ねじを回転したときに, 右ねじの進む向きである。ただし, θ は小さい方の角をとる。よって, θ が 90° のとき $f = qvB$ となる。

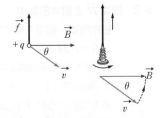

WARMING UP／ウォーミングアップ

1 図のように, 方位磁針の向きに合わせて, 方位磁針の上に導線を置き, 図の向きに電流を流した。方位磁針には, どちら向きに回転するような力が働くか。時計回りか, 反時計回りかで答えよ。

2 直線状の導線を 2.0 A の電流が流れている。$\mu_0 = 4\pi \times 10^{-7}$ N/A^2 として, 導線から垂直に 6.0 cm 離れた点に電流がつくる磁場 H の大きさを求めよ。また磁束密度 B の大きさも求めよ。

3 半径 6.0 cm の円形の導線に 2.0 A の電流を流した。$\mu_0 = 4\pi \times 10^{-7}$ N/A^2 として, 円の中心の磁場の大きさと磁束密度の大きさを求めよ。

4 長さ 20 cm の紙筒に, 導線を均一に 200 回巻いてソレノイドを作った。2.0 A の電流を流したとき, 紙筒内部の磁場の大きさを求めよ。

5 5.0 cm の長さに 250 回巻いたソレノイド P と, 20 cm の長さに 800 回巻いたソレノイド Q がある。P と Q に同じ電流を流したとき, P 内部にできる磁場の大きさは, Q 内部にできる磁場の何倍か。

6 間隔 1.0 m で鉛直に張った 2 本の導線にそれぞれ 2.0 A の電流を同じ向きに流す。2 本の導線間の中間点での磁場の大きさは何 A/m か。

7 一様な磁束密度 $B = 3.0 \times 10^{-4}$ T の磁場の中で, B に垂直に置いてある 2.0 A の直線電流の長さ 10 cm の部分が受ける力は何 N か。

8 水平に置かれた真空管の2つの電極間に直流の
高電圧をかけ，－から＋に向けて電子が流れている。
図のように，水平で一様な磁束密度の大きさ B の
磁場を真空管全体にかけたとき，電子はどの向きに
曲げられるか。(ア)～(エ)の記号で答えよ。

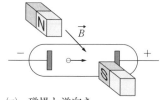

(ア) 下向き　　(イ) 上向き　　(ウ) 磁場と同じ向き　　(エ) 磁場と逆向き

9 鉛直方向に一様な磁束密度 $B=2.0\times10^{-4}$ T の中を，質量 $m=9.1\times10^{-31}$ kg の電子
が B に対して垂直に $v=3.0\times10^{6}$ m/s の速さで水平に打ち出された。電子に働く力は
何 N か。また電子に生じる加速度の大きさは何 m/s² か。ただし，電子の電荷は
-1.6×10^{-19} C とする。

基本例題 92 磁場の合成

　鉛直上向きに 10 A の直線電流 I を流す。水平面内で地
磁気との合成磁場が0になる地点は電流 I からどちら向き
にどれだけのところか。地磁気の水平成分は，真北向きに
$B_0=3.0\times10^{-5}$ T とし，$\mu_0=4\pi\times10^{-7}$ N/A² とする。

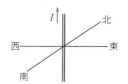

●考え方　　直線電流の作る磁場は，水平面内にあり，東西の線上では北か南を向いている。
地磁気を北向きの一定磁場とみなして合成磁場を考える。

解答

東西線上で電流 I がつくる磁場は電流か
ら東は北向き，西は南向きである。図で
は実線で描かれている。地磁気の水平分
力は図では破線で描かれている。

$B_0-\dfrac{\mu_0 I}{2\pi r}=0$ を満たす r を求める。

$r=\dfrac{\mu_0 I}{2\pi B_0}$

$=\dfrac{4\pi\times10^{-7}\times10}{2\pi\times3.0\times10^{-5}}=6.66\cdots\times10^{-2}$ m

$=6.7$ cm（西向き）

真上から見た図

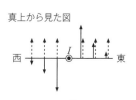

答 西向きに 6.7 cm

基本例題 93 　平行電流間に働く力

　距離を r だけ離して，平行に 2 本の直線電流 I_1 と I_2 を鉛直方向に置く。それぞれの長さ L の部分に及ぼし合う力を求めよ。ただし，真空の透磁率を μ_0 とする。

●**考え方**　I_1 が I_2 の位置につくる磁場を求め，その磁場の中にある I_2 に作用する力を考える。I_2 と I_1 を逆にしても同じことになる。

解答

電流 I_1 が電流 I_2 の位置につくる磁束密度 B_{21} の磁場は，$B_{21} = \dfrac{\mu_0 I_1}{2\pi r}$ である。

磁場 B_{21} の中にある電流 I_2 の長さ L の部分が受ける力 F_{21} は，

$$F_{21} = I_2 B_{21} L = \frac{\mu_0 I_2 I_1 L}{2\pi r}$$

同様に I_2 が I_1 の位置につくる磁場を B_{12} として，I_1 の L の部分が B_{12} から受ける力 F_{12} は，$F_{12} = \dfrac{\mu_0 I_1 I_2 L}{2\pi r} = F_{21}$ となる。

答　$\dfrac{\mu_0 I_1 I_2 L}{2\pi r}$

（向きは互いに相手の導線の向き）

（注意）　$I_1 = I_2$ とし，$r = 1.0$ m，$L = 1.0$ m のとき，$F_{12} = F_{21} = 2.0 \times 10^{-7}$ N になるような電流 I の値を 1 A とする。これが電流の単位 1 A の定義である。

基本例題 94 　ローレンツ力

　鉛直上向きに z 軸をとる。z 軸の正の向きに磁束密度 B の一様な磁場をつくり，この磁場の中で，質量 m，電荷 $+q$ の荷電粒子を x 軸の正の向きに初速度 v で打ち出した。

(1)　荷電粒子はどのような軌跡を描いて運動するか。

(2)　打ち出す方向を，z 軸方向から x 軸方向に θ だけ傾けたときの荷電粒子の軌跡はどうなるか。

●**考え方**　(1)　荷電粒子にはローレンツ力が働く。ローレンツ力は常に速度に垂直であり，打ち出された速度が磁場に垂直であることをもとに，荷電粒子がどのような運動をするのかを考える。

(2)　初速度 v を磁場に垂直な成分と平行な成分に分解して考えると，平行な成分を変化させる力は発生せず，垂直な成分は(1)と同じことになる。

解答

(1)　（記述例）
荷電粒子に働くローレンツ力は図の f である。

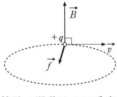

f が B と v に垂直であるから，粒子の運動は B に垂直な面内に限られ，f によって v の大きさは変わらない。したがって $f = qvB$ から f の大きさも変わらない。これらのことから，荷電粒子は B に垂直な平面内で等速円運動をすることになる。

その半径 r は，運動方程式 $m\dfrac{v^2}{r} = qvB$

から，$r=\dfrac{mv}{qB}$ である。周期は

$T=\dfrac{2\pi r}{v}=\dfrac{2\pi m}{qB}$ となり，初速度 v の大きさに依存しない。**答**

⑵ （**記述例**） 荷電粒子に働くローレンツ力の大きさは，

$f=qvB\sin\theta$

である。

方向は v と B に垂直で図の向きになる。これは，初速度 $v\sin\theta$ で磁場に垂直に打ち出された荷電粒子に作用する力と同じものとなる。この場合⑴から，荷電粒子の運動は等速円運動となる。また，磁場に平行な成分 $v\cos\theta$ は，それを変化させる力は発生しないから，磁場に平行な方向では荷電粒子の運動はそのまま等速直線運動となる。全体としてはこれらを重ね合わせて，磁場の方向にらせんを描く運動となる。磁場に垂直な面内では⑴から半径 $r=\dfrac{mv\sin\theta}{qB}$ で，周期 $T=\dfrac{2\pi r}{v\sin\theta}=\dfrac{2\pi m}{qB}$ の等速円運動となる。**答**

基本問題

354▶磁場の合成 水平に置かれた方位磁針の $2.0\,\mathrm{cm}$ 上方に，磁針の S 極から N 極に向かう向きと同じ向きで，水平に張った導線に電流を流したところ，方位磁針の N 極が導線に対して $45°$ 傾いて止まった。導線に流れた電流の大きさを求めよ。地磁気の水平分力の大きさを $3.0\times10^{-5}\,\mathrm{T}$ とし，$\mu_0=4\pi\times10^{-7}\,\mathrm{N/A^2}$ とする。

355▶平行電流間に働く力 z 軸に平行で，P$(-a, 0, 0)$，Q$(a, 0, 0)$，R$(0, a, 0)$ をそれぞれ通り，I_1，I_2，I_3 の 3 本の直線電流が固定されている。いずれも電流の強さが I であり，I_1 と I_2 は $+z$ 方向に流れる電流で，I_3 は $-z$ 方向に流れている。真空の透磁率を μ_0 として，次の問いに答えよ。

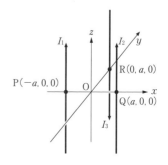

⑴ I_1 と I_2 が点 R につくる磁束密度の和を求めよ。

⑵ I_3 の長さ L の部分に作用する力を求めよ。

356▶電流が磁場から受ける力 水平な台上に，間隔 L で平行な 2 本の導体レールを置き，レールに垂直に導体棒をのせた。導体棒に，電流 I が流れているとき，軽い滑車を通して質量 m の物体を吊るしたところ，棒が静止した。ただし，実験装置全体が，

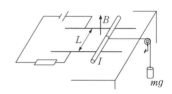

鉛直上向きで磁束密度の大きさが B の磁場の中にあり，重力加速度の大きさを g とする。おもりの質量 m を I，B，L，g を用いて表せ。

357▶ローレンツ力
平行な平板電極PQの中間で電極に
平行に電荷 $-e$ の電子を初速度 v_0 で打ち出す。電極Pを＋
にしてPQ間に電圧 V をかける。PQ間の間隔は d である。
極板間の領域に，磁束密度の大きさ B の磁場をかけたとこ
ろ，極板間での電子の運動は等速直線運動であった。

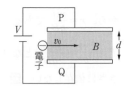

(1) 極板間にかけた磁場の向きはどちら向きか。

(2) 磁束密度 B の大きさを求めよ。

358▶電流が磁場から受ける力の原因
以下は，導線内で
運動する個々の電荷が磁場からローレンツ力を受けるとき，
その力の総和が，電流が磁場から受ける力になることを示
した文章である。文章内の（ ア ）～（ オ ）の空欄を適
当な語句，文字，式で埋めよ。ただし，電荷は導体内に密
度 n で均一に分布するものとし，電流となる運動する電荷
の速度はみな等しく v であるとして考えよ。

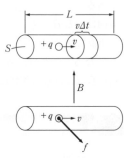

まず，断面積 S，長さ L の導体を考え，この中に電荷
$(+q)$ が均一な密度 n で，等しい速度 v で図の右向きに進んでいるものとする。

導体内に断面積 S，長さ $v\Delta t$ の円柱状の体積を考える。この体積の中にある電荷の電
気量の総和は（ ア ）で，これは（ イ ）の間に断面積 S を通過する電気量に等しい。
したがって導体を流れる電流 I は，単位時間あたりに通過する電気量であるから，

$$I = \frac{（ ア ）}{（ イ ）} = （ ウ ）$$ となる。

電荷 $+q$ が磁場 B から受けるローレンツ力 f は，$f=$（ エ ）であるから，導体の長
さ L の体積 LS の中にある電荷がすべて同じ力を受けているとすると，電流の長さ L
の部分が磁場から受ける力 F は，$F=$（ オ ）$=IBL$ となる。

359▶コイルを流れる電流が受ける力
y 軸に平行に直線電流 I があり，xy 平面上に
はPQの辺が y 軸に平行になるようにコイルPQRSがある。この長方形のコイル
PQRSに図の向きに電流 i を流す。コイルにはどのような
力が働くか。(ア)～(エ)から選べ。

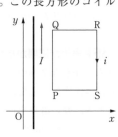

(ア) I に引き寄せられるような力が働く。

(イ) I と反発するような力が働く。

(ウ) y 軸を中心に回転するような向きに力が働く。

(エ) x 軸を中心に回転するような向きに力が働く。

360▶電流が磁場から受ける力 TU と QR の長さが 0.80 m の軽くて薄い長方形の板 QRTU の中央を金属の接点 P および S で支えた。PQRS には導線が貼ってあり，PS 間に電池と抵抗をつないで，導線に電流を流すことができる。

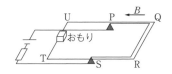

TU の辺にはおもりが取りつけられるようになっている。長方形の半分にあたる PQRS は Q から P へ向かう向きに $B=8.0\times10^{-3}$ T の一様な磁束密度の中にある。電流を流す前，おもりを調節して長方形をつり合わせた。次に 4.9 A の直流電流を流したとき，板をつり合わせるには，おもりの質量をどれだけ増やせばよいか。ただし，重力加速度の大きさを 9.8 m/s² とする。

発展例題 95　サイクロトロン

　紙面に垂直で表から裏に向かう一様な磁束密度 B の磁場がある。図のように，磁場のある部分は境界 X の左側と，境界 Y の右側の 2 つに分かれており，境界 X と Y の間に電圧 V をかけ，XY 間に境界と直交する一様な電場をつくる。はじめ，境界 Y 上に電子をそっと置いた。すると，電場によって電子は加速した。

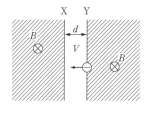

その後，電子が XY 間に現れるたびに，電圧の向きを逆にして加速させた。XY の間隔を d，電子の電荷を $-e(<0)$，質量を m として，次の問いに答えよ。

(1) 電子を Y から加速し，初めて X に達したときの電子の速さを求めよ。

(2) 電子が X に達した後，X の左側の領域を運動し，再び X に戻ってくるまでの時間を求めよ。

(3) 電子が n 回目に XY 間に現れてから，$n+1$ 回目に XY 間に現れるまでの時間を求めよ。

●考え方
(1) XY 間の電場によって加速される。
(2) B のある領域では速度に対し垂直に力を受けるので，円運動をする。
(3) 電場によって加速される時間は加速されるたびに短くなるが，円運動する時間は速度によらないので，n 回目に XY に現れるまでに電子がどれだけ加速したかを考える。

解 答

(1) 電子は XY 間を通過する間，電場によって加速される。初めに磁場のある領域に入るときの速さ v は，

$\dfrac{1}{2}mv^2 - \dfrac{1}{2}mv_0^2 = eV$ から求めることができる。初速度 $v_0 = 0$ より，

$$\dfrac{1}{2}mv^2 = eV$$

$$v = \sqrt{\dfrac{2eV}{m}} \quad \text{答} \sqrt{\dfrac{2eV}{m}}$$

(2) 磁場のある領域では電子はローレンツ力 evB を受け，紙面に平行な面内で等速円運動をする。

運動方程式 $m\dfrac{v^2}{r} = evB$ から，半径は

$r = \dfrac{mv}{eB}$，周期は $T = \dfrac{2\pi r}{v} = \dfrac{2\pi m}{eB}$

であることがわかる。電子は X に達して X に戻るまでに，$\dfrac{1}{2}$ 回転するので，

その時間は $\dfrac{1}{2}T = \dfrac{\pi m}{eB}$ $\quad \text{答} \dfrac{\pi m}{eB}$

(3) (1)の結果から XY 間を通過するたびに，電子はエネルギー eV を得る。さらに，n 回目に XY 間に現れたとき，$n-1$ だけ電場で加速されていることから，n 回目に XY に現れたときの速度 v_n は，

$$v_n = \sqrt{\dfrac{2eV(n-1)}{m}}$$

さらに，電場で加速されると，

$$v_{n+1} = \sqrt{\dfrac{2eVn}{m}}$$

この加速にかかる時間 t は，

$v_{n+1} = v_n + \dfrac{eV}{md}t$ より，

$$t = \dfrac{md}{eV}\left(\sqrt{\dfrac{2eVn}{m}} - \sqrt{\dfrac{2eV(n-1)}{m}}\right)$$

求める時間は $t + \dfrac{T}{2}$ である。

$$\text{答} \ \dfrac{md}{eV}\left(\sqrt{\dfrac{2neV}{m}} - \sqrt{\dfrac{2(n-1)eV}{m}}\right)$$
$$+ \dfrac{\pi m}{eB}$$

発展問題

361 ▶ 電流が磁場から受ける力 図のように水平に一様な磁束密度 B の磁場がある。水平面に対して角度 θ の摩擦のある斜面上に質量 M（コイルの質量を含む）で半径 r，長さ L の円柱があり，その円柱に n 回巻きのコイル PQRS が巻かれている。このコイルを水平に保ったまま円柱を斜面上に置き，コ

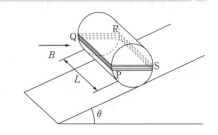

イルに電流を流して円柱を斜面上で静止させたい。重力加速度の大きさを g とし，斜面と円柱との静止摩擦係数は大きく，滑ることはないものとする。

(1) コイルの Q→P の向きに電流 I が流れているとき，PQ および RS 部分を流れる電流が受ける力による円柱の中心軸 O のまわりの力のモーメントはそれぞれいくらか。

(2) 摩擦力による円柱の中心軸 O のまわりの力のモーメントを求めよ。

(3) このコイルに電流を流して円柱を斜面上で静止させるには，電流はどれだけ流せばよいか。

362▶ホール効果

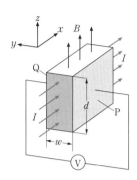

図のような導体のx方向に電流I $(I>0)$を流し，これと垂直なz方向に磁束密度$B(B>0)$の磁場を加える。電流の担い手である電子は，電流の向きと磁場の向きの両方に垂直なy方向のローレンツ力を受けて移動し，導体の一方(P面，またはQ面)にたまる。もう一方の面には，電子の足りない部分ができ，そのためにy方向の電場が生じる。このy方向への電子の移動は，生じた電場が電子に及ぼすy方向の力とローレンツ力がつり合ったところで止まる。

導体のy方向の幅をwとし，z方向の厚さをd，単位体積あたりの電子数をn，電子の電荷を$-e(e>0)$とする。y方向の電場は，導体のP面，Q面を電極とする平行板コンデンサーがつくる電場とみなしてよい。

(1) 電子がx方向に運動するとし，その速度のx成分をvとする。電子に働くローレンツ力の大きさをe，v，Bを使って表せ。

(2) x方向に電流$I(I>0)$を流したとき，電子がたまるのはP，Q面のどちらか。

(3) ローレンツ力とy方向の電場の力がつり合ったとき，PQ面の電位差Vを電子の速度v，磁束密度の大きさB，およびw，dから必要なものを用いて表せ。

(4) 電子の平均速度のx成分をvとして，電流Iをn，e，v，w，dを使って表せ。

(5) これらの結果から，VがIとBの積に比例することを示し，その比例定数を求めよ。

363▶電流がつくる磁場

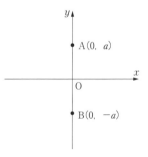

無限の長さの真っ直ぐな2本の平行導線を考える。この導線に垂直な面をとり，その面上に図のような座標軸を導入したとき，この面を貫く導線の位置はそれぞれ$A(0, a)$，$B(0, -a)$である。このとき次の問いに答えよ。ただし，$a>0$とし，真空の透磁率をμ_0とする。

(1) 点Aを通る導線のみに，紙面に対し奥から手前向きに強さIの電流を流したとき，この電流により原点Oにつくられる磁束密度の大きさと向きを求めよ。

(2) 点AとBを通る2本の導線に対し，奥から手前向きに等しい電流Iを流したとき，x軸上の点$P(x, 0)$での磁束密度Bをxの関数として表せ。

(3) (2)において，Bが最大となるxの値，およびその最大値を求めよ。必要ならば，実数a，bに対して，$(a+b)^2 \geqq 4ab$の関係を用いよ。

電磁誘導

◆1 磁束 Φ

$$\Phi = BS$$

一様な磁束密度 B の磁場に垂直な面積 S の面 A を考えたとき，Φ を A を貫く 磁束という。磁束の単位は Wb（ウェーバ）である。磁束密度の単位 T を用いると 1 Wb＝1 T・m^2 となる。

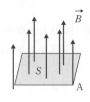

1 T＝1 Wb/m^2 でもある。

面積 S が磁束密度に垂直な方向から θ だけ傾いているとき，

$$\Phi = BS\cos\theta$$

◆2 ファラデーの電磁誘導の法則

$$V = -\frac{\Delta\Phi}{\Delta t} \quad \text{（1回巻きのコイル）}$$

1回巻きのコイルに生じる誘導起電力 V は，このコイルを貫く磁束の変化の割合である。

N 回巻いたコイルでは，コイル全体の誘導起電力は，

$$V = -N\frac{\Delta\Phi}{\Delta t} \quad \text{（N回巻きのコイル）}$$

レンツの法則

誘導起電力の向きは，コイルを貫く磁束の変化を妨げるような磁場を生じさせる誘導電流を流す向きに生じる。これをレンツの法則という。誘導起電力の単位は V（ボルト）である。

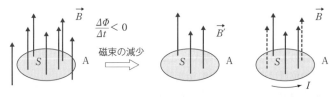

◆3 磁場の中を運動する導体棒に生じる誘導起電力

磁束密度 $\vec{B}$ の一様な磁場の中を磁場に垂直に一定速度 $\vec{v}$ で長さ L の導体棒が運動したとき，導体棒の両端に生じる誘導起電力 V は，

$$V = vBL \quad \text{となる。}$$

このとき，導体中の正電荷 $+q$ は，ローレンツ力 $f = qvB$ の力を受け，導体棒中を電荷が移動して，電場 E をつくる。最終的に，ローレンツ力と逆向きの電場からの力がつり合うまで電荷が移動するので，

$$qvB = qE \quad \text{より，} \quad V = EL = vBL$$

◆4 自己誘導

コイルに流れる電流を I とするとコイル自身を貫く磁束は I に比例する。I が変化することによってコイルに生じる誘導起電力 V は、

$$V = -L\frac{\Delta I}{\Delta t}$$

と表される。この比例定数 L を**自己インダクタンス**という。単位は H(ヘンリー)を用いる。

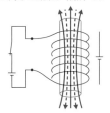

スイッチを入れると
上向きの磁束が増加する。

磁束の増加を妨げる
向きの誘導起電力が生じる。

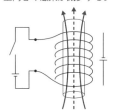

スイッチを切ると
上向きの磁束が減少する。

磁束の減少を妨げる
向きの誘導起電力が生じる。

◆5 コイルの持つ磁場のエネルギー

自己インダクタンス L のコイルに電流 I が流れているとき、コイルには磁場のエネルギーが蓄えられており、磁場のエネルギーの大きさ U は、

$$U = \frac{1}{2}LI^2 \quad \text{と表せる。}$$

コイルに電池をつないで電流を流そうとしたとき、逆起電力 $V = L\dfrac{\Delta i}{\Delta t}$ に逆らって電荷 Δq を運ぶのに必要なエネルギー ΔU は、

$$\Delta U = V\Delta q = Vi\Delta t = L\frac{\Delta i}{\Delta t}i\Delta t = Li\Delta i$$

となるので、磁場のエネルギーの大きさは、これを $i = 0$ から定常電流 $i = I$ になるまで積算したものである。

◆6 相互誘導

コイル1に流れる電流 I_1 によってつくられる磁場がコイル2を貫くとき、I_1 が変化するとそれに比例してコイル2を貫く磁束も変化する。コイル2に生じる誘導起電力 V_2 は、

$$V_2 = -M\frac{\Delta I_1}{\Delta t} \quad \text{と表される。}$$

この比例定数 M を**相互インダクタンス**という。M の単位は

$$\frac{1\,\mathrm{V\cdot s}}{\mathrm{A}} = 1\,\mathrm{H}(\text{ヘンリー})。$$

すなわち、1秒間に1Aの電流変化がコイル1に起きたとき、コイル2の両端に1Vの起電力が生じる相互インダクタンスを1ヘンリーという。

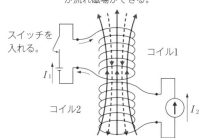

スイッチを入れると電流 I_1
が流れ磁場ができる。

スイッチを入れる。

コイル1

コイル2

I_1

I_2

コイル2の内部でも磁場が変化
するので、磁場の変化を妨げる
向きに電流 I_2 が流れる。

WARMING UP／ウォーミングアップ

1 1辺の長さが5.0 cm の正方形のコイルがある。磁束密度 3.0×10^{-3} T の一様な磁場の中で，次の①〜③のように置いたとき，コイルを貫く磁束を求めよ。

①コイルの面を磁場に垂直に置いたとき

②磁場に対してコイルの面を 30° 傾けて置いたとき

③磁場の方向と平行にコイルの面を置いたとき

2 一様で上向きの磁束密度 B の磁場の中で，正方形のコイルを運動させる。次の(a)〜(d)のうち，コイルに起電力が生じるのはどれか。

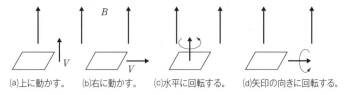

(a)上に動かす。　(b)右に動かす。　(c)水平に回転する。　(d)矢印の向きに回転する。

3 (a)から(d)はコイルに対して棒磁石を矢印の方向に動かすことを表している。コイルにつないだ検流計 G に PGQ の向きに電流が流れるときは＋，逆向きは－，流れないときは 0 として，(a)から(d)について誘導電流の向きを答えよ。

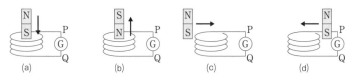

(a)　　　(b)　　　(c)　　　(d)

4 断面積が 4.0×10^{-4} m^2 で巻数が 100 回のコイルを磁束密度 B の一様な磁場の中にコイルの断面が磁場に垂直になるようにして入れる。B の大きさは 0.50 秒間に一定の割合で 7.0×10^{-4} T から 3.0×10^{-4} T まで減少した。この間に，コイルに生じる起電力の大きさを求めよ。

5 図のように鉄しんに 1 次コイルと，2 次コイルを巻いた。スイッチを入れたとき，電流の流れる向きを答えよ。

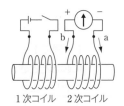

1次コイル　2次コイル

基本例題 96 導体棒に生じる誘導起電力

鉛直上向きで磁束密度の大きさ B の一様な磁場の中に，水平に2本の導体レールを平行に敷き，抵抗 R でそれらを接続する。図のように，レールに対して垂直に導体棒を置き，右向きに一定の速さ v で運動させる。レールと導体の間に摩擦はないものとする。またレールと導体棒の抵抗は無視する。

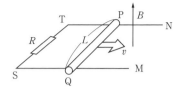

(1) PQ 間に生じる起電力を求めよ。ただし，P に対して Q が高い電位になるときを正として答えよ。

(2) 抵抗を流れる電流はいくらか。

(3) 導体棒を等速で運動させるために必要な力を求めよ。

(4) (3)で求めた力が棒にする仕事率を求めよ。

(5) 抵抗で消費される電力を求めよ。

●考え方　導体棒が磁場中を運動するとき，導体棒に生じる誘導起電力を求める。この誘導起電力によって回路に電流が流れる。導体棒の中を流れる電流は磁場から力を受けて，運動を妨げられる。この力に逆らって棒を運動させるために要する仕事は，抵抗で消費される。

解答

(1) 長さ L の導体棒が速さ v で磁場 B に垂直に運動している。そのとき導体棒内の正電荷が棒の方向に作用する力は，ローレンツ力より，大きさ qvB で P から Q へ向かう向きである（実際は負電荷であるが，何が起こるかを考えるときは正電荷として考えてよい）。この力で長さ L だけ仕事をすると考えてよいから，起電力は $V = \dfrac{qvBL}{q} = vBL$ となる。導体棒 PQ は，抵抗につながれた回路に対しては，Q が + で P が － の電源と同じ役割をする。したがって，起電力 V は，$V = +vBL$ である。　**答** $+vBL$

(2) 抵抗を流れる電流 I は，$I = \dfrac{vBL}{R}$ となる。　**答** $\dfrac{vBL}{R}$

(3) 導体棒にも(2)と同じ電流が流れているので，磁場から大きさ $F = IBL$ の力が v と反対向きに作用していることになる。この力は導体棒の運動に対してはブレーキとなるので，導体棒を等速で動かしたいときは，v の向きに同じ大きさの力 F を作用させればよい。

$F = IBL = \dfrac{vB^2L^2}{R}$ である。　**答** $\dfrac{vB^2L^2}{R}$

(4) F が棒にする仕事率 P は

$P = Fv = \dfrac{v^2B^2L^2}{R}$ である。　**答** $\dfrac{v^2B^2L^2}{R}$

(5) 抵抗で消費される電力は

$P = IV = \dfrac{v^2B^2L^2}{R}$ である。

磁場が電流に及ぼす力に逆らって棒を動かすときにした仕事が，抵抗で消費されたことになる。　**答** $\dfrac{v^2B^2L^2}{R}$

基本例題 97　コイルの電磁誘導

断面積 $S=4.0\times10^{-4}\,\text{m}^2$，巻数 500 回のコイルの断面に垂直な向きに磁束密度の大きさ B の一様な磁場をかける。B を図のように変化させたとき，コイルを流れる電流の時間変化をグラフに描け。B は上向きを正とし，電流の向きは P から抵抗 R を通って Q に流れる向きを正とする。抵抗は $R=20\,\Omega$ で，コイルの抵抗は無視する。

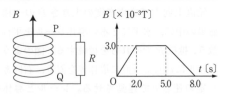

●考え方　ファラデーの法則を用いて $\dfrac{\Delta\Phi}{\Delta t}$ を求めてコイル両端の誘導起電力の大きさを求める。PQ どちらから電流が抵抗に流れ出すかは，レンツの法則を用いて求める。巻数が 500 回であることに注意する。

解答

PQ 間の起電力の大きさは，$V=N\dfrac{\Delta\Phi}{\Delta t}$ なので，0〜2.0 秒は，

$$\frac{500\times4.0\times10^{-4}\,\text{m}^2\times(3.0\times10^{-3}\,\text{T}-0\,\text{T})}{2.0\,\text{s}-0\,\text{s}}$$
$$=3.0\times10^{-4}\,\text{V}$$

上向きの磁場が増えるので，コイル内の正電荷は Q から P へ向かう向きに磁場の周囲にできる誘導電場から力を受ける。したがって P は Q に対して，$+3.0\times10^{-4}\,\text{V}$ の電位差をもつ。コイルの外側の回路では電流は P から流れ出し抵抗を通って Q に入る。電流 I は，$I=\dfrac{V}{R}$ であるから，

$$I=\frac{3.0\times10^{-4}\,\text{V}}{20\,\Omega}=1.5\times10^{-5}\,\text{A}=15\,\mu\text{A}$$

2.0 秒から 5.0 秒までは磁場の変化はないので，起電力は生じない。

5.0 秒から 8.0 秒までは，

$$\frac{500\times4.0\times10^{-4}\,\text{m}^2\times(0\,\text{T}-3.0\times10^{-3}\,\text{T})}{8.0\,\text{s}-5.0\,\text{s}}$$
$$=-2.0\times10^{-4}\,\text{V}$$

向きは，2.0 秒までと逆向きになる。計算上で − が出てきたら，誘導電場の向きが逆になっていることを示していると考えればよい。もちろん符号を無視して，レンツの法則を独立に適用して向きを求めてもよい。電流の大きさ I は，

$$I=\frac{2.0\times10^{-4}\,\text{V}}{20\,\Omega}=1.0\times10^{-5}\,\text{A}=10\,\mu\text{A}$$

よってグラフは下のようになる。

答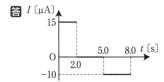

基本問題

364 ▶電磁誘導 コイルに棒磁石を出し入れして，コイルに誘導起電力を発生させる。コイルに生じる誘導電流の大きさを大きくするためにはどうすればよいか。次の選択肢から当てはまるものをすべて選べ。

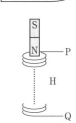

(1) コイルの中に棒磁石を入れたままにする。

(2) 棒磁石を同じ向きに 2 本重ねて出し入れする。

(3) 棒磁石を速く出し入れする。

(4) コイルの巻数を変えず，導線を太いものに変える。

365 ▶レンツの法則 図のように長いソレノイドコイル H の中心を通るように，棒磁石を落下させる。落下の過程における，コイル H の両端電圧の向きはどうなるか。P に対して Q の電位が高くなる場合を正として，正負または 0 で答えよ。

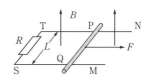

(1) 棒磁石の下端が P 点を通過する直前。

(2) 棒磁石が完全にコイルの中にあるとき。

(3) 棒磁石の上端が Q 点を通過した直後。

366 ▶レールを移動する導体棒に生じる誘導起電力

鉛直上向きに一様な磁束密度 B の磁場中に，水平で平行な 2 本の金属レールを置く。レール自身の抵抗は無視でき，間隔は L で，これらは抵抗値 R の抵抗で結ばれて

いる。レールに垂直に抵抗の無視できる質量 m の導体棒 PQ をのせる。PQ をレールに平行に図の向きに大きさ F の一定の力で引き続けた。PQ とレールとの摩擦はないものとする。ただし，加速度を a，右向きを正とする。

(1) PQ の速さが v のとき，PQ の運動方程式を求めよ。

(2) PQ の速度が v_0 で一定になった。v_0 を求めよ。

(3) PQ が速度 v_0 に達するまでに，x だけ移動したとする。この間に抵抗で消費されたエネルギーを求めよ。

367 ▶コイルの自己誘導 図のように起電力 $E = 9.0$ V の電池，抵抗値が無視でき，自己インダクタンス $L = 0.18$ H のコイル，抵抗 $R = 27\,\Omega$，スイッチ S を直列に接続する。

(1) S を閉じた瞬間の電流値はいくらか。

(2) S を閉じてから電流値が 0.20 A になった瞬間のコイル両端の誘導起電力の大きさを求めよ。

(3) (2)のとき，単位時間あたりの電流の増加量 $\dfrac{\varDelta I}{\varDelta t}$ はいくらか。

(4) S を閉じてから十分時間が経った後の電流値と，コイルに蓄えられているエネルギーを求めよ。

368▶自己誘導 自己インダクタンス L のコイルに，起電力 E の電池と，抵抗値 r，R の抵抗，ダイオードとスイッチで，図のような回路を作る。ダイオードとコイルの抵抗は無視する。

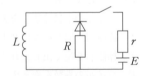

(1) スイッチを閉じてから十分時間が経った後，コイルに流れる電流を求めよ。

(2) (1)の電流が流れているとき，コイルに蓄えられているエネルギーを求めよ。

(3) スイッチを切った後，抵抗 R で消費されるエネルギーはいくらか。

369▶相互誘導 可変抵抗器，電池，スイッチに接続したコイル1と，検流計 G とスイッチに接続したコイル2を図のように共通の鉄しんを通して組み立てる。

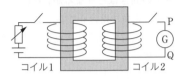

コイル1　　　コイル2

(1) 2つのスイッチが入った状態で，コイル1側の可変抵抗器の抵抗の値を変化させたら，検流計の針が振れた。変化を速くすると検流計の針のふれは大きくなるか，変わらないか，小さくなるか。

(2) コイル1側と2側のスイッチがともに ON のとき，コイル2側より先にコイル1側のスイッチを OFF にしてはいけない理由を説明せよ。

370▶斜面を下る導体棒 鉛直上向きで，磁束密度の大きさ B の磁場中に，水平面に対して角度 θ の2本の平行なレールを置く。レールの間隔は L で，これらは抵抗値 R の抵抗で結ばれている。レールに垂直に質量 m の導体棒 PQ をのせる。導体棒 PQ とレール

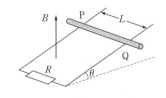

自身の抵抗は無視でき，導体棒とレールとの摩擦もないものとする。重力加速度の大きさを g として，次の問いに答えよ。

(1) 導体棒 PQ が速さ v でレール上を落下しているとき，PQ に生じる起電力の大きさを求めよ。

(2) このとき磁場が PQ におよぼす力の大きさはいくらか。

(3) PQ が一定の速度になったときの速度 v_1 を求めよ。

371▶磁場中を運動するコイル

(1) 図1のように鉛直方向に一様な磁場 B がある。導体の円環をその断面を水平に保ちながら自由落下させる。円環に起電力が生じるかどうか答えよ。

(2) 図2のような磁場 B がある。導体の円環をその断面を水平に保ちながら自由落下させる。円環に起電力が生じるか否か答えよ。

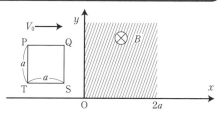

図1　　　　図2

発展例題 98　磁場を通過する正方形コイル

図のように xy 平面内で1辺 a の正方形のコイル PQST が x 軸に平行に一定の速さ V_0 で x 軸の正の向きに運動している。図の斜線で示した部分には，z 軸の負の向きに一様な磁場が存在し，その磁束密度を B とする。辺 QS が y 軸を通過する時刻を $t=0$ とし，コイル全体の抵抗を R とする。コイルに生じる起電力と流れる電流の向きは，S→Q の向きを正として，次の問いに答えよ。

(1) $0 \leqq t \leqq t_1 \left(t_1 = \dfrac{a}{V_0} \right)$ の間，起電力が生じるのはコイルのどの部分か。また，生じる起電力の大きさを求めよ。

(2) $0 \leqq t \leqq t_1 \left(t_1 = \dfrac{a}{V_0} \right)$ の間，コイルを流れる電流の大きさと向きを求めよ。

(3) $0 \leqq t \leqq t_1 \left(t_1 = \dfrac{a}{V_0} \right)$ の間，コイルの速度を維持するために必要な力，およびその力のする仕事の仕事率を求めよ。また，その仕事はどのような形で消費されるか。

(4) $t_1 < t \leqq t_2 \left(t_2 = \dfrac{2a}{V_0} \right)$ の間と，$t_2 < t \leqq t_3 \left(t_3 = \dfrac{3a}{V_0} \right)$ の間で，それぞれコイルに生じる起電力の大きさを求めよ。

(5) $t_2 < t \leqq t_3$ のときコイルの速度を維持するために必要な力の向きを答えよ。

(2006　北海道大　改)

●考え方　磁場中で導体棒 QS や PT が運動すると考えて求めても，PQST を貫く磁束の時間変化で求めても，どちらでもよい。ただし，後者の場合は誘導起電力が生じている場所が特定できないことに注意しよう。

解答

(1) 磁場中で速度 V_0 に垂直な部分，つまりコイルの辺 QS 部分に起電力が発生する。その大きさは $vBL = V_0 Ba$

答 生じる部分：辺 QS，大きさ：$V_0 Ba$

(2) 電流 I は，$I = \dfrac{V}{R} = \dfrac{V_0 Ba}{R}$ で向きは S から Q へ向かう向きなので正。

答 大きさ：$\dfrac{V_0 Ba}{R}$，向き：正

(3) 磁場 B が辺 QS を流れる電流に及ぼす力 F は，$F = IBL = \dfrac{V_0 B^2 a^2}{R}$ この力は x 軸の負の向きであるから，コイルの等速運動を維持するためには，V_0 と同じ方向に $\dfrac{V_0 B^2 a^2}{R}$ の大きさの力を作用させればよい。この力がする仕事の仕事率は，$FV_0 = \dfrac{V_0^2 B^2 a^2}{R}$ 抵抗で消費される電力は，

$RI^2 = \dfrac{V_0^2 B^2 a^2}{R}$ となるので，外から加える力のする仕事が抵抗で消費されたことになる。

答 力：$\dfrac{V_0 B^2 a^2}{R}$，仕事率：$\dfrac{V_0^2 B^2 a^2}{R}$，

消費される形：抵抗による消費

(4) $t_1 < t \leqq t_2$ の間，コイルを貫く磁束が変化しないので，誘導起電力は発生しない。あるいは，コイルの辺 QS と PT に発生する誘導起電力が互いに逆向きで同じ大きさなので相殺してしまい，コイル全体として誘導起電力は発生しないとも考えられる。

$t_2 < t \leqq t_3$ の間，コイルの PT 部分に誘導起電力が発生する。その大きさは(1)と同じで $V_0 Ba$ である。

答 $t_1 < t \leqq t_2$ **の間：0，**

$t_2 < t \leqq t_3$ **の間：$V_0 Ba$**

(5) $t_2 < t \leqq t_3$ の間，流れる電流の向きは T から P へ向かう向きである。磁場から受ける力は，x 軸の負の向きなので，コイルの速度を維持するために必要な外力は x 軸の正の向きである。

答 x **軸の正の向き**

(注意) (1)をファラデーの法則を用いて解く。時間 Δt の間に増える磁束 $\Delta\Phi$ は，$\Delta\Phi = aV_0 \Delta tB$ であるから，コイル全体に発生する起電力の大きさは

$$\frac{\Delta\Phi}{\Delta t} = \frac{aV_0 \Delta tB}{\Delta t} = aV_0 B$$

で向きはレンツの法則から S から Q へ向かう向きで正。この方法を使うと，起電力が QS 部分で発生していると決めることはできない。しかし，電流の向きや等速を維持させるために必要な力などは当然同じ結果を得る。$t_2 < t \leqq t_3$ のときは，磁束が減少する場合であるが，同様に解ける。

発展例題 99 磁界中を運動する導体棒

鉛直上向きで磁束密度の大きさ B の一様な磁場の中で，間隔 L で抵抗の無視できる 2 本のレールを水平に敷き，これらに抵抗値が R の抵抗 R_1 と R_2 の 2 つの抵抗を図のように連結する。このレールに垂直に抵抗の無視できる導体棒をのせ，図の向きに速さ v でレールと平行に運動させる。

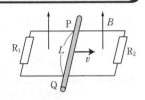

(1) 抵抗 R_1 と R_2 および導体棒 PQ を流れる電流はそれぞれいくらか。

(2) 磁場が導体棒に及ぼす力の大きさはいくらか。

●考え方　PQ で分けられる 2 つの回路を貫く磁束の変化は一方が増加で一方が減少であるから，電流の流れる向きが逆になり，結果として導体棒 PQ の部分はどちらも P から Q へ流れることになる。また，磁場中を導体棒が移動することによって PQ に誘導起電力が生じると考えると，それぞれの抵抗にどれだけ電流が流れるのかが分かり，PQ 部分に流れる電流もそれぞれの和として表せることがわかる。

解答

(1) 導体 PQ の両端に生じる誘導起電力 V は，$V = vBL$ で P に対して Q の電位が高くなる。一方，この回路は PQ に起電力が発生し，R_1 と R_2 の並列回路と考えることができるので，それぞれの抵抗に流れる電流 I_1 と I_2 は，

$$I_1 = \frac{V}{R} = \frac{vBL}{R}, \quad I_2 \text{ も同様に}$$

$$I_2 = \frac{V}{R} = \frac{vBL}{R}$$

また，PQ に流れる電流 I はこれらの電流の和が流れるので，

$$I = I_1 + I_2 = \frac{vBL}{R} + \frac{vBL}{R} = \frac{2vBL}{R}$$

答 $R_1 : \dfrac{vBL}{R}$，$R_2 : \dfrac{vBL}{R}$，$PQ : \dfrac{2vBL}{R}$

(2) 導体棒の速度 v と導体棒を流れる電流で，磁場が導体棒に与える力が生じる。その磁場の力の大きさ F は，

$$F = IBL \text{ より}, \quad F = \frac{2vBL}{R} BL = \frac{2vB^2L^2}{R}$$

答 $\dfrac{2vB^2L^2}{R}$

発展問題

372▶傾いたレールをのぼる導体棒　鉛直上向きで磁束密度の大きさが B の一様な磁場の中に，水平面に対して角度 θ の傾斜をもつ 2 本の平行な導体レールがある。レール間の幅は L で，起電力 E の電池と抵抗 R_0 を接続した。レール上に質量 m の導体棒を水平に置く。レールとの接点は

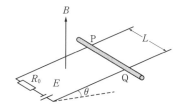

P と Q である。導体棒とレールとの間に摩擦はないものとし，重力加速度の大きさを g とする。

(1) 導体棒がレール上で静止した。このとき，抵抗 R_0 はいくらか。

(2) $R < R_0$ の抵抗 R に取り替えたところ，導体棒はレール上を上に動き出した。動き出したときの導体棒の加速度を求めよ。

(3) 導体棒のレールに沿ってのぼる速さが v のとき，導体棒に生じる誘導起電力を求めよ。向きは，P に対して Q の電位が高くなる場合を正とする。

(4) 導体棒はやがて，一定の速さ v_1 でのぼるようになる。このときの速さ v_1 を求めよ。

373▶相互誘導　1本の鉄しんに，A，B２つのコイルが巻かれてあり，その間の相互インダクタンスは２Hであった。図のように，コイルAに流す電流 i_A を調節し，コイルBに生じる誘導起電力 V_B を観察すると，右のグラフのようになった。コイルAに流した電流の変化を正しく表しているグラフは，次の(1)から(6)のうちどれか記号で答えよ。ただし，電流 i_A は図の矢印の向きを正とし，誘導起電力 V_B は，Qに対しPが高い場合を正とする。

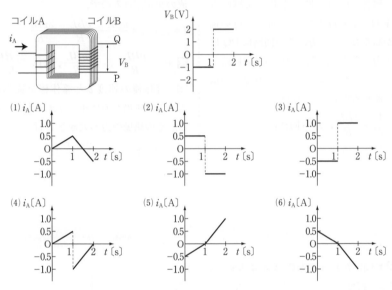

374▶コイルを貫く磁束と誘導電流　図1の半径 r のコイルは，コイル面に垂直な軸ADのまわりに自由に回転できるようになっていて，抵抗 R を含む回路とつながっている。このコイルを，コイル面に垂直で，向きがA→D，磁束密度の大きさが B の一様な磁場が存在する領域に図2のように置き，ADを回転軸として，一定の角速度 ω で図2の向きに回転させた。図2の状態を $t=0$ とする。

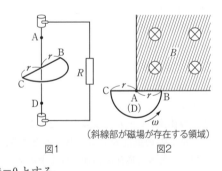

図1　　　図2
（斜線部が磁場が存在する領域）

(1) コイルを貫く磁束 Φ を，時刻 0 からコイルが $90°$ 回転するまでの任意の時刻 t に対して求めよ。

(2) 回路を流れる電流 I の時間変化を，時刻 0 からコイルが１回転するまでの時間についてグラフで示せ。ただし，A→B→C→Dの向きを電流の正の向きとする。

375▶回転する導体棒に生じる誘導起電力　図に示す
ように、磁束密度の大きさ B の一様な磁場の中に、電気
抵抗が無視できる半径 l の円形の導線が、磁場に垂直な
面内に固定されている。この円形導線の中心 O を通り、
面に垂直な導体の回転軸があり、この回転軸には $2l$ よ
り少し長い金属棒が点 O で固定されている。この金属
棒は、点 P と点 Q で円形導線と接しながら、摩擦なし
に回転軸とともに回転できるようになっている。また円
形導線と回転軸は、図に示すように、抵抗の大きさ R の

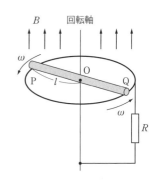

抵抗 R と導線でつながっている。金属棒の OP，OQ 間の電気抵抗はともに r であり、
回転軸や導線の電気抵抗は無視できるものとする。いま、金属棒 PQ は外力によって、
回転軸のまわりに角速度 ω で矢印の向き（上から見て反時計まわり）に回転しているも
のとする。空気抵抗は無視できるものとして、次の問いに答えよ。

(1) 金属棒 OP 間にある自由電子（電気量 $-e$）について考える。点 O から x の距離に
ある自由電子が、磁場から受ける力（ローレンツ力）の大きさを求めよ。

(2) 磁場から受ける力に逆らって、自由電子を点 O から点 P まで移動させるときに必
要なエネルギーを求めよ。

(3) OP 間に生じる起電力の大きさを求めよ。

(4) 抵抗 R に流れる電流の大きさを求めよ。

(5) 金属棒の OP の部分が磁場から受ける力の大きさを求めよ。

(6) 角速度 ω で回転を続けるために、外力が必要とする単位時間あたりのエネルギー
（仕事率）を求めよ。　　　　　　　　　　　　　　　　　　　　（2009　大阪府立大）

376▶ベータトロン　次の文中の ［ イ ］ から ［ ケ ］ に適当な式を埋めよ。［ ア ］ と
［ コ ］ には選択肢から適当なものを選べ。

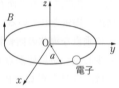

　ベータトロンは時間的に変化する磁場による誘導起電力
により、電子を加速する装置で、磁場の強さを調節するこ
とで、電子が加速されても電子の円運動の軌道半径が変わ
らないようになっている。図に示すように、強さが z 軸か
らの距離のみで決まる磁場を z 軸の正の向きに加え、質量
m、電荷 $-e(e>0)$ の電子を、xy 平面内に入射したところ、原点を中心にして、軌道半
径 a で、z 軸の正の向きから（図の上から）見て ［ ア ］ に等速円運動をした。軌道上の
磁束密度の大きさを B とすると、このときの電子の速さは $v=$ ［ イ ］ である。

　次に、円軌道を貫く磁束 Φ が、短い時間 Δt 間に $\Delta\Phi$ だけ増加するように、磁場を増
加させた。このとき、円軌道上には大きさ ［ ウ ］ の誘導起電力が発生し、円軌道上に沿
って強さ ［ エ ］ の電場が発生する。電子はこの電場からの大きさ ［ オ ］ の力を受けて
加速度運動をする。Δt 間での電子の速さの増加分を Δv とすると、$\Delta v=$ ［ カ ］ となる。
この式から、a が一定の場合には、v と Φ が比例関係にあることがわかる。$\Phi=0$ のとき
の速さを $v=0$ とすると、a を変化させないようにするので、v と Φ の間には、［ キ ］ の
関係が成り立つ。したがって、Φ は B を用いて、$\Phi=$ ［ ク ］ と表すことができる。これ
より、B の値は円軌道の内側の平均磁束密度の ［ ケ ］ 倍になる。強さが ［ コ ］ ように
磁場をかければ、$\Phi=$ ［ ク ］ の関係を満たすことができる。

　　選択肢 ［ ア ］：①時計回り　　　②反時計回り
　　選択肢 ［ コ ］：①z 軸からの距離が小さくなると大きくなる
　　　　　　　　　　②z 軸からの距離が小さくなると小さくなる
　　　　　　　　　　③z 軸からの距離によらない　　　　　　　　（2011　信州大）

24 交流

◆ 1 交流の発生

磁束密度 B の一様な磁場の中で面積 S の
コイルを一定の角速度 ω で回転させると，
コイルの端子 P，Q には $V_0 \sin \omega t$ の誘導
起電力が生じ，負荷 R の外部回路に電流 I
が流れる。

交流発電機の原理

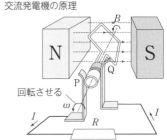

誘導起電力　$V = V_0 \sin \omega t$

電流　$I = \dfrac{V_0 \sin \omega t}{R}$

振幅 V_0 は $V_0 = BS\omega$ で，周波数 $f = \dfrac{1}{T} = \dfrac{\omega}{2\pi}$ の交流出力が得られる。

◆ 2 交流の実効値

消費電力の平均値を，直流のときと同じように表すことのできる電流や電圧の値
のこと。

電圧の最大値を V_0，電流の最大値を I_0 とすると，それぞれ実効値 V_e，I_e は，

$$V_e = \frac{1}{\sqrt{2}} V_0, \quad I_e = \frac{1}{\sqrt{2}} I_0 \quad \text{となる。}$$

◆ 3 抵抗，コイル，コンデンサーを流れる交流

抵抗，コイル，コンデンサーに $I = I_0 \sin \omega t$ の交流電流が流れているとき，それ
ぞれの両端の電圧や，平均の消費電力は以下の通りになる。

	抵抗 R〔Ω〕	コイル L〔H〕	コンデンサー C〔F〕
抵抗または リアクタンス	R〔Ω〕 周波数によらない	ωL〔Ω〕 高周波数のときほど 大きくなる	$\dfrac{1}{\omega C}$〔Ω〕 低周波数のときほど 大きくなる
電圧及び 電流と電圧の 位相差	$V_0 = RI_0$ $V = V_0 \sin \omega t$	$V_0 = \omega L I_0$ $V = V_0 \sin\left(\omega t + \dfrac{\pi}{2}\right)$	$V_0 = \dfrac{I_0}{\omega C}$ $V = V_0 \sin\left(\omega t - \dfrac{\pi}{2}\right)$
平均の消費電力	$\overline{P} = I_e V_e = \dfrac{1}{2} I_0 V_0$	0	0

◆ 4 インピーダンス

交流回路における抵抗に相当する働きをもつ値。Z で表す。

$V_e = Z I_e$　および，$V_0 = Z I_0$　の関係がある。

◆5 RLC直列回路とインピーダンス

抵抗，コイル，コンデンサーに $I = I_0 \sin \omega t$ の交流電流が流れているとき，それぞれの両端の電圧は，それぞれ

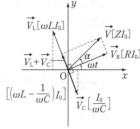

$$V_R = V_0 \sin \omega t = R I_0 \sin \omega t$$

$$V_L = V_0 \sin\left(\omega t + \frac{\pi}{2}\right) = \omega L I_0 \sin\left(\omega t + \frac{\pi}{2}\right)$$
$$= \omega L I_0 \cos \omega t$$

$$V_C = V_0 \sin\left(\omega t - \frac{\pi}{2}\right) = \frac{I_0}{\omega C} \sin\left(\omega t - \frac{\pi}{2}\right)$$
$$= -\frac{I_0}{\omega C} \cos \omega t \quad \text{と表せる。}$$

[　]内はベクトルの大きさを表す

回路全体の電圧 V は，これらの和なので，右のベクトル表現より，

$$V = Z I_0 \sin(\omega t + \alpha) \qquad \text{ただし，}$$

$$Z = \sqrt{R^2 + \left(\omega L - \frac{1}{\omega C}\right)^2}, \quad \tan \alpha = \frac{\omega L - \dfrac{1}{\omega C}}{R}$$

Z を**回路全体のインピーダンス**という。

$\omega L - \dfrac{1}{\omega C} = 0$ のとき $\left(\omega = \dfrac{1}{\sqrt{LC}}\right)$，$Z = R$ でインピーダンスが最小となり，回路を流れる電流が最大，回路の消費電力も最大となる。これを**共振**という。

◆6 消費電力

・電源と抵抗だけの回路…電流と電圧の位相のずれはなく，平均の消費電力は，

$$\overline{P} = I_e V_e = \frac{1}{2} I_0 V_0$$

・RLC直列回路…抵抗にかかる電圧の実効値を V_{Re} とすると，

$$P = I_e V_{Re} = I_e V_e \cos \alpha \quad \text{ただし，} \cos \alpha \text{を**力率**という。}$$

◆7 電気振動

充電したコンデンサーにコイルをつなぐと，この回路を流れる電流は振動を始める。

振動電流の角周波数 $\quad \omega = \dfrac{1}{\sqrt{LC}} \quad \left(f = \dfrac{\omega}{2\pi} = \dfrac{1}{2\pi\sqrt{LC}}\right)$

回路に抵抗がなければこの振動は続くが，実際は回路の抵抗によって減衰していく。抵抗を無視すれば，コンデンサーに蓄えられているエネルギーと，コイルに蓄えられるエネルギーの和が保存される。

$$\frac{1}{2} \frac{Q^2}{C} = \frac{1}{2} L I^2$$

◆8 変圧器

右の図で，磁束が鉄しんの外にもれなければ，

$$\frac{V_{1e}}{V_{2e}}=\frac{N_1}{N_2}$$

また，ジュール熱など電力の損失がない理想的な変圧器では，

$$V_{1e}\cdot I_{1e}=V_{2e}\cdot I_{2e}$$

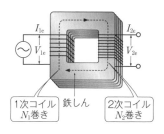

1次コイル N_1巻き　鉄しん　2次コイル N_2巻き

◆9 電磁波

電磁波は電場と磁場の振動が周囲の空間に伝わる横波である。電磁波の進む速さは光の速さ c である。電波，赤外線，可視光，紫外線，X線，γ線などは波長の異なる電磁波である。また，周波数 f，波長 λ とすると，真空中を伝わる速さ c との間には，

$$c=f\lambda$$

の関係がある。

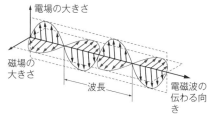

電場の大きさ

磁場の大きさ

波長

電磁波の伝わる向き

WARMING UP／ウォーミングアップ

1 磁束密度 B が 5.0×10^{-3} T の一様な磁場の中で，面積が $10\,\mathrm{cm^2}$ のコイルを毎秒50回転（50 Hz）させた。コイル両端の出力電圧の最大値を求めよ。

2 実効値 3.0 V の交流電源に豆電球をつないだ。このときの消費電力と同じ電力を消費するには，この豆電球に何 V の電池（直流の電圧）をつなげばよいか。

3 50 Ω の抵抗に交流電源をつないで，実効値 100 V の電圧をかけた。抵抗での消費電力を求めよ。また，抵抗の両端にかかる電圧の最大値と，抵抗を流れる電流の最大値を求めよ。ただし，$\sqrt{2}=1.4$ として計算せよ。

4 交流電源と 40 μF のコンデンサーのみの回路で，実効値 10 V で 50 Hz の交流を流す。このとき，電流の実効値を求めよ。

5 **4** の回路で，交流電源の周波数を 5.0×10^{3} Hz にしたときの電流の実効値を求めよ。

6 交流電源に抵抗の無視できる自己インダクタンス 0.20 H のコイルをつないだ回路で，実効値 10 V で 50 Hz の交流を流す。このときのコイルの誘導リアクタンスを求めよ。

7 **6** の回路で，交流電源の周波数を 5.0×10^3 Hz にしたときのコイルの誘導リアクタンスを求めよ。

8 1 次コイルの巻き数が 500 回，2 次コイルの巻き数が 100 回の変圧器の 1 次側に 100 V の交流電源をつないだ。2 次側に現れる電圧を求めよ。また，2 次側に 20 Ω の抵抗をつないだとき，1 次側に流れる電流を求めよ。ただし，変圧器におけるエネルギー損失はないものとする。

9 真空中の電磁波の速さを 3.0×10^8 m/s としたとき，波長 0.63 μm の赤色光の振動数を求めよ。

10 真空中の電磁波の速さを 3.0×10^8 m/s としたとき，周波数(振動数)540 kHz のラジオ放送の電波の波長を求めよ。

基本例題 100 ┃ RC 回路

電気容量が C のコンデンサーと抵抗値が R の抵抗，周波数 f，実効値 V_e の交流電源を図のように接続する。

(1) 回路全体のインピーダンスを求めよ。

(2) 電流の実効値を I_e としたとき，コンデンサーにかかる電圧の実効値 V_{Ce} および，抵抗にかかる電圧の実効値 V_{Re} を求めよ。

(3) I_e を C，R，f，V_e を使って表せ。

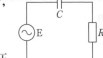

●考え方

(1) 周波数 f の電気容量 C と抵抗 R のインピーダンスは $Z = \sqrt{R^2 + \left(\dfrac{1}{2\pi f C}\right)^2}$

(2) 抵抗にかかる電圧の実効値 V_{Re} と電流の実効値 I_e の関係は，$V_{Re} = I_e \cdot R$

(3) $V_e = I_e Z$ の関係がある。

解 答

(1) 考え方より，回路全体のインピーダンスは $Z=\sqrt{R^2+\left(\dfrac{1}{2\pi fC}\right)^2}$

$$\text{答}\ \sqrt{R^2+\left(\frac{1}{2\pi fC}\right)^2}$$

(2) 抵抗にかかる電圧の実効値 V_{Re} は $V_{\mathrm{Re}}=I_{\mathrm{e}}\cdot R$　同様にコンデンサーにかかる電圧の実効値 $V_{\mathrm{Ce}}=I_{\mathrm{e}}\times\dfrac{1}{2\pi fC}$

$$\text{答}\ V_{\mathrm{Ce}}=\frac{I_{\mathrm{e}}}{2\pi fC},\ \ V_{\mathrm{Re}}=I_{\mathrm{e}}R$$

(3) $V_{\mathrm{e}}=I_{\mathrm{e}}Z$ より，

$$I_{\mathrm{e}}=\frac{V_{\mathrm{e}}}{Z}=\frac{V_{\mathrm{e}}}{\sqrt{R^2+\left(\dfrac{1}{2\pi fC}\right)^2}}$$

$$\text{答}\ \frac{V_{\mathrm{e}}}{\sqrt{R^2+\left(\dfrac{1}{2\pi fC}\right)^2}}$$

基本例題 101　交流回路

　電気容量が C のコンデンサーと自己インダクタンスが L で，抵抗を無視できるコイルを並列に接続し，周波数 f の交流電圧を加えた。

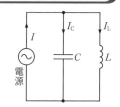

(1) コンデンサーのリアクタンスとコイルのリアクタンスが等しいとき周波数 f を求めよ。

(2) (1)のとき，電源を流れる電流はいくらか。

●考え方

(1) 周波数 f の交流の電気容量 C のコンデンサーおよび，自己インダクタンス L のコイルのリアクタンスはそれぞれ $\dfrac{1}{2\pi fC}$ と $2\pi fL$ である。

(2) コンデンサーとコイルにかかる電圧の位相が等しく，電流の位相はこれに対し，コンデンサーが $\dfrac{\pi}{2}$ だけ進み，コイルは $\dfrac{\pi}{2}$ だけ遅れる。したがって，コンデンサーとコイルは互いに π だけずれる。

解 答

(1) $\dfrac{1}{2\pi fC}=2\pi fL$ より，$f=\dfrac{1}{2\pi\sqrt{CL}}$

$$\text{答}\ f=\frac{1}{2\pi\sqrt{CL}}$$

(2) コンデンサーとコイルの電流の位相は π だけずれており，リアクタンスはどちらも等しいので，全体を流れる電流は 0 。

$\text{答}\ \mathbf{0}$

基本例題 102 RC 回路と RL 回路

電圧 V，周波数 f の交流電源，電気容量 C のコンデンサー，抵抗が無視できて自己インダクタンス L のコイル，抵抗値 R の抵抗，スイッチ S を図のように接続した回路がある。交流電源の実効値を V_e とする。

(1) スイッチ S をコンデンサー側につないだとき，コンデンサーに流れる電流 I_C の実効値を求めよ。

(2) (1)のとき，f を大きくしたときと小さくしたときとで，電源電圧の位相と電流の位相の差が，それぞれ近づく値を求めよ。

(3) スイッチ S をコイル側につないだとき，コイルに流れる電流 I_L の実効値を求めよ。

(4) (3)で，f を大きくしたときと小さくしたときとで，電源電圧の位相と電流の位相の差が，それぞれ近づく値を求めよ。

●考え方　抵抗両端電圧とコンデンサー，あるいはコイル両端電圧との和が電源電圧に等しい。これらの位相は $\dfrac{\pi}{2}$ ずれているので，それを考慮して回路の抵抗（インピーダンス）を求める。抵抗両端電圧の位相は電流の位相に等しく，コンデンサー両端電圧の位相は電流の位相より $\dfrac{\pi}{2}$ 遅れ，コイル両端電圧の位相は電流の位相より $\dfrac{\pi}{2}$ 進む。

解 答

(1) 回路のインピーダンスは
$$Z=\sqrt{R^2+\left(0-\frac{1}{\omega C}\right)^2}=\sqrt{R^2+\left(\frac{1}{2\pi f C}\right)^2}$$
電流の実効値は
$$I_\mathrm{Ce}=\frac{V_\mathrm{e}}{Z}=\frac{V_\mathrm{e}}{\sqrt{R^2+\left(\dfrac{1}{2\pi f C}\right)^2}}$$

答 $\dfrac{V_\mathrm{e}}{\sqrt{R^2+\left(\dfrac{1}{2\pi f C}\right)^2}}$

(2) (1)で f を大きくしていくと Z は R に近づいていく。したがって電源電圧と回路を流れる電流との位相のずれは 0 に近づいていく。また，f を小さくしていくと Z は $\dfrac{1}{2\pi f C}$ に近づいていくので，コンデンサーのみの回路と同じになり，

位相のずれは $\dfrac{\pi}{2}$ に近づいていく。

答 大きくしたとき：0

　　小さくしたとき：$\dfrac{\pi}{2}$

(3) 回路のインピーダンス Z は
$$Z=\sqrt{R^2+(\omega L-0)^2}=\sqrt{R^2+(2\pi f L)^2}$$
電流の実効値は，
$$I_\mathrm{Le}=\frac{V_\mathrm{e}}{Z}=\frac{V_\mathrm{e}}{\sqrt{R^2+(2\pi f L)^2}}$$

答 $\dfrac{V_\mathrm{e}}{\sqrt{R^2+(2\pi f L)^2}}$

(4) (3)で f を大きくしていくと Z は $2\pi f L$ に近づいていくので，回路はコイルのみの回路と同等になる。電源電圧と回路の電流との位相のずれは $\dfrac{\pi}{2}$ に近づ

いていく。また，f を小さくしていくと Z は R に近づいていくので，位相差は 0 に近づく。

答 大きくしたとき：$\dfrac{\pi}{2}$

小さくしたとき：**0**

基本問題

377 ▶ **交流回路の位相**　次の文章の(ア)から(エ)に適当な語句を入れよ。

　交流回路のコンデンサーには，一方の極板に電荷が流れ込めば他方の極板からは同じ量の電荷が流れ出ることになるので，極板間に実際には流れていなくても，結果的には電流がコンデンサーを流れているのと同じことになる。コンデンサー両極板間の電圧は（　ア　）の量で決まるが，それは電流によって運ばれたものであるから，コンデンサーの両端電圧の位相より電流の位相は $\dfrac{\pi}{2}$ だけ（　イ　）。一方，交流回路のコイルでは，変化する電流がコイルに流れ込むので，コイルの内部に変化する（　ウ　）が発生していて，これによる誘導起電力の大きさは電流の変化率の大きさに比例するので，コイルの抵抗が無視できればコイルの両端電圧の位相より電流の位相は $\dfrac{\pi}{2}$ だけ（　エ　）。

378 ▶ **コンデンサーの交流回路**　電気容量 C が $40\,\mu\mathrm{F}$ のコンデンサーと周波数 $50\,\mathrm{Hz}$，実効値 $100\,\mathrm{V}$ の交流電源を，図のように接続する。

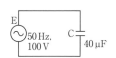

(1)　コンデンサーのリアクタンスを求めよ。

(2)　電流の実効値を求めよ。

(3)　コンデンサーで消費される電力の平均値を求めよ。

379 ▶ **コイルの交流回路**　自己インダクタンス $0.20\,\mathrm{H}$ のコイルと周波数 $50\,\mathrm{Hz}$ で実効値 $100\,\mathrm{V}$ の交流電源を図のように接続する。

(1)　コイルのリアクタンスを求めよ。

(2)　電流の実効値を求めよ。

(3)　コイルで消費される電力の平均値を求めよ。

380 ▶ **RLC 直列回路**　自己インダクタンス L で抵抗の無視できるコイルと，電気容量 C のコンデンサーと，抵抗値 R の抵抗と，電圧の実効値 V_e，角周波数 ω の交流電源を図のように直列に接続する。

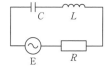

(1)　回路のインピーダンスを求めよ。

(2)　回路に流れる電流の実効値 I_e と，電源の消費電力の平均値を求めよ。

(3)　電源の周波数を変化させたとき，回路に流れる電流が最大になる周波数 f_0 を求めよ。また，このときの電流の位相と電源電圧の位相とのずれを求めよ。

381▶スピーカーから出る音の音質

様々な振動数が混ざっている音の電気信号(電圧)を出力している電源とスピーカー(コイル)からなる回路アがある。この回路に電気容量が C のコンデンサーを接続し,回路イのようにした。回路アに比べて回路イの方が発生しにくくなるのは高い音か,それとも低い音か。

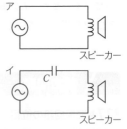

382▶送電での電力損失

図のように発電機側と負荷抵抗側の両方に,それぞれ変圧器をつなげた回路を考える。変圧器2の巻数比を 10:1 とし,負荷抵抗を R,送電線の抵抗を r としたとき,負荷抵抗を流れる

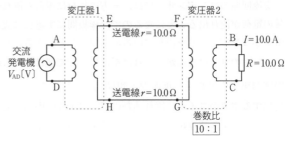

電流 I は,10.0 A であった。$R=10.0\,\Omega$,$r=10.0\,\Omega$ とし,変圧器での電力の損失は無視できるとする。次の文章のア〜ケにあてはまる数値を答えよ。

BC 間の負荷抵抗 R による消費電力は ア W である。変圧器2の巻数比は 10:1 なので,FG 間の電圧の実効値 V_{FG} は イ V であり,電流 I_{FG} は ウ A となる。よって,EF 間の電圧の実効値 V_{EF} は エ V,その消費電力は オ W となる。EH 間には実効値で V_{EH} が カ V の電圧を発生させればよく,AD 間の電圧の実効値を $V_{AD}=300$ V とすると,発電機が送り出す電流 I_{AD} は,キ A となり,発電機側が送り出す電力は,ク W となる。よって,発電機が送り出す電力の ケ %が送電線で失われた電力となる。 (2012 立命館大 改)

383▶電気振動

起電力 V,内部抵抗 r の電池,スイッチ S,容量 C のコンデンサー,抵抗が無視できて自己インダクタンス L のコイルを図のように接続する。S を閉じてから十分時間が経った後開くと,L と C の回路に振動電流が生じる。

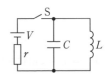

(1) S を閉じてから十分時間が経っているが,まだスイッチが閉じられているとき,L を流れる電流を求めよ。

(2) S が閉じられているとき,C に蓄えられる電荷を求めよ。

(3) S が開かれたとき L と C の回路に生じる振動電流の周波数を求めよ。

(4) 振動電流が流れているときのコイルとコンデンサーに蓄えられているエネルギーの和を求めよ。

ヒント S が閉じられているときのコンデンサー両端の電圧を考えよ。

発展例題 103 電気振動

起電力 V の電池，電気容量 C のコンデンサー，抵抗値 R の抵抗，抵抗が無視でき自己インダクタンス L のコイル，スイッチ S_1 と S_2 を図のように接続した回路がある。抵抗 R が十分に小さく a と d の電位は等しいと考えてよい。回路に生じる振動電流について述べた，以下の文章の空欄を埋めよ。

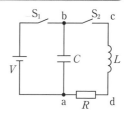

はじめ S_1 を閉じた瞬間，a と b の電位は ア 。電流が流れて十分時間が経つと，a の電位を 0 とすると b の電位は イ である。しばらく経ってから，S_1 を開いて S_2 を閉じるとコンデンサーから電荷が流れ出し，コイルには c から電流が流れ込む。コイルにはこの電流の変化に対して逆起電力が生じるので，d に対して c の電位が ウ 。コンデンサーの電荷がなくなるときは，電流が エ になるときで，その値を I_0 とする。このとき電流の変化率は 0 になり，ab 間と dc 間の電圧はともに オ になる。コンデンサーの電荷が q のとき電流を i とすると，コンデンサーにあるエネルギーは カ で，コイルには キ のエネルギーがある。抵抗を無視すればこれらの和は ク 。コンデンサーの電荷が 0 になったとき，コイルのエネルギーは ケ となる。ケ のエネルギーを使ってコンデンサーを逆に充電し，充電が完了するとコイルのエネルギーは コ となる。このように，回路には振動電流が流れる。振動電流を $I_0 \sin \omega t$ とおくと，a，d に対する b，c の電位は常に等しいので，サ ＝ シ となり，$\omega = \dfrac{1}{\sqrt{LC}}$ と求めることができる。

●考え方

振動回路では，コンデンサーを流れる電流とコイルを流れる電流が等しく，電圧も等しいので，互いのリアクタンス $\dfrac{1}{2\pi fC}$ と $2\pi fL$ が等しくなる。その結果，電気振動の振動数 f が決まる。

また，電流の位相に対して，コンデンサーの電圧の位相は $\dfrac{\pi}{2}$ だけ遅れる。この結果，それぞれのエネルギー $\dfrac{1}{2}LI^2$ と $\dfrac{1}{2}CV^2$ は $I=0$ のときコイルのエネルギーが 0 でコンデンサーのエネルギーが最大，$V=0$ のとき，その逆となる。

解 答

答 (ア) 等しい (イ) V (ウ) 高くなる

(エ) 最大 (オ) 0 (カ) $\dfrac{1}{2C}q^2$

(キ) $\dfrac{1}{2}Li^2$ (ク) 保存される

(ケ) $\dfrac{1}{2}LI_0{}^2$ (コ) 0 (サ) $\dfrac{I_0}{\omega C}$

(シ) $I_0 \omega L$ ((サ), (シ)は順不同)

発展問題

384▶RLC 並列回路 電気容量 C のコンデンサー，抵抗の無視できる自己インダクタンス L のコイル，抵抗値 R の抵抗，および交流電源を図のように並列に接続する。電源の電圧は $V_0 \sin \omega t$ で表されるものとする。V_0 は最大値である。コンデンサー，コイル，抵抗を流れる電流をそれぞれ，I_C, I_L, I_R とする。

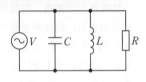

(1) I_C, I_L, I_R に関して述べた次の文章の空欄を埋めよ。

コンデンサーに流れる電流 I_C の位相は，コンデンサー両端の電圧の位相より ［(ア)］ 進み，コイルを流れる電流 I_L の位相は，コイル両端の電圧の位相より ［(イ)］ 遅れる。したがって，I_C と I_L の位相差は ［(ウ)］ となる。つまり，I_C と I_L の向きは常に ［(エ)］ 向きとなっている。一方，抵抗を流れる電流 I_R の位相と抵抗両端の電圧の位相との差は ［(オ)］ である。コンデンサー，コイル，抵抗の両端電圧は常に等しく電源電圧に等しいから，I_C の最大値は ［(カ)］ であり，I_L の最大値は ［(キ)］ となる。［(カ)］ と ［(キ)］ が等しいとき，$I_C + I_L =$ ［(ク)］ となり電源からの電流が最小値をとる。このときの周波数を共振周波数という。角周波数 ω を周波数 f に書き換えて，共振周波数 f_0 を L と C を使って表すと，［(ケ)］ となる。

(2) $C = 100\ \mu\text{F}$, $L = 40\ \text{mH}$ としたときの共振周波数を求めよ。

(3) C と L が(2)で与えられた値をもち，$V_0 = 20\ \text{V}$, $\omega = 1.0 \times 10^3\ \text{rad/s}$ としたとき，I_C と I_L のグラフを，電圧の振動の形を参考にしてかけ。

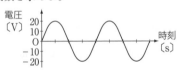

385▶RLC 直列回路 抵抗値 R_1 の電気抵抗，抵抗を無視できるインダクタンス L のコイル，電気容量 C のコンデンサーを図のように直列に接続し，これに周波数を変更できる正弦波交流電源を用いて電圧の実効値が V_e の交流電圧を加えた。op 間の電圧の実効値 V_R を測定しながら周波数を変更すると，ある周波数 f_M で，電圧の実効値 V_R は最大となり，電源電圧の実効値 V_e と等しくなった。

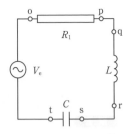

(1) コイルのインダクタンス L とコンデンサーの電気容量 C，周波数 f_M の関係を示せ。

(2) op 間，qr 間，st 間の電圧の時間変化を同時にオシロスコープで測定すると，op 間の電圧の時間変化は次のページの(a)のようになった。qr 間，st 間の電圧の時間変化を表した波形を，それぞれ次のページの(a)から(d)の中から選べ。

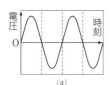
(a)

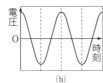
(b)

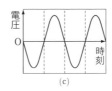
(c)

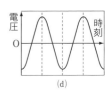
(d)

(3) 周波数が f_M のとき，次の問いに答えよ。

 ① 抵抗 R_1 を流れる交流電流の実効値 I_1 を求めよ。

 ② 抵抗が消費する電力の時間平均 $\overline{P_1}$ を求めよ。

 ③ この回路全体が消費する電力の時間平均 $\overline{P}$ を求めよ。 （2011　香川大　改）

386 ▶ 直流回路と交流回路　図のように抵抗値 R の抵抗，電気容量 C のコンデンサー，自己インダクタンス L のコイル，スイッチ S_1 からなる回路があり，この回路にスイッチ S_2 を通して交流電源，あるいは直流電源を接続することができる。交流電源の角周波数は ω であり，直流電源の電圧は V である。どちらの電源もその内部抵抗の抵抗値は小さいので無視できる。

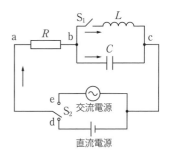

 スイッチ S_1 を開き，スイッチ S_2 を d 側に閉じて回路を直流電源に接続した後，しばらく経った。

(1)　回路を流れる電流はいくらか。

(2)　コンデンサーに蓄えられた電荷はいくらか。

 その後，スイッチ S_2 を開いてスイッチ S_1 を閉じると L と C に振動電流が流れた。

(3)　振動の周期を求めよ。

(4)　コンデンサーとコイルに蓄えられたエネルギーの和はいくらか。

 次に，スイッチ S_1 を閉じたまま，スイッチ S_2 を e 側に閉じて，回路を交流電源に接続する。しばらくすると，回路には一定振幅の周期的な電流が流れた。このときの bc 間の電位差を $V_1 \sin\omega t$ とする。

(5)　コンデンサーに流れる電流を図の矢印の向きを正として表せ。

(6)　コイルに流れる電流を図の矢印の向きを正として表せ。

(7)　抵抗の両端 ab 間の電圧 V_2 を表せ。 （2012　同志社大　改）

25 電子と光

❶ 電子

◆1 トムソンの実験

J.J.トムソンは，陰極線に電場や磁場をかけると曲がることから，陰極線は負に帯電した電子の流れであることを突き止めた。電子の電荷を $-e$ 〔C〕，質量を m 〔kg〕とすると，

電子の比電荷 $\dfrac{e}{m}=1.76\times10^{11}$ C/kg

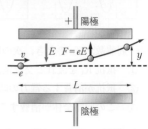

電子の速さ v，電場 E，電場による縦方向の変位が y であったとき，$F=eE$ の力による等加速度運動であるから

$$a=\frac{eE}{m},\ x=vt \text{ より，}\ t=\frac{L}{v}$$

$$y=\frac{eE}{2m}\left(\frac{L}{v}\right)^2$$

$$\frac{e}{m}=\frac{2yv^2}{EL^2}$$

◆2 ミリカンの実験

ミリカンは，帯電した油滴に電場をかけ，その運動から油滴の帯電量を求めて電子の電荷 e を求めることに成功した。

M：油滴の質量〔kg〕，q：電荷〔C〕，

$f=kv$：空気抵抗〔N〕

・電場なし（図右）：油滴は終端速度 v_1 で落下

$Mg=kv_1$ …①

・電場 E あり（図左）：油滴は終端速度 v_2 で上昇

$qE=Mg+kv_2$ …②

・油滴が持つ電荷：式①，②より

$$q=\left(1+\frac{v_2}{v_1}\right)\frac{Mg}{E}$$

・q は**電気素量** $e=1.60\times10^{-19}$ C の整数倍になる。

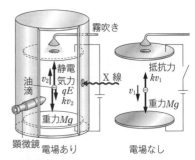

平行な電極板間に，油を霧吹きで吹き込み，油滴の運動を顕微鏡で調べる。X 線を空気に照射すると電子やイオンが発生して，それらが油滴に付着して帯電する。

❷ 光電効果

◆1 光電効果

金属に紫外線などの波長の短い光が当たると，電子が飛び出す現象。飛び出た電子を**光電子**という。金属の種類によって決まる**限界振動数 ν_0** 以上（**限界波長 λ_0** 以下）の振動数の光でなければ，いくら強い光を当てても光電効果は生じない。

◆2 **光子のエネルギーと運動量** 振動数 ν の光は，

エネルギー $E=h\nu$， 運動量 $p=\dfrac{h\nu}{c}=\dfrac{h}{\lambda}$ の光子の集まりである。

波長 λ 振動数 ν の光　　　　　　エネルギー $h\nu$

運動量 $\dfrac{h}{\lambda}$ の光子の集まり

　　プランク定数 $h=6.63\times10^{-34}\,\text{J·s}$　　光の速さ $c=3.0\times10^{8}\,\text{m/s}$（真空中）

光子や電子のエネルギーは eV（電子ボルト，エレクトロンボルト）を単位として
表す。

　　　$1\text{eV}=1.60\times10^{-19}\,\text{J}$

◆3 **光電子の最大エネルギーと仕事関数**

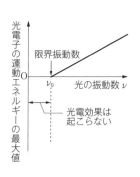

仕事関数 W_0…金属表面から電子 1 個を取り出すの
に必要な最小のエネルギー。金属の種類により異な
る。

光電子の運動エネルギーの最大値を $\dfrac{1}{2}mv_0{}^2$ とする

と，

　　$\dfrac{1}{2}mv_0{}^2=h\nu-W_0$

　　$W_0=h\nu_0$

　　ν：光の振動数〔Hz〕　ν_0：限界振動数〔Hz〕

◆4 **光電効果の測定** ミリカンは，図(a)の装置を用いて $\dfrac{1}{2}mv_0{}^2=h\nu-W_0$ の関係を

確かめ，プランク定数 h の値を定めた。

・正極 P の電圧 V がある値
　$-V_0$（阻止電圧）になると，
　光電流が流れなくなる。

　　$\dfrac{1}{2}mv_0{}^2=eV_0$，

　　$eV_0=h\nu-W_0$

・V が正で十分に大きければ，
　光電子はすべて正極 P に
　達し，光電流 I は光の強度
　に比例する。

(a) 光電効果の測定

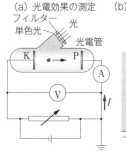

(b) 正極電圧と光電流の関係

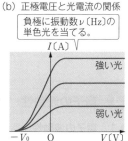

振動数 ν〔Hz〕は一定

❸ X 線

◆1　連続 X 線と固有 X 線　正極(対陰極)に電子が衝突すると X 線が発生する。
X 線には**連続 X 線**と**固有(特性)X 線**がある。

◆2　X 線の最大振動数 ν_0(最短波長 λ_0)　電位差 V
で加速された電子の運動エネルギー eV がすべ
て X 線のエネルギーになるとき，最大振動数
ν_0(最短波長 λ_0)の X 線が発生する。

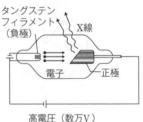
タングステン
フィラメント
(負極)
X線
電子
正極
高電圧 (数万V)

$$eV = h\nu_0 = \frac{hc}{\lambda_0}$$

◆3　ブラッグの反射条件　X 線は結晶により回
折する。入射 X 線が次の条件を満たすとき，
強い散乱 X 線が生じる。

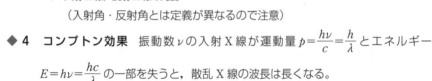
入射X線　　　反射X線

$$2d\sin\theta = n\lambda \quad (n=1,\ 2,\ 3\cdots)$$

d：結晶格子面の間隔(格子定数)〔m〕

λ：X 線の波長〔m〕

θ：入射 X 線，反射 X 線の角度

(入射角・反射角とは定義が異なるので注意)

◆4　コンプトン効果　振動数 ν の入射 X 線が運動量 $p = \dfrac{h\nu}{c} = \dfrac{h}{\lambda}$ とエネルギー

$E = h\nu = \dfrac{hc}{\lambda}$ の一部を失うと，散乱 X 線の波長は長くなる。

・**エネルギー保存の法則**

$$\frac{hc}{\lambda} = \frac{hc}{\lambda'} + \frac{1}{2}mv^2$$

・**運動量保存の法則**

x 方向：$\dfrac{h}{\lambda} = \dfrac{h}{\lambda'}\cos\theta + mv\cos\varphi$

y 方向：$0 = \dfrac{h}{\lambda'}\sin\theta - mv\sin\varphi$

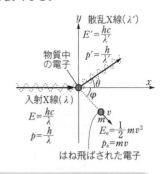
y　散乱X線(λ')
$E' = \dfrac{hc}{\lambda'}$
$p' = \dfrac{h}{\lambda'}$
物質中
の電子
x
入射X線(λ)
$E = \dfrac{hc}{\lambda}$
$p = \dfrac{h}{\lambda}$
v
m
$E_e = \dfrac{1}{2}mv^2$
$p_e = mv$
はね飛ばされた電子

❹ 電子の波動性

◆1　電子の波動性　電子には，波動としての性質が伴い，結晶により回折する。これ
を**物質波**あるいは**ド・ブロイ波**という。

　　電子の運動量が $p = mv$ のとき，**ド・ブロイ波長**　$\lambda = \dfrac{h}{p} = \dfrac{h}{mv}$

　　一般に，すべての物質粒子は波動としての性質をもち，上の関係式を満たす。

WARMING UP／ウォーミングアップ

1 図のミリカンの実験で，下向きに大きさ $E(>0)$ の電場をかける。油滴の帯電量を $-q(q>0)$，質量を M，油滴が速度 v で運動するときの空気抵抗の大きさを kv（k は比例定数），重力加速度の大きさを g とする。油滴が上向きに終端速度 v_1 で運動しているとき，次の問いに答えよ。

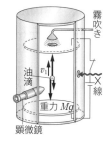

(1) 油滴が受ける電気力の大きさと向きを求めよ。

(2) 油滴が受ける空気抵抗の大きさと向きを求めよ。

(3) 油滴はどのような運動をしているか，以下の選択肢より選べ。

　　1．等速度運動　　2．等加速度運動　　3．単振動

(4) 終端速度 v_1 を，E，M，g，q，k を用いて表せ。

2 波長 5.0×10^{-7} m の光について次の問いに答えよ。光の速さを $c = 3.0 \times 10^8$ m/s，プランク定数を $h = 6.63 \times 10^{-34}$ J·s，$1\mathrm{eV} = 1.60 \times 10^{-19}$ J とする。

(1) 振動数は何 Hz か。

(2) 光子 1 個のエネルギーは何 J か。

(3) 光子 1 個のエネルギーは何 eV か。

(4) 光子 1 個の運動量は何 kg·m/s か。

3 仕事関数 2.4 eV の金属から，光電子を放出させるのに必要な光の最小の振動数はいくらか。プランク定数を $h = 6.63 \times 10^{-34}$ J·s，$1\mathrm{eV} = 1.60 \times 10^{-19}$ J とする。

4 仕事関数 W_0 の金属に波長 λ の光を当てたところ，光電子が放出された。プランク定数を h，光速度を c とすると，飛び出た光電子の最大の運動エネルギーはいくらになるか。

5 電圧 V で加速された電荷 e の電子が対陰極に衝突したとき，放射される X 線の最短の波長はいくらか。プランク定数を h，光速度を c とする。

基本例題 104　ミリカンの油滴の実験

　図のような平行極板間に，質量 m，電荷 $-q(q>0)$ に帯電した油滴を置いた。油滴が運動するときに受ける空気抵抗 f は，油滴の速度 v に比例し，運動の向きと反対向きに $f = kv$ で与えられる。重力加速度の大きさを g とする。

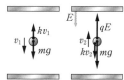

(1) 電場がない場合　(2) 電場がある場合

(1) 油滴が終端速度 v_1 で落下しているとき，油滴が受ける力のつり合いの関係式を表せ。

(2) 大きさ E の電場を下向きにかけると，油滴は上向きに終端速度 v_2 で上昇した。油滴が受ける力のつり合いの関係式を表せ。

(3) 油滴のもつ電荷 q を，v_1，v_2，m，g，E を用いて表せ。

●考え方　(1)(2)　終端速度に達しているとき加速度は 0 なので，油滴が受ける力はつり合っている。
(3)　上の(1)，(2)より q を求める。

解答

(1)　下向きの終端速度が v_1 のとき，上向きの空気抵抗 kv_1 と重力 mg がつり合っている。　　**答** $mg = kv_1$

(2)　上向きの終端速度が v_2 のときの下向きの空気抵抗 kv_2，重力 mg，上向きの電気力 qE がつり合っている。

答 $qE = mg + kv_2$

(3)　(1)の式より $k = \dfrac{mg}{v_1}$。これを(2)の式に代入すると

$$qE = mg + \frac{mg}{v_1}v_2$$

$$q = \frac{mg}{E} + \frac{mg}{Ev_1}v_2$$

答 $q = \dfrac{mg}{E}\left(1 + \dfrac{v_2}{v_1}\right)$

基本例題 105　トムソンの実験

　図のような平行極板間に，電荷 $-e(e>0)$，質量 m の電子が極板と平行に，速度 v で入射した。極板間の電場を，図の向きに E，極板の長さを L とする。次の量を求めよ。

(1) 電子が電場から受ける力の大きさと向き

(2) 電場によって生じる電子の加速度

(3) 電子が極板を通過する時間

(4) 電子が極板を出たときの入射方向からのずれ y

(5) 電子の比電荷 $\dfrac{e}{m}$

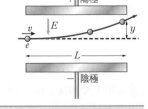

●考え方　(1)　電子の電荷は負電荷なので，電場の向きと反対向きの力を受ける。したがって図では上向きの力を受ける。
(2)　電子には力の向きに加速度が生じる。電子の運動方程式をつくって考える。
(3)　電子は水平方向には力を受けない。
(4)　電子は垂直方向に等加速度運動をする。
(5)　(4)の関係式より比電荷 $\dfrac{e}{m}$ を求める。

解答

(1) 電荷 e が電場 E から受ける力の大きさは eE である。

答 力の大きさ：eE

答 力の向き：上向き

(2) 質量 m の物体が $F = eE$ の力を受けると，$a = \dfrac{F}{m} = \dfrac{eE}{m}$ の加速度が生じる。

答 $\dfrac{eE}{m}$

(3) 電子は水平方向に等速度直線運動をする。入射速度 v で距離 L 進む時間を t_1 とする。

$$L = vt_1$$

$$t_1 = \frac{L}{v}$$

答 $\dfrac{L}{v}$

(4) 電子は垂直方向に等加速度運動をするので，電子の時間 t_1 後の変位は

$$y = \frac{1}{2}at_1{}^2$$ となる。

$$y = \frac{1}{2}at_1{}^2 = \frac{1}{2}\frac{eE}{m}\left(\frac{L}{v}\right)^2$$

答 $y = \dfrac{eEL^2}{2mv^2}$

(5) 上の(4)の式より，

答 $\dfrac{e}{m} = \dfrac{2yv^2}{EL^2}$

基本例題 106 光電効果の実験

　右図の光電効果の実験において，電極 K に振動数 ν の単色光を入射させたところ，K より光電子が放出され，電流 I が流れることが観察された。K に対する電極 P の電位 V をしだいに大きくしていくと I は増加し，やがて一定値となった。V を下げていくと I は減少し，$V = -V_0 (V_0 > 0)$ で電流は流れなくなった。

　電子の電荷の大きさを e，電極 K の仕事関数を W_0 として，プランク定数 h を求めよ。

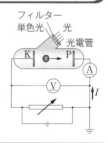

●考え方

　電極 K，P 間の電位差 V と流れる光電流 I の関係は，まとめ2［光電効果］の4の図(b)のようになる。V が $-V_0$ よりも小さくなると，電極 K を飛び出した光電子のうち最大の運動エネルギーをもつものでも，電極 P に達することができなくなる。

　振動数 ν の光は，$h\nu$ のエネルギーをもつ光子の集まりである。この光子が電極に当たると，電極内にある電子が $h\nu$ のエネルギーを受け取る。電極から飛び出すのに必要な最小限のエネルギーを W_0 とすれば，飛び出した光電子の最大の運動エネルギーは $h\nu - W_0$ となる。

解答

飛び出した電子の最大の運動エネルギーは電流 I の測定より eV_0 と表される。一方，これは $h\nu - W_0$ でもあるので，

$$eV_0 = h\nu - W_0$$

$$\frac{eV_0 + W_0}{\nu} = h$$

答 $h = \dfrac{eV_0 + W_0}{\nu}$

基本例題 107　ブラッグの反射条件

　図のような格子間隔 d の結晶に対して，角度 θ の方向から振動数の決まった固有 X 線を照射し，反射 X 線の強度を観測した。光速度を c，プランク定数を h として，次の問いに答えよ。

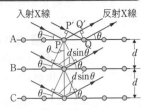

(1)　角度 θ を 0 からしだいに増加させていくと，$\theta = \theta_0$ のとき，初めて強い反射 X 線が観察された。固有 X 線の振動数 ν を求めよ。

(2)　$\theta_0 = 25°$ とすると，角度 θ を変えていったとき強い反射 X 線は全部で何回観察されるか。ただし，$\sin 25° = 0.423$ とする。

●考え方

(1)　固有 X 線は，ある特定の波長をもった X 線である。その波長を λ，振動数を ν とすると，$c = \nu\lambda$ の関係がある。ブラッグの反射条件は，
$$2d\sin\theta = n\lambda \quad (n = 1, 2, 3\cdots)$$
で与えられる。n は自然数である。

(2)　固有 X 線の波長 λ や格子間隔 d がどのような値であっても，$\sin\theta \leqq 1$ でなければならない。この条件から最大の n の値が定まる。

解　答

(1)　固有 X 線の波長 λ は $\lambda = \dfrac{c}{\nu}$ と表されるので，ブラッグの反射条件は
$$2d\sin\theta = n\frac{c}{\nu} \quad (n = 1, 2, 3\cdots)$$
となる。よって，$\nu = n\dfrac{c}{2d\sin\theta}$ である。
一方，θ が 0 から増大し，$\theta = \theta_0$ で初めて強い散乱が観測されたので，$\theta = \theta_0$ で $n = 1$ である。したがって，

答　$\nu = \dfrac{c}{2d\sin\theta_0}$

(2)　ブラッグの反射条件の ν に(1)の解を代入すると，
$$2d\sin\theta = n \cdot 2d\sin\theta_0$$
よって，$\sin\theta = n\sin\theta_0$ を得る。
　$\sin\theta \leqq 1$ の関係より，　$n\sin\theta_0 \leqq 1$
したがって，$n \leqq \dfrac{1}{\sin\theta_0}$
　$\sin\theta_0 = \sin 25° = 0.423$ より，
　$n \leqq 2.36$
n は自然数であるから，$n = 2$ となり，

答　全部で 2 回観察される。

基本例題 108　物質波の波長

　電子を 500 V の電圧によって加速したとき，電子波の波長はいくらになるか。電子の電荷を $e = 1.60 \times 10^{-19}$ C，質量を $m = 9.0 \times 10^{-31}$ kg，プランク定数を $h = 6.63 \times 10^{-34}$ J·s とする。

電子の運動量を p とすると，運動エネルギーは $\dfrac{p^2}{2m}$ と表される。

●考え方 電位差 V で加速された電子は eV の運動エネルギーを獲得する。

また，運動量 p の物質波の波長は $\lambda = \dfrac{h}{p}$ である。

解　答

$$\dfrac{p^2}{2m} = eV \text{ より } p = \sqrt{2meV}$$

$$\lambda = \dfrac{h}{\sqrt{2meV}} = \dfrac{6.63 \times 10^{-34} \text{ J·s}}{\sqrt{2 \times 9.0 \times 10^{-31} \text{ kg} \times 1.60 \times 10^{-19} \text{ C} \times 500 \text{ V}}}$$

$$= 5.52 \times 10^{-11} \text{ m} \quad \text{答 } 5.5 \times 10^{-11} \text{ m}$$

基本問題

387 ▶ トムソンの実験 電荷 $-e$
$(e > 0)$，質量 m の電子の比電荷の値を
測定しようとして，図のような放電管を
用いて，以下に述べる手順で実験をした。

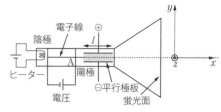

陰極をヒーターで加熱する。熱せられ
た陰極から初速度 0 で出た電子が，この
陰極と陽極の間にかけられた高電圧によって加速される。加速された電子は，陽極に開
けられた小さな穴 A を決まった速度で水平に通過し，幅 l の水平な平行極板間（図の灰
色の部分）にかけられた，大きさ E の一様な電場に垂直に入射する。この電子が平行極
板間の空間を通過した後，穴 A を通る水平な軸から角度 θ をなす方向に出てきて，蛍光
面に当たって点状に光った。すべての過程で電子にはたらく重力は無視してよいものと
する。また，図のように，水平な軸の矢印方向を x 軸の正の方向，この軸に垂直で平行
極板の負極から正極に向く方向を y 軸の正の方向にとる。

このとき，次の文章の空欄に適した言葉，記号または式を答えよ。

平行極板間に入射した電子には平行極板間の一様な電場から（　ア　）軸の（　イ　）方
向に，大きさ（　ウ　）の力がはたらく。したがって，電子は(ア)軸方向には加速度
（　エ　）で等加速度運動をする。陽極に開けられた穴 A を通過する電子の速さを v と
すると，幅 l の平行極板間の空間を通過するのに要する時間は（　オ　）である。電子が
平行極板間から出た直後，電子の速度の x 成分は（　カ　），(ア)軸方向の成分は
（　キ　）で与えられるので，$\tan\theta = $（　ク　）となる。したがって，電子の比電荷 $\dfrac{e}{m}$ を
l，$\tan\theta$，E，v で表すと，（　ケ　）となる。

（1999　山口大　改）

388 ▶ はく検電器と光電効果　はく検電器の上に亜鉛板を乗せ，亜鉛板に殺菌灯を近づける実験をした。

(1)　検電器が負に帯電してはくが開いているとき，殺菌灯を近づけると，はくの開きはどうなるか。

(2)　検電器が負に帯電してはくが開いているとき，懐中電灯を近づけると，はくの開きはどうなるか。

(3)　検電器が正に帯電してはくが開いているとき，殺菌灯を近づけると，はくの開きはどうなるか。また，懐中電灯を近づけると，はくの開きはどうなるか。

389 ▶ 光電効果　図1は，光電効果を調べるための装置である。一定の強度，振動数 ν の光を陰極 K に当てながら制御電圧 V を変えて，回路に流れる電流 I を調べたところ，図2のようなグラフを得た。

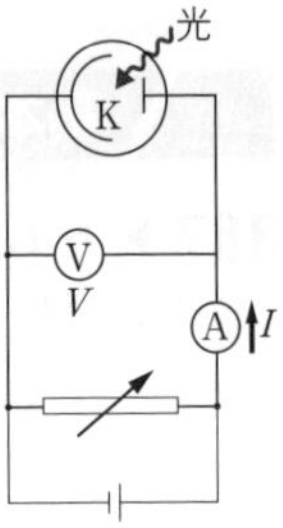

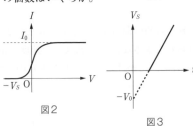

図1

　必要ならば電子の電荷，質量をそれぞれ $-e$, m, プランク定数を h, 光速度を c として，次の問いに答えよ。

(1)　制御電圧 V を十分大きくして電流 I が飽和値 I_0 になったとき，陰極表面から単位時間あたりに出てくる電子の個数はいくらか。

(2)　図2の中で V_S は，陰極から出てきた電子についてどのような量を表すか。

(3)　光の強度を半分にしたときに期待される電流のグラフを，図2の中にかけ。

図2

図3

　次に，振動数 ν をいろいろと変えて図2の V_S を測定し，図3において実線で示す結果を得た。

(4)　図3で，直線の傾きはどのような量を表すか。

(5)　図3の中の値 $-V_0$ について，eV_0 は電子についてどのような量を表すか。

(1995　三重大　改)

390 ▶ 連続 X 線　X 線の負極から出た熱電子を 4000 V の電圧で加速し，正極に衝突させたとき生じる連続 X 線の最短波長 λ_0 はいくらか。ただし，電子の電荷を $e = 1.60 \times 10^{-19}$ C，光速度を $c = 3.0 \times 10^8$ m/s，プランク定数を $h = 6.63 \times 10^{-34}$ J·s とする。

391▶物質波　次の文章の空欄に適した言葉，記号または式を答えよ。

　いままで粒子と考えられてきた電子などが波の性質ももつことが，干渉や回折の実験で確かめられた。このような物質粒子に伴う波を（　ア　）という。

　電子の質量を m，速度を v とすれば，その波長 λ はプランク定数を h として $\lambda=$（　イ　）で表される。いま初速度 0 の電子が電圧 V で加速されれば，そのエネルギー E は電子の電荷を e として $E=$（　ウ　）となる。これは電子の運動エネルギーに等しいから，（ウ）$=$（　エ　）とかける。

　この式と波長 λ の式を用いると，この電子の波長 λ は，m，e，V，h を用いて $\lambda=$（　オ　）と表すことができる。

（1995　福井工業大　改）

発展例題 109　コンプトン効果

　　X 線を物質に当てると，原子内の電子と衝突し，X 線は散乱される。散乱 X 線の波長を調べると，入射 X 線の波長より長いものがあること，また波長のずれは散乱角の大きいものほど大きいことが分かった。

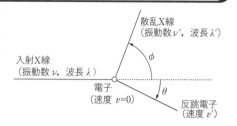

　この現象は，X 線が波動であるという考えでは説明できない。コンプトンは振動数 ν，波長 λ の X 線はエネルギー $h\nu$，運動量 $\dfrac{h}{\lambda}$ をもつ粒子のようにふるまうと考えた。そして，この X 線粒子が物質中の電子と衝突して，電子をはねとばし，X 線粒子は散乱されるとして，上記の現象の説明に成功した。

　ここで h はプランク定数である。光速度を c とし，次の問いに答えよ。

(1)　入射 X 線の波長を λ，散乱 X 線の波長を λ'，電子の質量を m，反跳電子の速度を v' として，衝突前後のエネルギーの関係式を示せ。

(2)　同じく，衝突前後の運動量の関係式を示せ。ただし，図のように X 線の散乱角を ϕ，電子の反跳角を θ とする。

(3)　散乱 X 線の波長 λ' が入射 X 線の波長 λ より長くなることを示せ。

(4)　X 線の波長のずれ $\delta(=\lambda'-\lambda)$ を，散乱角 ϕ を使って求めよ。ただし，δ は小さいので，2 次の項 $\delta^2=0$ とする。

（1998　弘前大　改）

●考え方

(1)　衝突前後で，光子と電子のエネルギーの和は不変である。

(2)　衝突前後で，光子と電子の運動量ベクトルの和は不変である。したがって，x，y 方向で運動量の和は不変である。

(3)　先に導いた(1)の関係式から考える。

(4)　$\delta^2=0$ より，$\lambda'^2-2\lambda\lambda'+\lambda^2=0$。$\lambda\lambda'$ で割ると，$\dfrac{\lambda'}{\lambda}+\dfrac{\lambda}{\lambda'}=2$

解 答

(1) 衝突前の光子のエネルギーは $\dfrac{hc}{\lambda}$, 衝突後は $\dfrac{hc}{\lambda'}$ である。また，反跳電子の運動エネルギーは $\dfrac{1}{2}mv'^2$ なので，エネルギー保存の法則より，

答 $\dfrac{hc}{\lambda}=\dfrac{hc}{\lambda'}+\dfrac{1}{2}mv'^2$ …①

(2) 光子の散乱前後の運動量の大きさは $\dfrac{h}{\lambda}$, $\dfrac{h}{\lambda'}$ である。反跳電子の運動量の大きさは mv' である。

入射方向，入射方向に垂直な方向の運動量保存の法則はそれぞれ，

答 $\dfrac{h}{\lambda}=\dfrac{h}{\lambda'}\cos\phi+mv'\cos\theta$ …②

答 $0=\dfrac{h}{\lambda'}\sin\phi-mv'\sin\theta$ …③

(3) **(記述例)** 式①より，

$$\dfrac{hc}{\lambda'}=\dfrac{hc}{\lambda}-\dfrac{1}{2}mv'^2$$

$\dfrac{1}{2}mv'^2>0$ より $\dfrac{hc}{\lambda'}<\dfrac{hc}{\lambda}$

よって $\lambda'>\lambda$ 答

(4) 式②，③より θ を消去して

$$(mv')^2=\left(\dfrac{h}{\lambda}-\dfrac{h}{\lambda'}\cos\phi\right)^2+\left(\dfrac{h}{\lambda'}\sin\phi\right)^2$$

$$=\dfrac{h^2}{\lambda\lambda'}\left(\dfrac{\lambda'}{\lambda}+\dfrac{\lambda}{\lambda'}-2\cos\phi\right)$$

$\delta^2=0$ より， $(mv')^2=\dfrac{2h^2}{\lambda\lambda'}(1-\cos\phi)$

また，式①より， $\dfrac{hc}{\lambda}-\dfrac{hc}{\lambda'}=\dfrac{(mv')^2}{2m}$

$$\dfrac{hc(\lambda'-\lambda)}{\lambda\lambda'}=\dfrac{1}{2m}\dfrac{2h^2}{\lambda\lambda'}(1-\cos\phi)$$

$$(\lambda'-\lambda)=\dfrac{h}{mc}(1-\cos\phi)$$

答 $\delta=\lambda'-\lambda=\dfrac{h}{mc}(1-\cos\phi)$

発展問題

392 ▶ **光電効果** 光の粒子性は，光電効果の実験からわかる。プランク定数を $h=6.63\times10^{-34}$ J·s，電子の質量を m として，次の問いに答えよ。

(1) 振動数 ν の光を粒子（光子）と考えたとき，1個の粒子のエネルギー E を h と ν を用いて表せ。

(2) 金属に振動数 ν の光を当てるとき飛び出す電子（光電子）の最大速度を v_0 とする。この金属の仕事関数 W を h，ν，m，v_0 を用いて表せ。

(3) ある金属に光を当てたときに飛び出す電子の運動エネルギーの最大値 E_0 と光の振動数 ν の関係を右図に示す。この金属は何であるか。理由とともに答えよ。ただし，使用した金属は次のいずれかであり，かっこ内に各金属の仕事関数の値を 10^{-19} J 単位で示している。

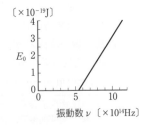

〔金属名〕セシウム（3.0），ナトリウム（3.7），亜鉛（6.8），銅（7.3），白金（9.0）

(1998 名古屋大 改)

393▶**ブラッグの反射条件**　真空中に置かれた図1のような装置を使い，小さな運動エネルギーをもった電子を結晶の表面に規則正しく並んでいる原子列に当てて，散乱された電子の様子を調べた。電子銃で作られた電子線は，スリットS_1，S_2を通り単結晶の表面に垂直に当てられた。このとき，図2のように電子は角度β方向で強く干渉することがわかった。

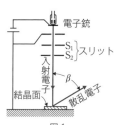

図1

　電子を波と考えて，図1と図2で，y軸を紙面の表から裏に向かって正にとる。結晶表面の原子列は表面(xy面)内でy軸に平行に配列しており，電子の干渉の様子を図2に示すxz面内で測定した。

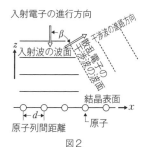

図2

　このとき，次の問いに答えよ。

⑴　結晶面内の隣り合う原子列の間隔がd，電子の波長がλのとき，β，d，λ，整数nの間にはどのような関係があるか表せ。

⑵　電子の運動エネルギーを44 eVにしたとき，角度$\beta=\dfrac{\pi}{3}$ radの方向に原子列による電子波の$n=1$の強い干渉が観測された。この実験結果にもとづいて，電子波の波長λを求めよ。ただし，原子列間の間隔を$d=2.3\times10^{-10}$ mとする。

⑶　ド・ブロイは電子波の波長λを理論的に予言して，電子の運動量pと，プランク定数hを使って，$\lambda=$（　①　）の関係を与えた。この予言によると，運動エネルギーが44 eVの電子波のド・ブロイ波長は$\lambda=$（　②　）mと算出される。

　この空欄①に当てはまる式を答えよ。また，その式を用いて空欄②の数値を求めよ。必要ならば，$h=6.63\times10^{-34}$ J·s，電子の質量$m=9.1\times10^{-31}$ kg，1eV$=1.60\times10^{-19}$ J，$\sqrt{12.8}=3.6$，$\sqrt{1.28}=1.1$を用いて，結果を有効数字2桁まで求めよ。

（1995　大阪大　改）

26 原子と原子核

1 ボーアの原子模型

ボーアは，正の電荷をもつ原子核のまわりを負の電荷をもつ電子が回転しているという古典的な模型に，電子の波動性を考慮した原子模型を提案した。

◆1 量子条件

電子は特定の円軌道上を運動し，この軌道上にある電子は光を放出せずに安定である。電子の質量を m，速度を v，軌道半径を r とすれば，これらは次の条件を満たす。

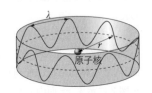

量子条件 $mvr = n\dfrac{h}{2\pi}$ $(n=1, 2, 3, \cdots)$

n を**量子数**という。

電子の取りうる安定な状態を**定常状態**，そのときの電子のエネルギーを**エネルギー準位**という。

円軌道上に電子波の定常波ができていると考えると

$2\pi r = n\lambda = n\dfrac{h}{mv}$ $(n=1, 2, 3, \cdots)$ となり，量子条件が得られる。

◆2 振動数条件

エネルギー準位 E_n の定常状態から，$E_{n'}$ の定常状態に電子が遷移するとき，そのエネルギー差に等しい $h\nu$ のエネルギーの電磁波が放出あるいは吸収される。

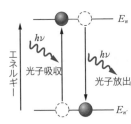

振動数条件 $h\nu = E_n - E_{n'}$

2 水素原子のエネルギー準位とスペクトル

◆1 水素原子のエネルギー準位

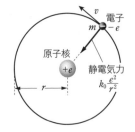

電子の円運動の運動方程式 $m\dfrac{v^2}{r} = k_0\dfrac{e^2}{r^2}$

量子条件 $mvr = n\dfrac{h}{2\pi}$ $(n=1, 2, 3, \cdots)$ より

電子の許される軌道半径 r_n は $r_n = \dfrac{h^2}{4\pi^2 k_0 m e^2} n^2$

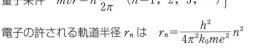

また，電子の力学的エネルギーは $E_n = \dfrac{1}{2}mv_n^2 + \left(-k_0\dfrac{e^2}{r_n}\right) = -\dfrac{k_0 e^2}{2r_n}$

軌道半径 r_n を代入して $E_n = -\dfrac{2\pi^2 k_0^2 m e^4}{h^2}\dfrac{1}{n^2} = -\dfrac{13.6}{n^2}\,\text{eV}$

◆2 **水素原子のスペクトル** 振動数条件 $h\nu = E_n - E_{n'}$，$c = \lambda\nu$ より，

$$\frac{1}{\lambda} = \frac{h\nu}{hc} = \frac{2\pi^2 k_0^2 m e^4}{ch^3}\left(\frac{1}{n'^2} - \frac{1}{n^2}\right)$$

$$= R\left(\frac{1}{n'^2} - \frac{1}{n^2}\right)$$

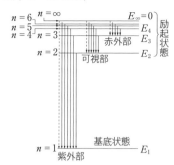

R：リュードベリ定数($1.097 \times 10^7\,\mathrm{m^{-1}}$)

$n' = 1$：ライマン系列，

$n' = 2$：バルマー系列，

$n' = 3$：パッシェン系列

---

3 原子核

◆1 **原子核の構成**

原子番号…Z(陽子の数)

質量数…A(陽子の数＋中性子の数)

陽子，中性子のことを**核子**という。

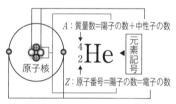

原子番号は元素記号の左下，質量数は左上に書く。

◆2 **同位体(アイソトープ)**

原子番号 Z が等しく，質量数 A の異なる原子のこと。

(例)水素($_1^1\mathrm{H}$，$_1^2\mathrm{H}$)，炭素($_6^{12}\mathrm{C}$，$_6^{13}\mathrm{C}$)，

窒素($_7^{14}\mathrm{N}$，$_7^{15}\mathrm{N}$)

◆3 **統一原子質量単位 u**

$_6^{12}\mathrm{C}$ 原子1個の質量の $\frac{1}{12}$ の質量を**統一原子質量単位**(記号 u)という。

$$1\,\mathrm{u} = \frac{1}{12} \cdot \frac{12\,\mathrm{g/mol}}{N_\mathrm{A}} = 1.66 \times 10^{-27}\,\mathrm{kg} \qquad (N_\mathrm{A} = 6.02 \times 10^{23}/\mathrm{mol}；アボガドロ定数)$$

原子量：同位体の存在比を考慮した原子の質量〔u〕の平均値の数値

(例) $\underset{^{12}\mathrm{C}\,の質量}{12.000} \times \underset{^{12}\mathrm{C}\,の存在比}{0.989} + \underset{^{13}\mathrm{C}\,の質量}{13.003} \times \underset{^{13}\mathrm{C}\,の存在比}{0.011} = 12.01$

◆4 **質量とエネルギーの等価性**

質量 m の物体は $E = mc^2$ の静止エネルギーをもつ。

◆5 **質量欠損と原子核の結合エネルギー**

質量欠損 Δm：原子核 $_Z^A\mathrm{X}$ の質量(m)は，それを構成する陽子の質量(m_p)・中性子の質量(m_n)の和よりも小さい。

質量欠損 $\quad \Delta m = Z \cdot m_\mathrm{p} + (A - Z) \cdot m_\mathrm{n} - m > 0$

原子核は核力により結びつき，質量欠損 Δm に相当するエネルギー $\Delta E = \Delta m c^2$ だけエネルギーの低い状態にある。これを**原子核の結合エネルギー**という。

◆6 エネルギーの単位

電子ボルト(記号 eV):初速度 0 の電子を 1 V の電位差で加速したとき,電子の得る運動エネルギー。

$$1\,\text{eV}=1.60\times10^{-19}\,\text{J}, \quad 1\,\text{MeV}=10^6\,\text{eV}=1.60\times10^{-13}\,\text{J}$$
$$1\,\text{u}=931\,\text{MeV}$$

④ 放射線

◆1 放射線の種類

α 線:高エネルギーの ^4_2He 原子核

β 線:高エネルギーの電子

γ 線:高エネルギーの電磁波

(10^{-10} m 以下の非常に波長の短い電磁波)

これ以外に X 線,中性子線,宇宙線などがある。

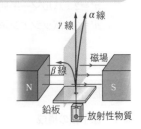

◆2 原子核の崩壊

α 崩壊:α 線を出して他の原子核に変わる現象。Z が 2 減り,A が 4 減る。

$$^A_Z\text{X}\to{}^{A-4}_{Z-2}\text{Y}+\alpha$$

β 崩壊:β 線を出して他の原子核に変わる現象。Z が 1 増え,A は変わらない。

$$^A_Z\text{X}\to{}_{Z+1}^{A}\text{Y}+\text{e}^-$$

◆3 半減期

崩壊前の原子核の数が半分になるまでの時間。半減期は,放射性同位体の種類で決まっている。

$$N=N_0\left(\frac{1}{2}\right)^{\frac{t}{T}}$$

N:時刻 t における崩壊前の原子核の数,

N_0:最初の原子核の数,

T:半減期

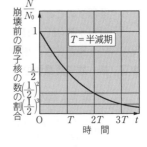

◆4 放射線の作用

原子から電子をたたき出しイオンを作る作用を電離作用という。電離作用が大きいほど透過力が小さい。

電離作用:α 線>β 線>γ 線, **透過力**:γ 線>β 線>α 線

◆5 放射能・放射線の単位

放射能:放射線を出す性質

放射能の強さ:1 秒あたりの原子核の崩壊数 単位:Bq(ベクレル)

吸収線量:物質 1 kg あたり 1 J のエネルギー吸収量 単位:Gy(グレイ)

等価線量:放射線の人体への影響を表す量 単位:Sv(シーベルト)

⑤ 核分裂と核反応

◆1 原子核反応

反応前後で，質量数の合計と原子番号の合計はそれぞれ等しい。

$^{14}_{7}N + {}^{4}_{2}He(\alpha 粒子) \rightarrow {}^{17}_{8}O + {}^{1}_{1}H(陽子)$（原子核変換の発見，ラザフォード）

$^{9}_{4}Be + {}^{4}_{2}He(\alpha 粒子) \rightarrow {}^{12}_{6}C + {}^{1}_{0}n(中性子)$（中性子の発見，チャドウィック）

◆2 核分裂

$^{235}_{92}U$ などの大きな原子核は，中性子を吸収して小さな原子核に分裂し，エネルギーを放出する。これを**核分裂**という。その際に放出されるエネルギーを**核エネルギー**という。

分裂に際して放出された中性子が次々と他の $^{235}_{92}U$ 原子核を分裂させることを**連鎖反応**という。連鎖反応が持続的に起きる状態を**臨界状態**といい，連鎖反応を制御して臨界状態を保つ装置が原子炉である。核エネルギーによる発熱を利用して発電するのが原子力発電である。

◆3 核融合

$^{2}_{1}H$ や $^{3}_{1}H$ などの小さな原子核は，より大きな原子核に結合してエネルギーを放出する。これを**核融合**という。太陽などの恒星のエネルギー源は核融合反応である。

◆4 素粒子

物質を構成する最小単位の粒子のことで，内部構造をもたないとされる。現在では**クォーク，レプトン，ゲージ粒子**の3つに大きく分類されているが，歴史的な理由から「原子核より小さな粒子」をまとめて素粒子と呼ぶ。

クォーク：核子などの重粒子（**バリオン**）や，パイ中間子などの中間子（**メソン**）を構成する基本粒子。バリオンとメソンをあわせて**ハドロン**と呼び，クォークを結びつけてハドロンを構成する力を「**強い相互作用**」と呼ぶ。

レプトン：電子やニュートリノなど，「強い相互作用」が働かない基本粒子。

ゲージ粒子：自然界に存在する4種類の基本的な力を伝える基本粒子。グラビトンは存在すると考えられているものの，未だ発見されていない。

ゲージ粒子	伝える力
フォトン	電磁気力
グルーオン	強い相互作用
ウィークボソン	弱い相互作用
（グラビトン）	重力

WARMING UP／ウォーミングアップ

1 水素原子内の電子が量子数 n の状態から $n'(n'<n)$ に落ち込むときに放出される光の波長 λ は，$\dfrac{1}{\lambda}=R\left(\dfrac{1}{n'^2}-\dfrac{1}{n^2}\right)$ の関係式で与えられる。プランク定数を h，光速度を c とする。

(1)　水素原子内電子が $n=2$ から $n'=1$ へ遷移するとき，放出される光の波長はいくらか。

(2)　放出される光の振動数はいくらか。

(3)　光子のエネルギーはいくらか。

2 水素原子の基底状態のエネルギーは $-13.6\,\text{eV}$ である。水素原子内電子が量子数 $n=2$ から $n'=1$ に遷移する場合，放出される光子のエネルギーは何 eV か。

3 原子核は正の電気をもつ（　ア　）と電気をもたない（　イ　）からできており，この2つを総称して（　ウ　）という。（ウ）は（　エ　）によって結合している。

4 原子核中の陽子の数 Z を（　ア　），陽子と中性子の数の合計 A を（　イ　）という。Z が等しく A の異なる原子を（　ウ　）という。水素原子 ${}_{1}^{1}\text{H}$ の（ウ）には，（　エ　）（　オ　）がある。

5 物質が自然に放射線を出す性質を（　ア　）といい，（ア）をもった物質を（　イ　），（ア）をもった同位体を（　ウ　）という。

6 磁場や電場による曲がり方や透過力の違いにより，放射性同位体の出す放射線には（　ア　），（　イ　），（　ウ　）の3種類があることが分かった。これらの中で電離作用の一番大きなものは（　エ　），透過力の一番大きなものは（　オ　）である。

7 ラジウムの原子核 ${}_{88}^{226}\text{Ra}$ は α 崩壊をして，原子番号 86，質量数 222 の Rn（ラドン）に崩壊する。その原子核反応式を作れ。

8 鉛の原子核 ${}_{82}^{210}\text{Pb}$ は β 崩壊をして，原子番号 83，質量数 210 の Bi（ビスマス）になる。その原子核反応式を作れ。

9 半減期が8日のヨウ素がある。

(1)　8日後に残っているヨウ素の割合は何％か。

(2)　16日間で何％のヨウ素が崩壊したか。

10 放射能の強さは，単位時間あたりに起きる原子核の（　ア　）の数で表す。1秒間に1個の割合で原子核が（　ア　）するような放射能の強さを1（　イ　）（記号：Bq）という。物質が放射線から受ける影響は，その物質の単位質量あたりが吸収した（　ウ　）で表す。物質1 kg あたりが（　エ　）の（ウ）を吸収したとき，1グレイ（記号：（　オ　））の吸収線量という。放射線が生物に与える影響は（　カ　）で表す。（カ）の単位は（　キ　）（記号：Sv）である。

11 次の原子核反応式を完成させよ。

(1) $^{14}_{7}N+(\quad) \rightarrow ^{17}_{8}O+^{1}_{1}H$

(2) $^{9}_{4}Be+^{4}_{2}He \rightarrow (\quad)+^{1}_{0}n$（中性子）

12 次の文章内に適する語句を答えなさい。ただし，同じものを複数回用いてもよい。

ウラン原子核 $^{235}_{92}U$ は，（　ア　）を吸収すると（　イ　）を起こす。1回の（イ）で，約200 MeV のエネルギーが放出される。ウラン原子核 $^{235}_{92}U$ の（イ）では，同時に2〜3個の（　ウ　）を放出する。これが他の $^{235}_{92}U$ に吸収されると（　エ　）を起こす。このようにして（　オ　）が次々に連鎖して起きる反応を（　カ　）という。（カ）が持続的に起きる状態になったとき，（　キ　）に達したという。

13 宇宙から地球に降りそそいでいる放射線を（　ア　）という。（ア）の正体は高エネルギーの粒子であり，その大部分は（　イ　）で，いろいろな原子核や電子，ニュートリノなどが含まれる。

物質を構成する素粒子は大きく3つに分類される。陽子や中性子などの核子の仲間は（　ウ　），パイ中間子の仲間は（　エ　）（中間子）とよばれ，電子やミュー粒子はニュートリノの仲間と共に（　オ　）とよばれている。（ウ）と（エ）を合わせて（　カ　）とよぶ。現在では（　カ　）は（　キ　）とよばれる基本的な粒子が集まってできていると考えられている。

基本例題 110　水素原子のエネルギー準位とスペクトル

水素原子のエネルギー準位は，次の式で与えられる。

$$E_n=-\frac{13.6}{n^2}\text{ eV} \quad (n=1,\ 2,\ 3,\ \cdots)$$

バルマー系列は，量子数 $n=2$ の状態に電子が落ち込むときに放出される光のスペクトル系列である。プランク定数を $h=6.63\times10^{-34}$ J·s，$1\,\text{eV}=1.60\times10^{-19}$ J として，バルマー系列最大の光の振動数を有効数字2桁で求めよ。

●考え方　放出される光の振動数を ν とすると，量子数 n の状態から量子数 $n=2$ の状態に水素原子内電子が落ち込むときに放出される光子のエネルギー $h\nu$ は，

$$h\nu = E_n - E_2 = \left(-\frac{13.6}{n^2}\right)\text{eV} - \left(-\frac{13.6}{2^2}\right)\text{eV}$$

で与えられる。

解答

バルマー系列最大の光の振動数は $n=\infty$ のときだから，

$$h\nu = \frac{13.6}{2^2} \times 1.60 \times 10^{-19}\,\text{J}$$

$$= 5.44 \times 10^{-19}\,\text{J}$$

よって，

$$\nu = \frac{5.44 \times 10^{-19}\,\text{J}}{h} = \frac{5.44 \times 10^{-19}\,\text{J}}{6.63 \times 10^{-34}\,\text{J·s}}$$

$$= 8.20 \times 10^{14}\,\text{Hz}$$

答 $8.2 \times 10^{14}\,\text{Hz}$

基本例題 111　原子核の崩壊

次の文章を読み，あとの問いに答えよ。

原子核の質量は，それを構成する陽子，中性子それぞれの質量の和よりも（　ア　）。すなわち，陽子の質量を m_p，中性子の質量を m_n，原子番号 Z，質量数 A の原子核の質量を m とすると，一般に

（　イ　）$\times m_p + $（　ウ　）$\times m_n > m$

の関係が成り立つ。この差を Δm としたとき，Δm を（　エ　）という。

(1) 文章中の(ア)〜(エ)に適切な言葉や記号を答えよ。

(2) 原子核 ^2_1H の質量は 2.0136 u である。陽子の質量を 1.0073 u，中性子の質量を 1.0087 u とすると，^2_1H の質量欠損は何 u か。

(3) ^2_1H の結合エネルギーは何 J か。ただし，$1\,\text{u} = 1.66 \times 10^{-27}\,\text{kg}$，光速度 $c = 3.00 \times 10^8\,\text{m/s}$ とする。

(4) 1 個の陽子と 1 個の中性子が結合して ^2_1H 原子核を形成するとき，放出する電磁波の波長はいくらか。また，この電磁波は何とよばれているか。ただし，プランク定数を $h = 6.63 \times 10^{-34}\,\text{J·s}$ とする。

●考え方
(1) 原子核の質量は，これを構成する陽子・中性子の質量の和よりも小さくなる。
(2) ^2_1H は，1 個の陽子と 1 個の中性子からなる。
(3) 結合エネルギー ΔE は，質量欠損を Δm とすると，$\Delta E = \Delta mc^2$ で与えられる。
(4) 放出する電磁波の振動数を ν，波長を λ とすると，光子のエネルギーは $E = h\nu = \dfrac{hc}{\lambda}$ である。

解答

(1) 原子番号 Z は陽子の数，質量数 A は陽子，中性子の数の合計である。

答 (ア)小さくなる，(イ)Z，(ウ)$(A-Z)$，(エ)質量欠損

(2) 質量欠損 Δm は

$$\Delta m = (1.0073\,\text{u} + 1.0087\,\text{u}) - 2.0136\,\text{u}$$

$$= 0.0024\,\text{u}$$

答 $2.4 \times 10^{-3}\,\text{u}$

(3)　$\Delta E = \Delta m c^2$

$\quad = (2.4 \times 10^{-3} \times 1.66 \times 10^{-27}\,\text{kg})$

$\qquad\qquad (3.00 \times 10^8\,\text{m/s})^2$

$\quad = 3.\overset{6}{5}8 \times 10^{-13}\,\text{J}$

答 $3.6 \times 10^{-13}\,\text{J}$

$\lambda = \dfrac{hc}{\Delta E}$

$\quad = \dfrac{(6.63 \times 10^{-34}\,\text{J·s}) \times (3.00 \times 10^8\,\text{m/s})}{3.58 \times 10^{-13}\,\text{J}}$

$\quad = 5.\overset{6}{5}5 \times 10^{-13}\,\text{m}$

答 波長：$5.6 \times 10^{-13}\,\text{m}$

呼称：γ 線

(4)　$\Delta E = \dfrac{hc}{\lambda}$ より，

基本例題 112　α 崩壊と β 崩壊

$^{238}_{92}\text{U}$ は α 崩壊，β 崩壊を何回か続けて，$^{206}_{82}\text{Pb}$ になるという。この間，α 崩壊，β 崩壊はそれぞれ何回起きるか。

●**考え方**　1回の α 崩壊で原子番号 Z は 2 減り，質量数 A は 4 減る。また，1回の β 崩壊では Z は 1 増え，A に変化はない。

解答

$^{238}_{92}\text{U}$ が α 崩壊を n 回，β 崩壊を m 回繰り返して $^{206}_{82}\text{Pb}$ になったとすれば，

$238 - 4n = 206$

$92 - 2n + m = 82$

連立方程式を解いて，　$n = 8$，$m = 6$

答 α 崩壊：8 回，β 崩壊：6 回

基本問題

394 ▶ ボーアの原子模型　次の文章中の空欄に当てはまる適当な数式，あるいは語句を答えよ。

　ボーアの原子模型によると，水素原子はその核（陽子）が電荷 $+e$ をもち，その周りを 1 個の電子が一定の速さ v で円軌道を描いて運動している。質量 m_0 の電子が一定の半径 r の軌道上にあるときは，円運動における（　ア　）が，電子と陽子との間にはたらくクーロン（　イ　）によって与えられる。運動方程式は，クーロンの法則の定数を k_0 として（　ウ　）となる。このとき電子の運動エネルギーと位置エネルギーの和 E は，e と r の関数として $E=$（　エ　）となる。ただし，r が無限大のときの位置エネルギーを 0 とする。

　一方，電子の運動する円周の長さが非常に小さいために，電子の取りうる状態に制限が生じる。すなわち，電子の運動は円周の長さが電子波の波長の整数倍に等しい軌道に限られる。これを式で表せば，プランク定数 h および自然数 n を用いて $2\pi r=$（　オ　）となる。

　したがって円軌道の半径 r は，速度 v を含まない形で $r=$（　カ　）とかける。これより $E = -$（　キ　）$\cdot \dfrac{1}{n^2}$ となり，電子は n の値に応じたとびとびのエネルギーをもつこ

とになる。

水素原子は，電子が量子数 m で指定される軌道(エネルギー E_m)から n で指定される軌道(エネルギー E_n)へ移るときに，振動数 $\nu=$（　ク　）の光を放射する。この光の波長は，光の速さを c として，$\lambda=$（　ケ　）となる。

395▶原子核反応　次の原子核反応式の空欄を埋めよ。

(1)　${}^2_1H+{}^2_1H\rightarrow{}^3_2He+($　　$)$

(2)　${}^1_1H+{}^7_3Li\rightarrow{}^4_2He+($　　$)$

(3)　${}^9_4Be+{}^4_2He\rightarrow{}^{12}_6C+($　　$)$

(4)　${}^{27}_{13}Al+{}^4_2He\rightarrow{}^{30}_{15}P+($　　$)$

396▶核エネルギー　リチウム原子核 ${}^7_3Li$ に陽子 ${}^1_1H$ を衝突させると，原子核反応により 2 個の α 粒子 ${}^4_2He$ が飛び出す。${}^7_3Li$，${}^1_1H$，${}^4_2He$ の質量はそれぞれ統一原子質量単位で，7.0182 u，1.0075 u，4.0025 u である。1 u を 1.66×10^{-27} kg，光速度 $c=3.00\times10^8$ m/s として，次の問いに答えよ。必要ならば $\sqrt{4.65}=2.156$ を用いてよい。

(1)　このときの原子核反応式を表せ。

(2)　核反応で生じる質量欠損は何 kg か。

(3)　核反応で放出されるエネルギーは何 J か。

(4)　放出されるエネルギーがすべて α 粒子の運動エネルギーになり，それが 2 個の α 粒子に等しく分配されるとしたら，α 粒子 1 個の速度はいくらになるか。

397▶放射性崩壊　次の文章中の空欄に当てはまる適当な数，あるいは語句を答えよ。

放射性物質の崩壊過程には大きく分けて 3 種類ある。1 つは α 崩壊である。この崩壊によって（　ア　）の原子核が放出され，崩壊した原子核は（　イ　）が 4 減少し，原子番号が（　ウ　）減少する。また，β 崩壊においては原子核中の（　エ　）が陽子に変わり，（　オ　）とニュートリノが放出される。この崩壊によって陽子の数は 1 つ増加する。

α 崩壊や β 崩壊後の原子核の多くはエネルギーの高い不安定な励起状態にあるため，より低いエネルギー状態の安定な原子核になる。このときに（　カ　）が放出される。この（　カ　）は電磁波の一種であり，一般に X 線よりも波長が（　キ　），物質を透過する能力が（　ク　）といった特徴がある。

(2004　岩手大　改)

発展例題 113　水素原子のエネルギー準位

原子の定常状態において電子のもつエネルギーはとびとびの値しか許されず，水素原子においては，その n 番目のエネルギー準位 E_n は正の整数 n を量子数として

$$E_n=-\frac{hcR}{n^2}\quad(n=1,\ 2,\ 3,\ \cdots)$$

で与えられる。ここで，h はプランク定数，c は真空中の光の速さ，R はリュードベリ定数である。量子数 $n=1$ の基底状態にある静止した水素原子に速さ v の電子を衝突させたところ，入射電子はエネルギーを一部失って速さ v' で飛び去り，原子は量子数 $n=l$（ただし，$l \geqq 2$）の励起状態に移った。ただしこの衝突で原子が動きだすことによる効果は小さいとして無視する。次の問いについて，電子の質量を m，陽子の質量を M として答えよ。

(1) 飛び去った電子の速さ v' を求めよ。

(2) 励起された原子は，いくつかのエネルギー準位を経由するたびに光子を放出し，最終的には基底状態にもどる。量子数 l の準位から量子数 k の準位（ただし $k<l$）に移るときに放出される光子の波長 λ_{lk} を求めよ。

(3) 量子数 $n=4$ のエネルギー準位に励起された原子が，可視光線領域（波長 $3.8 \times 10^{-7}\,\mathrm{m} \sim 7.7 \times 10^{-7}\,\mathrm{m}$）の光子 1 個と紫外線領域（波長 $1.0 \times 10^{-9}\,\mathrm{m} \sim 3.8 \times 10^{-7}\,\mathrm{m}$）の光子 1 個，合計 2 個の光子を放出して基底状態にもどった。このときの可視光線領域の光子の波長 λ_0 と紫外線領域の光子の波長 λ_U は $\dfrac{1}{R}$ の何倍になるか，分数で答えよ。必要ならば，$R=1.10 \times 10^7\,\mathrm{m}^{-1}$ を参考にせよ。

●考え方
(1) 衝突電子の運動エネルギーの一部が水素原子内電子の励起エネルギーになる。
(2) ボーアの振動数条件から考える。
(3) 量子数 $n=4$ の準位から 2 個の光子を放出して基底状態 $n=1$ に至る過程は，$n=4 \to 3 \to 1$ と $n=4 \to 2 \to 1$ の 2 通りしかない。

解答

(1) 電子の衝突前後の運動エネルギーはそれぞれ $\dfrac{1}{2}mv^2$，$\dfrac{1}{2}mv'^2$ なので，電子の失ったエネルギーは

$\Delta E=\dfrac{1}{2}mv^2-\dfrac{1}{2}mv'^2$ である。

一方，水素原子内電子のエネルギー準位は $n=1$ の基底状態から $n=l$ の励起状態へと遷移したので，

$$\Delta E=\left(-\dfrac{hcR}{l^2}\right)-\left(-\dfrac{hcR}{1^2}\right)$$

だけエネルギーが増加する。したがって

$$\dfrac{1}{2}mv^2-\dfrac{1}{2}mv'^2=hcR\left(1-\dfrac{1}{l^2}\right)$$

$$v'=\sqrt{v^2+\dfrac{2hcR}{m}\left(\dfrac{1}{l^2}-1\right)}$$

答 $v'=\sqrt{v^2+\dfrac{2hcR}{m}\left(\dfrac{1}{l^2}-1\right)}$

(2) ボーアの振動数条件より

$$\dfrac{hc}{\lambda_{lk}}=\left(-\dfrac{hcR}{l^2}\right)-\left(-\dfrac{hcR}{k^2}\right)$$

$$\lambda_{lk}=\dfrac{1}{R\left(\dfrac{1}{k^2}-\dfrac{1}{l^2}\right)}$$

答 $\lambda_{lk}=\dfrac{1}{R\left(\dfrac{1}{k^2}-\dfrac{1}{l^2}\right)}$

(3) $\lambda_{lk}=\dfrac{1}{R\left(\dfrac{1}{k^2}-\dfrac{1}{l^2}\right)}=\dfrac{0.91 \times 10^{-7}}{\left(\dfrac{1}{k^2}-\dfrac{1}{l^2}\right)}$

なので，$n=4 \to 3$ は

$\lambda_{43}=0.91 \times 10^{-7} \cdot \dfrac{144}{7}=18.7 \times 10^{-7}\,\mathrm{m}$

で条件外。$n=4 \to 2$ と $n=2 \to 1$ で

$$\dfrac{1}{R\left(\dfrac{1}{2^2}-\dfrac{1}{4^2}\right)}=\dfrac{1}{R} \cdot \dfrac{16}{3}$$

答 $\lambda_0 : \dfrac{16}{3}$ 倍

$$\dfrac{1}{R\left(\dfrac{1}{1^2}-\dfrac{1}{2^2}\right)}=\dfrac{1}{R} \cdot \dfrac{4}{3}$$

答 $\lambda_U : \dfrac{4}{3}$ 倍

発展例題 114　原子核の崩壊と放射能

次の文章を読み，あとの問いに答えよ。

　ある時刻 t での放射性原子の数は，$t=0$ での放射性原子の数を N_0，半減期を T とすると，$N=$（　ア　）となる。

　1986 年に旧ソ連のチェルノブイリ原子力発電所で大事故が発生した。この事故にともない，原子炉内の大量の放射性物質が大気中に放出され広範囲に拡散した。拡散した主な放射性物質は $^{131}_{53}\mathrm{I}$，$^{134}_{55}\mathrm{Cs}$，$^{137}_{55}\mathrm{Cs}$ であり，半減期はそれぞれ 8 日，2 年，30 年である。このうち $^{131}_{53}\mathrm{I}$ は半減期が短いため，80 日後には $\dfrac{N}{N_0}$ は約（　イ　）になる。そのため 15 年以上経過した時点では，$^{131}_{53}\mathrm{I}$ に対する防護対策は必要ない。

　放射能の強さは，放射性物質が 1 秒間に崩壊する数で表され，単位は（　ウ　）である。吸収線量は，放射線が物質 1 kg に対して与えられたエネルギー量〔J〕であり，単位は（　エ　）である。

　線量当量は，放射線の人体に対する影響は放射線の種類によって異なるため，吸収線量に補正するための定数をかけた値として表され，単位は（　オ　）である。β 線，X 線，γ 線に対しては，補正するための定数は 1 であり，吸収線量と線量当量の値は等しくなる。

　$^{137}_{55}\mathrm{Cs}$ は次のように β 崩壊して，最大で 0.5 MeV のエネルギーをもつ β 線を放出する。

　　$^{137}_{55}\mathrm{Cs} \rightarrow$ （　カ　）＋（　キ　）＋ニュートリノ

(1)　文中の空欄(ア)から(キ)に入る最も正しいものを以下の解答群から選び番号で答えよ。

① $N_0 e^{\frac{t}{T}}$　② $N_0 e^{-\frac{t}{T}}$　③ $N_0\left(\dfrac{1}{2}\right)^{\frac{t}{T}}$　④ $N_0\left(\dfrac{1}{2}\right)^{-\frac{t}{T}}$　⑤ $\dfrac{1}{10}$　⑥ $\dfrac{1}{100}$　⑦ $\dfrac{1}{1000}$

⑧ Sv　⑨ bps　⑩ Gy　⑪ C　⑫ Bq　⑬ e^-　⑭ e^+　⑮ $^1_0\mathrm{n}$　⑯ $^4_2\mathrm{He}$

⑰ $^{133}_{53}\mathrm{I}$　⑱ $^{137}_{54}\mathrm{Xe}$　⑲ $^{136}_{55}\mathrm{Cs}$　⑳ $^{137}_{56}\mathrm{Ba}$

(2)　この事故により近隣地域に拡散した $^{137}_{55}\mathrm{Cs}$ による放射能の強さは 2×10^4（　ウ　）であるという。この地域の人が $^{137}_{55}\mathrm{Cs}$ から 1 年間に受ける線量当量を求め，有効数字 2 桁で記せ。

　ただし，1 eV＝1.6×10^{-19} J，1 年を 365 日，β 線のエネルギーを 0.5 MeV，人の体重を 50 kg として，放出されたすべての β 線のエネルギーが人体に均等に吸収されるものとする。　　　　　　　　　　　　　　　　　　　　　　（2004 弘前大 改）

●考え方

(1)　$N=N_0\left(\dfrac{1}{2}\right)^{\frac{t}{T}}$ の関係を用いる。また，β 崩壊では原子番号は 1 増え，質量数は変わらない。

(2)　β 線 1 回の放出につき 0.5 MeV のエネルギーを吸収すると，1 年間でいくら吸収するか。

解答

(1) (イ) $\left(\dfrac{1}{2}\right)^{\frac{80}{8}} = \left(\dfrac{1}{2}\right)^{10} = \dfrac{1}{2^{10}} = \dfrac{1}{1024}$

答 (ア)③ (イ)⑦ (ウ)⑫ (エ)⑩

(オ)⑧ (カ)(キ)⑳⑬(順不同)

(2) 問題文より，1秒間に 2×10^4 個の β 粒子(高エネルギー電子)が生じる。β 粒子1個あたりのエネルギーを $0.5\,\mathrm{MeV}$ として，これが1年間に吸収されるエネルギーを求める。

吸収線量は，1kg あたりの吸収エネルギーである。β 線は，線量当量と吸収線量は等しい。

$(2 \times 10^4\,\mathrm{Bq}) \times (60 \cdot 60 \cdot 24 \cdot 365\,\mathrm{s})$
$\quad \times (0.5 \times 10^6\,\mathrm{eV}) \times (1.6 \times 10^{-19}\,\mathrm{J}) \div 50$
$= 1.00 \times 10^{-3}\,\mathrm{Sv}$

答 $1.0\,\mathrm{mSv}$

発展問題

398 ▶核反応 悪性の脳腫瘍は，最も治癒が困難ながんの1つである。その理由は，がん病巣がコア(大きながん細胞の塊)の周辺に細胞レベルで浸潤していることによる。それを細胞レベルで治療する手段として，ホウ素中性子捕捉療法という治療法が開発された。本問は，これに使われる原子核反応に関するものである。

質量数10のホウ素($^{10}_{5}\mathrm{B}$)は，熱中性子(運動エネルギーの低い中性子 n)を捕捉する確率が，他の元素に比べて桁違いに高いことが知られている。静止しているホウ素が熱中性子を捕捉すると，

(a) $\mathrm{n} + {}^{10}_{5}\mathrm{B} \rightarrow {}^{4}_{2}\mathrm{He} + {}^{7}_{3}\mathrm{Li}$

(b) $\mathrm{n} + {}^{10}_{5}\mathrm{B} \rightarrow {}^{4}_{2}\mathrm{He} + {}^{7}_{3}\mathrm{Li}^* \rightarrow {}^{4}_{2}\mathrm{He} + {}^{7}_{3}\mathrm{Li} + \gamma$

のいずれかの過程を経て，アルファ粒子($^{4}_{2}\mathrm{He}$)と質量数7のリチウム原子核($^{7}_{3}\mathrm{Li}$)を放出し，大きな核エネルギーが開放される。

このとき，次の問いに答えよ。ここで，各粒子の静止質量は統一原子質量単位で表1に示されている。なお，1統一原子質量単位はエネルギーに換算して $9.3 \times 10^2\,\mathrm{MeV}$ である。

また，熱中性子の運動エネルギーは，核反応のエネルギーに比べて非常に小さいので，それを0として計算せよ。(1)と(4)の答えはMeV 単位で有効数字2桁まで求めよ。考え方や計算の要点も記入せよ。

表1：各粒子の質量〔統一原子質量単位〕

粒子	質量
中性子	1.00866
質量数10のホウ素原子核	10.01020
アルファ粒子	4.00151
質量数7のリチウム原子核	7.01436

(1) (a)の反応は，発熱反応である。その反応熱 Q(反応の結果できた粒子の運動エネルギーの総和)を求めよ。

(2) (a)の反応で，出射するアルファ粒子とリチウム原子核が放出される方向にはどのような関係があるかを述べよ。

(3) (a)の反応で，アルファ粒子($^4_2$He)とリチウム原子核($^7_3$Li)の運動エネルギーを求め，反応熱 Q，アルファ粒子の質量 m，リチウム原子核の質量 M を用いて表せ。このとき各粒子の運動エネルギーは，（運動量の 2 乗）÷（2×質量）として計算せよ。

(4) (b)の第 2 ステップから第 3 ステップへの過程では，$^7_3$Li* がガンマ線を放出して $^7_3$Li に崩壊する。このガンマ線のエネルギーを求めよ。その導出過程も明示せよ。

　　ただし，$^7_3$Li* と $^7_3$Li の静止エネルギーの差は $0.48\,\mathrm{MeV}$ であるとする。ここでは $^7_3$Li* は止まっているとして計算せよ。このとき，ガンマ線の光子を除く各粒子の運動エネルギーは，（運動量の 2 乗）÷（2×質量）とかけるとして計算せよ。また，ε が 1 に比べて十分小さいとき，$\sqrt{1+2\varepsilon} \fallingdotseq 1+\varepsilon$ という近似式が使えることを利用せよ。

（2007　筑波大　改）

こたえ

1 運動の表し方 (p. 2)

ウォーミングアップ

1 ① $+54$ m ② -66 m ③ -12 m

2 270 km/h 75 m/s

3 0.5 m/s 1.5 m/s

4 列車の進行方向と逆向きに 5 m/s の速さ

5 $2.0×10^2$ s 54 km

6 自動車の進行方向に 2.5 m/s²

7 速さ：20 m/s 距離：75 m

8 2.5 m/s²

9 4.9 m 29 m/s

10 22 m/s

11 4.9 m/s 9.8 m

1 (1)0 s～4.0 s の平均の速さ：0.50 m/s
4.0 s～8.0 s の平均の速さ：1.5 m/s
(2)時刻 4.0 s における瞬間の速さ：1.0 m/s
時刻 8.0 s における瞬間の速さ：2.0 m/s

2 (1)1.0 m/s (2)図略 (3)12 m

3 (1)3.0 m/s²，東向き
(2)3.0 m/s²，西向き
(3)3.0 m/s²，西向き
(4)3.0 m/s²，東向き

4 (1)5.0 m/s²，進行方向と逆向き
(2)40 m

5 (1)2 分 30 秒後 (2)$4.5×10^3$ m
(3)80 m/s

6 (1)60 m
(2)4.0 m/s²，自動車の進む向きと逆向き

7 (1)1.0 m/s² (2)16 m

8 (1)50 m
(2)加速度の大きさ：4.0 m/s²，向き：進行方向と逆向き

9 (1)4.0 m/s，川下の向き
(2)2.0 m/s，川上の向き
(3)所要時間：$1.5×10^4$ s，平均の速さ：2.7 m/s

10 (1)進行方向と逆向きに 10 m/s
(2)進行方向に 10 m/s

11 時間 1.0 s，速さ 9.8 m/s

12 (1)29 m/s (2)39 m

13 (1)2.0 s (2)20 m (3)3.5 s
(4)20 m/s

14 イ

15 (1)，(2)図略
(3)0.80 m/s²，斜面方向下向き
(4)$v=0.20+0.80t$，$x=0.20t+0.40t^2$
(5)2.0 m (6)0.25 秒前 2.5 cm

16 (1)4.0 s (2)25 m/s

17 (1)負の向きに 2.0 m/s² (2)$x_1=64$ m
(3)$x_2=48$ m (4)$l=80$ m

18 (1)3.0 s 18 m (2)20 m
(3)6.0 s 12 m/s (4)8.0 s 20 m/s
(5)図略

19 (1)図略 (2)100 m

20 (1)$\dfrac{H}{v_0}$ (2)$H-\dfrac{gH^2}{2v_0^2}$

(3)$v_a=v_0-\dfrac{g}{v_0}H$ $v_b=\dfrac{g}{v_0}H$

21 (1)5.0 s (2)22.5 m
(3)進行方向に 3.0 m/s

22 図略
A の速さ：$\dfrac{2L}{T}$ B の速さ：$\dfrac{3L}{2T}$

2 力 (p. 16)

ウォーミングアップ

1 図略

2 49 N

3 質量 1.0 kg，重力 1.6 N

4 0.40 N

5 図略

6 つり合いの関係である。

7 ア 1.0 イ 1.2 ウ 0.60 エ $\dfrac{F}{S}$
オ Pa

8 $3.0×10^5$ Pa

9 $9.8 \times 10^3 \, \text{N}$

23 ア 本が机から受ける力（抗力）
イ 机が本から受ける力
ウ 本が地球から受ける力（重力）

24 (1)図略　F_1：10 N，地球から
F_2：10 N，糸 a から
(2)図略　F_3：10 N，地球から
F_4：10 N，糸 a から
F_5：20 N，糸 b から

25 (1)図略　15 N　(2)図略　10 N
(3)図略　20 N
(4)図略　F_x＝10 N　F_y＝17 N

26 T_1＝50 N，T_2＝87 N

27 つり合いの関係にある力：F_1 と F_4
作用反作用の関係にある力：F_1 と F_2，
F_3 と F_4
大小関係 F_1＝F_2＞F_3＝F_4

28 600 N：地球からの重力，200 N：ロープから受ける張力，400 N：床から受ける抗力

29 T＝6.9 N　x＝0.10 m

30 図略

31 (1)1.0 N
(2)4.0 N を超えると滑り出す。
(3)3.0 N

32 (1)$mg(\sin\theta + \mu\cos\theta)$
(2)$mg(\mu\cos\theta - \sin\theta)$

33 (1)10 N/m
(2)(a)10 cm　(b)10 cm
(c)どちらも 10 cm

34 (a)どちらも 5.0×10^{-2} m
(b)ばね I：0.10 m　ばね II：0.10 m

35 (1)2.5 N　(2)3.0 N　(3)3.5 N

36 $\dfrac{mg}{\mu}$ 以上でなければならない。

37 (1)上面：$\rho gh + P_0$，
底面：$\rho g(h+L) + P_0$
(2)ρgLS

38 (1)$\rho_0 Vg$　(2)$\dfrac{\rho_0}{\rho} V$　(3)89.9%

39 ひも AC の張力…5.1 N，ひも BC の張力…7.3 N

40 $T = \dfrac{1}{\sqrt{5}} Mg$

41 $F = W\tan\theta$

42 (1)$\dfrac{mg}{k_1 + k_2}$　(2)$k = k_1 + k_2$
(3)上のばね：$\dfrac{mg}{k_1}$，下のばね：$\dfrac{mg}{k_2}$
(4)$mg\left(\dfrac{1}{k_1} + \dfrac{1}{k_2}\right)$　(5)$k = \dfrac{k_1 k_2}{k_1 + k_2}$
(6)$k_\text{I} = \dfrac{a+b}{a} k$　$k_\text{II} = \dfrac{a+b}{b} k$

43 (1)$1.01 \times 10^5 \, \text{Pa}$
(2)$8.33 \times 10^2 \, \text{kg/m}^3$

44 (1)$m(\sin\theta + \mu\cos\theta)$ より大きい。
(2)$m(\sin\theta - \mu\cos\theta)$ より小さい。

45 (1)$(\rho_1 - \rho_2)Vg$　(2)$(M + \rho_2 V)g$

46 (1)20%
(2)$9.8 \times 10^{-2} \, \text{N}$
(3)250 g

47 (1)ばねばかりから受ける力：98 N
地球からの重力：$5.9 \times 10^2 \, \text{N}$
体重計からの抗力：$4.9 \times 10^2 \, \text{N}$
体重計が示す値：50 kg
(2)ひもから受ける力：98 N
ばねばかりから受ける力：98 N
地球からの重力：$5.9 \times 10^2 \, \text{N}$
体重計からの抗力：$3.9 \times 10^2 \, \text{N}$
体重計が示す値：40 kg

48 (1)400 N　(2)300 N
(3)350 N より大きくする。
(4)人：$T + R - W_1 = 0$
ゴンドラ：$T - R + N - W_2 = 0$
$W_2 > W_1$

3 運動の法則 (p. 30)

ウォーミングアップ

1 (ア)慣性　(イ)慣性　(ウ)力の大きさ
(エ)質量　①b　②b

2 1 kg・m/s²

3 (1)1.0 m/s²　(2)2.0 m/s²　(3)1：2

4 (1)2.0 m/s²　(2)1.0 m/s²　(3)2：1

5 mg〔N〕

6 (1)2.0 m/s²，右向き　(2)2.0 N

49 (1)③　(2)②　(3)②　(4)②　(5)③

50 1.8×10^6 N

51 (1)垂直抗力：$mg - \dfrac{1}{2}F$

加速度：$\dfrac{(\sqrt{3} + \mu')F}{2m} - \mu'g$

(2)$\sqrt{2\mu'gl}$

52 (1)4.0 s　(2)6.0×10^3 N

53 2 kg

54 1.8×10^3 N

55 (1)1.0 m/s²　(2)9.8 N

56 (1)大きさ：$\mu'g$，向き：左向き

(2)$l = \dfrac{v_0{}^2}{2\mu'g}$

57 (1)4.9 m/s²　(2)2.5 m/s²

58 (1)大きさ：$g(\sin\theta + \mu'\cos\theta)$
向き：斜面方向下向き

(2)$\dfrac{v_0{}^2}{2g(\sin\theta + \mu'\cos\theta)}$

(3)$g(\sin\theta - \mu'\cos\theta)$

59 (1)図略　$m_0 a = T_A - T_B$　(2)略
(3)物体A：$Ma = F - T$，
物体B：$ma = T$

60 1.2 m/s²　2.4 N

61 加速度の大きさ：$\dfrac{g}{11}$

張力の大きさ：$\dfrac{12}{11}mg$

62 (1)P：$Ma = F - N - Mg$
Q：$ma = N - mg$

(2)$a = \dfrac{F}{M+m} - g$　$N = \dfrac{Fm}{M+m}$

63 (1)2.40×10^3 N　(2)5 kg
(3)2.40×10^2 kg

64 糸a：$\dfrac{2}{3}(m+M)g$　糸b：$\dfrac{2}{3}Mg$

65 BがAから受ける力：10 N，
CがBから受ける力：4.0 N

66 図略

67 加速度$\dfrac{1}{3}g$　張力$\dfrac{4}{3}mg$

68 (1)小物体：$\mu'g$，左向き

板：$\mu'\dfrac{m}{M}g$，右向き

(2)小物体：$v_0 - \mu'gt$　板：$\dfrac{\mu'm}{M}gt$

(3)時間：$\dfrac{Mv_0}{\mu'(m+M)g}$

速さ：$\dfrac{mv_0}{m+M}$

69 (1)加速度は鉛直下向きにgで，v-t グラフの $t = 0$ における接線の傾きを表す。

(2)$g - \dfrac{k}{m}v$　(3)$\dfrac{mg}{k}$

70 (1)4.0 N　(2)30 N
(3)台車A：9.0 m/s²，右向き
物体B：4.0 m/s²，右向き

71 (1)$\dfrac{(m+M)g}{k}$

(2)A：$m\alpha = R - mg$
B：$M\alpha = k(l-x) - R - Mg$

$R = \dfrac{mk(l-x)}{m+M}$

(3)自然長 l

72 (1)$\dfrac{a}{2}$

(2)Aの加速度：$\dfrac{2}{5}g$

糸の張力：$\dfrac{3}{5}mg$

73 (1)$\sqrt{\dfrac{2l}{g\sin\theta}}$　(2)$l + \dfrac{mg}{k}\sin\theta$

74 垂直抗力：$\dfrac{mg}{\cos\theta}$　加速度：$g\tan\theta$

75 2.0 s

4 運動とエネルギー (p. 42)

ウォーミングアップ

1　2.0 J

2　9.8 J

3　0.42 J

4　9.8 W

5　25 N

6　2.5×10^3 J

7　20 J

8　10 J

76 (1)-7.8 J　(2)0 J　(3)0 J　(4)7.8 J

77 (1)4.2 N　(2)2.5 N　(3)0.98 J
(4)-0.98 J　(5)0 J

78 (1)力の大きさ：13 N
力のした仕事：20 J
(2)力の大きさ：9.8 N
力のした仕事：20 J

79 (1)78 W　(2)1.5×10^2 W

80 (1)1.0 J　(2)-0.75 J　(3)1.0 m/s

81 ①$\dfrac{mgh}{2}$　②$\dfrac{1}{2}mv_0^2+\dfrac{mgh}{2}$
③$\sqrt{v_0^2+gh}$　④$\sqrt{v_0^2+2gh}$

82 (1)$U_1=4.0$ J　$U_2=16$ J　(2)12 J

83 ①mgh　②mgh　③0　④mgh
⑤保存力

84 (1)$\sqrt{2gL(1-\cos\theta_1)}$
(2)$mgL(1-\cos\theta_1)$
$=\dfrac{1}{2}mv_C^2+mgL(1-\cos\theta_2)$
(3)$\sqrt{2gL(\cos\theta_2-\cos\theta_1)}$

85 (1)$\dfrac{1}{2}Mv^2-Mgh=-Th$
(2)$\dfrac{1}{2}mv^2=Th$　(3)$\sqrt{\dfrac{2Mgh}{M+m}}$

86 $L-\sqrt{\dfrac{2mgL}{k}}$

87 (1)2.5×10^2 J　(2)1.6×10^2 J　(3)略

88 (1)$\dfrac{1}{2}kh^2$　(2)$-\dfrac{m^2g^2}{2k}+\dfrac{1}{2}kh^2$
(3)$h\sqrt{\dfrac{k}{m}}$　(4)$\dfrac{mg}{k}+h$

89 $\dfrac{1}{4}$

90 (1)$l+d-\dfrac{2mg(\sin\theta+\mu'\cos\theta)}{k}$
(2)$\mu<\dfrac{kd-mg(\sin\theta+2\mu'\cos\theta)}{mg\cos\theta}$

91 (1)$a=\dfrac{\mu_0mg}{k}$　(2)$\dfrac{1}{2}ka^2$
(3)$-\mu mgb$　(4)$b=\dfrac{2(\mu_0-\mu)mg}{k}$

5 平面内の運動 (p. 54)

ウォーミングアップ

1 図略

2 大きさ 14 m/s^2，向き：南東

3 ①v_0　②gt　③v_0t　④$\dfrac{1}{2}gt^2$

4 ①$v_0\cos\theta$　②$v_0\sin\theta-gt$
③$v_0\cos\theta\cdot t$　④$v_0\sin\theta\cdot t-\dfrac{1}{2}gt^2$

5 ①20　②20　③10　④30

6 ①5.0　②8.7　③10

92 (1)川岸に対して $60°$ 上流の向き，50 s
(2)川岸に対して直角，43 s
(3)略

93 (1)$\vec{v_B}=\vec{v_{AB}}+\vec{v_A}$
(2)2.83×10^2 m/s　北西

94 (1)図略
(2)$\begin{cases} x\text{ 方向：}ma_x=0 \\ y\text{ 方向：}ma_y=-mg \end{cases}$
(3)$a_x=0$，$a_y=-g$
(4)$v_x=v_0\cos\theta$　$v_y=v_0\sin\theta-gt$
(5)$x=v_0\cos\theta\cdot t$
$y=v_0\sin\theta\cdot t-\dfrac{1}{2}gt^2$
(6)$t=\dfrac{v_0\sin\theta}{g}$　$\dfrac{v_0^2\sin^2\theta}{2g}$
(7)$t=\dfrac{2v_0\sin\theta}{g}$　$\dfrac{v_0^2\sin2\theta}{g}$　(8)略

95 (1)高さ：20 m，
初速度の大きさ：20 m/s
(2)28 m/s

96 (1)$\dfrac{\sqrt{3}}{2}v_0$　(2)$\dfrac{\sqrt{3}}{2}v_0t$
(3)$-\dfrac{1}{2}v_0t+\dfrac{1}{2}gt^2$

97 (1)1.0 s　(2)4.9 m　(3)3.0 s
(4)51 m

98 (1)$\vec{v_{12}}=\vec{v_2}-\vec{v_1}$
(2)北西の方角から 2.8 m/s の速さ
(3)北東の方角から 2.8 m/s の速さ

99 5.6 s 後　2.8 m/s

100 10 m/s

101 (1)5.6 m/s　(2)1.1 s　(3)0.49 m/s

102 (1)$\dfrac{3v_0^2}{8g}$　(2)$\dfrac{\sqrt{2}}{2}v_0$
(3)$\dfrac{(1+\sqrt{3})v_0}{2g}$

103 (1)$t_1 = 2.0$ s　(2)20 m
　　(3)水平から 45° の向きに 28 m/s で打ち返された。

104 (1)$2l$　(2)略　(3)略

105 (1)$v_0 \cos \theta$　(2)$\dfrac{v_0 \sin \theta}{g \sin \beta}$　(3)$\dfrac{v_0^2 \sin^2 \theta}{2g}$
　　(4)斜面に沿った方向：
　　$v_0 \cos \alpha - g \sin \beta \cdot t$
　　斜面に垂直な方向：
　　$v_0 \sin \alpha - g \cos \beta \cdot t$
　　(5)$\dfrac{2v_0 \sin \alpha}{g \cos \beta}$
　　(6)$\dfrac{2v_0^2 \sin \alpha}{g \cos^2 \beta} \cos(\alpha + \beta)$

106 (1)4.9×10^3 N　(2)2.0×10^{-2} m/s²
　　(3)1.0 kg　(4)2.0 m/s

6 剛体の回転とつり合い(p.64)

ウォーミングアップ

1 (ア)力　(イ)力のモーメント　(ウ)作用線
　(エ)垂線

2 ①12 N·m　②8.0 N·m
　③−4.0 N·m

3 (1)ア　(2)エ

4 (1)5.0 N，0.60 m　(2)1.0 N，0.90 m
　(3)図略

5 (1)10 N·m　(2)2.0 N·m

6 (1)A から B に向かって 0.12 m の位置
　(2)O から P に向かって 0.10 m の位置

107 −7 N·m

108 A が支える力：59 N，
　　B が支える力：39 N

109 0.30 m

110 重さ：600 N，
　　重心の位置：A から 1.2 m

111 0.60 m

112 (1)(6.7 cm，1.7 cm)
　　(2)(10 cm，6 cm)

113 張力：$\dfrac{1}{4}mg$，静止摩擦力：$\dfrac{\sqrt{3}}{8}mg$，

　　垂直抗力：$\dfrac{7}{8}mg$

114 (1)静止したままである。
　　(2)水平左側に動く。
　　(3)点 O を中心に反時計まわりで回転し始める。

115 F：10 N より大きくする。
　　F'：20 N より大きくする。

116 (1)$m = \dfrac{2ka}{g}$　(2)$\dfrac{L-2l}{L-l}$ 倍

117 (1)張力 mg，静止摩擦力 $\dfrac{1}{2}mg$，
　　垂直抗力 $\dfrac{\sqrt{3}}{2}mg$
　　(2)$\mu \geqq \dfrac{\sqrt{3}}{3}$

118 (1)$\vec{0}$　(2)略

119 (1)図略
　　(2)垂直抗力の作用線は，物体の底面と重力の作用線の交点を通る。

120 〈図1〉$\dfrac{r}{6}$　〈図2〉$\dfrac{r}{10}$

121 (1)④　(2)$\mu \geqq \dfrac{17}{18}\tan\theta$

122 2

123 (1)$\dfrac{W}{2}$ で鉛直上向き
　　(2)$F = \dfrac{3}{2}W$　$\dfrac{1}{3}l$

124 (1)$\dfrac{b}{2} - \dfrac{Fa}{mg}$　(2)$\mu \geqq \dfrac{b}{2a}$　(3)$\mu \geqq \dfrac{b}{a}$

7 運動量の保存(p.74)

ウォーミングアップ

1 6.0 kg·m/s

2 力積の大きさ6.0 N·s　40 m/s

3 左向きに9.0 N·s

4 (ア)運動量　(イ)力学的エネルギー

5 1.6 m/s で右向き

6 0.60

7 0.60 m/s で右向き　0.50

8 ①6.0　②0

125 (1)$\dfrac{\vec{v'} - \vec{v}}{\Delta t}$ 〔m/s²〕　(2)略

126 (1)80 N　(2)4.0 N

127 (1)14 N・s，ボールが飛んできた向き
と逆向き
(2)水平から30°上向きに10 N・s
(3)水平から60°上向きに6.0 N・s

128 (1)$\vec{F}\varDelta t=m_\mathrm{A}\vec{v_\mathrm{A}}'-m_\mathrm{A}\vec{v_\mathrm{A}}$　(2)略

129 (1)5.0 m/s　(2)4.5 m/s

130 1：3

131 1.4 m/s で右向き

132 3.0 m/s
いかだに対し2.0 m/sの速さで歩い
た。

133 (1)12 m/s　3.6 N・s
(2)30 m/s　5.4 N・s

134 (1)大きさ：6.0 N・s，向き：左向き
(2)0.25　(3)3.0 kg

135 A：静止，B：右向きに4.0 m/s

136 略

137 (1)3.5 m/s　(2)0.33

138 0.80

139 $\dfrac{1}{3}mv^2$

140 A：0.40 m/s，B：0.52 m/s

141 A：$\dfrac{3\sqrt{3}}{4}v$，B：$\dfrac{3}{2}v$

142 前：8.5 m/s，後：2.4 m/s

143 $V+\dfrac{m}{M}v$

144 略

145 1.6×10^3 m/s

146 (1)0.50 m/s　(2)静止

147 (1)$\vec{v}=\vec{v_\mathrm{A}}+\vec{v_\mathrm{B}}$　(2)$v^2=v_\mathrm{A}{}^2+v_\mathrm{B}{}^2$
(3)略

148 (1)(イ)　(2)$\dfrac{4}{9}h$

149 (1)力積の大きさ $6mv$，h の向き
(2)$2\vec{V_\mathrm{B}}=3\vec{v_\mathrm{A}}+2\vec{v_\mathrm{B}}$　(3)図略
(4)$3\sqrt{3}\,v$

150 $\dfrac{m+M}{m}\sqrt{2gh}$

151 $l'=el$　$h'=e^2h$

152 (1)水面に対し左向きに $\dfrac{v}{5}$
(2)略　(3)$\dfrac{1}{5}l$

(4)人が左端に立っていたとき：$\dfrac{2}{5}l$
人がPに達したとき：$\dfrac{2}{5}l$

153 (1)2：1　(2)$\dfrac{1}{3}ka^2$

154 (1)速さ：$\dfrac{mv_0}{m+M}$，高さ：$\dfrac{Mv_0{}^2}{2(m+M)g}$
(2)小物体：$\dfrac{(m-M)v_0}{m+M}$，
三角台：$\dfrac{2mv_0}{m+M}$
(3)略

155 (1)$v_1=\dfrac{(m-eM)v}{m+M}$
$v_2=\dfrac{m+(-e)^2M}{m+M}v$
(2)$\dfrac{m+(-e)^nM}{m+M}v$
(3)$u=\dfrac{mv}{m+M}$　$u=\dfrac{mv}{m+M}$

8 さまざまな運動 (p.88)

ウォーミングアップ

1 ①0　②逆　③a　④逆　⑤ma

2 ①$-m\vec{a}$　②逆　③ma

3 ①左　②24 N

4 ①接線　②垂直　③向き　④中心
⑤$m\dfrac{v^2}{r}$

5 π〔rad〕$=180°$，　$60°=\dfrac{\pi}{3}$〔rad〕

6 2.5 s　0.40 Hz

7 25 rad/s

8 2.0 s

9 ①0.50 s　13 rad/s　25 m/s
②$1.6\times10^2$ N

10 ①遠心力　②万有引力
③$mR\left(\dfrac{2\pi}{T}\right)^2$

11 ①復元力　②比例

12 ①等速円運動　②$A\sin\omega t$
③$A\omega\cos\omega t$　④$-A\omega^2\sin\omega t$
⑤$-\omega^2x$

13 ① 2.0　② 2π　③ 1.0

14 ① $2\pi\sqrt{\dfrac{m}{k}}$　② 49 N/m　③ 0.90 s

15 ① 楕円　② 面積　③ 2　④ 3

16 6.7×10^{-7} N

156 $g\tan\theta$

157 (1) $m\left(1-\dfrac{a}{g}\right)$ 〔kg〕を示す。

(2) 0 〔kg〕を示す。

158 (1) 54 kg を示す。

(2) 54 kg を示す。

159 (1) $g\tan\theta$　(2) $\dfrac{mg}{\cos\theta}$

(3) $(M+m)g\tan\theta$

160 (1) ウ，2.0 m/s　(2) 4.0 rad/s

(3) エ，8.0 m/s²　(4) 0.80 N

161 (1) $\dfrac{mg}{\sin\theta}$　(2) $\dfrac{mg}{\tan\theta}$

(3) $2\pi\sqrt{\dfrac{r\tan\theta}{g}}$

162 (1) 大きさ：$mr\omega^2$

向き：円の中心方向

(2) $\dfrac{r\omega_0^2}{g}$

163 $\sqrt{gr\tan\theta}$

164 $\dfrac{4\pi^2R^3}{T^2GM}$ 倍　$\dfrac{4\pi^2R}{gT^2}$ 倍　3.5×10^{-3} 倍

165 (1) 重力，壁からの静止摩擦力，遠心力，
壁からの垂直抗力
(2) 0.50 以上

166 (1) $F=-kx$　(2) $-\omega^2 x$

(3) $2\pi\sqrt{\dfrac{m}{k}}$

167 (1) 0.50 m/s
(2) 左向きの加速度の大きさが最大：
$x=+0.50$ m の地点，
大きさ：0.50 m/s²，
加速度の大きさが 0：O 点
(3) 左向きに 0.10 N
(4) 0.52 s

168 (1) 左向きに 39 m/s²
(2) 左向きに 79 N
(3) 11 m/s

169 9.8 m/s²

おもりの大きさに比べて質量が大きい
と慣性が大きいので空気抵抗の影響が
より少ない。おもりの大きさに比べて，
質量が大きい方がよい。

170 (1) 49 N/m
(2) 速度：0.70 m/s，加速度 0 m/s²
(3) 下向きに 2.5 N
(4) 0.90 s

$T=2\pi\sqrt{\dfrac{m}{k}}$ より，月面上でも質量は

変わらないので周期は変わらない。

(5) $\dfrac{1}{6}$

171 (1) $mg\sin\theta$，$mg\dfrac{x}{l}$

(2) $-\dfrac{mg}{l}x$，$2\pi\sqrt{\dfrac{l}{g}}$　(3) 略

172 ① $G\dfrac{mM}{R^2}$　② $\dfrac{GM}{R^2}$

③ 6.0×10^{24}　④ $\dfrac{1}{9}$

173 約 $\dfrac{1}{6}$

174 76 年

175 速さ：$R\sqrt{\dfrac{g}{R+h}}$

周期：$\dfrac{2\pi}{R}\sqrt{\dfrac{(R+h)^3}{g}}$

$V=7.5\times10^3$ m/s

176 $\sqrt[3]{\dfrac{gR^2T^2}{4\pi^2}}-R$

177 (1) $2\sqrt{\dfrac{gR}{3}}$　(2) $\sqrt{\dfrac{gR}{3}}$

178 (1) $\dfrac{a}{g}$

(2) A：②，B：⑥

(3) O 点より左に $\dfrac{ah}{g}$

(4) $v\sqrt{\dfrac{2h}{g}}+\dfrac{ah}{g}$

(5) 略

179 (1) 加速度：$a\cos\theta-g\sin\theta$
垂直抗力：$m(a\sin\theta+g\cos\theta)$
(2) $Ma+m(a\sin\theta+g\cos\theta)\sin\theta$

180 (1) $MA=N\sin\theta$

$(2) N + mA \sin\theta - mg \cos\theta = 0$

$(3) ma = mg \sin\theta + mA \cos\theta$

$(4) A = \dfrac{mg \sin\theta \cos\theta}{M + m \sin^2\theta}$

$a = \dfrac{(M+m)g \sin\theta}{M + m \sin^2\theta}$

181 $(1) 3mg$

(2) 中心方向：中心に向かって $\sqrt{3}\,g$

接線方向：運動の向きと逆向きに $\dfrac{1}{2}g$

182 $(1) \dfrac{mv_0^2}{r} - (2 + 3\cos\theta)mg$

$(2) v_0 \geqq \sqrt{5gr}$

183 $(1)(3\cos\theta - 2)mg$ $(2)\dfrac{2}{3}$

184 $(1) 2\pi\sqrt{\dfrac{m}{3k}}$ $(2) x = A\cos\sqrt{\dfrac{3k}{m}}\,t$

$(3) \dfrac{1}{6}$ 倍 $(4) 0.40 \text{ m/s}$

185 $(1)\dfrac{3}{5}l$ $(2) 2\pi\sqrt{\dfrac{3l}{5g}}$

186 (1) 振動中心 $x = \dfrac{\mu' mg}{k}$

$x_P = -l + \dfrac{2\mu' mg}{k}$

P 点に達するまでの時間 $\pi\sqrt{\dfrac{m}{k}}$

$(2) x_Q = l - \dfrac{4\mu' mg}{k}$

$(3) \mu \geqq \dfrac{k}{mg}\left(l - \dfrac{4\mu' mg}{k}\right)$

187 $(1) -\dfrac{x_1}{2} + L - l$ $(2) -\dfrac{3}{2}k\left(x_1 + \dfrac{2}{3}l\right)$

$(3) 2\pi\sqrt{\dfrac{2m}{3k}}$

188 $\left(\dfrac{t}{T}\right)^2\left(\dfrac{L}{l}\right)^3$ 倍

189 $(1) k = \dfrac{4}{3}\pi\rho Gm$ $(2)\sqrt{\dfrac{3\pi}{\rho G}}$

$(3) R\sqrt{\dfrac{4}{3}\pi\rho G}$

総合問題 (p. 110)

190 $(1) x = \left(1 - \dfrac{\rho}{\rho_0}\right)L - \dfrac{m}{\rho_0 S}$

$(2) \dfrac{mg}{\rho SL}$

191 $(1) \sqrt{2gh}$

$(2) a = \dfrac{k(h - z)}{m} - g$

$(3) k = 2mg\dfrac{2h - z_0}{(h - z_0)^2}$

192 $(1) k = \dfrac{mg}{a}$ $(2) x = 0$

(3) 物体：$mA = N - mg$

台：$MA = k(a - x) - N - Mg$

$(4) x = a$ $(5)\sqrt{3ga}$ $(6) x = \dfrac{5}{2}a$

193 $(1) \dfrac{mg \sin\theta}{k}$ $(2)\sqrt{\dfrac{k}{m}}\,x$

$(3) x_0 + x$

(4) 斜面に沿って上向きに $\dfrac{k}{m}x$

194 $(1) \dfrac{1}{4}mg$，右向き

$(2) \dfrac{2}{5}$ $(3)\dfrac{5}{3}\sqrt{\dfrac{2L}{g}}$

195 $(1) \dfrac{1}{2}kl^2 + \mu' mgl$

$(2) \dfrac{1}{2}kl^2 - \mu' mgl$

(3) 大きさ：$\mu' g$ 向き：左向き

$(4) \dfrac{1}{\mu' g}\sqrt{\dfrac{kl^2}{m} - 2\mu' gl}$

$(5) \dfrac{kl^2}{2\mu' mg} - l$

196 $(1) E'_A - E_A = 2T \cdot h$

$(2) E'_B - E_B = -T \cdot 2h$，証明略

$(3)\sqrt{\dfrac{2}{3}gh}$

197 $\dfrac{v_0^2}{3\mu' g}$

198 $(1) \dfrac{1}{3}g$ 〔m/s²〕 $(2) \dfrac{8}{5}mg$ 〔N〕

$(3) \dfrac{2}{5}mgl$ 〔J〕 $(4) \dfrac{2mgl}{5Mc} \times 10^{-3}$ 〔K〕

199 $(1) \dfrac{kl}{M}$ $(2) \dfrac{kl}{m}$

(3) 台車の速さ：$\dfrac{mv}{m + M}$

ばねの縮み：$\sqrt{\dfrac{mM}{k(m + M)}}\,v$

$(4)\dfrac{2mv}{m+M}$

200 $(1)\dfrac{m_2g-kx}{m_1+m_2}$　$(2)\dfrac{2m_2g}{k}$

(3)説明略，振動の中心：$x=\dfrac{m_2g}{k}$，

周期：$2\pi\sqrt{\dfrac{m_1+m_2}{k}}$

201 $(1)v_B=\sqrt{2g(h_1-h_2)}$

$(2)v=\sqrt{\dfrac{2Mgh_1}{M+m}}$，$V=\dfrac{m}{M}\sqrt{\dfrac{2Mgh_1}{M+m}}$

$(3)a\sqrt{\dfrac{M}{2(M+m)gh_1}}$

$(4)v'=e\sqrt{\dfrac{2Mgh_1}{M+m}}$，

$V'=\dfrac{em}{M}\sqrt{\dfrac{2Mgh_1}{M+m}}$

$(5)h_3=e^2h_1$

202 $(1)\sqrt{gR}$　$(2)\dfrac{3}{2}mg$　$(3)\dfrac{15}{8}R$

(4)運動方程式は，　$ma=N\cos30°$
鉛直方向のつり合いは，
$N\sin30°=mg$

$(5)0=-mgR\cos60°$
$\qquad\qquad+\dfrac{1}{2}m(v_x{}^2+v_y{}^2)+\dfrac{1}{2}MV^2$

$(6)0=mv_x+MV$

(7)左へ $\dfrac{mR}{m+M}$ だけ進む。

$(8)v_y=\sqrt{3}\,(v_x-V)$　$(9)\dfrac{27}{14}R$

203　I　$(1)x=h-\dfrac{2mg}{k}$

(2)物体1：$ma_1=k(h-x)-N-mg$
物体2：$ma_2=N-mg$

$(3)x=h$

$(4)\sqrt{\dfrac{k}{2m}(h-x_A)^2-2g(h-x_A)}$

$x_A<h-\dfrac{4mg}{k}$

II　$(1)T=2\pi\sqrt{\dfrac{m}{k}}$　$x=h$

$(2)V=\dfrac{1}{2}gT$

(3)図略　$T_2=T_1+T$　$x=h$

$(4)x_A=h-\dfrac{2mg}{k}\left(1+\sqrt{1+\dfrac{\pi^2}{2}}\right)$

204 $(1)\dfrac{l}{2}\sqrt{\dfrac{3k}{m}}$　$(2)2\pi\sqrt{\dfrac{m}{k}}$　$\dfrac{1}{6}$

(3)右向き，$\dfrac{kl}{2M}$　(4)左向き，$\dfrac{kl}{2m}$

$(5)-\dfrac{M}{m}\,V$　$(6)-\dfrac{M}{m}\,X+l$

$(7)2\pi\sqrt{\dfrac{mM}{(m+M)k}}$

$(8)\sqrt{\dfrac{mk}{(m+M)M}}\,l$

9 熱とエネルギー (p. 118)

ウォーミングアップ

1　300 K　-273 ℃

2　20 K

3　① A　② B　③ 熱　④ 下降　⑤ 上昇
⑥ 熱平衡(状態)

4　3.35×10^2 J/g

5　20 J/K

6　アルミニウム

7　19 J/K　0.38 J/(g・K)

8　18 ℃

9　170 J

10　0.20

11　4.0×10^2 J

205　(ア)

206　2.0×10^3 g

207　2.1 J/(g・K)

208　(1)38 J/K　$(2)4.4\times10^3$ J　(3)5.7 K

209　(1)4 倍　(2)6 倍　(3)77 ℃

210　$\dfrac{(m_2c_2+m_3c_3)(t-t_2)}{m_1(t_1-t)}$

211　$(1)2.6\times10^3$ kg　(2)6.0 m/s

212　(1)不可逆変化　(2)不可逆変化
(3)可逆変化　(4)不可逆変化

213　(1)(ア)500 J　(イ)-100 J　(ウ)-500 J
(2)(ア)

214　① 位置　② 太陽電池
③ エネルギー保存

215　略

216　(1)略　(2)略　(3)略　(4)13 ℃

217 (1) $t_2 = \dfrac{(3C_1 + M_0 c_w) t_0 + 2 M_0 c_w t_1}{3(C_1 + M_0 c_w)}$

(2) $H = \dfrac{(M_0 c_w + C_1)(t_3 - t_2)}{D}$

(3) $M_1 = \dfrac{(M_0 c_w + C_1)(t_3 - t_4)}{q - c_i t_5 + c_w t_4}$

10 気体分子の運動 (p. 128)

ウォーミングアップ

1 $2.0 \times 10^2\,\mathrm{Pa}$

2 6.02×10^{23}

3 ① 273 ② 1.013×10^5
③ 22.4×10^{-3}

4 反比例

5 比例

6 $\dfrac{p_1 V_1}{T_1},\ \dfrac{p_2 V_2}{T_2}$

7 ① 運動量 ② 力積 ③ 比例 ④ 比例
⑤ 反比例

8 絶対温度

9 アボガドロ

10 $2.07 \times 10^{-20}\,\mathrm{J}$

11 $\sqrt{2}$

218 (1) $p_0 + \dfrac{mg}{S}$ (2) $\dfrac{p_0 V_0 S}{p_0 S + mg}$

219 $\dfrac{T}{T_0} SL$

220 (1) $1.0 \times 10^{-2}\,\mathrm{m^3}$ (2) $4.0 \times 10^{-2}\,\mathrm{m^3}$
(3) $1.1 \times 10^{-2}\,\mathrm{m^3}$

221 $1.01 \times 10^5\,\mathrm{Pa}$

222 $1.1\,\mathrm{kg/m^3}$

223 (1) $6.0 \times 10^2\,\mathrm{K}$ (2) $9.0 \times 10^2\,\mathrm{K}$ (3) ③

224 ① $2m v_x$ ② $\dfrac{v_x}{2L}$ ③ $\dfrac{m v_x{}^2}{L}$
④ $\dfrac{n N_A m \overline{v_x{}^2}}{L}$ ⑤ $\dfrac{1}{3}\overline{v^2}$ ⑥ $\dfrac{n N_A m \overline{v^2}}{3L^3}$
⑦ $\dfrac{n N_A m \overline{v^2}}{3}$ ⑧ $\dfrac{1}{2} m \overline{v^2} \cdot n N_A$
⑨ $\dfrac{3}{2} nRT$

225 (1) $\dfrac{1}{2} N m \overline{v^2}$ (2) $\dfrac{3}{2} pV$ (3) $\dfrac{3}{2} nRT$

226 $5.0 \times 10^2\,\mathrm{m/s}$

227 (1) $\dfrac{T_0}{T} \rho_0$ (2) $3.2 \times 10^2\,\mathrm{K}$

228 (1) $\dfrac{p_0 S + mg}{S}$ (2) $\dfrac{p_0 S + mg}{S} \cdot \dfrac{h}{h-x}$
(3) 略

229 (1) $-2 m u v_x + 2 m u^2$
(2) $\dfrac{v_x \varDelta L}{2Lu}$ (3) $-p \varDelta V$

11 気体の内部エネルギーと状態変化 (p. 138)

ウォーミングアップ

1 絶対温度

2 $2.0 \times 10^2\,\mathrm{J}$

3 面積

4 内部エネルギー

5 ① 体積 ② 仕事 ③ 熱

6 ① 温度 ② 内部エネルギー ③ 仕事

7 ① 低下 ② 上昇

8 ① $\dfrac{3}{2}R$ ② $\dfrac{5}{2}R$ ③ R

9 pV^γ

10 ① サイクル ② 熱機関

11 熱効率

230 (1) 20 J (2) $2.8 \times 10^2\,\mathrm{J}$

231 (1) $3.7 \times 10^3\,\mathrm{J}$
(2) 2 倍 (3) 1 倍 (4) 1 倍

232 (1) $3.3 \times 10^3\,\mathrm{J}$ (2) $8.3 \times 10^3\,\mathrm{J}$

233 (1) $6.2 \times 10^2\,\mathrm{J}$ (2) $1.0 \times 10^3\,\mathrm{J}$

234 (1) $\dfrac{3}{2} nRT$ (2) nRT (3) $\dfrac{5}{2} nRT$
(4) $\dfrac{5}{2}R$ (5) $\dfrac{3}{2} nRT$ (6) R (7) 略

235 (1) $\dfrac{nRT}{p_0 S}$ (2) $T + \dfrac{p_0 S}{nR} \varDelta L$
(3) $\dfrac{QR}{p_0 S \varDelta L}$ (4) $p_0 S \varDelta L$
(5) $Q - p_0 S \varDelta L$

236 (1) $\dfrac{3}{2} p_0 V_0$ (2) Q (3) $-p_0 V_0$
(4) $\dfrac{2Q - 2 p_0 V_0}{2Q + 3 p_0 V_0}$

237 (1) $p_0 - \dfrac{Mg}{S}$ (2) $\dfrac{p_0 S - Mg}{p_0 S} T_0$

(3) $\dfrac{p_0 S}{p_0 S - Mg} \cdot \dfrac{T_1}{T_0} l_0$

238 (1)表略 (2)0 (3)22.2%

239 (1)$\dfrac{1}{3}P_0 S$ (2)$T_1 > T_0$, $P_1 > P_0$

12 波の性質 (p.148)

ウォーミングアップ

1 (1)0.40 s (2)2.5 Hz
2 ア 0.20 イ 3.0 ウ 4.0 エ 12
3 図略
4 ↓(下向き)
5 A と C
6 図略
7 図略
8 0.30 m

240 (1)0.25 m/s (2)$x=0.15$ m，0.35 m
(3)$x=0.05$ m (4)図略

241 (1)d と 1 (2)f

242 (1)P_2 と P_{10} (2)P_2 と P_{10} (3)12.5 Hz

243 (1)定常波 (2)0.80 m (3)12 m/s

244 (1)図略 (2)図略 (3)図略 (4)定常波
(5)$x=2.0$ m，6.0 m，10 m

245 (1)図略 (2)図略

246 (1)振幅 1.0 cm，波長 12 cm，
周期 0.20 s
(2)$x=0$ cm，6.0 cm，12.0 cm (3)④

247 (1)C (2)$t=0.10$ s，0.30 s (3)図略

248 (1)$x=0.60$ m，1.8 m，3.0 m
(2)振幅：0.10 m，速さ：3.0 m/s
(3)図略 (4)$x=0$ m，1.2 m，2.4 m

13 音波 (p.158)

ウォーミングアップ

1 $3.50×10^2$ m/s
2 297 Hz または 303 Hz
3 $1.6×10^2$ Hz
4 $5.0×10^2$ Hz
5 $1.0×10^3$ Hz

249 (1)$x_1=3.2×10^2$ m，$X=3.5×10^2$ m
(2)小さい。

250 (1)0.125 s (2)8.00 Hz (3)132 Hz

251 (1)$3.20×10^2$ m/s (2)$F=398$ Hz
(3)533 Hz

252 (1)$l_1 : l_2 = 2:1$ (2)① (3)①と③

253 (1)図略 (2)1.12 m (3)336 m/s
(4)100 Hz (5)500 Hz

254 (1)④ (2)24 cm (3)83 Hz (4)16個

255 (1)腹 (2)5倍振動 (3)$2f(x_2-x_1)$
(4)f の値は大きくなる。x_2-x_1 の値
は変わらない。

14 波の伝わり方 (p.167)

ウォーミングアップ

1 (1)図略 (2)図略
2 (1)$y=3\sin\pi t$ (2)$y=-2\sin\dfrac{2\pi}{3}x$
3 (1)単振動 (2)$A=5$，$T=3$
4 $A=2$，$\lambda=5$
5 (1)ア (2)イ
6 (1)イ (2)ア
7 $i=45°$，$r=30°$
8 波長 0.10 m，振動数 20 Hz

256 (1)振幅 0.15 m，周期 0.50 s，
速さ 3.0 m/s
(2)$y=0.15\sin 4\pi\left(t-\dfrac{x}{3}\right)$
(3)0.25 s

257 (ア)y_{2P} (イ)m (ウ)y_{2P}
(エ)$\dfrac{2m+1}{2}$ (オ)$-y_{2P}$

258 ①同位相 (ア)$\dfrac{5}{2}$ (イ)$\dfrac{7}{2}$ (ウ)$\dfrac{5}{2}$
②逆位相 ③同位相 (エ)$\dfrac{6}{5}$ (オ)2

259 (1)ア (2)板は下半分に沈めた。

260 (1)図略 (2)1.3

261 (1)図略 (2)略 (3)0.70
(4)v_2 の方が大きい。
(5)波長 2.0 m，振動数 20 Hz

262 (1)15 Hz (2)1.23 (3)0.37 m/s
(4)1.6

263 (1)周期 $\dfrac{2\pi}{a}$，波長 $\dfrac{2\pi v}{a}$

(2)$t_1 = \dfrac{x'}{v}$ (3)$b = \dfrac{1}{v}$

(4)$c = \dfrac{1}{v}$, $d = -\dfrac{L}{v}$

(5)$y' = 2A \sin \dfrac{a}{2}\left(2t - \dfrac{L}{v}\right)$

$$\cos \dfrac{a}{2v}(-2x' + L)$$

(6)略 (7)4か所

264 (ア)40 (イ)干渉
(ウ)10m (エ)節線
(オ)節線 (カ)1 (キ)2

265 (1)領域 B
(2)$\lambda_A = L \sin \alpha$, $\lambda_B = L \sin \beta$
(3)$\dfrac{\sin \alpha}{\sin \beta} = \dfrac{v_A}{v_B}$ (4)略

15 音 (p.178)

ウォーミングアップ

1 約 0.017 m〜17 m
2 反射, 屈折, 回折, 干渉 (順不同)
3 略
4 30 cm
5 小さく聞こえる。
6 660 Hz
7 0.500 m
8 720 Hz

266 (1)0.20 m
(2)$CS_1 = 1.8$ m $DS_1 = 1.7$ m
(3)(ア)(b), (イ)(b), (ウ)(b), (エ)(b)

267 (1)(ア)$\dfrac{V}{\lambda}$ (イ)Vt (ウ)$v_S t$ (エ)ft

(オ)$(V - v_S)t$ (カ)$\dfrac{V - v_S}{f}$ (キ)V

(ク)v_0 (ケ)$\dfrac{V - v_0}{\lambda'}$ (コ)$\dfrac{V - v_0}{V - v_S} f$

(サ)v_0 (シ)$\dfrac{V}{V - v_S} f$ (ス)v_S

(セ)$\dfrac{V - v_0}{V} f$

(2)① $v_S > v_0$ ② 高い ③ $\lambda'' = \lambda'$

268 (1)$f_1 > f_2$ (2)$\dfrac{f_1 - f_2}{f_1 + f_2} V$

269 (1)350 Hz (2)383 Hz (3)394 Hz

(4)每秒 44 回

270 (1)$f_1 = \dfrac{V}{V - v} f$, $f_2 = \dfrac{V}{V + v} f$ (2)④

271 (1)$f = \dfrac{V}{4l}$ (2)(ア)$f - f'$ (イ)f' (ウ)f

(3)7.5×10^{-3} m

272 (1)$f_S = \dfrac{V}{V + v_S} f_0$

(2)$t_S = \dfrac{V + v_S}{V} t$, $t_S > t$

(3)$N = \dfrac{2 V v_R}{(V + v_S)(V + v_R)} \cdot f_0$

273 (1)$f_A = f$

(2)$f_{max} = \dfrac{V}{V - v} f$, $f_{min} = \dfrac{V}{V + v} f$

(3)$t_1 = \dfrac{r(2\pi V + 3\sqrt{3}\, v)}{3vV}$,

$$t_2 = \dfrac{r(4\pi V + 3\sqrt{3}\, v)}{3vV}$$

(4)$f_C = \dfrac{2V}{2V + v} f$

16 光 (p.186)

ウォーミングアップ

1 5.0×10^2 s
2 2.0×10^8 m/s
3 図略
4 45°
5 60°
6 略
7 1.3
8 凸レンズ, (正立の)虚像
9 凹レンズ, 焦点距離 30 cm,
倍率 0.33 倍
10 (1)凹面鏡, 実像
(2)凹面鏡, 焦点距離 15 cm,
像の倍率 0.33 倍

274 (1)$t_1 = \dfrac{2L}{c}$ (2)$t_2 = \dfrac{1}{2nf}$

(3)$c = 4nfL$

275 (1)1.2 (2)6.0×10^{-7} m (3)図略

276 (1)反射角：60°, 屈折角：30°
(2)略 (3)図略

277 (1)6.0 cm (2)$r = 40.0$ cm

278 略

279 (1)① レンズの前方 10 cm，②虚像，
③正立，④8.0 cm
(2)① レンズの前方 6.0 cm，②虚像，
③正立，④2.4 cm

280 ①8.0 cm，②6.0 cm，③0.33 倍

281 (1)$\dfrac{\sin\theta}{\sin\theta_1}=n_1$ (2)$\dfrac{n_2}{n_1}<\sin\phi_1$
(3)$\sin\theta<\sqrt{n_1{}^2-n_2{}^2}$

282 (1)$\overline{\mathrm{OB}}=120$ mm，拡大率：5.0 倍
(2)$\overline{\mathrm{OA}}=18$ mm，拡大率：13 倍
(3)$\overline{\mathrm{L_1L_2}}=160$ mm，拡大率：25 倍

17 光の干渉 (p. 196)

ウォーミングアップ

1 (1)略 (2)略 (3)略 (4)略 (5)略

2 2.6×10^{-2} m

3 格子定数：2.0×10^{-5} m，
1.0 cm あたり 5.0×10^2 本の溝

4 $(n-1)d$

5 1 回

6 明るく見える。

7 1.2×10^{-5} m

8 2 倍

283 (1)$y=\dfrac{l\lambda}{2d}(2m+1)$
(2)$n=1.4$ (3)$D=\dfrac{lh}{L}$
(4)(a)紫色光 (b)緑色光 (c)赤色光

284 (1)2.5×10^2 本 (2)2.5 cm (3)0.80 倍

285 (1)$\dfrac{\lambda}{n}$
(2)①π 変化し ②π 変化する
(3)$2nb-a$ (4)略
(5)$2nd\cos r=\dfrac{\lambda}{2}\times2m$
（あるいは $2nd\cos r=m\lambda$）

286 (1)極大 (2)$\cos r=0.80$

287 (1)$2d=\dfrac{\lambda}{2}(2m+1)$
(2)$2(d'-d)=\lambda$
$\left(\text{あるいは } d'-d=\dfrac{\lambda}{2}\right)$

(3)略

288 (1)1.1×10^{-5} m (2)1.3

289 (1)$2d=\dfrac{\lambda}{2}\times2m$ (2)(a)
(3)$d=\dfrac{r^2}{2R}$ (4)略

290 (1)中心が明部だから，(b) (2)略

291 (1)$d\sin\theta=m\lambda$ $(m=0,\ 1,\ 2,\ \cdots)$
(2)$d=1.6\times10^{-6}$ m
(3)$h=200$ nm

292 (1)1 個
(2)(a)5.4×10^2 nm，(b)4.6×10^2 nm

293 2.2 m

総合問題 (p. 206)

294 (1)図略 (2)図略
(3)(a)$x=\dfrac{l\lambda(2|m|+1)}{4d}$
(b)$\sin\theta=\dfrac{\lambda}{4d}$

295 〔A〕(1)$\dfrac{V}{2L}$，$\dfrac{V}{L}$，$\dfrac{3V}{2L}$
(2)$\dfrac{V}{4L}$，$\dfrac{3V}{4L}$，$\dfrac{5V}{4L}$
〔B〕(1)0，0.25，0.50，0.75，1.00
m
(2)$V=346$ m/s
〔C〕$f_1=433$ Hz，$f_2=606$ Hz
〔D〕(1)$\dfrac{vVf_1}{(V-v)(2V-v)}$
(2)3 m/s

296 (1)$x=r\cos\dfrac{2\pi}{T}t$ $v=-u\sin\dfrac{2\pi}{T}t$
(2)ア $(V-v)\varDelta t$ イ $f\varDelta t$
ウ $\dfrac{V-v}{f}$ エ $\dfrac{Vf}{V-v}$
(3)(a)$x=0$，$t=\dfrac{3}{4}T$
(b)$x=r\sin\dfrac{2\pi l}{TV}$
(c)$l=\dfrac{TV(4n+1)}{4}$
(d)$f_{\min}=\dfrac{Vf_0}{V+u}$

(4) $f = \dfrac{f_C}{V}\left(V + u\sin\dfrac{2\pi}{T}t\right)$

297 (1) $\theta = \alpha(n_p - 1)$　(2) $l = \dfrac{k\lambda}{2\theta}$

(3) 干渉縞は右にずれる，$n = \dfrac{\delta\lambda}{td} + 1$

298 (1) $\dfrac{l\lambda}{nd}$　(2) 上向きに $\dfrac{al}{nd}(n-1)$

(3) $\dfrac{\varDelta x'}{\varDelta x} = \dfrac{c+v}{c}$

(4)(a)④　(b)②

299 Ⅰ　(1)略　(2) $y_m = \sqrt{mR\lambda}$　(3)①

Ⅱ　(4) $\mathrm{DF} = \sqrt{f^2 + mA}$　(5) $f = \dfrac{A}{2\lambda}$

(6)略

18 電流と電気の利用 (p. 212)

ウォーミングアップ

1　セーター：正に帯電した。
　　電子：セーターから塩化ビニル棒へ移
　　動した。
2　引力
3　5.0×10^{-4} A
4　9.2×10^{-6} m/s
5　0.10 A
6　50 Ω
7　1.1×10^{-6} Ω·m
8　ab 間：400 Ω　cd 間：75 Ω
9　2.4×10^2 J
10　5.00 A
11　141 V
12　5 : 1
13　3.8×10^{14} Hz

300 (1)左向き　(2) 5.0×10^{18} 個
(3) 1.0×10^{-4} m/s

301 (1) $R\dfrac{S}{l}$　(2)6 倍　(3) $\dfrac{6}{7}R$

302 (1)1000 Ω　(2)66.7 Ω　(3)240 Ω

303 (1) 5.0×10^{-2} A　(2)1.5 V
(3) 1.3×10^{-1} A

304 (1)20 Ω　(2)5.0 W　(3)25 W
(4) 1.5×10^3 J

305 (1)①　(2)③　(3)②

306 (1)4.4 kWh　(2)16 A

307 (1) $P_1 = 4.9$ W　(2) $P_2 = 7.2$ W
(3) $Q = 5.5$ J

308 (1)図略　(2)図略　(3)図略

309 (1)A 点の磁場の向き：手前
　　B 点の磁場の向き：奥
(2)A 点の磁場の向き：奥
　　B 点の磁場の向き：奥
(3)A 点の磁場の向き：下
　　B 点の磁場の向き：上

310 (1)A 点の磁場の向き：手前
(2)A 点の磁場の向き：右
　　B 点の磁場の向き：右

311 (1)a　(2)右

312 ③

313 電圧：5.0 V　周波数：50 Hz

314 (1)10 A　(2)1000 W　(3)10 W

315 (1)13 cm　(2)赤外線

19 電場と電位 (p. 224)

ウォーミングアップ

1　絹布：負　電子：アクリル棒から絹布
2　1.3×10^7 個
3　1.2×10^2 N，引力
4　向き：左　大きさ：1.8×10^{-6} N
5　①正　②負　③電気力線　④$4\pi k_0 q$
6　30 V
7　電場の大きさ：4.0 N/C，電位：12 V
8　4.8×10^{-8} J
9　負

316 (1) 2.7×10^{-2} N，引力
(2)A，B ともに 1.0×10^{-6} C

317 (1)A には負，B には正の電荷が現れ
　　る。
(2)A には正，B には負の電荷が現れ
　　る。
(3)A，B ともに電荷は現れない。

318 (1) 2.5×10^{-2} N　(2) 7.0×10^{-7} C

319 ① $k_0\dfrac{q}{r^2}$　② $4\pi k_0 q$　③ $k_0\dfrac{q}{r^2}$

320 ①上部の金属板：－　下部のはく：＋
②上部の金属板：－　下部のはく：0

③上部の金属板：－　下部のはく：0
④上部の金属板：－　下部のはく：－

321 (1)1.0×10^2 N/C, x 軸正の向き
(2)9.0×10^2 N/C, x 軸正の向き
(3)B の方が電位が高く，AB 間の電位差は 1.8×10^2 V
(4)1.8×10^{-7} J

322 ①

323 (1)$4\pi k_0 q$〔本〕 (2)$E=\dfrac{4\pi k_0 q}{S}$
(3)$\varDelta V=\dfrac{4\pi k_0 q d}{S}$ (4)図略

324 (1)P：$-Ed$　Q：0
(2)O→R：$qEd\cos\theta$
R→P：$qEd(1-\cos\theta)$
(3)$x=\dfrac{qE}{mg}h$

325 (1)図略 (2)図略

326 (1)①(i), ②(g), ③(f), ④(c),
⑤(h), ⑥(e), ⑦(a), ⑧(k)
(2)$V_A=k_0\dfrac{Q}{r}$

20 コンデンサー (p. 235)

ウォーミングアップ

1 3.0×10^{-5} C

2 13 pF

3 30 pF

4 27 pF

5 すべて 6.0 V

6 図1：$\dfrac{\varepsilon_0 SV}{d}$, 図2：$\dfrac{\varepsilon_0 SV}{2d}$,
図3：$\dfrac{\varepsilon_0 SV}{2d}$

7 図1：2.5 μF, 図2：10.0 μF,
図3：3.3 μF

8 0.25 V

9 5.0×10^{-3} J

327 (1)$C=\varepsilon_0\dfrac{S}{d}$ (2)$V=\dfrac{Qd}{\varepsilon_0 S}$
(3)$E=\dfrac{Q}{\varepsilon_0 S}$

328 (1)1.0 μF

(2)$V_1=5.0$ V, $V_2=3.3$ V, $V_3=1.7$ V
(3)$U_1=2.5\times10^{-5}$ J, $U_2=1.7\times10^{-5}$ J,
$U_3=8.3\times10^{-6}$ J

329 (1)11.0 μF
(2)$V_1=V_2=V_3=10$ V
$U_1=1.0\times10^{-4}$ J, $U_2=1.5\times10^{-4}$ J,
$U_3=3.0\times10^{-4}$ J

330 (1)4.5 μF
(2)$V_1=7.5$ V, $V_2=10$ V, $V_3=2.5$ V
(3)$U_1=5.6\times10^{-5}$ J, $U_2=1.5\times10^{-4}$ J,
$U_3=1.9\times10^{-5}$ J

331 (1)2.0×10^{-4} J (2)3.0 μF
(3)6.0×10^{-4} J

332 (1)①：$\dfrac{2\varepsilon_r\varepsilon_0}{1+\varepsilon_r}\cdot\dfrac{S}{d}$, ②：$\dfrac{(1+\varepsilon_r)\varepsilon_0}{2}\cdot\dfrac{S}{d}$,
③：$\dfrac{(1+3\varepsilon_r)\varepsilon_0}{2(1+\varepsilon_r)}\cdot\dfrac{S}{d}$
(2)$\dfrac{2\varepsilon_r\varepsilon_0}{1+\varepsilon_r}\cdot\dfrac{S}{d}V$ (3)$\dfrac{(1+\varepsilon_r)\varepsilon_0}{4}\cdot\dfrac{S}{d}V^2$
(4)$\dfrac{1+3\varepsilon_r}{2(1+\varepsilon_r)}V$

333 (1)20 V (2)10 V (3)0 V (4)6.0 V
334 (1)C_0V (2)$2C_0$ (3)①0 ②E
(4)$2C_0V$
335 (1)20 V (2)27 V
336 (1)$-\dfrac{C_1 C_2}{C_1+C_2}E$ (2)$\dfrac{C_1}{C_1+C_2}E$
(3)$Q_1+Q_2+Q_3=Q_0$
(4)①$E+\dfrac{Q_1}{C_1}$ ②$\dfrac{Q_2}{C_2}$ ③$\dfrac{Q_3}{C_3}$
(5)$Q_1=\dfrac{C_1}{C_1+C_2+C_3}Q_0$
$\qquad-\dfrac{C_1(C_2+C_3)}{C_1+C_2+C_3}E$

337 (1)$\dfrac{\varepsilon a^2 V^2}{2d}$ (2)$\dfrac{a}{d}(\varepsilon_0 x+\varepsilon a-\varepsilon x)$
(3)$\dfrac{axV^2}{d}(\varepsilon-\varepsilon_0)$
(4)$\dfrac{aV^2}{2d}(\varepsilon_0 x+\varepsilon a-\varepsilon x)$
(5)$\dfrac{axV^2}{2d}(\varepsilon-\varepsilon_0)$

338 (1)$E_0=\dfrac{Q}{\varepsilon_0 S}$ (2)$V_0=\dfrac{Qd}{\varepsilon_0 S}$
(3)$q=\dfrac{d}{l}Q$

(4)$E_1=\dfrac{l-d}{\varepsilon_0 Sl}Q$, $E_2=\dfrac{d}{\varepsilon_0 Sl}Q$

(5)力の大きさ：$\dfrac{|l-2d|Q^2}{2\varepsilon_0 Sl}$

力の向き：$d<\dfrac{l}{2}$ のとき $P_2{\to}P_1$ の向き，$d>\dfrac{l}{2}$ のとき $P_2{\to}P_3$ の向き

339 (1)①(ク) ②(カ) (2)①(オ) ②(エ)

21 電気回路(p. 248)

ウォーミングアップ

1 BC 間：75 Ω AC 間：275 Ω
2 どちらも 0.040 A
3 50 Ω に流れる電流：0.20 A
200 Ω に流れる電流：0.050 A
4 100 Ω
5 3.0×10^2 J
6 0.10 Ω
7 2.0×10^3 Ω
8 4.8×10^{-8} m²
9 1.4 V
10 150 Ω
11 R_1 には電流が流れず，R_2 には図の右から左へ電流が流れる。

340 (1)R_1：40 mA，R_2：20 mA，R_3：20 mA
(2)c→f の向き (3)4.0 V

341 (1)いずれも 200 mA
(2)向き：b→c，大きさ：100 mA
(3)b，d：6.0 V f，h：4.0 V
(4)20 Ω

342 ①直列 ②小さ ③小さ ④並列 ⑤大き ⑥小さ

343 (1)$\dfrac{E}{R}$ (2)$\dfrac{E}{R+r}$ (3)$\dfrac{E}{R}$ (4)0

344 (1)1.6 V (2)$E=2.0$ V，$r=1.0$ Ω
(3)40 mA

345 ①env_mS ②$-\dfrac{eE}{m}$ ③$\dfrac{eEt_0}{m}$
④$\dfrac{eEt_0}{2m}$

346 (1)5.0 V (2)$E_1=6.0$ V

(3)$E_x=1.2$ V

347 (1)15 Ω (2)4.8 V (3)$R_x=13$ Ω

348 (1)b 点の方が 4.5 V だけ高い。
(2)10 mA (3)180 Ω

349 (1)$\dfrac{E}{R}$ (2)0 (3)0 (4)$\dfrac{1}{2}E$

350 (1)a 点の方が 1.5 V だけ電位が高い。
(2)0.20 A (3)15 Ω 以下

351 (1)$\dfrac{xE^2}{(r+x)^2}$ (2)9.0 Ω，0.11 Ω

(3)最大値は $\dfrac{E^2}{4r}$ で，そのときの x の値は $x=r$

352 (1)$\dfrac{2V_0}{R}$ (2)$4V_0$ (3)$2CV_0$ (4)$7V_0$

353 (1)$\dfrac{3}{2}V_0$ (2)$\dfrac{3}{2}V_D+RI_D$

(3)$V_E'=\dfrac{3}{2}V_D+\dfrac{11}{2}RI_D$，

$I_1'=\dfrac{5}{2}I_D+\dfrac{V_D}{2R}$，

(4)$V_C=3RI_D$，$Q=3CRI_D$，

$U_C=\dfrac{9}{2}CR^2I_D^2$

22 磁場と電流(p. 260)

ウォーミングアップ

1 時計回り
2 $H=5.3$ A/m，$B=6.7\times10^{-6}$ T
3 磁場：17 A/m，
磁束密度：2.1×10^{-5} T
4 2.0×10^3 A/m
5 $\dfrac{5}{4}$ 倍
6 0 A/m
7 6.0×10^{-5} N
8 (イ)
9 力：9.6×10^{-17}N，
加速度：1.1×10^{14} m/s²

354 3.0 A

355 (1)$\mu_0\dfrac{I}{2\pi a}$ (2)$\dfrac{\mu_0 I^2 L}{2\pi a}$

356 $m=\dfrac{IBL}{g}$

357 (1)紙面に対し手前から奥の向き

(2)$B=\dfrac{V}{dv_0}$

358 (ア)$qnv\varDelta tS$ (イ)$\varDelta t$ (ウ)$qnvS$

(エ)qvB (オ)$nLSqvB$

359 (ア)

360 3.2×10^{-3} kg

361 (1)PQ：$-rnIBL$，RS：$-rnIBL$

(2)$rMg\sin\theta$ (3)$\dfrac{Mg\sin\theta}{2nBL}$

362 (1)evB (2)P 面 (3)vBw

(4)$envdw$ (5)$\dfrac{1}{end}$

363 (1)大きさ：$\mu_0\dfrac{I}{2\pi a}$，

向き：x 軸の正の向き

(2)$\dfrac{\mu_0Ix}{\pi(a^2+x^2)}$

(3)$x=a$ のとき，$B=\dfrac{\mu_0I}{2\pi a}$

23 電磁誘導 (p. 270)

ウォーミングアップ

1 ①$7.5\times10^{-6}$ Wb ②$6.5\times10^{-6}$ Wb

③$0$ Wb

2 (d)

3 (a)＋ (b)＋ (c)＋ (d)＋

4 3.2×10^{-5} V

5 a の向き

364 (2), (3), (4)

365 (1)正 (2)0 (3)負

366 (1)$ma=F-\dfrac{vB^2L^2}{R}$ (2)$v_0=\dfrac{RF}{B^2L^2}$

(3)$Fx-\dfrac{1}{2}mv_0^2$

367 (1)0 A (2)3.6 V (3)20 A/s

(4)0.33 A，1.0×10^{-2} J

368 (1)$\dfrac{E}{r}$ (2)$\dfrac{LE^2}{2r^2}$ (3)$\dfrac{LE^2}{2r^2}$

369 (1)大きくなる。 (2)略

370 (1)$vBL\cos\theta$ (2)$\dfrac{vB^2L^2\cos\theta}{R}$

(3)$v_1=\dfrac{mgR\tan\theta}{B^2L^2\cos\theta}$

371 (1)生じない。 (2)生じる。

372 (1)$R_0=\dfrac{EBL}{mg\tan\theta}$

(2)$\dfrac{EBL\cos\theta}{mR}-g\sin\theta$

(3)$vBL\cos\theta$

(4)$\dfrac{EBL-mgR\tan\theta}{B^2L^2\cos\theta}$

373 (1)

374 (1)$\dfrac{1}{2}Br^2\omega t$ (2)図略

375 (1)$e\omega xB$ (2)$\dfrac{1}{2}e\omega Bl^2$ (3)$\dfrac{1}{2}\omega Bl^2$

(4)$\dfrac{\omega Bl^2}{r+2R}$ (5)$\dfrac{\omega B^2l^3}{2(r+2R)}$

(6)$\dfrac{\omega^2B^2l^4}{2(2R+r)}$

376 ア② イ $\dfrac{eBa}{m}$ ウ $\dfrac{\varDelta\Phi}{\varDelta t}$ エ $\dfrac{\varDelta\Phi}{2\pi a\varDelta t}$

オ $\dfrac{e\varDelta\Phi}{2\pi a\varDelta t}$ カ $\dfrac{e\varDelta\Phi}{2\pi ma}$

キ $v=\dfrac{e\Phi}{2\pi ma}$

ク $2\pi a^2B$ ケ $\dfrac{1}{2}$ コ①

24 交流 (p. 283)

ウォーミングアップ

1 1.6×10^{-3} V

2 3.0 V

3 消費電力：200 W，電圧：140 V，

電流：2.8 A

4 0.13 A

5 13 A

6 63 Ω

7 6.3×10^3 Ω

8 電圧：20 V，電流：0.20 A

9 4.8×10^{14} Hz

10 5.6×10^2 m

377 (ア)電荷 (イ)進む (ウ)磁場 (エ)遅れる

378 (1)80 Ω (2)1.3 A (3)0

379 (1)63 Ω (2)1.6 A (3)0

380 (1)$\sqrt{R^2+\left(\omega L-\dfrac{1}{\omega C}\right)^2}$

(2) $I_\mathrm{e} = \dfrac{V_\mathrm{e}}{\sqrt{R^2 + \left(\omega L - \dfrac{1}{\omega C}\right)^2}}$

消費電力の平均値：$V_\mathrm{e} I_\mathrm{e} \cos\phi$

（ただし，ϕ は $\tan\phi = \dfrac{\omega L - \dfrac{1}{\omega C}}{R}$ を満たす値。）

(3) 周波数：$f_0 = \dfrac{1}{2\pi\sqrt{LC}}$，

位相差：なし

381 低い音

382 (ア)1.00×10^3　(イ)1.00×10^3　(ウ)1.00
(エ)10.0　(オ)10.0　(カ)1.02×10^3
(キ)3.40　(ク)1.02×10^3　(ケ)1.96

383 (1)$\dfrac{V}{r}$　(2)0　(3)$\dfrac{1}{2\pi\sqrt{LC}}$

(4)$\dfrac{1}{2}\cdot\dfrac{LV^2}{r^2}$

384 (1)(ア)$\dfrac{\pi}{2}$　(イ)$\dfrac{\pi}{2}$　(ウ)π　(エ)逆　(オ)0

(カ)$\omega C V_0$　(キ)$\dfrac{V_0}{\omega L}$　(ク)0　(ケ)$\dfrac{1}{2\pi\sqrt{LC}}$

(2)$80\,\mathrm{Hz}$　(3)図略

385 (1)$f_\mathrm{M} = \dfrac{1}{2\pi\sqrt{LC}}$

(2)qr 間は(b)，st 間は(d)

(3)① $I_1 = \dfrac{V_\mathrm{e}}{R_1}$　② $\dfrac{V_\mathrm{e}^2}{R_1}$　③ $\dfrac{V_\mathrm{e}^2}{R_1}$

386 (1)0　(2)CV　(3)$2\pi\sqrt{LC}$　(4)$\dfrac{1}{2}CV^2$

(5)$\omega C V_1 \cos\omega t$　(6)$-\dfrac{V_1}{\omega L}\cos\omega t$

(7)$R V_1\left(\omega C - \dfrac{1}{\omega L}\right)\cos\omega t$

25 電子と光 (p. 294)

ウォーミングアップ

1 (1)上向きに大きさ qE
(2)下向きに kv_1　(3)1
(4)$v_1 = \dfrac{qE - Mg}{k}$

2 (1)$6.0\times10^{14}\,\mathrm{Hz}$　(2)$4.0\times10^{-19}\,\mathrm{J}$
(3)$2.5\,\mathrm{eV}$　(4)$1.3\times10^{-27}\,\mathrm{kg\cdot m/s}$

3 $5.8\times10^{14}\,\mathrm{Hz}$

4 $\dfrac{hc}{\lambda} - W_0$

5 $\dfrac{hc}{eV}$

387 (ア)y　(イ)正　(ウ)eE　(エ)$\dfrac{eE}{m}$　(オ)$\dfrac{l}{v}$

(カ)v　(キ)$\dfrac{eEl}{mv}$　(ク)$\dfrac{eEl}{mv^2}$

(ケ)$\dfrac{e}{m} = \dfrac{v^2}{El}\tan\theta$

388 (1)閉じる。　(2)変化はない。
(3)どちらも変化はない。

389 (1)$\dfrac{I_0}{e}$

(2)V_S は，光電子のもつ最大の運動エネルギーを eV（電子ボルト）の単位で表したものである。

(3)図略

(4)プランク定数 h を電気素量 e で割った値

(5)金属から光電子が飛び出すのに必要な最低限のエネルギー

390 $3.1\times10^{-10}\,\mathrm{m}$

391 (ア)物質波　(イ)$\dfrac{h}{mv}$　(ウ)eV

(エ)$\dfrac{1}{2}mv^2$　(オ)$\dfrac{h}{\sqrt{2meV}}$

392 (1)$h\nu$　(2)$h\nu - \dfrac{1}{2}mv_0^2$

(3)ナトリウム

393 (1)$d\sin\beta = n\lambda$　$(n=1,\ 2,\ 3,\ \cdots)$
(2)$2.0\times10^{-10}\,\mathrm{m}$

(3)① $\dfrac{h}{p}$　② $1.8\times10^{-10}\,\mathrm{m}$

26 原子と原子核 (p. 306)

ウォーミングアップ

1 (1)$\dfrac{4}{3R}$　(2)$\dfrac{3Rc}{4}$　(3)$\dfrac{3Rhc}{4}$

2 $10.2\,\mathrm{eV}$

3 (ア)陽子　(イ)中性子　(ウ)核子　(エ)核力

4 (ア)原子番号　(イ)質量数　(ウ)同位体
(エ)，(オ)重水素($^2_1\mathrm{H}$)，三重水素($^3_1\mathrm{H}$)(順

(4) 0.48 MeV

5 (ア)放射能　(イ)放射性物質
(ウ)放射性同位体

6 (ア), (イ), (ウ)　α 線, β 線, γ 線(順不同)
(エ)α 線　(オ)γ 線

7 $^{226}_{88}\text{Ra} \rightarrow {}^{222}_{86}\text{Rn} + {}^{4}_{2}\text{He}$

8 $^{210}_{82}\text{Pb} \rightarrow {}^{210}_{83}\text{Bi} + \text{e}^{-}$

9 (1) 50%　(2) 75%

10 (ア)崩壊　(イ)ベクレル　(ウ)エネルギー
(エ)1 J　(オ)Gy　(カ)等価線量
(キ)シーベルト

11 (1) $^{14}_{7}\text{N} + ({}^{4}_{2}\text{He}) \rightarrow {}^{17}_{8}\text{O} + {}^{1}_{1}\text{H}$
(2) $^{9}_{4}\text{Be} + {}^{4}_{2}\text{He} \rightarrow ({}^{12}_{6}\text{C}) + {}^{1}_{0}\text{n}(\text{中性子})$

12 (ア)中性子　(イ)核分裂　(ウ)中性子
(エ)核分裂　(オ)核分裂　(カ)連鎖反応
(キ)臨界状態

13 (ア)宇宙線　(イ)陽子　(ウ)バリオン
(エ)メソン　(オ)レプトン　(カ)ハドロン
(キ)クォーク

394 (ア)向心力　(イ)力　(ウ) $m_0 \dfrac{v^2}{r} = k_0 \dfrac{e^2}{r^2}$

(エ) $-k_0 \dfrac{e^2}{2r}$　(オ) $\dfrac{nh}{m_0 v}$

(カ) $\dfrac{h^2}{4\pi^2 k_0 m_0 e^2} n^2$

(キ) $\dfrac{2\pi^2 k_0^2 m_0 e^4}{h^2}$

(ク) $\dfrac{2\pi^2 k_0^2 m_0 e^4}{h^3}\left(\dfrac{1}{n^2} - \dfrac{1}{m^2}\right)$

(ケ) $\dfrac{ch^3}{2\pi^2 k_0^2 m_0 e^4}\left(\dfrac{1}{n^2} - \dfrac{1}{m^2}\right)^{-1}$

395 (1) $^{1}_{0}\text{n}(\text{中性子})$　(2) $^{4}_{2}\text{He}$
(3) $^{1}_{0}\text{n}(\text{中性子})$　(4) $^{1}_{0}\text{n}(\text{中性子})$

396 (1) $^{7}_{3}\text{Li} + {}^{1}_{1}\text{H} \rightarrow {}^{4}_{2}\text{He} + {}^{4}_{2}\text{He}$
(2) 3.44×10^{-29} kg　(3) 3.09×10^{-12} J
(4) 2.16×10^{7} m/s

397 (ア)$^{4}_{2}\text{He}$　(イ)質量数　(ウ)2　(エ)中性子
(オ)高エネルギー電子(電子)　(カ)γ 線
(キ)短く　(ク)大きい(強い)

398 (1) 2.8 MeV　(2) 互いに反対向き

(3) アルファ粒子 : $\dfrac{M}{M+m} Q$

リチウム原子核 : $\dfrac{m}{M+m} Q$

エクセル物理［総合版］

表紙デザイン
難波邦夫

● 編　者——実教出版編修部

● 発行者——小田　良次

● 印刷所——株式会社広済堂ネクスト

〒102-8377
東京都千代田区五番町5
● 発行所——実教出版株式会社　電 話〈営業〉(03)3238-7777
〈編修〉(03)3238-7781
〈総務〉(03)3238-7700
https://www.jikkyo.co.jp/

002402014　　　　　　　　　ISBN978-4-407-36406-4

元素の周期表

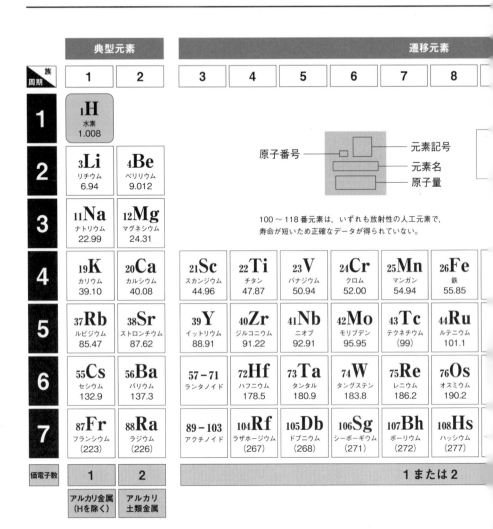

	典型元素		遷移元素					
族\周期	1	2	3	4	5	6	7	8
1	₁H 水素 1.008							
2	₃Li リチウム 6.94	₄Be ベリリウム 9.012						
3	₁₁Na ナトリウム 22.99	₁₂Mg マグネシウム 24.31						
4	₁₉K カリウム 39.10	₂₀Ca カルシウム 40.08	₂₁Sc スカンジウム 44.96	₂₂Ti チタン 47.87	₂₃V バナジウム 50.94	₂₄Cr クロム 52.00	₂₅Mn マンガン 54.94	₂₆Fe 鉄 55.85
5	₃₇Rb ルビジウム 85.47	₃₈Sr ストロンチウム 87.62	₃₉Y イットリウム 88.91	₄₀Zr ジルコニウム 91.22	₄₁Nb ニオブ 92.91	₄₂Mo モリブデン 95.95	₄₃Tc テクネチウム (99)	₄₄Ru ルテニウム 101.1
6	₅₅Cs セシウム 132.9	₅₆Ba バリウム 137.3	57-71 ランタノイド	₇₂Hf ハフニウム 178.5	₇₃Ta タンタル 180.9	₇₄W タングステン 183.8	₇₅Re レニウム 186.2	₇₆Os オスミウム 190.2
7	₈₇Fr フランシウム (223)	₈₈Ra ラジウム (226)	89-103 アクチノイド	₁₀₄Rf ラザホージウム (267)	₁₀₅Db ドブニウム (268)	₁₀₆Sg シーボーギウム (271)	₁₀₇Bh ボーリウム (272)	₁₀₈Hs ハッシウム (277)
価電子数	1	2	1 または 2					
	アルカリ金属 (Hを除く)	アルカリ 土類金属						

原子番号 —— 元素記号
元素名
原子量

100～118番元素は，いずれも放射性の人工元素で，寿命が短いため正確なデータが得られていない。

原子量は，国際純正・応用化学連合（IUPAC）で承認された有効数字4桁（変動幅の大きいリチウムは3桁）の数値である。安定な同位体がなく，天然の同位体存在比が一定していない元素については，同位体の質量数の一例を（　）の中に示す。

ランタ ノイド	₅₇La ランタン 138.9	₅₈Ce セリウム 140.1	₅₉Pr プラセオジム 140.9	₆₀Nd ネオジム 144.2	₆₁Pm プロメチウム (145)
アクチ ノイド	₈₉Ac アクチニウム (227)	₉₀Th トリウム 232.0	₉₁Pa プロトアクチニウム 231.0	₉₂U ウラン 238.0	₉₃Np ネプツニウム (237)